KB144822

근대 일본인의 서울·평양·부산 관광

근대 일본인의 서울·평양·부산 관광

2023년 8월 24일 초판 1쇄 찍음
2023년 8월 31일 초판 1쇄 펴냄

지은이 정치영
편집 임현규·한소영
디자인 김진운
마케팅 김현주

펴낸이 권현준
펴낸곳 ㈜사회평론아카데미
등록번호 2013-000247(2013년 8월 23일)
전화 02-326-1545
팩스 02-326-1626
주소 03993 서울특별시 마포구 월드컵북로6길 56
이메일 academy@sapyoung.com
홈페이지 www.sapyoung.com

ISBN 979-11-6707-121-7 93980

ⓒ한국학중앙연구원, 2023

* 사전 동의 없는 무단 전재 및 복제를 금합니다.
* 잘못 만들어진 책은 바꾸어 드립니다.

* 이 책은 2020년 한국학중앙연구원 연구사업 모노그래프 과제로 수행된 연구(AKSR2020-M03)
임을 밝힙니다.

근대 일본인의 서울·평양·부산 관광

정치영

사회평론아카데미

책 머리에

여행, 관광, 유람, 투어와 같은 단어들은 언제 들어도 우리를 설레게 만든다. 몇 년 동안 세계를 휩쓸던 코로나바이러스감염증이 잠잠해지면서 움츠러들었던 해외여행이 다시 성황을 이루고 있다. 방송이나 소셜 네트워크 서비스에도 여행이나 관광과 관련된 내용이 넘쳐난다. 바야흐로 '관광의 시대'라고 할 만한 세상에 살고 있는 우리는 여행과 관광이 현대인의 전유물이라 생각한다. 그러나 과거의 사람들도 여러 가지 이유로 여행을 떠났고, 먼 곳에 대한 동경과 미지의 세계에 대한 호기심으로 관광에 나섰다. 그런 동경과 호기심은 관광안내서와 지도를 낳았고, 세계 곳곳을 여행한 사람들은 수많은 기행문을 남겼다.

역사지리학을 공부하는 필자는 20여 년 전부터 여행의 결과물인 기행문에 관심을 가졌다. 문학작품이기도 한 기행문은 작가의 여행 과정과 여행지의 지역 상황을 상세하게 담고 있는 사실적인 기록이므로, 과거의 경관이나 지리적 상황을 복원하는 데 중요한 자료로 이용할 수 있기 때문이다. 이렇게 역사지리학 연구의 자료로 활용하기 위해 옛사람의 기행문을 읽다가 점차 기행문이 전해주는 과거의 여행 이야기에 흥미를 느끼게 되었고, 그 결과, 조선시대 사대부들이 남긴 기행문의 일종인 유산기(遊山記)를 분석하여, 당시 산수 유람의 다채로운 양상을 한 권의 책으로 복원한 바 있다. 2014년에 간행한 『사대부, 산수 유람을 떠나다』가 그것이다.

조선시대에 이어지는 일제강점기를 다루는 이 책은 그 후속 작업이라 할 수 있다. 근대는 교통수단의 발달 등으로 인해, 때로 힘들고 위험한 '여행'이 즐겁고 편안한 '관광'으로 바뀐 시기이다. 그런데 유감스럽게도 한국의 근대관광은 한국인이 아닌 일본인이 만들어갔으며, 그 주도 세력은 식민지 정부였다고 할 수 있다. 조선총독부를 포함한 일제는 정치적 목적과 경제적 이익을 실현하는 주요 수단으로 관광을 이용하였으며, 일제의 관광객 유치를 위한 다각도의 노력과 일본 국내의 사회적 분위기에 추동된 일본인들은 한국 관광의 최대 소비자가 되었다. 이 책은 일제가 조성하고, 일본인이 소비한 식민지 조선 관광의 다양한 면모를 당시의 기행문, 관광안내서, 지도, 사진 등을 분석하여 복원하는 것을 목표로 하였다.

목표는 거창했지만, 이 책은 여러 가지 한계를 지닌다. 우선 당시의 관광공간 가운데 경성·평양·부산 등 세 도시를 주로 다루고 있어 지역적 제한이 있으며, 일본의 각종 기관과 일본인이 만든 자료를 위주로 분석하여 당시 한국과 한국인의 관점과 상황을 제대로 담지 못하였을 뿐 아니라 이로 인한 오류의 가능성도 있다. 이 책이 가진 오류와 한계에 대해 현명한 독자들의 질정을 바란다. 이 시기 한국인의 관광을 비롯해 앞으로 후속 연구가 이루어져야 할 부분도 많다. 필자와 비슷한 관심과 문제의식을 지닌 연구자들이 함께 노력하여 근대관광의 전모가 밝혀지길 기대한다.

이 책이 나오기까지 우여곡절이 적지 않았고, 또 많은 분의 도움을 받았다. 초고를 완성한 직후, 연구실 이사를 위해 컴퓨터를 조작하다가 원고를 통째로 날린 아찔한 경험을 했으며, 자료로 쓸 그림엽서를 사러 일본의 고서점에 갔다가 이상한 오해를 받기도 했다. 큰 도움을 주신 분으로는 먼저 일본 교토대학(京都大学) 대학원의 고메이에 다이사쿠(米家泰作) 교수님을 꼽을 수 있다. 역사지리학을 전공한 고메이에 교수님은 필자와 연구 분야와 이력이 매우 유사하다. 교수님이 애써 정리한 일본인의 조선·만주 여행기 목록은 자료를 수집하는 데 큰 보탬이 되었으며, 교수님의 배려로 필자는 2016년에 1년 동안 교토대학에 머물며 연구할 수 있었다. 그리고 난해한 옛 일본어 번역을 도와준 김성현 박사님, 파일 복원 작업을 거들어준 김현종 교수님에게도 고마운 마음을 전한다. 끝으로 연구 과제를 지원해 준 한국학중앙연구원과 멋진 책을 만들어준 사회평론아카데미의 임현규·한소영 편집자와 권현준 대표에게 감사드린다.

2023년 8월

정치영

차례

제1장

서장

1 관광과 관광객 그리고 여행

오늘날 관광(觀光)은 전 세계적으로 중요한 산업일 뿐 아니라, 사람들의 중요한 생활양식 가운데 하나로 완전히 정착하였다. 관광으로 인해 전 세계인이, 또 이들이 사는 세상이 크게 변화하고 있어, 바야흐로 '관광의 시대'라 부를 만하다.

그러면 관광이라는 말은 언제부터 사용된 것일까? 동양에서는 이 용어가 고대 중국의 경전인 『주역(周易)』의 "관국지광이용빈우왕(觀國之光利用賓于王)"이라는 구절에 처음 등장하며, 공자(孔子)가 지었다고 전해지는 『주역』 해설서인 『십익(十翼)』의 「상전(象傳)」에는 그 뜻을 "관국지광상빈야(觀國之光尙賓也)"라고 풀이하고 있다. 여기서 '관(觀)'은 "보는 것" 또는 "보여주는 것"을 의미하며, '광(光)'은 "한 나라의 훌륭한 풍광과 문물"을 의미한다. 즉 관광이란 내빈에게 나라의 풍광과 문물을 보여주는 것이었고, 따라서 관광은 그 내빈을 존중하여 대접하는 행위였다.[1] 한국에서는 관광이 통일신라시대부터 고려시대까지 주로 중국의 문물제도를 보고 배우며 관찰하는 의미로 사용되었으며, 조선시대에는 그 용례가 늘어나 중국 관광뿐만 아니라 과거(科擧), 임금의 행차 구경, 중국 사신의 행차 구경, 왜인의 조선 관광, 국내 유람, 궁궐 구경 등 다양한 의미로 쓰였다.[2] 정리하면, 한국을 비롯한 동양에서 관광은 방문한 국가나 지역의 문물을 보고 배운다는 의미로 사용되어왔다. 현재도 국립국어원의 표준국어대사전에는 관광을 "다른 지방이나 다른 나라에 가서 그곳의 풍경, 풍습, 문물 따위를 구경함"이라고 정의하고 있다.

한편 서양에서 관광을 의미하는 '투어리즘(tourism)'은 짧은 기간의 여행이나 이곳저곳을 돌아다니는 것을 뜻하는 투어(tour)에서 파생된 말로, 1811년 영국의 『더 스포팅 매거진(*The Sporting Magazine*)』이라는 잡지에서 처음 사용되었다.[3] 영국의 토마스 쿡(Thomas Cook)이 여행사를 만들어 근대적인 관광산업을 시작한 19세기 후반 이후, 이 용어는 유럽에서 정착되었다.[4] 이때부터 그 이전에 사용되던 여행과 관광이 구분되었으며, 긍정적인 의미를 지녔던 여행자(traveler)와 달리, 관광객(tourist)은 부정적인 의미를 갖게 되었다.[5]

사실 관광을 정의하기는 쉽지 않다. 어떤 학자는 출근을 제외한 모든 여행에 관광이 포함된다고 설명하였고, 세계관광기구(World Tourism Organization)는 "관광이란 집을 떠나 하루 이상 12개월 이내로 여행하

....

1 한경수, 1989, 「관광의 어원 및 용례에 관한 역사적 고찰」, 『관광학연구』 13, 262~263쪽.
北川宗忠, 2008, 『観光·旅の文化』, ミネルヴァ書房, 6~7쪽.

2 한경수, 2001, 「한국에 있어서 관광의 역사적 의미 및 용례」, 『관광학연구』 25(3), 272~281쪽.

3 한국관광학회, 2009, 『관광학총론』, 백산출판사, 26쪽.
김창식, 2012, 『신관광학원론』, 백산출판사, 20~21쪽.

4 北川宗忠, 2008, 앞의 책, 5쪽.

5 닝 왕(이진형·최석호 옮김), 2004, 『관광과 근대성: 사회학적 분석』, 일신사, 24쪽.

는 것"이라고 정의한다. 이때 여행에는 친지 방문, 비즈니스 활동 등도 포함된다. 이는 이동 동기보다 체류 기간에 중점을 둔 정의이며, 관광학 분야에서 가장 보편적으로 사용되는 관광의 정의이다.[6] 이 책에서는 보다 포괄적이고 학술적인 정의라 할 수 있는 라이퍼(Leiper)의 정의를 따르기로 한다. 그는 관광을 "하루나 그 이상의 밤을 통상 거주 장소로부터 떨어진 곳에서 체류하는 자유재량의 여행 체계로, 보수를 받는 것을 주된 목적으로 하는 여행은 제외한다. 이 체계의 구성요소는 관광객, 출발지, 이동 경로, 목적지, 관광산업이며, 이 다섯 가지 요소는 공간적·기능적으로 접속된 형태로 배열된다. 개방 체계의 특징을 가진 이 다섯 요소의 조직은 광범위한 환경, 즉 자연적·문화적·사회적·경제적·정치적·기술적 환경 속에서 작동한다."라고 정의하였다.[7]

관광객에 대한 정의도 목적과 범위에 따라 다양하다. 세계관광기구의 전신인 '공식여행조직 국제연맹'은 "최소한 24시간 이상 방문한 국가에 체류하면서 다음 중 한 가지 목적으로 여행하는 일시적인 방문객"이라 정의하며, 그 목적으로 여가(레크리에이션·연휴·건강·학업·종교·스포츠), 비즈니스, 가족, 선교, 미팅 등을 꼽고 있다.[8] 관광에 관해 많은 연구 업적을 남긴 사회학자인 코헨(Cohen)은 행동적 정의와 통계적 정의의 요소들을 포괄하여 관광객에 대한 동기적 정의를 제시하였다. 그는 관광객을 다음과 같이 6가지 측면에서 정의하였다.[9]

....

6 가레스 쇼·앨런 모건 윌리엄스(이영희·김양자 옮김), 2010, 『관광지리학』, 한울, 28~29쪽.

7 Leiper, N., 1979, The Framework of Tourism: Towards a Definition of Tourism, Tourist and the Tourism Industry, *Annals of Tourism Research 6(4)*, pp.403~404.

8 닝 왕(이진형·최석호 옮김), 2004, 앞의 책, 25쪽.

9 Cohen, E., 1974, Who is a Tourist?: A Conceptual Clarification, *Sociological Review 22(4)*, pp.531~532.

① 관광객은 유목민, 방랑자와 같은 영구적인 여행자가 아니라 고정된 거주지를 가진 일시적인 여행자이다.

② 관광객은 망명, 피난, 전쟁포로와 같은 강제된 여행자가 아니라, 자유의지로 여행하는 자발적인 여행자이다.

③ 관광객은 이민자와 같은 편도 여행자가 아니라, 출발지가 최종 도착지이기도 한 왕복 여행자이다.

④ 관광객은 당일치기 여행이 아니라 상대적으로 긴 여행을 하는 사람이다. 하지만 그 기간에 대해 명확하게 규정하기는 어렵다.

⑤ 관광객은 통근자와 주말 별장 소유자와 같이 반복해서 여행하는 것이 아니라, 반복되지 않는 여행을 하는 사람이다.

⑥ 관광객은 경제, 정치, 종교 등과 같은 도구적 목적이 아니라, 비도구적 목적으로 여행을 하는 사람이다.

이를 종합하면, 관광객은 "반복되지 않는 상대적으로 긴 왕복 여행 중에 경험하는 변화와 신기함(novelty)에서 오는 즐거움을 기대하면서 여행하는 자발적이고 일시적인 여행자"라고 정의된다.[10] 이 책에서도 이러한 코헨의 관광객에 대한 정의를 적용하여 일본인 관광객의 범위를 설정하였다. 다만 6번째 측면에 대해서는 제한을 완화하여, 특정한 목적을 위해 여행한 이들도 변화와 신기함에서 오는 즐거움을 경험한다면 관광객의 범위에 포함하였다. 코헨도 도구적 목적으로 여행하는 비즈니스 여행자들을 관광객의 범주에서 제외하지 않았다. 도구적 목적으로 여행하는 사람들도 여가, 즐거움 등을 목적으로 하는 활동에 참여할 수 있기 때문이다. 코헨은 이들을 '부분적인 관광객(partial tourist)'

....

10 Cohen, E., 1974, *op. cit.*, p.533.

이라 불렀다.[11]

한편 여행(travel)이라는 용어는 일반적으로 관광보다 더 넓은 의미로 사용되어왔다. 즉 관광은 본질적으로 여행의 한 형태이다. 관광과 여행의 차이는, 여행자는 출발지로 되돌아오지 않기도 하며, 여행은 뚜렷한 목적이나 동기 없이도 이루어진다는 것이다.[12] 그러나 오늘날에는 관광과 여행을 개념상 혼용하여 사용하는 경우가 많으므로,[13] 이 책에서도 이를 엄밀하게 구분하지 않고 내용에 따라 적절하게 섞어 사용하였다.

2 일본인의 식민지 조선 관광 연구의 의의

관광은 근대성 탄생의 신호탄이자 근대성의 결과라고 한다.[14] 근대에 들어와서 제국주의에 의한 식민지 개척에 수반하여 '관광여행(Tourismus)'이라는 새로운 형태의 여행이 만들어졌다.[15] 식민지라는 미지의 세계가 호기심을 자극하는 한편, 철도와 기선으로 대표되는 근대 교통의 발달로 여행에 수반되는 불편과 위험이 크게 줄었기 때문이다. 이에 따라 많은 사람이 더 빠르고 편리하게 여행할 수 있게 되자, 유럽에서는 19세기 중반부터 철도와 기선을 이용해 세계를 여행하는 관광이 본격적으로 시작되었다. 이때부터 관광은 우리와 타자를 구별하는 중요한 계기가 되었다.[16] 그 이전에는 고대 그리스인들이 알렉산더 대왕의 원정

....

11 Cohen, E., 1974, *op. cit.*, pp.540~544.

12 한국관광학회, 2009, 앞의 책, 32쪽.

13 인태정, 2007, 『관광의 사회학: 한국 관광의 형성과정』, 한울, 34쪽.

14 닝 왕(이진형·최석호 옮김), 2004, 앞의 책, 23쪽.

15 빈프리트 뢰스부르크(이민수 옮김), 2003, 『여행의 역사』, 효형출판, 217쪽.

16 Thomas, R. and Thomas, H., 2005, Understanding tourism policy-making in urban ar-

을 통해 동방의 지리와 문화를 습득했고, 중세 유럽인들이 십자군 전쟁을 통해 이슬람 또는 동양을 타자화함으로써 '우리'를 만들어냈듯이, 전쟁과 군사적 침략이 우리와 타자를 구별하는 핵심 영역이었다.

이와 달리 근대의 사람들은 제국주의와 식민지를 통해 다른 세계를 인식하였으며,[17] 이때 관광은 사람들이 타자를 인식하고 이를 통해 자아 정체성을 형성하며, 나아가 세계에 대한 상상의 지리, 심상지리(心象地理)를 구축하는 데 중요한 역할을 하게 되었다. 또한 관광은 관광지를 물리적으로 변화시킬 뿐 아니라, 여기에 상징적 의미를 부여하고 이를 변화시키기도 하였다. 이같이 근대관광은 경제적 현상을 넘어선 사회문화적 현상이었으며, 역사적으로도 중요한 의미를 지니고 있었다.

그런데 한국에서 근대관광이 시작된 것은 일제강점기라 할 수 있으며, 이를 주도한 것은 일본 제국주의였다. 일본은 1905년의 러일전쟁 승리 이후 자국민들의 해외여행을 적극적으로 장려하였으며, 한편으로 일본 정부, 그리고 조선총독부(朝鮮總督府)는 관광을 정치적, 경제적 의도를 실현하는 주요한 수단으로 사용하였다. 특히 조선총독부는 식민지 관광개발을 통해 경제적인 이익을 획득하고, 제국의 우월성과 제국주의의 정당성을 홍보하고자 하였다. 이러한 정치적, 사회적 흐름 속에서 일본인들의 '식민지 조선(植民地 朝鮮)'에의[18] 관광여행은 계속 증가하였다.

최근 들어 이러한 사회문화사적 의미를 지닌 일본인의 식민지 조선 관광에 관한 연구가 점차 활발해지고 있다. 일반적으로 관광에 관한 연

....

eas with particular reference to small firms, *Tourism Geographies* 7, p.121.

17 조아라, 2016, 「관광지리, 사회문화적 접근」, 『현대 문화지리의 이해』(한국문화역사지리학회 편), 푸른길, 340쪽.

18 혼동을 피할 수 있도록 이 책에서는 일제강점기(1910~1945년)의 한국을 주로 '식민지 조선'으로 표현하였으며, 그 이전과 이후는 한국으로 표기하였다.

구는 두 가지 관점에서 이루어진다. 하나는 소비자, 즉 관광객의 측면에서의 고찰이고, 다른 하나는 생산자(관광공급자), 즉 관광지와 관광 대상 그리고 이를 조성한 주체의 측면에서의 고찰이다.[19] 관광객 측면의 연구는 주로 관광객의 관광행태나 여행 과정 등을 분석하며, 기행문과 신문, 잡지 등이 주된 자료로 활용된다. 반면 관광공급자 측면의 연구는 관광지의 구조와 성격, 관광정책, 관광을 제공하는 국가·시장·조직의 특성 등이 연구 대상이며, 관광지의 정보를 담고 있는 관광안내서와 관광정책 보고서 등이 중요한 자료이다.

그런데 지금까지 한국에서 이루어진 근대관광 연구는 대부분 한 가지 측면에서만 이루어졌다. 신문자료를 활용해 한국 학생들의 일본·만주 수학여행의 여정 등을 살펴본 연구,[20] 조선총독부 자료, 관광안내서 등을 활용해 일제하 조선총독부의 관광정책과 주요 여행지를 고찰한 연구,[21] 관광안내서를 통해 관광지의 성격을 살핀 연구[22] 등이 대표적이다.

이에 비해 이 책은 한 가지 측면이 아닌 관광의 생산자와 소비자, 양면에서의 분석을 시도한다. 기행문, 관광안내서, 지도, 사진 등의 폭넓은 자료 분석을 통해, 생산자의 관점에서 관광공간, 즉 관광지의 형성과정과 성격, 시계열적 변화를 고찰하고, 소비자의 관점에서 관광객의 관광행태와 여행 과정 등을 복원한다.

이 책에서는 근대 관광공간 가운데 서울·평양·부산 등 3개의 도시

....

19 Smith, V. L., 1977, *Hosts and Guests*, University of Pennsylvania Press.
山下晋司 編, 1996, 『觀光人類學』, 新曜社.
G. J. 애쉬워드·A. G. J. 디트보스트 편(박석희 옮김), 2000, 『관광과 공간 변형』, 일신사.

20 방지선, 2009, 「1920-30년대 조선인 중등학교의 일본·만주 수학여행」, 『석당논총』 44, 167~216쪽.

21 조성운, 2011, 『식민지 근대관광과 일본시찰』, 경인문화사.

22 서기재, 2011, 『조선여행에 떠도는 제국』, 소명출판.

에 주목한다. 사실 식민지 조선을 대표하는 관광지는 금강산이며, 이에 관한 연구 성과도 적지 않다.[23] 그럼에도 불구하고, 세 도시에 주목한 이유는 근대 세계의 형성과정에 제국주의, 자본주의, 산업발전, 도시화의 진전 등이 서로 연결되어 있기 때문이다. 그러므로 도시는 근대 그리고 제국주의와 관광이라는 산업을 이해할 수 있는 중요한 장이 될 수 있다.

한편 서울·평양·부산을 중점적으로 살펴본 이유는 식민지 조선에서 일본인 관광객이 가장 많이 방문한 도시였으며,[24] 관광지로서 각기 나름의 특징을 지니고 있다는 점에 착안한 결과이다. 식민지의 수도였던 경성(京城),[25] 즉 서울은 조선을 식민화하고 발전시킨 제국 일본의 정당성을 상징하는 관광공간이라는 성격이 강한 데 비해, 평양은 조선의 전통문화가 잘 보전된 관광공간이었다. 또한 그 이면에는 평양이 임진왜란·청일전쟁의 전적지여서 일본제국의 확대 과정을 기념할 수 있는 관광지라는 성격도 지니고 있었다. 한편 일본인의 식민지 조선 관광의 출발점이자 종착점 역할을 했던 부산은 일본인에 의해 만들어진 관광지

....

23 서기재, 2009b,「기이한 세계로의 초대: 근대 〈여행안내서〉를 통해 본 금강산」,『일본어문학』 40, 227~252쪽.
박애숙·오병우, 2011,「사타 이네코(佐多稻子)와 조선: 「금강산에서(金剛山にて)」를 중심으로」,『일어일문학』 51, 175~191쪽.
조성운, 2016,「1910년대 조선총독부의 금강산 관광개발」,『한일민족문제연구』 30, 5~58쪽.
김지영, 2019,「일제시기 철도여행안내서와 일본인 여행기 속 금강산 관광 공간 형성 과정」,『대한지리학회지』 54(1), 89~110쪽.
김백영, 2020,「금강산의 식민지 근대: 1930년대 금강산 탐승 경로와 장소성 변화」,『역사비평』 131, 382~414쪽.
김지영, 2021,「일본제국의 '국가풍경'으로서의 금강산 생산: 금강산국립공원 지정 논의를 중심으로」,『문화역사지리』 33(1), 106~133쪽.

24 米家泰作, 2014,「近代日本における植民地旅行記の基礎的研究: 鮮滿旅行記にみるツーリズム空間」,『京都大学文学部研究紀要』 53, 331~332쪽.

25 이 책이 주로 일제강점기를 다루기 때문에, 내용에 따라 서울과 당시 명칭인 '경성(京城)'을 적절하게 같이 사용한다.

가 특히 많았으며, 시간에 따라 변화가 큰 관광공간이었다. 세 도시에 관한 개별 연구는 역사학·문학·사회학 등의 분야에서 일부 있지만,[26] 3개 도시를 서로 비교한 연구는 거의 없다.

이에 이 책은 일본인이 남긴 기행문, 사진 등 여행 기록과 관광안내서, 지도 등 관광과 관련된 다양한 자료를 수집·분석하여 일제강점기 식민지 조선을 관광한 일본인들의 면면과 함께 이들의 관광 동기와 여행 준비 과정을 살펴보고, 관광에 활용한 교통수단과 교통로를 분석하였다. 그리고 '관광지'로서 서울·평양·부산이 어떻게 조성되었고, 시간 흐름에 따라 어떤 변화를 경험했으며, 구체적인 장소들이 관광지로서 어떤 의미를 지니고 있었는지를 고찰하였다. 먼저 공급자가 제공한 관광지를 살펴보고, 다음으로 관광객이 이를 실제로 어떻게 이용하였는지 따져보았다. 끝으로 관광객이 3개 도시를 여행하면서 어디에서 숙박하고 무엇을 먹었는지, 그리고 관광 중에 어떤 활동을 하였는지 살펴보았다. 이를 통해 일본인들의 식민지 조선 관광의 전반을 복원할 수 있었다.

한편 이 책의 시간적 범위는 1905년부터 1945년까지의 41년간으로 한다. 일제강점기는 1910년부터 1945년까지이나, 관부연락선(關釜連絡船)과 경부선철도(京釜線鐵道)가 개통된 1905년을 기점으로 일본인의 한국 여행이 급증하였다. 이에 1905년부터 1945년까지를 시간적 범위로 한다. 공간적 범위는 서울·평양·부산에 한정하였으나, 이들 도시의 관광객들이 한국의 다른 지역은 물론, 상당수는 중국이나 만주를 같

....

26 윤소영, 2006, 「일본어 잡지 『朝鮮及滿洲』에 나타난 1910년대 경성」, 『지방사와 지방문화』 9(1), 163~201쪽.
김백영, 2009, 『지배와 공간: 식민지도시 경성과 제국 일본』, 문학과 지성사.
허경진, 2010, 「일본 시인 이시바타 사다(石幡貞)의 눈에 비친 19세기 부산의 모습」, 『인문학논총』 15(1), 49~71쪽.
우미영, 2011, 「억압된 자기와 고도 평양의 표상」, 『동아시아문화연구』 50, 29~55쪽.

이 여행하였으므로, 자료의 수집이나 분석에서는 이를 포함하였다.

3 이 책에서 사용한 자료와 그 활용 방법

이 책을 쓰는 데 사용한 기본 자료는 기행문과 관광안내서, 사진 등이다. 사실 기행문은 타자와 타자의 공간에 대한 존재론적 호기심의 재현이라는 점에서 일찍부터 관심을 받아왔다. 특히 지리학에서 기행문은 고대 그리스부터 아랍 세계를 거쳐 유럽의 지리상의 발견과 식민주의 팽창에 이르는 시기까지 연구의 성과물인 동시에 중요한 연구 자료로 활용되어왔다.[27] 그러나 20세기 들어 기행문은 과학적 엄밀성, 객관성, 신뢰성이 부족하다는 편견으로 인해 점차 학문적인 관심의 대상에서 멀어지게 되었다. 그러나 1990년대 사회과학의 문화적 전환 이후, 주체에 대한 탈중심적 관점이 대두하면서 기행문의 주관적·감성적·성찰적 재현이 새롭게 주목받고 있다.[28] 왜냐하면 기행문은 전체 여행에 관한 서사로서, 여행 주체의 지리적 호기심과 즐거움에서 출발하여 여행 과정에서 부딪히는 여행지의 지리적 상황과 그곳의 사람, 즉 타자를 거울

....

27 지리학에서 가장 대표적인 연구업적을 꼽으면, 지리학사의 대작인 글래컨(Glacken)의 『로도스 섬 해변의 흔적』(심승희 외 역, 2016)을 들 수 있다. 이에 관해서는 아래의 책에 자세히 설명되어 있다.
심승희, 2018, 「지리적 세계의 안내서로서의 여행기: 『로도스 섬 해변의 흔적』을 중심으로」, 『여행기의 인문학』(한국문화역사지리학회 편), 23~70쪽.

28 이러한 연구로는 다음과 같은 것들이 대표적이다.
Duncan, J. and Gregory, D., 1999, *Writes of Passage: Reading travel writing*, Routledge.
메리 루이스 프랫(김남혁 옮김), 2015, 『제국의 시선』, 현실문화.
박경환, 2018, 「포스트식민 여행기 읽기: 권력, 욕망 그리고 재현의 공간」, 『문화역사지리』, 30(2), 1~27쪽.

로 삼아 자아를 끊임없이 성찰하는 내용을 담고 있기 때문이다.

이 책에서 분석한 기행문은 모두 일본에서 단행본으로 발간된 자료들이다. 잡지, 신문 등에 실린 기행문을 주된 자료로 사용한 기존의 연구 성과와는 차별되는 지점이다. 단행본 기행문의 수집은 사쿠라이 요시유키(櫻井義之)의 『조선연구문헌지(朝鮮研究文獻誌)』,[29] 스에마쓰 야스카즈(末松保和)의 『조선연구문헌목록(朝鮮研究文獻目錄)』[30] 등 한국 관련 문헌 목록을 검토하고, 일본 국회도서관 등의 검색시스템을 이용하여 대상 자료를 선정하였다. 이 과정에서 1905년부터 1945년까지 일본인의 조선·만주 여행기를 면밀하게 정리한 고메이에 다이사쿠(米家泰作)의 선행 연구가[31] 커다란 도움이 되었다. 기행문의 선정 및 수집 작업은 필자가 2016년 일본에 1년간 체류하는 동안 주로 이루어졌다. 일본에서의 자료 수집은 일본 국립국회도서관(国立国會図書館)의 '디지털컬렉션(デジタルコレクション)'을 비롯해 인터넷을 적극적으로 활용하였다. 표 1-1은 이러한 과정을 통해 수집하여 이 책에서 자료로 사용한 단행본 기행문의 목록이다.

수집한 기행문은 발행 시기, 저자의 특성, 관광 지역에 따라 분류하였으며, 1차 분석을 통해 내용을 개략적으로 검토하여 여정이 제대로 기록되어 있지 않거나 식민지 조선에서의 일정이 너무 짧은 것, 그리고 관광 지역이 서울·부산·평양이 아니거나 내용이 빈약한 것 등은 제외하였다.[32]

....

29 櫻井義之, 1979, 『朝鮮研究文献誌: 明治·大正編』, 龍渓書舎.
櫻井義之, 1992, 『遺稿朝鮮研究文献誌: 昭和編』, 龍渓書舎.

30 末松保和, 1970, 『朝鮮研究文献目録: 單行書篇』, 東京大学東洋文化研究所附属東洋学文献センター刊行委員会.

31 米家泰作, 2014, 앞의 논문, 319~364쪽.

표 1-1. 연구 자료로 활용한 일본인의 기행문(단행본) 목록

번호	저자	연도	제목	발행처	쪽수
1	村瀬米之助	1905	雲烟過眼録: 南日本及韓半島旅行	西澤書店	207
2	鵜飼退蔵	1906	韓滿行日記	鵜飼退蔵	70
3	田中霊鑑, 奥村洞麟	1907	日置黙仙老師滿韓巡錫録	香野蔵治	143
4	広島高等師範學校	1907	滿韓修學旅行記念録	広島高等師範學校	470
5	京都府	1909	滿韓實業視察復命書	京都府	143
6	下野新聞主催栃木県實業家滿韓觀光團	1911	滿韓觀光團誌	下野新聞株式會社印刷營業部	425
7	広島朝鮮視察團	1913	朝鮮視察概要	增田兄弟活版所	165
8	鳥谷幡山	1914	支那周遊図録	支那周遊図録發行所	167
9	赴清実業團誌編纂委員會	1914	赴清実業團誌	白岩龍平	243
10	杉本正幸	1915	最近の支那と滿鮮	如山居	508

....

32 이런 이유로 분석 대상에서 제외한 기행문은 다음과 같으며, 그 내용은 연구에 활용하였다. 堀内泰吉·竹中政一, 1906,『韓國旅行報告書』, 神戶高等商業學校; 平谷水哉, 1911,『海外行脚』, 博文館; 中野正剛, 1915,『我か觀たる滿鮮』, 政教社; 生野團六, 1916,『鮮滿北京青島巡遊記』; 山本唯三郎, 1917,『支那漫遊五十日』, 神田文吉; 井上円了, 1918,『南船北馬集』, 国民道徳普及會; 真継雲山, 1918,『行け大陸へ: 滿蒙遊記』, 泰山房; 佐藤綱次郎, 1920,『支那一ケ月旅行』, 二酉社; 早坂義雄, 1922,『混乱の支那を旅して: 滿鮮支那の自然と人』, 早坂義雄(自家出版); 平野博三, 1924,『鮮滿の車窓から』, 大阪屋号書店; 岡島松次郎, 1925,『新聞記者の旅』, 大阪朝報出版部; 柴田栄吉, 1925,『朝鮮難行記』, 柴田栄吉(自家出版); 石井健吾, 1926,『滿鮮鴻爪』, 石井健吾(自家出版); 亜細亜學生會, 1926,『學生の見た亜細亜ところどころ』, 亜細亜學生會出版部; 諏訪尚太郎, 1930,『朝鮮漫遊記』, 鶴岡日報社; 藤山雷太, 1930,『鮮支遊記』, 千倉書房; 向山軍二郎, 1932,『車窓より見たる朝鮮と滿洲』, 土屋信明堂; 岩崎清七, 1936,『滿鮮雑録』, 秋豊園出版部; 平野亮平, 1938,『支那漫遊五十日』, 平野亮平(自家出版); 石山賢吉, 1942,『紀行: 滿洲·臺灣·海南島』, ダイアモンド社; 石井柏亭, 1943,『行旅』, 啓徳社.

번호	저자	연도	제목	발행처	쪽수
11	広島高等師範學校	1915	大陸修學旅行記	広島高等師範學校	234
12	原象一郎	1917	朝鮮の旅	巖松堂書店	577
13	埼玉県教育會	1918	踏破六千哩	埼玉県教育會	214
14	釋宗演	1918	燕雲楚水	東慶寺	216
15	德富猪一郎	1918	支那漫遊記	民友社	556
16	內藤久寛	1918	訪鄰紀程	內藤久寛	186
17	菊池幽芳	1918	朝鮮金剛山探勝記	洛陽堂	190
18	関和知	1918	西隣游記	関和知	179
19	植村寅	1919	青年の滿鮮産業見物	大阪屋号書店	310
20	愛媛教育協會視察團	1919	支那滿鮮視察記録	愛媛教育協會視察團	238
21	大町桂月	1919	滿鮮遊記	大阪屋号書店	324
22	大熊浅次郎	1919	支那滿鮮遊記	大熊浅次郎	112
23	小畔亀太郎	1919	東亜游記	小畔亀太郎	85
24	埼玉県教育會	1919	鵬程五千哩: 第二回朝鮮滿洲支那視察録	埼玉県教育會	139
25	細井肇	1919	支那を観て	成蹊堂	145
26	間野暢籌	1919	滿鮮の五十日	国民書院	573
27	山科礼蔵	1919	渡支印象記: 鵬程千里	山科礼蔵	334
28	松永安左衛門	1919	支那我観	実業之日本社	142
29	高森良人	1920	滿·鮮·支那遊行の印象	大同館	327
30	沼波瓊音	1920	鮮滿風物記	大阪屋号書店	289
31	伊藤貞五郎	1921	最近の朝鮮及支那	伊藤貞五郎	279
32	渡辺巳之次郎	1921	老大国の山河: 余と朝鮮及支那	金尾文淵堂	433
33	越佐教育雑誌社	1922	越佐教育滿鮮視察記: 附·青島上海	越佐教育雑誌社	96
34	石井謹吾	1923	外遊叢書 第4編 (滿鮮支那游記)	日比谷書房	131
35	内田春涯	1923	鮮滿北支感興ところどころ	内田重吉	156

번호	저자	연도	제목	발행처	쪽수
36	高井利五郎	1923	鮮滿支那之教育と産業: 最近踏査	広島県立広島工業學校	248
37	橋本文寿	1923	東亜のたび	橋本文寿	79
38	伊奈松麓	1926	私の鮮滿旅行	伊奈森太郎	92
39	全国中等學校地理歴史科教員協議會	1926	全国中等學校地理歴史科教員第七回協議會及滿鮮旅行報告	全国中等學校地理歴史科教員協議會	315
40	農業學校長協會	1926	滿鮮行: 附·北支紀行	農業學校長協會	189
41	藤田元春	1926	西湖より包頭まで	博多成象堂	430
42	森本角蔵	1926	雲烟過眼日記: 鮮滿支那ところどころ	目黒書店	206
43	小林福太郎	1928	北支滿鮮随行日誌	小林福太郎	33
44	千葉県教育會	1928	滿鮮の旅	千葉県教育會	190
45	漆山雅喜	1929	朝鮮巡遊雑記	漆山雅喜	100
46	下関鮮滿案内所	1929	鮮滿十二日: 鮮滿視察團紀念誌	下関鮮滿案内所	111
47	大屋徳城	1930	鮮支巡礼行	東方文献刊行會	120
48	吉野豊次郎	1930	鮮滿旅行記	金洋社	88
49	加太邦憲	1931	加太邦憲自歴譜	加太重邦	330
50	松本亀次郎	1931	中華五十日游記	東西書房	126
51	賀茂百樹	1931	滿鮮紀行	賀茂百樹	133
52	岡田潤一郎	1932	僕等の見たる滿洲南支	東京府立第一商業學校校友會	446
53	栗原長二	1932	鮮滿事情	栗原長二	80
54	篠原義政	1932	滿洲縦横記	国政研究會	201
55	全国中等學校地理歴史科教員協議會	1932	全国中等學校地理歴史科教員第十回協議會及鮮滿旅行報告	全国中等學校地理歴史科教員協議會	232
56	西村眞琴	1934	新しく観た滿鮮	創元社	154
57	依田泰	1934	滿鮮三千里	中信毎日新聞社	279

번호	저자	연도	제목	발행처	쪽수
58	石渡繁胤	1935	滿洲漫談	明文堂	288
59	杉山佐七	1935	観て来た滿鮮	東京市立小石川工業學校校友會	224
60	藤山雷太	1935	滿鮮遊記	千倉書房	172
61	山形県教育會視察團	1935	滿鮮の旅: 視察報告	山形県教育會視察團	67
62	東海商工會議所聯合會	1936	滿鮮旅の思ひ出	名古屋商工會議所	173
63	中根環堂	1936	鮮滿見聞記	中央仏教社	123
64	福徳生命保険株式會社	1936	文部省推選派遣教育家の見たる滿鮮事情	福徳生命保険	226
65	広瀬為久	1936	普選より非常時まで	広瀬為久	158
66	本多辰次郎	1936	北支滿鮮旅行記 第2輯	日滿仏教協會本部	92
67	岐阜県社會教育課	1937	鮮滿視察輯録	共栄印刷所	125
68	中島正国	1937	鮮滿雑記	中島正国	99
69	中島真雄	1938	双月旅日記	中島真雄	138
70	日本旅行會	1938	鮮滿北支の旅: 皇軍慰問·戦跡巡礼	日本旅行會	44
71	岡山県鮮滿北支視察團	1939	鮮滿北支視察概要	岡山県教育會	56
72	全国中等學校地理歴史教員協議會	1940	全国中等學校地理歴史教員第十三回協議會及滿洲旅行報告書	全国中等學校地理歴史教員協議會	370
73	大陸視察旅行團	1940	大陸視察旅行所感集	大陸視察旅行團	274
74	石橋湛山	1941	滿鮮産業の印象	東洋經濟新報社	311
75	市村與市	1941	鮮·滿·北支の旅: 教育と宗教	一粒社	122
76	今村太平	1941	滿洲印象記: 附慶州紀行	第一芸文社	194
77	石山賢吉	1942	紀行滿洲·台湾·海南島	ダイヤモンド社	600

번호	저자	연도	제목	발행처	쪽수
78	井上友一郎, 豊田三郎, 新田潤	1942	滿洲旅日記: 文学紀行	明石書房	260
79	山形県教育會視察團	1942	滿鮮2600里	山形県教育會視察團	148
80	藤本実也	1943	滿支印象記	七丈書院	318

주 1: 제목 상으로는 만주, 중국 기행이어도 한국 일정이 포함되어 있음.
주 2: 연도는 발행 연도임.

이와 별도로 저자의 특성에 대한 정보 수집이 필요했다. 기행문을 남긴 일본인의 특성이 다양하므로 기본적으로 직업에 따라 분류하고 관광 당시 나이, 개인적 배경 등에 대해서도 인터넷과 문헌 자료를 통해 조사하였다. 저자의 출신 배경, 거주지, 한국과의 관계도 조사하여 분석 자료로 활용하였다.

발행 시기에 따라 기행문을 분류한 것은 시간이 흐르면서 교통망의 발달, 관광 여건의 변화로 인해 관광의 내용이 달라질 가능성이 있기 때문이다. 연구 자료로 선별된 기행문은 2차 분석을 통하여 상세하게 내용을 살펴보았다. 기행문에서는 관광 기간, 동반자, 경로, 교통수단, 주요 방문지, 숙박과 식사, 관광 중의 활동을 중점적으로 검토하고 주요한 부분을 추출하여 정리하였다. 이와 같은 관광 내용 및 저자에 대한 개별적인 분석이 끝나면, 대상 자료 전체를 비교하고 종합하는 작업을 하였으며, 특히 시대별 관광행태의 변화상과 개인별 특성에 따른 관광행태의 편차에 초점을 맞추었다.

관광안내서는 여행안내서, 가이드북(guidebook)이라고도 부른다. 관광안내서는 기행문과 달리 대체로 저자가 드러나지 않으며, 책의 편집자 또는 출판사가 그 구성을 결정하는 것이 특징이다. 또한 관광안내서는 근대 이후 등장한 대중관광과 맞물려 기행문에 비해 폄하되곤 한다.[33] 특히 부어스틴(Boorstin)은 관광객에게 큰 영향력을 가졌던 『베데커(*Baedeker*)』라는 관광안내서의 '별표 시스템'을 사례로 관광안내서가 관광이라는 고안된 가짜 이벤트에 공헌하는 도구라고 비판하였다. 이 책의 발행자인 베데커는 관광지를 평가하여 별의 숫자로 가치를 매겼는데, 관광객들은 이에 영향을 받아 행동하게 되고, 이것이 비문명적인 현대관광을 초래하였다는 주장이다. 『베데커』를 보고 여행한 관광객들은 자신이 방문한 곳이 베데커의 별표가 부여된 볼만한 장소라는 사실을 알게 되면 만족감을 느끼며, 반대로 큰 비용을 들여 고생 끝에 도착한 곳이 베데커의 별을 단 1개도 받지 못한 곳이라는 사실을 알고 크게 실망하기도 한다.[34]

그렇지만 이같이 관광객에 미치는 영향이 적지 않다는 사실을 고려한다면, 관광안내서는 연구 자료로써 충분한 값어치가 있다. 일반적으로 관광객들은 여행을 계획할 때, 관광안내서 등 여러 미디어를 통해 자료를 모으고 이를 비교·검토하여 관광 상품을 구매한다. 이는 다른 상품의 구매 과정과 유사하나, 관광 상품은 다른 상품과 달리 미리 써 보거나 반품이 되지 않는 특징이 있다. 관광 상품은 소비자가 미리 관광에 참여해 보고 구매를 결정하거나, 이곳저곳의 호텔에 숙박해보고 정식으로 숙박을 예약하는 것이 불가능하다. 즉 관광객은 관광안내서를 비롯한 미디어에만 의지하여 관광 상품 구매를 결정해야 하며, 이 때문에 소비자에게 관광안내서 등 미디어가 가지는 권위와 힘은 다른 상품에 비해 매우 크다.[35] 이러한 관광안내서의 영향력과 중요성은 오늘날과 같이

....

33 한지은, 2019, 「익숙한 관광과 낯선 여행의 길잡이: 서구의 여행안내서와 여행(관광)의 변화를 중심으로」, 『문화역사지리』 31(2), 43~44쪽.

34 다니엘 부어스틴(정태철 옮김), 2004, 『이미지와 환상』, 사계절, 152~155쪽.

방송, 인터넷 등 다른 미디어가 발달하지 못했던 근대의 경우에는 더욱 컸을 것이다. 일제강점기에 식민지 조선을 여행한 일본인들도 관광안내서에 의지하여 여정을 짜고, 방문할 장소를 정하였을 것이다.[36]

이 책에서 사용한 관광안내서는 기행문과 유사한 방법으로 수집하였으며, 그 목록은 표 1-2와 같다. 모두 37종의 관광안내서를 연구 자료로 활용하였는데, 기행문과 달리 개인이 만든 것은 3종에 불과하며, 나머지는 조선총독부를 비롯한 기관에서 제작한 것들이 대부분을 차지한다. 관광안내서를 많이 제작한 기관으로는 남만주철도주식회사(南滿洲鐵道株式會社, 이하 '만철(滿鐵)'), 조선총독부 철도국(鐵道局), 자판쓰리스토뷰로(ジャパン·ツーリスト·ビューロー, Japan Tourist Bureau) 등을 꼽을 수 있다.

이 가운데 만철은 일제가 러일전쟁 승리 후 포츠머스조약에 의해 러시아로부터 양도받은 동청철도(東清鐵道) 일부와 거기에 부속된 이권의 관리를 목적으로 1906년 설립한 반관반민(半官半民)의 특수회사였다.[37] 1945년까지 존재한 만철은 철도를 비롯해 다양한 사업을 운영하였고, 철도 인접 지역에 '부속지'라는 이름의 영토를 가진 일본 최대의 주식회사였으며, 실상은 만주를 관리하는 식민지 정부의 역할을 했다.[38] 더욱이 만철은 만주와 조선의 철도를 일원화하는 것이 대륙 침략에 유리하다는 일본 정부의 판단에 따라 1917년 8월부터 1925년 3월까지 한반도의 철도를 위탁 경영하였다.[39] 조선총독부 철도국은 기존의 통감

....

35 荒山正彦, 1999,「ガイドブックの可能性をさがして」,『地理』44(12), 62~67쪽.

36 정치영, 2018,「여행안내서『旅程と費用概算』으로 본 식민지조선의 관광공간」,『대한지리학회지』53(5), 732쪽.

37 ウィキペディアフリー百科事典, 南滿州鉄道 항목(https://ja.wikipedia.org/wiki/南滿州鉄道).

38 고바야시 히데오(임성모 옮김), 2004,『만철, 일본제국의 싱크탱크』, 산처럼, 15쪽.

부 철도관리국(鐵道管理局)을 이어받아 위의 만철이 위탁 관리한 시기를 제외하고 일제강점기 내내 조선철도의 운영·관리와 자동차 운송업에 대한 감독권까지 행사하던 식민지 교통 운수의 총본산이었다.[40] 자판쓰리스토뷰로는 외국인 관광객의 일본 유치를 목적으로 1912년 창설된 기관으로, 점차 일본인의 외국 여행 알선업무도 수행하게 되었다.[41] 이 기관 설립에는 니혼우선(日本郵船)·도요기선(東洋汽船)·데이코쿠호텔(帝國ホテル)·만철 등이 출자하였다.[42]

관광안내서 37종 가운데 24종이[43] 철도와 관련된 기관에서 제작된 것은 일본의 관광 역사와 관련이 있다. 일본에서도 철도의 등장은 관광에 획기적인 변화를 가져왔다. 철도로 인해 여행 시간과 비용을 절약할 수 있게 되어 관광은 일상의 경험으로 바뀌게 되었다. 한편으로 철도를 부설하고 운영하는 쪽에서는 승객이 확보되지 않으면 경영이 어렵다. 따라서 철도를 이용하는 여행자를 늘리기 위해 철도 주변의 명소를 선전할 필요가 있고, 이에 따라 관광안내서의 필요성이 커졌다. 이에 따라 일본에서는 1880년대 이후 전국적으로 철도가 부설되면서 이에 수반하여 다양한 철도여행안내서가 출판되었으며, 1906년 이후 철도가 국유화되면서 관제(官製)의 관광안내서들이 출판되었다.[44] 이러한 경향이

....

39 정재정, 2018, 『철도와 근대 서울』, 국학자료원, 304~309쪽.

40 명칭과 조직은 아래와 같이 조금씩 바뀌었다(정재정, 2018, 위의 책, 319쪽.).
통감부 철도관리국(1906.7.1.~1909.6.17.)→ 통감부 철도청(1909.6.18.~1909.12.4.)→ 철도원(鐵道院) 한국철도관리국(1909.12.5.~1910.9.30.)→ 조선총독부 철도국(1910.10.1.~1917.7.31.)→ 남만주철도주식회사 경성관리국(1917.8.1.~1925.3.31.)→ 조선총독부 철도국(1925.4.1.~1943.11.30.)→ 조선총독부 교통국(1943.12.1.~1945.8.15.)

41 荒山正彦, 2012, 「『旅程と費用概算』(1920~1940年)にみるツーリズム空間: 樺太·台湾·朝鮮·滿洲への旅程」, 『関西學院大学先端社会研究所紀要』 8, 1~17쪽.

42 谷沢明, 2020, 『日本の観光: 昭和初期観光パンフレットに見る』, 八坂書房, 13쪽.

43 표 1-2 가운데 저자가 조선총독부로 되어 있는 것도 사실은 조선총독부 철도국에서 제작한 것이다.

식민지 조선에서도 그대로 이어졌다.

표 1-2. 연구 자료로 활용한 관광안내서 목록

번호	저자	연도	제목	발행처
1	統監府 鐵道管理局	1908	韓國鐵道線路案內	統監府 鐵道管理局
2	朝鮮總督府 鐵道局	1911	朝鮮鐵道線路案內	朝鮮總督府 鐵道局
3	軍事警察雜誌社	1911	朝鮮案內	軍事警察雜誌社
4	落合浪雄	1915	漫遊案內七日の旅	有文堂書店
5	志田勝信·北原定正	1915	釜山案內記: 欧亜大陸之連絡港	拓殖新報社
6	南滿洲鐵道株式會社 運輸部營業課	1916	滿鮮觀光旅程	南滿洲鐵道株式會社
7	南滿洲鐵道株式會社 運輸部營業課	1917	滿鮮觀光旅程	南滿洲鐵道株式會社
8	鐵道院	1919	朝鮮滿洲支那案內	鐵道院
9	南滿洲鐵道株式會社 大連管理局營業課	1919	滿鮮觀光旅程	南滿洲鐵道株式會社 大連管理局
10	南滿洲鐵道株式會社 大連管理局營業課	1920	滿鮮觀光旅程	南滿洲鐵道株式會社 大連管理局
11	ジヤパン·ツーリスト·ビユーロー	1920	旅程と費用概算	ジヤパン·ツーリスト·ビユーロー
12	南滿洲鐵道株式會社 京城管理局	1921	朝鮮鐵道旅行案內: 附金剛山探勝案內	南滿洲鐵道株式會社 京城管理局
13	全國鐵道旅行案內所	1922	內地·鮮滿·支那·西利·台湾·樺太全国鐵道旅行案內	全國鐵道旅行案內所
14	松川二郎	1922	四五日の旅: 名所回遊	裳文閣
15	南滿洲鐵道株式會社 滿鮮案內所	1922	滿鮮支觀光旅程	南滿洲鐵道株式會社 滿鮮案內所
16	朝鮮總督府	1924	朝鮮鐵道旅行便覽	朝鮮總督府
17	滿鐵東京鮮滿案內所	1924	鮮滿支那旅程と費用概算	滿鐵東京鮮滿案內所

....

44 荒山正彦, 2018,『近代日本の旅行案内書図録』, 創元社, 11~12쪽.

번호	저자	연도	제목	발행처
18	朝鮮總督府	1926	朝鮮案內	朝鮮總督府
19	ジヤパン·ツーリスト·ビユーロー	1926	旅程と費用概算	ジヤパン·ツーリスト·ビユーロー
20	朝鮮總督府	1929	朝鮮案內	朝鮮總督府
21	ジヤパン·ツーリスト·ビユーロー	1930	旅程と費用概算	ジヤパン·ツーリスト·ビユーロー
22	鮮滿案內所	1931	朝鮮滿洲旅行案內	鮮滿案內所
23	ジヤパン·ツーリスト·ビユーロー	1932	旅程と費用概算	博文館
24	朝鮮總督府 鐵道局	1932	釜山: 大邱·慶州·馬山·鎭海	朝鮮總督府 鐵道局
25	南滿洲鐵道株式會社 東京支社	1933	鮮滿中國旅行手引	南滿洲鐵道株式會社 東京支社
26	朝鮮總督府 鐵道局	1934	朝鮮旅行案內記	朝鮮總督府 鐵道局
27	朝日新聞社	1936	新日本遊覽	朝日新聞社
28	三省堂 旅行案內部	1936	朝鮮滿洲旅行案內	三省堂
29	海雲臺溫泉合資會社	1936	朝鮮海雲臺溫泉案內	海雲臺溫泉合資會社
30	朝鮮總督府 鐵道局	1936	平壤: 鎭南浦·兼二浦·新義州·安東	朝鮮總督府 鐵道局
31	朝鮮總督府 鐵道局	1938	京城: 開城·仁川·水原	朝鮮總督府 鐵道局
32	朝鮮總督府 鐵道局	1938	朝鮮旅行案內	朝鮮總督府 鐵道局
33	ジヤパン·ツーリスト·ビユーロー	1938	旅程と費用概算	博文館
34	南滿洲鐵道株式會社 滿鮮案內所	1938	朝鮮滿洲旅の栞	南滿洲鐵道株式會社 東京支社
35	南滿洲鐵道株式會社 鮮滿支案內所	1939	鮮滿支旅の栞	南滿洲鐵道株式會社 東京支社
36	平安南道	1940	名所舊蹟案內	平安南道
37	滿鐵鮮滿案內所	1940	業務案內	南滿洲鐵道株式會社

이 책에서 관광안내서를 이용하여 집중적으로 검토한 내용은 관광생산자가 제시한 여정과 관광지, 추천 숙박 장소 및 음식, 관광 비용, 관

광 중 주의사항 등이었다. 특히 관광안내서는 제작한 기관의 의도가 강하게 반영되었기 때문에 식민지 조선의 관광정책을 주도한 조선총독부 철도국 등의 정책 방향을 염두에 두고 분석하였다.

사진 역시 중요한 자료이다. 사진은 두 가지 상반된 특성을 동시에 가지고 있다. 하나는 기계장치의 연쇄적인 작동을 통하여 대상의 모습을 실제와 거의 같은 수준으로 재현한 이미지라는 점이며, 다른 하나는 사진을 만드는 과정에 이를 수행하는 행위자가 반드시 존재하며 이 행위자의 능동적인 가치 판단과 행위가 생성되는 이미지에 직간접적인 영향을 미친다는 점이다. 이러한 전자의 특성 때문에 사람들은 사진이 객관적인 정보를 전달하는 매체로 신뢰한다. 그러나 후자의 특성 때문에 사진은 촬영하고 편집하는 제작자의 의도에 따라 그 의미가 수정되고 조작될 수 있다.[45]

표 1-3. 연구 자료로 활용한 사진첩 목록

번호	발행자	발행연도	제목	인쇄소
1	統監府	1910	韓国寫真帖	小川寫眞製版所
2	統監府	1910	大日本帝国朝鮮寫真帖: 日韓併合紀念	小川寫眞製版所
3	杉市郎平	1910	朝鮮寫真帖(併合記念)	-
4	朝鮮総督府 鐵道局	1911	釜山鴨緑江間寫真帖	-
5	朝鮮総督府	1913	臨時 恩賜金採産事業寫眞帖	-
6	朝鮮総督府 鐵道局	1914	京元線寫眞帖	-
7	朝鮮総督府	1921	朝鮮: 寫真帖	市田オフセット印刷株式會社
8	南滿洲鐵道株式會社	1922	朝鮮之風光	青雲堂印刷所

45 장원석·정치영, 2020, 「일제의 사진첩에 투영된 식민지 조선의 이미지」, 『한국사진지리학회지』 30(2), 43쪽.

번호	발행자	발행연도	제목	인쇄소
9	萬鐵 京城鐵道局	1924	万二千峰朝鮮金剛山	博文館印刷所
10	朝鮮総督府	1925	朝鮮	-
11	朝鮮総督府 鐵道局	1927	朝鮮之風光	大正寫眞工藝所
12	春日井喜太郎	1929	朝鮮博覽會記念寫眞帖	-
13	朝鮮総督府	1930	朝鮮博覽會記念寫眞帖	便利堂
14	朝鮮総督府 鐵道局	1933	朝鮮之風光	日本版画印刷合資會社
15	朝鮮総督府 鐵道局	1937	半島の近影	日本版画印刷合資會社
16	朝鮮総督府 鐵道局	1938	半島の近影	日本版画印刷合資會社
17	朝鮮総督府 鐵道局	1938	朝鮮之印象	-
18	朝鮮総督府 鐵道局	1944	朝鮮の印象	-

이렇게 사진은 '세상을 보는 창'으로 그 대상을 마치 직접 보는 것과 같이 투명하고 객관적으로 기록하는 도구로 인식되었으나, 한편으로 특정한 역사적 상황과 문화적 조건 안에서 만들어진 역사-문화적 산물이라는 의미를 동시에 가지면서 본질적 의미와 피상적 의미가 상충하는 모순적 성격을 지니고 있다. 사진의 이러한 특성은 특히 제국주의에서 많이 활용해 왔다.[46]

이 책에서는 일제강점기에 만들어진 사진·그림엽서와 사진첩을 주된 연구 자료로 활용하였다. 사진첩은 낱장의 사진인 사진·그림엽서에 비해 사진에 담긴 의미와 의도를 분석하는 데 더 유용하다. 사진첩은 일정한 시각적 흐름 속에 편집 및 배치한 사진들을 통해 주제 의식을 전달하는 매체이기 때문이다.[47] 사진·그림엽서의 수집에는 국제일본문화연

....

46 제임스 R. 라이언(이광수 옮김), 2015, 『제국을 사진 찍다』, 그린비, 20~23쪽.

구센터(国際日本文化研究センター)의 조선 사진그림엽서 데이터베이스(朝鮮写真絵はがきデータベース), 우라카와 가즈야(浦川和也)의 성과,[48] 신동규 등이 제작한 데이터베이스[49]를 활용하였으며, 사진첩은 일본 국립국회도서관의 '디지털컬렉션' 등을 통해 수집하였다. 서울의 사진은 서울역사박물관의 서울역사 아카이브에서도 찾을 수 있었다.

수집한 사진첩 목록은 표 1-3과 같다. 관광안내서와 마찬가지로, 통감부와 그를 이은 조선총독부가 제작한 사진첩이 대부분이었다. 따라서 이를 분석하면, 일제가 자국민과 외국인에게 식민지 조선의 무엇을 보여주고 싶었는지를 확인할 수 있다. 사진은 촬영자, 촬영 시점과 각도, 내용 해설 등을 중점적으로 살펴보았으며, 같은 대상을 촬영한 여러 장의 사진을 비교하여 그 변화상과 함께 촬영자의 의도를 추출하였다.

....

47 장원석·정치영, 2020, 앞의 논문, 44쪽.

48 우라카와 가즈야 편, 2017, 『그림엽서로 보는 근대조선 1-7』, 민속원.

49 한국학진흥사업 성과포털(신동규 외, 「일제침략기 한국 관련 사진그림엽서 수집·분석·해제 및 DB 구축」), (http://waks.aks.ac.kr/rsh/?rshID=AKS-2017-KFR-1230003).

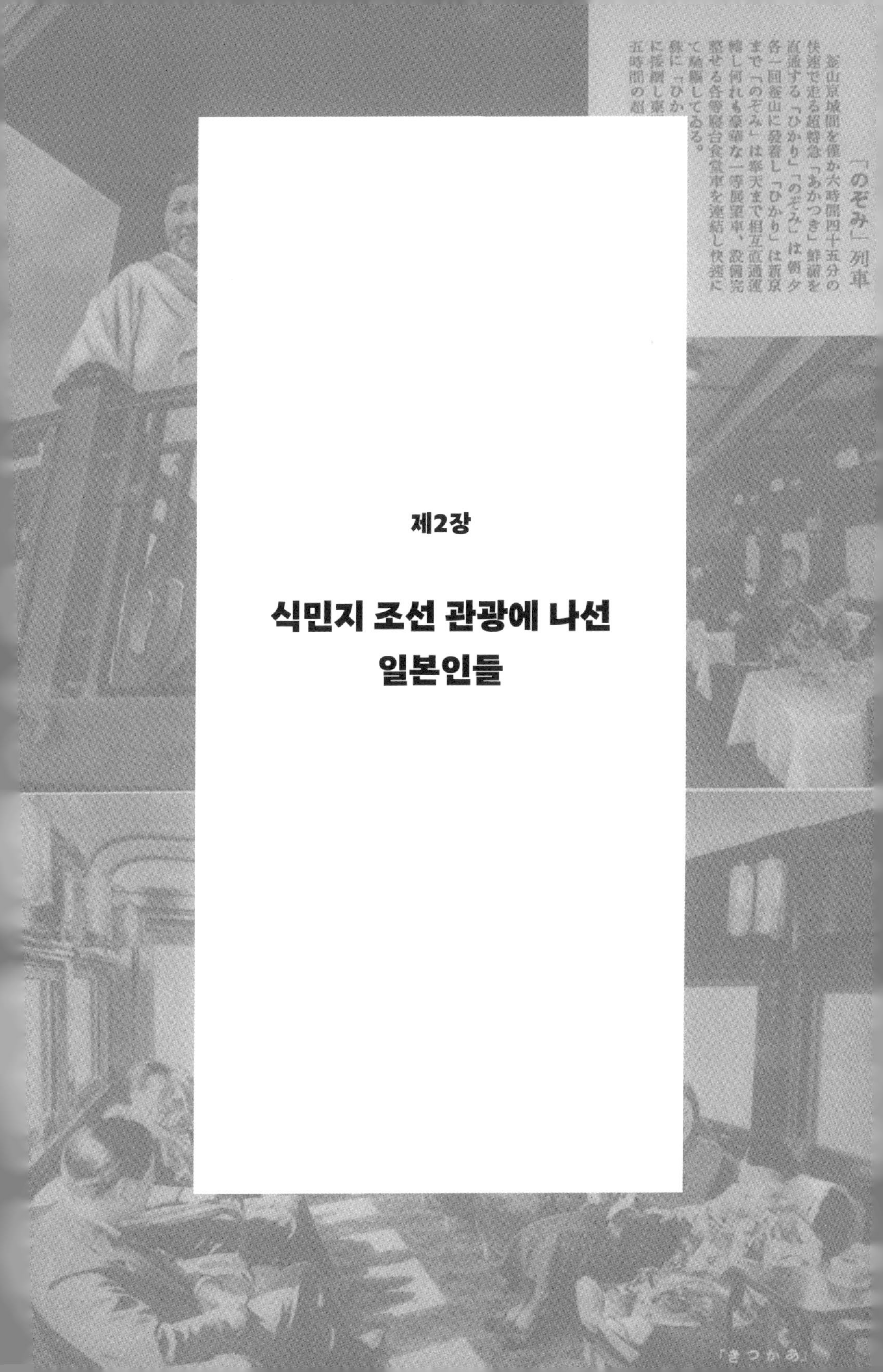

제2장

식민지 조선 관광에 나선 일본인들

1 일본인 관광객의 면면

일본인의 조선 방문이 본격적으로 시작된 것은 1876년 강화도조약(江華島條約) 체결 이후이다. 물론 그 이전에도 국가 사절로 방문하는 일본인이나 무역을 위해 왜관(倭館)을 오고 가는 이들이 있었으나 그 숫자는 많지 않았다. 강화도조약의 결과로, 1877년 부산(釜山), 1880년 원산(元山), 1883년 인천(仁川)이 차례로 개항하고, 1880년 서울에 일본공사관(日本公使館)이 설치되면서 일본인의 조선 도항(渡航)이 점차 증가하였다. 1882년의 임오군란(壬午軍亂), 1884년의 갑신정변(甲申政變)으로 인해 일본인의 피해가 발생하자 잠시 입국이 위축되기도 하였으나, 1894~1895년에 걸친 청일전쟁과 1904~1905년에 벌어진 러일전쟁에서 모두 승리하여 사실상 일본이 조선을 지배하게 되자, 일본인의 조선 방문과 이주는 급증하였다.

일본의 『제국통계연감(帝國統計年鑑)』에 기재된 '해외여권부여수

(海外旅券付与數)'에 의하면, 조선으로의 도항자(渡航者)는 1876년부터 1904년까지 연평균 2,686명으로, 1885년 하와이 '관약이민(官約移民)'이 시작되기 전까지 조선은 가장 많은 도항자를 기록한 곳이었다.[1] 한편 1880년부터 1904년까지 5년 간격의 『제국통계연감』을 이용해 일본인의 조선 도항 목적을 살펴보면, 대부분의 연도에서 '상용(商用)', 즉 상업상의 용무가 30~50%를 차지하였고 그 뒤를 '기타', '출가(出稼)'가 이어,[2] '출가', 즉 노동 이민이 도항 목적의 중심이었던 북미와 하와이와는 대조적인 경향을 보였다.[3]

이상과 같이 1876년 이후 1904년까지 조선에 입국하는 일본인의 숫자는 꾸준히 증가하였으며, 상업을 중심으로 생업을 위해 들어온 사람들이 많았다. 1900년 이후 조선 입국이 늘어나게 된 데에는 여권 발급의 간편화로 제도적 장벽이 낮추어진 점도 중요하게 작용하였다. 일본 정부는 1878년에 「해외여권규칙(海外旅券規則)」을 제정하여 정식으로 여권제도를 갖춘 뒤부터 외국으로 나가는 일본인은 반드시 여권을 발급받아서 휴대하도록 하였다. 그런데 보증인을 세워야 하는 등 여권 신청 절차가 복잡했고, 발급까지 많은 시간이 소요되었다. 이에 1900년 서울의 일본 상업회의소(商業會議所)는 상업적 왕래가 빈번한 한국과 일본 사이의 도항자는 일본 국내의 도항과 거의 같은 자유와 보호를 보장받을 필요가 있다는 건의서를 당국에 제출하였고, 그 결과로 번거로운 절차가 철폐되었다.[4] 여권은 여전히 휴대해야 했으나, 1904년에는 한국

....

1 木村健二, 1989, 『在朝日本人の社會史』, 未來社, 7쪽.

2 도항 사유를 '공용(公用)', '유학', '상용(商用)', '요용(要用) 및 기타', '직공(職工)', '고노비(雇奴婢)·출가(出稼)', '농업·어업', '유력(遊歷)' 등으로 구분하였다.

3 木村健二, 1989, 앞의 책, 10~11쪽.

4 서울역사편찬원 편, 2016, 『국역 경성발달사』, 역사공간, 133~134쪽.

방문에 여권 휴대 의무도 폐지되어 자유로운 도항이 가능해졌다.[5]

그렇지만 이주나 취업을 위한 도항이 아닌 단기 여행 목적의 일본인 입국자가 본격적으로 증가한 것은 러일전쟁 승리 이후이다. 일본은 러일전쟁의 승리로 조선에 대한 지배권을 확보하게 되었다. 즉 전승국이 된 일본은 1905년 7월과 8월 미국과 영국으로부터 각각 조선에 대한 독점적 지배권을 확인받았으며, 9월에는 포츠머스조약에 따라 러시아로부터 조선의 독점적 지배를 확보하였다. 결국 일본은 11월의 을사늑약을 통해 통감부(統監府)를 설치하고 조선을 사실상 식민지화하였다. 이로써 일본인의 한국 여행이 훨씬 안전하고 자유로워졌다.

한편으로 일본은 승리를 경험하면서 국제사회에서의 지위 향상을 강하게 의식하였으며, 국민의 자부심도 향상되고 있었다. 과거의 일본인은 자신의 나라가 세계의 약소국이며 문명적으로도 열세에 있다고 생각하면서 외국을 여행하였으나, 이제는 달라져 스스로 일본인임을 비하할 필요가 없으며, 특히 젊은이는 여행을 통해 해외 사정을 아는 것이 중요하다고 인식하였다. 해외여행은 "바깥을 잘 보고 안과 비교하며, 바깥으로부터 안을 조망하여 피아(彼我)의 장단(長短)·득실(得失)·선악(善惡)·표리(表裏)·명암(明暗)"을[6] 볼 수 있는 기회, 다시 말하면 일본을 객관적으로 파악하는 기회가 될 수 있으므로 권장되었다. 그러나 유럽이나 미국 등지의 먼 지역으로의 여행은 현실적으로 쉬운 일이 아니어서, 당시 차례로 식민지화한 타이완, 한반도, 만주 등 이른바 '외지(外地)'로의 여행을 적극적으로 장려하였다. 일본 정부는 외지로의 여행이 국민의 식민지에 대한 지식과 이해를 넓히고, 나아가 생활 범위를 확대하는

....

5 木村健二, 1989, 앞의 책, 20~21쪽.
이규수, 2018, 『제국과 일본 사이: 경계인으로서의 재조일본인』, 어문학사, 38쪽.

6 日本旅行文化協會, 1928, 『旅』 1928年 2月号, 5쪽.

데 보탬이 될 수 있다고 판단하였다.[7]

이러한 사회적 움직임과 함께, 일본인의 한국 여행 증가에 가장 중요하게 작용한 요소로 교통수단의 확충을 빼놓을 수 없다. 바로 1905년의 경부선(京釜線) 철도 개통과 관부연락선(関釜連絡船)의 운항이다. 경부선 철도 부설은 일본이 철도를 통해 한국을 침략하고 지배하려는 정책 의지가 고스란히 반영된 것으로, 이미 1890년대부터 준비작업에 들어가 1898년 부설권을 따내고 1901년에 경부철도주식회사(京釜鐵道株式會社)를 설립하여 공사에 착수하였다. 러일전쟁으로 병참선 확보가 중요했던 일본은 경부선 건설에 사활을 걸었고, 속도를 내어 마침내 1905년 1월 1일부터 서울의 영등포와 부산의 초량 구간의 영업을 개시하였다. 그리고 1905년 5월 25일에는 남대문정차장(南大門停車場) 구내 광장에서 성대한 개통식을 거행하였다.[8]

일본은 뒤를 이어 한반도와 일본 국내의 철도를 연결해주는 바닷길을 만들었다. 바로 일본의 시모노세키(下関)와 한국의 부산을 연결하는 관부연락선이 경부선이 개통된 해인 1905년 9월 11일 신설되었다. 처음에는 이키마루(壱岐丸)라는 이름의 배가 격일로 한 차례 왕복 운행하다가 11월부터는 쓰시마마루(對馬丸)라는 배가 추가로 취항하여 매일 운항하게 되었다.[9] 드디어 일본 전역에서 철도를 이용해 시모노세키까지 이동해 관부연락선을 갈아타고 한국으로 건너와서, 바로 기차로 서울까지 이동하는 것이 가능해졌다. 이전에 비해 훨씬 빠르고 편리하게 한국을 여행할 수 있게 된 것이다.

....

7 森正人, 2010, 『昭和旅行誌: 雑誌『旅』を読む』, 中央公論新社, 72~74쪽.

8 정재정, 2018, 『철도와 근대 서울』, 국학자료원, 86~115쪽.

9 ウィキペディアフリー百科事典, 関釜連絡船 항목(https://ja.wikipedia.org/wiki/関釜連絡船).

이 시기 일본에서 한반도와 만주를 대상으로 한 해외여행 붐의 발단이 된 사건이 있었다. 그것은 1906년 아사히신문사가 주최한 이른바 '만한순유선(滿韓巡遊船)'이다. '만한순유선'은 아사히신문사가 광고를 통해 일본 전국에서 389명의 관광객을 모집하고 기선과 기차를 빌려, 7월 25일에 요코하마(横浜)를 출발해 30일 동안 한반도와 만주 각지를, 안내자가 동반하는 패키지여행 형태로 돌아보는 프로그램이었다. 이 여행의 목적은 개인적인 즐거움도 있지만, 청일전쟁과 러일전쟁의 전장(戰場)을 돌아보는 것이 중요했으며, 나아가 장래에 일본의 경제적 확대를 실현할 토지를 실제로 시찰하는 데 있었다. 이 때문에 주요 방문지는 한반도와 만주의 주요 도시와 청일전쟁·러일전쟁의 전적지였으며, 육군과 해군 그리고 철도회사들과 기업들이 각종 편의를 제공하였다.[10] 이 여행은 일본 국내에 큰 반향을 일으키며 한반도와 만주를 대상을 한 해외여행이 증가하는 계기가 되었다. 특히 학생들의 수학여행이나 젊은 층의 여행이 늘어났다. 당시 서울의 일본 거류민 역사를 담은 『경성발달사(京城發達史)』에도 1906년 7월 제7고등학교 조시칸(第七高等學校 造士館)[11] 직원과 학생 약 70명이 수학여행을 위해 서울에 왔고, 8월 7일에는 제국대학(帝國大學), 학습원(學習院), 고등중학 교원과 학생 93명이 서울에 와 거류민회(居留民會)가 환영 행사를 열었다는[12] 기록이 있다. 이 당시 젊은 지식인들은 해외여행을 통해 인격 형성을 도모하는 것을 당연하게 여겼으며,[13] 이러한 사회적 흐름 속에서 일본인들의 조선 여행

....

10 有山輝雄, 2002, 『海外觀光旅行の誕生』, 吉川弘文館, 18~47쪽.

11 제7고등학교 조시칸은 가고시마현(鹿児島県) 가고시마시(鹿児島市)에 있었던 관립 구제고등학교(旧制高等學校)로 1901년 설립되었으며, 약칭하여 '시치코(七高)'라고 불렀다. 1773년 사쓰마번(薩摩藩) 번교(藩校)로 설치된 조시칸에서 유래하였으며, 나중에는 가고시마대학의 일부가 되었다.

12 서울역사편찬원 편, 2016, 앞의 책, 198쪽.

은 계속 증가하였다. 그리고 1910년 한일합병(韓日合併)으로 인해 한반도가 일본의 영토가 되면서 일본인들의 식민지 조선 여행은 더욱 성행하였다.

이제 기행문을 남긴 사람들을 통해, 식민지 조선을 관광한 일본인들의 면면을 살펴보자. 편의상 관광 시기를 기준으로, 크게 1905년~1919년(제1기), 1920년~1930년(제2기), 1931년~1945년(제3기)의 세 시기로 구분하였다. 이러한 시기 구분은 일제강점기를 다시 세분할 때 가장 흔히 사용하는 방법으로, 1905년부터 1909년까지는 제1기에 포함하였다. 이 책에서 검토한 80권의 기행문 가운데, 1905년부터 1919년 사이에 여행한 기행문이 31편으로 가장 많았고, 1920년부터 1930년까지 여행한 기행문은 20편, 1931년부터 1945년까지 여행한 기행문은 29편이었으며, 이를 남긴 관광객들의 성격을 표로 정리한 것이 표 2-1·2-2·2-3이다.

먼저 기행문의 숫자를 관광객의 숫자로 바로 연결하기는 어려우나, 그 경향은 어느 정도 반영하고 있을 것이며, 동시에 읽을거리로서의 기행문의 수요와 공급을 반영하고 있다고 할 수 있다.[14] 기행문에 대한 수요가 많다는 것은 그만큼 이를 읽고 관광에 나서고 싶은 사람이 많다는 의미일 것이다. 1905년부터 1919년 사이에서 관광객이 몰려 있는 시기는 1917년부터 1919년까지이다. 이 시기에 일본인 관광객이 많은 현상은 일본의 통치로 인해 식민지 조선에 여러 가지 변화가 나타나기 시작한 때로, 이를 일본인에게 널리 홍보함으로써 식민지 지배의 정당성을 확보하려는 노력과 맞닿아 있을 것이다. 이에 더해 제1차 세계대

....

13 白幡洋三郎, 1996, 『旅行ノススメ: 昭和が生んだ庶民の「新文化」』, 中央公論社, 89쪽.

14 米家泰作, 2014, 「近代日本における植民地旅行記の基礎的研究: 鮮滿旅行記にみるツーリズム空間」, 『京都大学文学部研究紀要』 53, 323~324쪽.

전이 끝난 1918년 무렵, 식민지 조선과 만주 여행이 대중화되는 조짐이 있었던 것도 관련이 있다.[15] 이에 비해 1920년대는 관광객의 숫자가 시기에 따라 큰 차이가 없이 비교적 고른 분포를 보인다. 1931년부터 1945년 사이에는 1941년까지 고르게 나타나다가 그 이후에는 관광객이 거의 없어진다. 이는 1941년 12월 일본이 태평양전쟁을 일으키면서 해외 관광이 어려워졌기 때문이다.

표 2-1. 1905년~1919년의 관광객들

번호	관광객	시기	나이	직업	목적, 경력, 특성
1	村瀬米之助	1905	36	중학교 교사	연구여행/ 역사지리학 연구목적/ 가나가와현(神奈川県) 아이코군지(愛甲郡誌) 편찬
2	鵜飼退蔵	1905	52	정치가	경부선개통식 참가/ 시가현(滋賀県)의회 의장, 중의원의원(衆議院議員) 역임/ 3명이 동행
3	広島高等師範學校 교원, 학생	1906	-	교사, 학생	수학여행/ 히로시마고등사범학교(広島高等師範學校)는 일본 최고의 중등학교 남성 교원 양성기관/ 교원과 학생 140명이 참가
4	日置黙仙	1907	60	승려	러일전쟁 전몰자 위령/ 조동종(曹洞宗) 관장 역임, 타이, 조선, 중국, 미국 등 순회/ 제자 3명(田中霊鑑, 奥村洞麟 등)이 수행
5	京都府 소속 교장 등	1909	-	교장, 부회(府會) 회원	시찰여행/ 교토부 지사의 명령으로 산업시찰, 실업학교 교장 2명과 교토부회(京都府會) 회원 5명이 참가
6	下野新聞主催栃木県實業家滿韓觀光團	1909	-	실업가, 기자	시찰여행/ 도치기현(栃木県) 지역 신문인 시모쓰케(下野)신문사가 공개 모집한 도치기현 실업가 34명과 기자 2명으로 구성

15 米家泰作, 2014, 앞의 논문, 324쪽.

번호	관광객	시기	나이	직업	목적, 경력, 특성
7	赴清実業團	1910	-	실업가	시찰여행/ 전국각지의 상업회의소(商業會議所) 회두(會頭)와 무역업자 등 12명과 수행원 2명으로 부청관광실업단(赴清觀光実業團) 구성, 단장은 니혼우선회사(日本郵船會社) 사장
8	広島朝鮮視察團	1912	-	실업가	시찰여행/ 히로시마시 실업가들이 히로시마조선협회(広島朝鮮協會)를 결성하고, 21명이 여행
9	加太邦憲	1912	63	정치가	시찰여행/ 재판소장, 귀족원의원(貴族院議員) 등 역임/ 귀족원장이 선정한 귀족원 의원 10명이 참가
10	鳥谷幡山	1913	37	화가	유람여행/ 일본화가, 도쿄미술학교 중퇴/ 일본 전국을 만유관찰(漫遊觀察)
11	杉本正幸	1914	27	실업가	시찰여행/ 도쿄에서 같이 전기사업을 하던 3명과 동행
12	広島高等師範學校	1914	-	학생, 교사	수학여행/ 히로시마고등사범학교 영어부 생도 9명과 타학부 생도 2명, 교수 1명 등 13명이 참가
13	原象一郎	1914	?	관리	공무(조선총독부 등 방문)
14	埼玉県教育會	1917	-	교사	시찰여행/ 사이타마현(埼玉県) 소학교 훈도와 교장 28명이 참가
15	釋宗演	1917	58	승려	순석(巡錫) 목적/ 임제종(臨濟宗) 승려, 선(禪)을 구미에 전파, 미국, 만주 등을 순석
16	德富猪一郎	1917	54	저널리스트	업무여행/ 1890년 고쿠민(國民)신문사 설립, 조선총독부 기관지 경성일보사(京城日報社) 감독
17	內藤久寛	1917	58	실업가	시찰여행/ 중의원의원 역임, 니혼석유(日本石油)를 설립하여 '일본의 석유왕'이라 불림

번호	관광객	시기	나이	직업	목적, 경력, 특성
18	菊池幽芳	1917	47	기자, 소설가	조선총독부 철도국 지원으로 금강산 소개를 위한 여행/ 오사카마이니치신문사(大阪每日新聞社) 기자, 취체역(取締役) 역임
19	山科礼蔵	1917	53	실업가	시찰여행/ 중의원의원, 도쿄상업회의소(東京商業會議所) 회두 역임/ 도쿄상업회의소에서 파견한 7명이 여행
20	関和知	1917	47	정치가	시찰여행/ 7선 중의원의원/ 중의원의원 등 5명과 동행
21	植村寅	1918	?	대학생	연구여행/ 도쿄제국대학(東京帝國大學) 정치학과 학생/ 조선은행(朝鮮銀行)이 모집한 조선, 만주 경제 연구생에 선발되어 여행
22	愛媛教育協會視察團	1918	?	교사	시찰여행/ 에히메현(愛媛県) 소학교 교원 8명이 참가
23	大町桂月	1918	49	시인, 수필가	금강산 유람 목적/ 유명 작가로 기행문 작품으로 유명
24	埼玉県教育會	1918	-	교장	시찰여행/ 사이타마현 소학교 교장 및 훈도 20명이 참가, 2회째의 여행
25	間野暢籌	1918	?	학생	여름방학을 이용한 여행/ 도쿄고등상업학교(東京高等商業學校) 학생/ 고향인 후쿠시마현(福島県)의 신문에 기행문 연재
26	松永安左衛門	1918	43	실업가	시찰여행/ 도쿄전력(東京電力) 취체역 역임, '전력왕(電力王)'으로 불림
27	細井肇	1919	33	기자, 평론가	연구여행(평양~길림 답사)/ 도쿄아사히신문(東京朝日新聞) 기자 등 역임, 조선 연구로 저서 남김
28	大熊浅次郎	1919	?	실업가	시찰여행/ 하카타상업회의소(博多商業會議所) 특별의원/ 후쿠오카시(福岡市) 유지 주최 시찰단의 여행

번호	관광객	시기	나이	직업	목적, 경력, 특성
29	小畔亀太郎	1919	?	실업가	시찰여행/ 나가오카(長岡)상업회의소에 의해 구성된 실업가 10명의 여행단
30	高森良人	1919	?	철학자	유람여행/ 중국철학자, 제5고등학교(第五高等學校) 교수 역임
31	沼波瓊音	1919	42	국문학자	연구여행/ 하이쿠(俳句) 작가, 도쿄제국대학 강사 역임/ 척식국(拓殖局)으로부터 조선 등 식민지의 소학교용 창가(唱歌)를 만들어달라는 의뢰를 받고 현지 조사 여행

주: 단체관광객은 '-'로, 생년을 알 수 없어 관광 당시 나이를 확인할 수 없는 사람은 '?'로 표기하였다.

표 2-2. 1920년~1930년의 관광객들

번호	관광객	시기	나이	직업	목적, 경력, 특성
1	伊藤貞五郎	1920	?	기자	시찰여행/ 고베신문(神戸新聞) 기자/ 고베시회시찰단(시회의원 7명, 공무원 2명)과 동행
2	渡辺巳之次郎	1920	51	기자	시찰여행/ 오사카마이니치신문 기자, 편집주간 역임, 외교 문제에 관심/ 2명이 여행
3	石井謹吾	1921	44	변호사	회의 및 시찰여행/ 고등재판소 판사, 중의원의원 역임/ 일본변호사단이 중국 베이징에서 열린 국제변호사협회 총회에 참석하면서 만주, 조선도 여행, 64명의 변호사가 참가
4	越佐教育團	1922	-	교장, 공무원	시찰여행/ 니가타현(新潟県) 소학교 교장, 교육행정 관계자 22명이 참가, 니가타현이 파견한 3번째 조선, 만주 시찰단
5	内田春涯	1922	?	의사?	시찰여행/ 조선의학회(朝鮮醫學會)와 남만주의과대학(南滿洲醫科大學) 개교식에 참석/ 단신으로 여행

번호	관광객	시기	나이	직업	목적, 경력, 특성
6	高井利五郎	1922	51	교장	시찰여행/ 당시 히로시마현립공업학교 교장, 타이베이공업학교장(台北工業學校長) 역임/ 지쓰교노니혼샤(實業之日本社)가 전국의 실업학교장을 시찰여행에 파견
7	橋本文寿	1922	?	교장	회의 및 시찰여행/ 하코다테사범학교(函館師範學校) 교장/ 중국 다롄(大連)에서 열린 전국사범학교장회에 참가하는 여행단의 일원
8	大屋徳城	1922	40	불교사학자	연구여행/ 오타니대학(大谷大學) 교수, 도서관장 역임/ 불교 유적 조사를 위해 여행, 2명과 동행
9	石渡繁胤	1923	55	양잠학자	연구여행/ 교토잠업강습소장(京都蠶業講習所長), 도쿄농업대학(東京農業大學) 교수 역임/ 양잠업 조사와 학회 참가를 위해 여행
10	藤田元春	1924	45	지리학자	연구여행/ 오사카고등학교(大阪高等學校), 리쓰메이칸대학(立命館大學) 교수 역임/ 외무성 대지문화사업국(對支文化事業局) 명령으로 연구 주제를 조사, 도쿄고등사범학교 교수 등 3명과 동행
11	全国中等學校地理歴史科教員協議會	1925	-	교사	회의 및 시찰여행/ 중국 다롄에서 협의회를 개최하고 중국, 만주, 조선을 시찰, 전국 중등교육기관의 지리 및 역사교원 115명이 참가
12	農業學校長協會	1925	-	교장	회의 및 시찰여행/ 중국 궁주링(公主嶺)에서 전국농업학교장회의를 개최하고 시찰, 농업학교장 74명이 참가
13	森本角蔵	1925	42	한학자	시찰여행/ 도쿄고등사범학교 교수 등 역임/ 외무성 문화사업부(文化事業部)의 파견으로 21명으로 구성된 중국시찰교원단(中國視察教員團)에 참가

번호	관광객	시기	나이	직업	목적, 경력, 특성
14	伊奈松麓	1926	43	교장	회의 및 시찰여행/ 아이치현(愛知県)의 심상고등소학교(尋常高等小學校)의 교장/ 중국 펑톈(奉天)에서 전국소학교장회의를 개최하고 시찰, 전국 소학교장 181명 참가
15	千葉県教育會	1927	-	교장, 교사	회의 및 시찰여행/ 지바현(千葉県) 심상고등소학교의 교장과 교사, 지바현 시학(視學)/ 지바현교육회가 중국 다롄에서 열린 내선만연합교육회(内鮮滿聯合教育會)에 18명의 시찰단을 파견
16	小林福太郎	1928	?	승려	포교여행/ 일련종(日蓮宗) 승려/ 스승인 나카자토 닛슈(中里日勝)의 해외 포교활동에 제자 3명이 수행
17	漆山雅喜	1929	?	회사원	시찰여행/ 미쓰이합명회사(三井合名會社) 산림과장/ 미쓰이합명회사 이사장 단 다쿠마(團琢磨) 등 7명의 산업시찰에 수행원으로 참가
18	鮮滿視察團	1929	-	-	시찰여행/ 시모노세키선만안내소(下関鮮滿案内所)가 기획한 단체여행으로 전국각지에서 199명이 참가/ 조선박람회 관람 포함
19	吉野豊次郎	1929	-	?	시찰여행/ 일본여행협회(日本旅行協會)가 조선박람회 관람을 위해 모집한 선만시찰단(鮮滿視察團)에 참가/ 여행단은 변호사, 회사원, 미곡상, 기계상, 농민 등 15명으로 구성
20	松本亀次郎	1930	64	교육자	시찰여행/ 일본 최초의 방언사전 편찬, 중국인 유학생의 일본어 교육을 하는 동아고등예비학교(東亞高等預備學校) 설립자/ 4명이 중국의 교육시설 시찰 목적으로 여행

주: 단체관광객은 '-'로, 생년을 알 수 없어 관광 당시 나이를 확인할 수 없는 사람은 '?'로 표기하였다.

표 2-3. 1931년~1945년의 관광객들

번호	관광객	시기	나이	직업	목적, 경력, 특성
1	賀茂百樹	1931	64	신직	러일전쟁 전몰자 위령/ 야스쿠니신사(靖国神社) 구지(宮司)/ 각지의 충혼사(忠魂祠)를 순례하고 시찰
2	岡田潤一郎	1931	?	교사	수학여행/ 도쿄부립제일상업학교(東京府立第一商業學校) 교사/ 도쿄부립제일상업학교의 제7회 중국 시찰단(80명)에 단장으로 참가
3	栗原長二	1931	?	?	시찰여행/ 미에현(三重県)의 선만교육시찰단(鮮滿教育視察團)에 참가
4	篠原義政	1932	40	중의원의원	시찰여행/ 변호사, 4선 중의원의원/ 입헌정우회(立憲政友會) 소속의 소장파 중의원의원 5명과 동행
5	全国中等學校地理歴史科教員協議會	1932	-	교사	회의 및 시찰여행/ 경성에서 협의회를 개최하고 만주, 조선을 시찰, 협의회에는 전국 중등학교 지리 및 역사교원 237명이 참가했으나 조선 여행에는 116명이 참가
6	西村眞琴	1933	50	생물학자	시찰여행/ 홋카이도제국대학(北海道帝國大學) 교수, 오사카마이니치신문 고문 역임/ 신문사에서 주최한 시찰단의 단장으로 참가
7	依田泰	1933	?	교장	시찰여행/ 교육회의 파견으로 여행/ 여행기를 주신마이니치신문(中信毎日新聞)에 연재함
8	本多辰次郎	1933	65	역사학자	유람여행/ 야마가타현(山形県) 야마가타중학교 교장, 호세이대학(法政大學) 강사 역임/ 부부가 금강산, 경주 등 명승지 관광
9	杉山佐七	1933	?	교장	시찰여행/ 도쿄시립고이시카와공업학교(東京市立小石川工業學校) 교장/ 고대 문화 연구와 산업시찰에 초점을 맞추어 단신 여행

번호	관광객	시기	나이	직업	목적, 경력, 특성
10	東海商工會議所聯合會	1934	-	실업가	시찰여행/ 도카이상공회의소연합회(東海商工會議所聯合會)가 주최한 시찰단/ 상공업자 총 43명이 참가
11	藤山雷太	1934	71	실업가	시찰여행/ 후지야마(藤山) 콘체른을 창립한 재벌, 평양에 조선제당(朝鮮製糖) 운영, 조선산업철도회사(朝鮮産業鐵道會社) 사장/ 3명의 수행원과 여행
12	山形県教育會視察團	1935	-	교사	시찰여행/ 야마가타현 심상소학교 교사 8명으로 구성
13	中根環堂	1935	59	불교학자	포교여행/ 조동종 승려, 고마자와대학(駒澤大學) 학장 역임/ 조동종 양대본산(兩大本山) 특파포교사(特派布教師)로 순교(巡教)와 종교 및 교육 사정을 시찰
14	福徳生命海外教育視察團	1935	-	교장	시찰여행/ 소학교 교장 27명의 여행/ 후쿠토쿠생명보험회사가 문부성의 추천을 받아 교원의 해외교육 시찰여행을 지원
15	広瀬為久	1935	59	실업가	시찰여행/ 간토수력전기(関東水力電気) 취체역, 도쿄발전(東京発電) 감사역, 중의원의원 역임/ 중국 다롄에서 열린 만주전기대회(滿洲電氣大會)에 전기협회 회원 123명이 단체로 참가
16	中島正国	1936	41	신직	위문여행/ 스와타이샤(諏訪大社) 구지(宮司), 시마네현(島根県) 신사청장(神社庁長) 역임/ 내무성(内務省) 신사국(神社局)의 명령으로 만주의 군부대를 위문
17	岐阜県聯合青年團	1937	-	-	시찰여행/ 기후현(岐阜県)의 각 지역을 대표하는 18명의 청년(23~26세, 농업, 상업 등에 종사)과 인솔자 3명/ 기후현연합청년단은 1923년부터 격년으로 조선, 만주를 시찰

번호	관광객	시기	나이	직업	목적, 경력, 특성
18	中島真雄	1938	79	신문발행인	시찰여행/ 만주에서의 첫 번째 일본인 경영 신문사인 만주일보(滿州日報)의 창간자/ 만주 펑톈의 성경시보(盛京時報)가 1만 호를 기념하여 초대
19	日本旅行會	1938	-	-	시찰여행/ 일본여행회(日本旅行會)가 주최한 일본군 위문, 전적(戰跡) 순례 목적의 '선만북지시찰여행(鮮滿北支視察旅行)'에 52명이 참여
20	岡山県鮮滿北支視察團	1939	-	교장, 교사	시찰여행/ 오카야먀현(岡山県)의 교장 및 교사 14명/ 현 및 현교육회(県教育會)의 파견으로 조선, 만주, 중국을 시찰
21	全国中等學校地理歷史教員協議會	1939	-	교사	회의 및 시찰여행/ 중국 신징(新京)에서 협의회를 개최하고 중국, 만주, 조선을 시찰, 전국 중등학교 지리 및 역사교원 229명 참가
22	大陸視察旅行團	1939	-	학생, 교사	수학여행/ 도쿄여자고등사범학교(東京女子高等師範學校) 학생 43명/ 인솔자는 지리학자인 이모토 노부유키(飯本信之)교수
23	今村太平	1939	28	영화평론가	시찰여행/ 영화평론가로 특히 영화이론 분야에서 활약/ 영화잡지인 키네마준포(キネマ旬報) 창간 20주년 기념 기획 만주여행에 5인의 영화비평가가 참가
24	石橋湛山	1940	56	저널리스트	시찰여행/ 대장성(大藏省) 장관 등을 거쳐 55대 일본 총리 역임/ 도요경제신보사(東洋経済新報社)에 근무하면서 이시야마 겐키치(石山賢吉) 등 5명과 조선, 만주 시찰
25	石山賢吉	1940	58	언론인	시찰여행/ 경제지 다이아몬드(ダイヤモンド) 창업자, 일본잡지협회회장, 중의원의원 역임/ 이시바시 단잔(石橋湛山) 등 5명과 여행

번호	관광객	시기	나이	직업	목적, 경력, 특성
26	市村與市	1941	60	교장	시찰여행/ 긴조여자전문학교(金城女子專門學校) 교장/ 교육과 종교 현황 시찰에 초점
27	井上友一郎, 豊田三郎, 新田潤	1941	32·34·37	소설가	시찰여행/ 3명 모두 소설가, 보도원으로 종군/ 3명은 대륙개척문예간담회(大陸開拓文藝懇話會) 회원, 척무성(拓務省)의 위촉으로 시찰
28	藤本実也	1941	66	양잠학자	시찰여행/ 양잠학자/ 도아연구소(東亞硏究所)의 부탁으로 중국 중부의 잠사업 현황을 시찰
29	山形県教育會視察團	1942	-	교장	시찰여행/ 야마가타현의 국민학교 교장 9명/ 야마가타현교육회가 파견

주: 단체관광객은 '-'로, 생년을 알 수 없어 관광 당시 나이를 확인할 수 없는 사람은 '?'로 표기하였다.

나중에 자세히 다루겠지만, 기행문을 남긴 관광객 대부분은 식민지 조선만을 여행한 것이 아니라 만주나 중국까지 여행하였다. 따라서 관광객의 증감은 식민지 조선의 상황과 이에 관한 관심뿐 아니라, 만주와 중국의 시대적 상황과 이에 관한 일본인의 관심을 반영하고 있다. 일본인의 만주에 대한 관심이 크게 높아졌던 시기는 장쭤린(張作霖) 폭살사건(爆殺事件)이 일어났던 1928년부터 만주국(滿洲國)이 건국된 1932년까지를 전후한 기간이었다. 이러한 점들을 종합하여 1925년부터 1940년까지의 15년을 식민지 조선과 만주 관광의 최성기(最盛期)로 볼 수 있다는 연구도 있다.[16]

다음으로 표 2-1·2-2·2-3을 통해 여행자들의 직업을 살펴보면, 가장 높은 비중을 차지한 것이 교사, 교장 등 교원이었다. 80편의 기행문 중 교원이 쓴 기행문이 23편이었다. 교원의 소속은 소학교(小學校)에서

16 米家泰作, 2014, 앞의 논문, 324쪽.

부터[17] 중학교(中學校)[18]·사범학교(師範學校)[19]·고등여학교(高等女學校)[20]·실업학교(實業學校)[21] 등의 중등학교까지 다양하였으며, 일반 교사보다는 관리직인 교장들이 많았다. 교원의 관광은 1905년의 무라세 요네노스케(村瀨米之助, 1869~1919),[22] 1941년의 이치무라 요이치(市村與市, 1881~1953)와 같은 개인 여행은 드물었고, 대부분은 단체 여행이었다. 교원들의 단체 여행은 부(府)·현(県) 등 지방행정기관이나 교육회(教育會)에서[23] 모집하여 파견하는 형태가 다수였다. 사이타마현교육회(埼玉県教育會)가 모집한 1917년과 1918년의 소학교 훈도(訓導)와[24] 교장들의 시찰단(視察團),[25] 1922년 니가타현(新潟県)이 파견한 소학교 교장들의 시찰단,[26] 1939년 오카야마현(岡山県) 학무과(學務課)와 교육회가 공

....

17 일본의 소학교는 우리나라의 초등학교에 해당한다. 1907년부터 1941년까지는 6년제의 심상소학교(尋常小學校)와 2년제의 고등소학교(高等小學校)가 있었으며, 심상소학교를 졸업한 뒤에 중등학교에 진학하였다. 1941년 국민학교(國民學校)로 이름을 바꾸었다(ウィキペディアフリー百科事典, 小学校 항목(https://ja.wikipedia.org/wiki/小学校)).

18 오늘날의 중·고등학교에 해당하며, 1899년 이후 5년제였다가 1943년 4년제로 단축되었다(ウィキペディアフリー百科事典, 旧制中学校 항목(https://ja.wikipedia.org/wiki/旧制中学校)).

19 교원을 양성하기 위한 학교로, 소학교 교원을 양성하는 사범학교·여자사범학교와 중등학교 교원을 양성하는 고등사범학교·여자고등사범학교가 있었다(ウィキペディアフリー百科事典, 師範学校 항목(https://ja.wikipedia.org/wiki/師範学校)).

20 오늘날의 여자중·고등학교에 해당한다.

21 일제강점기에는 공업학교(工業學校)·농업학교(農業學校)·상업학교(商業學校)·상선학교(商船學校)·실업보습학교(実業補習學校) 등이 있었으며, 수업연한은 3~4년이었다.

22 여행 당시 사이타마현(埼玉県) 가와고에중학교(川越中學校) 교사였다.

23 교육회는 1880년대 이후 부현(府県)이나 군시정촌(郡市町村)을 결성 단위로 하여, 그 지역의 교육행정 관리, 교원, 명망가 등을 구성원으로 결성된 조직이다. 교육의 보급과 개량을 위한 교육 자문, 교원 연수, 교육 연구 및 교재 개발 등을 담당하는 사립 교육단체로, 1890년에는 전국적으로 700여 개의 교육회가 만들어졌다. 현재 일본 각 지방의 교육행정기관인 교육위원회(教育委員會)와는 성격이 다르다.

24 소학교의 교원을 말한다.

25 소학교 훈도와 교장이 중심이며, 단장은 1917년에는 중학교장, 1918년에는 여자사범학교 교유(教諭)였다. 교유는 중등학교의 교원을 말한다.

26 단장은 니가타현 내무부장(內務部長)이 맡았다.

동으로 파견한 시찰단, 1942년 야마가타현교육회(山形県教育會)가 파견한 국민학교 교장 시찰단 등이 대표적인 사례이다. 이들은 여행 후에 견문한 내용을 보고회를 통해 알리거나,[27] 책자로 발간하여 지역 내의 학교에 배포하여 교육자료로 활용하도록 하였다.[28]

교원의 여행은 지방행정기관과 교육회만 기획한 것이 아니라, 언론과 일반기업의 후원에 의해서도 이루어졌다. 1922년 히로시마현립공업학교(広島県立工業學校) 교장이던 다카이 도시고로(高井利五郎)는 『지쓰교노니혼(実業之日本)』이라는 경제잡지를 발간하는 지쓰교노니혼샤(實業之日本社)가 창간 25주년 기념사업으로 파견한 전국 실업학교 교장 시찰단의 일원으로 식민지 조선을 여행하였다. 이때 참가자의 선발은 문부성(文部省)이 맡았다. 1935년 소학교 교장 27명으로 구성된 시찰단은 후쿠도쿠생명보험주식회사(福德生命保險株式會社)가 여비를 지원한 '해외교육시찰사업'에 의한 것이다. 후쿠도쿠생명보험주식회사는 문부성의 추천을 받은 교원들을 1927년부터 1937년까지 10회에 걸쳐 해외에 파견하였으며,[29] 그 대상 지역도 식민지 조선과 중국뿐 아니라 동남아시아, 유럽, 미국 등 다양하였다.[30]

식민지 조선을 관광한 교원집단 중 특별한 경우로는 표 2-2와 2-3에 있는 전국중등학교지리역사과교원협의회(全國中等學校地理歷史科教員協議會)를 꼽을 수 있다. 이 단체는 일본 전국의 중학교·사범학교·고등

....

27 越佐教育雜誌社, 1922, 『越佐教育滿鮮視察記: 附·青島上海』, 越佐教育雜誌社, 25쪽.

28 埼玉県教育會, 1919, 『鵬程五千哩: 第二回朝鮮滿洲支那視察録』, 埼玉県教育會, 序文.

29 長志珠絵, 2007, 「『満洲』ツーリズムと学校·帝国空間·戦場: 女子高等師範学校の「大陸旅行」記録を中心に」, 『帝国と学校』(駒込武·橋本伸也 編), 昭和堂, 341쪽.

30 岩本雪太, 1931, 『教育家の目に映じたる歐米南洋鮮支事情』, 福德生命保険株式會社.
井上儀一, 1932, 『教育家の目に映じたる歐米南洋鮮支事情』, 福德生命保険株式會社.
肥後彰, 1934, 『文部省推選派遣教育家の見たる海外事情』, 福德生命保険株式會社.

여학교 등 중등교육기관의 지리 및 역사 교원들의 모임이었다. 협의회의 모체는 도쿄고등사범학교(東京高等師範學校)의 교수와 졸업생의 조직인 지리역사담화회(地理歷史談話會)였으며, 지리역사과 교육의 학습 개선과 학술연구를 목적으로 하는 자발적인 조직이었다. 협의회는 1914년부터 격년으로 일본 국내뿐 아니라, 당시 일본의 식민지이거나 점령지였던 도시를 돌며 열렸는데, 1925년에는 다롄(大連), 1929년에는 타이베이(臺北), 1932년에는 경성, 1939년에는 신징(新京)에서[31] 개최되었다.[32] 회의와 함께 시찰여행을 병행하였는데, 1925년과 1932년 식민지 조선을 관광하였다.

이같이 교원들의 여행이 활발했던 것은 러일전쟁 승리 이후 수학여행과 마찬가지로, 이들의 식민지 시찰이 장려되었기 때문이다. 특히 문부성은 교원 여행을 독려하기 위해 어용선(御用船)의[33] 무임 승선 등의 편의를 제공하였으며, 신문사들은 식민지로의 수학 및 교원 여행을 찬양하는 보도를 하였다. 예를 들어, 도쿄아사히신문사(東京朝日新聞社)는 1906년 7월 사설을 통해, 소학교 교원들이 러일전쟁에 위대한 공훈을 세운 바가 있으며, 직접 한국과 만주를 답사하여 과거에 가르쳤던 학생들의 전적(戰跡)을 방문하고, 나아가 현재 및 장래의 아이들에게 신흥국(新興國)의 신국민(新國民)이 된 자격을 부여하는 데 필요한 식견을 얻으면 국가에도 매우 유익하다고 주장하였다.[34]

정리하면, '시찰'을 통해 얻은 교원들의 식민지와 제국에 대한 이해

....

31 신징은 1932년부터 1945년까지 만주국의 수도였으며, 현재의 창춘(長春)이다.

32 宋安寧, 2015, 「中等教員の満鮮視察旅行: 全国中等学校地理歴史科教員協議会の事例をとおして」, 『社会システム研究』 30, 56쪽.

33 전시 등에 정부와 군이 징발하여 사용하는 선박을 말한다.

34 有山輝雄, 2002, 앞의 책, 37~38쪽.

가 초등 및 중등교육 현장에 환원될 것으로 기대하여 이들의 여행을 장려하였으며, 이에 따라 많은 교원이 식민지 조선을 관광하였다. 중등학교 가운데 사범학교와 실업학교 교원이 일반 중학교 교원보다 많은 것도 이와 관련이 있어 보인다. 시찰을 조직하고 지원하는 교육행정기관이나 기업체에서는 미래의 교원을 양성하는 사범학교와 산업과 직접적인 관련이 있는 실업학교 교원들이 식민지를 체험하는 것이 일반 교원보다 더 유용하다고 판단하였을 것이다. 한편 교원들의 관광은 시기적으로도 고르게 분포하는 것이 특징이다.

표 2-1·2-2·2-3을 보면, 학생들은 거의 눈에 띄지 않는다. 1906년과 1914년의 히로시마고등사범학교(広島高等師範學校)와 1939년의 도쿄여자고등사범학교(東京女子高等師範學校)[35] 학생들의 수학여행, 1918년 도쿄제국대학(東京帝国大學) 학생인 우에무라 도라(植村寅)와 도쿄고등상업학교(東京高等商業學校) 학생인 마노 노부카즈(間野暢籌) 등에 불과하다. 우에무라 도라는 조선은행(朝鮮銀行)의 선만경제연구생(鮮滿經濟研究生)에 선발되어 주로 경제적 측면을 관찰하는 '연구 여행'을 하였으며,[36] 마노 노부카즈는 여름방학을 이용해 친구와 여행에 나섰다.

앞에서 살펴보았듯이 일본은 러일전쟁 직후부터 학생들의 식민지 수학여행을 적극적으로 장려하고 지원하는 분위기였으며, 이에 힘입어 실제로 많은 학생이 식민지 조선을 여행하였다. 1906년 7월 히로시마고등사범학교의 수학여행 당시에, 여름방학을 이용하여 같이 출발한 학교가 도쿄제국대학(東京帝國大學)·제1고등학교[37]·제2고등학교[38]·가쿠

....

35 현재의 오차노미즈여자대학(お茶の水女子大学)이다.

36 植村寅, 1919, 『青年の滿鮮産業見物』, 大阪屋号書店, 序言.

37 도쿄에 있었으며, 도쿄제국대학의 예과에 해당하였다.

38 미야기현(宮城県) 센다이시(仙台市)에 있었으며, 현재의 도후쿠대학(東北大学)의 전신 중 하

슈인(學習院)·미술학교(美術學校)·외국어학교(外國語學校)·오사카고등상업학교(大阪高等商業學校)·오사카고등의학교(大阪高等醫學校)·오사카사범학교(大阪師範學校) 등 약 10개교였으며, 참가한 학생은 600여 명이었다고 한다.[39] 그리고 만철의 여객 숫자가 정점을 달했다고 하는 1930년 일본에서 출발하여 식민지 조선과 만주를 시찰한 학생 단체는 213개에 달하였고, 인원은 10,677명이었다.[40] 그러나 표 2-1·2-2·2-3은 기행문을 단행본으로 출판한 관광객들만을 정리하였기 때문에 상대적으로 학생들은 적은 것으로 나타났다. 학생이나 학교의 경제적인 형편에서는 단행본 출간이 쉬운 일이 아니었기 때문이다.

그리고 1930년에 식민지를 여행한 213개의 학생 단체 중 50명 이상으로 구성된 관광단을 뽑아 정리한 결과, 규모가 큰 학생 단체는 상업 및 농업학교와 사범학교 등 직능교육을 하는 중등 및 고등교육기관임이 드러났다.[41] 교원들과 유사한 경향이 나타난 것이다. 1939년 도쿄여자고등사범학교를 끝으로 학생의 여행은 없는데, 이는 1940년 6월 문부성의 통달(通達)에[42] 의해 수학여행이 제한되었기 때문이다. 이 통달로 학교 행사로서의 여행은 단기의, 그것도 군사 교련적인 목적으로만 제한되었다.[43]

관광객의 직업 중에 교원 다음으로 두 번째를 차지한 실업가는 농업·공업·상업·무역 등 종사하는 업종이 다양하였다. 교원과 비교하면 개인 관광의 형태가 많지만, 이들도 업계단체와 지방의 상업회의소 등

....

나이다.

39 広島高等師範學校, 1907, 『滿韓修學旅行記念錄』, 広島高等師範學校, 28쪽.

40 長志珠絵, 2007, 앞의 논문, 339쪽.

41 長志珠絵, 2007, 위의 논문, 339~400쪽.

42 '通達'이란 행정관청이 그 관장사무에 대해 소관 기관과 직원에게 문서로 통지하는 것을 말한다.

43 內田忠賢, 2001, 「東京女高師の地理巡檢: 1939年の滿洲旅行(1)」, 『お茶の水地理』 42, 32쪽.

경제단체나 언론에서 조직한 시찰단의 형태로 관광한 사례가 더 많았다. 교원 관광과 비교해 가장 큰 특징은 시기가 편중되어 있다는 점이다. 표 2-1·2-2·2-3을 보면, 실업가의 식민지 조선 관광은 1910년대에 집중되었으며, 1920년대에는 거의 없다가 1930년대 중반에 다시 는 것을 확인할 수 있다. 이는 1910년 한일합병이 이루어지면서 새로운 식민지에 대한 사업 기회 검토를 위해 실업가들의 관심이 증가하였다가 시간이 흐르면서 점차 감소한 사실을 보여준다. 1930년대 중반 실업가들의 관광은 1932년 만주국의 건국으로 인해 사회적 관심이 증가하였던 만주에 초점에 맞추어진 것으로, 식민지 조선은 경유지로 방문한 경우가 대부분이었다.

실업가들의 관광을 조직하는 데는 상업회의소가 주도적인 역할을 하였다. 상업회의소는 상공업자의 의사표시와 이익 옹호를 목적으로 일정한 소득세를 내는 자본가들이 지역을 단위로 조직한 단체이다. 일본에서는 1902년 상업회의소법(商業會議所法)이 공포되면서 상업회의소가 회비를 강제로 징수할 수 있는 권한을 가지고, 또 세금 납부 기준에 해당하는 상공업자들은 의무적으로 가입하게 되어[44] 상업회의소의 활동이 활발해졌다. 특히 그 기능 가운데 상공업에 관한 조사·통계 등의 정보 수집이 중요한 업무이기 때문에 이와 관련하여 식민지의 시찰이 강조되었다. 1910년에는 전국의 상업회의소 회두(會頭)들이[45] 부청관광실업단(赴淸觀光實業團)이라는 모임을 만들어 관광에 나섰으며, 1917년의 야마시나 레이조(山科札藏, 1864~1930)는 도쿄상업회의소, 1919년의 고아제 가메타로(小畔亀太郎)는 나가오카상업회의소(長岡商業會議所)

....

44 ウィキペディアフリー百科事典, 商業会議所 항목(https://ja.wikipedia.org/wiki/商業会議所).

45 상업회의소의 우두머리를 말한다.

가 조직한 시찰단의 일원으로 식민지 조선을 관광하였다. 1934년에는 도카이상공회의소연합회(東海商工會議所聯合會)가 주최한 만선시찰단에 43명의 상공업자가 참가하였다.

상업회의소 외에 실업가들이 따로 모여 시찰단을 결성한 사례도 있다. 1912년의 히로시마조선시찰단(広島朝鮮視察團)은 히로시마시 발전의 '이원지(利源地)', 즉 이익의 원천이 될 수 있는 식민지 조선과의 관계를 깊게 하고 상호이익을 증진하기 위해 청년 실업가들이 결성한 히로시마조선협회(広島朝鮮協會)가 추진한 관광단이었다.[46] 히로시마조선협회는 창립 때 8개의 사업 계획을 수립했는데,[47] 그 가운데 하나가 "조선관광단(朝鮮觀光團)을 조직하는 일"이었으며, 이에 따라 회원 21명이 식민지 조선을 관광하였다. 나머지 사업 계획 중에도 식민지 조선 시찰과 관련된 항목이 2개 더 있어 이 단체가 시찰여행을 중요시했음을 알 수 있다. 1919년 관광을 한 오쿠마 아사지로(大熊浅次郎)도 후쿠오카(福岡市) 유지들로 구성된 시찰단의 일원이었다. 시찰단은 모두 32명으로 구성되었으며, 그 직업은 주조업(酒造業)·목재상·직공업(織工業)·운송업·오복상(吳服商)[48]·부동산임대업·대부업·여관업·요리점업·우편국장·지주·농업·화가·회사 중역 등 다양하였다.[49] 1909년의 도치기현실업가

....

46 広島朝鮮視察團, 1913, 『朝鮮視察概要』, 增田兄弟活版所, 1~4쪽.

47 사업계획사항은 다음과 같다. ① 본회 조직의 취지를 조선총독부, 각 관아, 거류민단, 상업회의소 등에 통고하여 장래의 연락방법을 도모하는 일, ② 조선 각지의 본 현인회(県人會)와 연락하여 상호 편익을 도모하는 일, ③ 회원이 참고할 만한 조선담화회(朝鮮談話會)를 수시로 개최하는 일, ④ 시기를 고려해 조선관광단을 조직하는 일, ⑤ 히로시마와 조선 사이의 기차와 기선의 화물운임 저감 방법을 강구하는 일, ⑥ 회원 중 조선의 사정을 조사하려는 하는 자가 있을 때 그 편의를 도모하는 일, ⑦ 본 회원이 조선시찰여행을 하는 경우 소개 등을 하는 일, ⑧ 작년 현회(県會)에 건의한 조선시찰원 파견을 빨리 실행할 것을 당국자에게 촉구하는 일.

48 吳服商, 즉 고후쿠쇼는 일본 전통 옷을 파는 의류상을 말한다.

49 大熊浅次郎, 1919, 『支那滿鮮遊記』, 大熊浅次郎, 3~4쪽.

만한관광단(栃木県實業家滿韓觀光團)은 시모쓰케신문(下野新聞)이라는 신문사가 지역의 실업가 34명을 공개 모집하여 관광단을 꾸렸다.

개인이나 소규모로 관광을 한 실업가로는 1914년의 스기모토 마사유키(杉本正幸, 1887~1966), 1917년의 나이토 히사히로(內藤久寬, 1859~1945). 1918년의 마쓰나가 야스자에몬(松永安左衛門, 1875~1971), 1934년의 후지야마 라이타(藤山雷太, 1863~1938), 1935년의 히로세 다메히사(広瀬為久, 1876~1941) 등이 있다. 이 중에 니혼석유(日本石油)를 설립하여 '일본의 석유왕'이라 불리던 나이토 히사히로, 도쿄전력(東京電力)을 경영하여 '일본의 전력왕'이라 불리던 마쓰나가 야스자에몬, 식민지 조선에도 사업체를 소유하고 있던 재벌인 후지야마 라이타 등은 일본 재계의 거물이었다. 기행문을 출판한 사람 가운데 실업가의 비중이 높은 이유는 그들이 가진 경제력, 사회적 영향력과 무관하지 않을 것이다.

교원과 실업가 다음으로는 10명의 학자가 기행문을 발간하였다. 학자들의 전문 분야는 철학·문학·불교학·양잠학·지리학·생물학·역사학 등 다양하였으며, 관광 시기는 1910년대 2명, 1920년대 4명, 1930년대 3명, 1940년대 1명 등 고른 편이었다. 학자들은 관광, 시찰 등 일반적인 목적으로 여행한 다른 직업군과 다르게 특정한 목적, 특히 연구를 위해 여행한 사례가 많았으며, 이에 따라 관광지가 아닌 다양한 장소를 방문하는 것이 특징이다.

그 사례를 살펴보면, 1919년 식민지 조선을 방문한 국문학자 누나미 게이온(沼波瓊音, 1877~1927)은 척식국(拓殖局)이[50] 식민지의 소학교

....

50 척식국은 1910년 식민지의 행정기관을 감독하기 위한 중앙기관으로서 총리대신 관리하에 설치되었고, 1929년에는 이를 대신하여 척무성(拓務省)이 설치되었다.

에서 사용할 창가(唱歌)를 만들어달라고 의뢰하여 자료조사를 위해 여행하였다.[51] 1922년 불교사학자 오야 도쿠쇼(大屋德城, 1882~1950)는 일본의 아스카(飛鳥)문화와 관련 있는 삼국시대 유적을 답사하기 위해 식민지 조선에 건너왔다.[52] 1923년 양잠학자 이시와타리 시게타네(石渡繁胤, 1868~1941)는 권업모범장(勸業模範場)의[53] 위탁으로 양잠업 조사와 함께 조선잠업회(朝鮮蠶業會) 총회 등에 참석하러 식민지 조선을 방문하였다.[54] 지리학자인 후지타 모토하루(藤田元春, 1879~1958)는 외무성(外務省) 대지문화사업국(對支文化事業局)의 명령으로 도쿄고등사범학교 교수 다나카 게이지(田中啓爾), 나라여자고등사범학교 교수 니시다 요시로(西田與四郎), 도쿄제국대학 지리학교실 조수 다다 후미오(多田文男)와 함께 각자 연구 주제를 정해 답사 목적으로 여행하였다. 주된 연구 지역은 중국이었으며, 후지타 모토하루의 연구 주제는 황허(黃河)였다.[55]

그러나 이렇게 연구를 목적으로 여행한 학자들도 대개 명소를 둘러보고 여흥을 즐기는 관광을 병행하였다. 그리고 1925년의 모리모토 가쿠조(森本角藏, 1883~1953)와 1933년의 니시무라 마코토(西村眞琴, 1883~1956)와 같이 일반적인 시찰에 참여한 학자들도 있고, 1919년의 다카모리 요시토(高森良人)와 1933년의 혼다 다쓰지로(本多辰次郎, 1868~1938)와 같이 유람 여행을 한 학자도 있다. 혼다 다쓰지로는 약

51 沼波瓊音, 1920, 『鮮滿風物記』, 大阪屋号書店, 1~2쪽.

52 大屋德城, 1930, 『鮮支巡礼行』, 東方文献刊行會, 1쪽.

53 1906년 통감부가 한국에서의 농업기술의 시험과 조사, 지도 등을 위해 경기도 수원에 만든 기관으로, 1908년 이후 전국에 시험지와 출장소를 설치하였다. 1910년 이후에는 조선총독부 소속이 되었다.

54 石渡繁胤, 1935, 『滿洲漫談』, 明文堂, 85쪽.

55 藤田元春, 1926, 『西湖より包頭まで』, 博多成象堂, 1쪽.

한 달에 걸쳐 만주와 식민지 조선의 대표적인 관광지인 평양·경성·금강산·경주를 유람하였다.[56]

네 번째로 많은 기행문을 남긴 직업군은 기자, 신문과 잡지 발행인 등 언론인이었다. 1917년의 도쿠토미 이이치로(德富猪一郎, 1863~1957)와[57] 기쿠치 유호(菊池幽芳, 1870~1947), 1919년의 호소이 하지메(細井肇, 1886~1934), 1920년의 이토 사다고로(伊藤貞五郎)와 와타나베 미노지로(渡辺巳之次郎, 1869~1924), 1938년의 나카지마 마사오(中島真雄, 1859~1943), 1940년의 이시바시 단잔(石橋湛山, 1884~1973)과 이시야마 겐키치(石山賢吉, 1882~1964) 등 모두 8명이다. 뒤에 다시 다루겠지만, 언론인의 여행은 관광보다는 경제와 정치적 상황의 시찰 등 특정한 목적을 가진 경우가 많았으며, 시기적으로는 1910년대 후반과 1930년대 후반에 집중되었다. 일본 국내에서 식민지 조선과 만주에 관한 관심이 고조되던 시기와 맞물려 있다. 언론인 역시 여행기를 단행본으로 출판하기에 여러모로 유리한 점이 많았다.

식민지 조선을 관광한 언론인의 면면을 살펴보면, 먼저 도쿠토미 이이치로와 호소이 하지메는 식민지 조선에 관해 관심과 경험이 많은 사람들이었다. 도쿠토미 이이치로는 1890년 고쿠민신문(国民新聞)을 창간한 이래 줄곧 일본의 오피니언리더 역할을 한 사람으로, 초대 조선총독 데라우치 마사타케(寺内正毅)의 의뢰를 받아 1910년에 조선총독부의 기관지였던 경성일보(京城日報)의 감독이 되었다. 그는 1918년 사임할 때까지 여러 차례 경성에 오가며 활동하였다.[58] 호소이 하지메는 1907년에 한국에 건너와 합방촉진운동(合邦促進運動)을 벌인 인물로,

56 本多辰次郎, 1936, 『北支滿鮮旅行記 第2輯』, 日滿仏教協會本部, 2~3쪽.

57 도쿠토미 이이치로는 도쿠토미 소호(德富蘇峰)라는 이름으로 더 많이 알려져 있다.

58 ウィキペディアフリー百科事典, 德富蘇峰 항목(https://ja.wikipedia.org/wiki/德富蘇峰).

한일합병 후에는 조선연구회(朝鮮研究會)를 설립하여 활동하였다. 1919년 3·1운동이 일어나자 조선 문화에 관한 연구가 필요하다고 인식하여 이에 대한 연구서를 저술하고 『장화홍련전』 등 조선의 고전소설을 일본어로 번역하기도 하였다.[59]

소설가로도 이름을 날린 기쿠치 유호는 오사카마이니치신문(大阪每日新聞) 기자로서 조선총독부 철도국의 지원으로 주로 금강산을 관광하였다. 고베신문(神戶新聞) 기자인 이토 사다고로는 고베시의 의회시찰단과 동행하였으며, 오사카마이니치신문 기자인 와타나베 미노지로는 다른 기자와 동행한 시찰여행이었다. 나카지마 마사오는 1905년 만주 잉커우(營口)에서 만주일보(滿洲日報)라는 신문사를 설립하여 경영했던 사람으로,[60] 1938년 만주의 성경시보(盛京時報)가 발간 1만 호를 기념하여 나카지마 마사오를 만주에 초청하였다. 이시바시 단잔과 이시야마 겐키치는 같이 경성에서 열린 조선경제구락부(朝鮮經濟俱樂部)의 발회식(發會式)에 참석했다가 식민지 조선의 북부지방과 만주를 시찰하였다. 두 사람 모두 일본 언론계의 중요 인사로, 이시바시 단잔은 나중에 대장성(大藏省)·통상산업성(通商産業省) 등의 장관을 거쳐 일본 총리가 되었고, 경제지 다이아몬드(ダイヤモンド)를 경영한 이시야마 겐키치는 중의원 의원(衆議院議員) 등을 역임하였다. 이시바시 단잔은 여행을 마치고 일본의 주요 도시를 돌며 귀국 보고 강연을 열었고, 기행문을 자신이 근무하던 도요경제신보(東洋經濟新報)에 연재한 뒤 단행본으로 출판하였다.[61]

....

59 박상현, 2011, 「호소이 하지메(細井肇)의 일본어 번역본 『장화홍련전』 연구」, 『일본문화연구』 37, 109~110쪽.

60 李相哲, 1993, 「営口『満州日報』と中島真雄: 満州における初の日本人経営の新聞とその創刊者について」, 『マス·コミュニケーション研究』 43, 160~163쪽.

61 石橋湛山, 1941, 『滿鮮産業の印象』, 東洋經濟新報社.

기행문을 남긴 사람 중에는 종교인도 있었다. 불교 승려인 히오키 모쿠센(日置黙仙, 1847~1920)·샤쿠 소엔(釋宗演 1859~1919)·고바야시 후쿠타로(小林福太郎), 신도(神道)의 신직(神職)인[62] 가모 모모키(賀茂百樹, 1867~1941)·나카지마 마사쿠니(中島正国, 1896~1954) 등이다. 이들은 기행문을 출판사를 통하지 않고 대부분 자가 출판하였다는 공통점이 있다.

먼저 승려를 살펴보면, 히오키 모쿠센은 조동종(曹洞宗) 관장(管長)을 역임한 승려로, 타이·미국 등을 순회한 경험이 있으며, 샤쿠 소엔은 임제종(臨濟宗) 승려로, 구미에 '선(禪)'을 전파한 사람으로 알려져 있다. 고바야시 후쿠타로는 일련종(日蓮宗) 승려로, 스승인 나카자토 닛슈(中里日勝, 1859~1943)를[63] 수행하여 식민지 조선을 방문하였다. 이들은 러일전쟁의 전몰자를 위령하거나 포교를 위해 여행하였으나, 그 여정에 명소를 둘러보는 관광이 포함되어 있었다. 히오키 모쿠센은 평양의 모란대(牡丹臺)·을밀대(乙密臺) 등과 경성의 경복궁(景福宮)·창덕궁(昌德宮)을 구경하였고,[64] 고바야시 후쿠타로 일행도 경성의 궁궐과 동물원·박물관을 관람하였다.[65]

육군성(陸軍省)의 명령으로 1931년 러일전쟁의 전몰자 추모를 위해 여행한 가모 모모키는 1909년부터 1938년까지 일본의 전몰자를 위령하고 제사를 지내는 야스쿠니신사(靖国神社)의 구지(宮司)였다. 구지는 진자(神社)의[66] 우두머리로, 신사 제사의 책임자이며 신사의 사무와

....

62 神職, 즉 신슈쿠는 일본의 신토(神道)와 진자(神社)에서 제의와 사무를 행하는 자를 말한다. 과거에는 신칸(神官)이란 말을 사용하였으나 지금은 사용하지 않는다.

63 疋田精俊, 1983,「明治仏教の世俗化論: 中里日勝の寺族形成」,『智山学報』32, 170쪽.

64 田中霊鑑·奥村洞麟, 1907,『日置黙仙老師滿韓巡錫録』, 香野蔵治, 76~79쪽.

65 小林福太郎, 1928,『北支滿鮮随行日誌』, 小林福太郎, 28~29쪽.

66 '神社'는 일본어로 '진자'로 읽지만, 이하에서는 한국에서 널리 사용하는 '신사'로 표기하였다.

신직·직원의 관리자이다.[67] 1936년의 나카지마 마사쿠니는 스와타이샤(諏訪大社) 등의 구지를 역임한 사람으로, 여행 당시에는 쓰루가오카하치만구(鶴岡八幡宮)의 구지였으며, 내무성(內務省) 신사국(神社局)의 명령으로 만주의 군부대 위문에 나섰다. 그러나 이들의 여행 역시 육군성과 내무성이 부여한 임무 수행만을 위한 것은 아니었다. 가모 모모키는 식민지 조선의 대표적인 관광지인 금강산과 경주를 구경하였으며, 평양에서는 기생(妓生)들과 연회를 가졌다.[68] 나카지마 마사쿠니도 경성에서 유람 버스를 타고 궁궐과 주요 관광지를 둘러보았다.[69] 이같이 포교와 위령 등을 목적으로 한 종교인의 여행에도 관광이 포함되어 있었다.

다음으로 정치가와 관리로는 1905년의 우카이 다이조(鵜飼退蔵, 1853~1915), 1912년의 가부토 구니노리(加太邦憲, 1849~1929), 1914년의 하라 쇼이치로(原象一郎), 1917년의 세키 와치(関和知, 1870~1925), 1932년의 시노하라 요시마사(篠原義政, 1892~1943)가 있다. 관리였던 하라 쇼이치로, 귀족원의원(貴族院議員)인 가부토 구니노리를 제외한 세 사람은 중의원의원이었다.[70] 숫자가 적어 경향을 판단하기 어렵지만, 대체로 여행 시기가 1910년대에 몰려 있어 실업가와 비슷한 양상을 보인다. 정치가들이 식민지가 된 조선을 직접 눈으로 보고 싶어 방문한 것으로 생각된다.

우카이 다이조는 경부선철도 개통식에 참가하기 위해 왔고, 하라

....

67 ウィキペディアフリー百科事典, 宮司 항목(https://ja.wikipedia.org/wiki/宮司).

68 賀茂百樹, 1931, 『滿鮮紀行』, 賀茂百樹, 57~75쪽.

69 中島正国, 1937, 『鮮滿雜記』, 中島正国, 9~14쪽.

70 일본제국의 국회는 귀족원과 중의원으로 구성되어 있었다. 귀족원은 상원, 중의원은 하원에 해당하였다. 귀족원은 근대 일본의 귀족계급과 천황이 임명한 원 관료와 대학교수 등 학식경험자(學識經驗者)와 공훈이 있는 사람, 고액 납세자 가운데 호선하였고, 중의원은 선거에 의해 선출하였다.

쇼이치로는 공무로, 나머지 사람들은 시찰을 위해 식민지 조선을 방문하였다. 사법관료 출신인 가부토 구니노리는 당시 귀족원장이 귀족원의원 10명을 선정해서 600엔(圓)의[71] 비용을 보조하여 파견한 시찰단의 일원이었으며,[72] 세키 와치와 시노하라 요시마사는 뜻이 맞는 중의원의원들과 동행하였다. 세키 와치의 동행자는 나중에 와세다대학(早稲田大學) 명예총장을 지낸 오쿠마 노부쓰네(大隈信常, 1871~1947), 체신대신(遞信大臣)·도쿄시장(東京市長)이 된 다노모기 게이키치(賴母木桂吉, 1867~1940), 국무대신(国務大臣) 등을 역임한 사쿠라이 효고로(櫻井兵五郎, 1880~1951) 등이었다.[73] 세키 와치도 나중에 7선 의원이 되었으며, 시노하라 요시마사는 변호사 출신이었다.

흥미로운 인물은 하라 쇼이치로이다. 그의 일생은 알려진 바가 별로 없으나, 1909년부터 1918년까지 법제국(法制局) 참사관(參事官)으로 근무하였으므로,[74] 1914년 여행 당시에도 이 신분으로 공무 출장을 온 것으로 추정된다. 그는 50여 일에 걸쳐 경성뿐만 아니라 전라도·경상도의 여러 지역을 여행하였으며, 기행문 곳곳에 그의 조선관(朝鮮觀)과 총독정치에 대한 비판이 포함되어 있어 당시 식민지에서는 이 책의 발매가 금지되었다고 한다.[75]

소설가와 시인, 화가, 영화평론가와 같은 예술가들도 식민지 조선에 관한 기행문을 남겼다. 1913년의 화가 도야 한잔(鳥谷幡山, 1876~1966), 1918년의 시인 오마치 게이게쓰(大町桂月, 1869~1925), 1939년의 영

....

71 엔은 일본의 통화단위로 1871년부터 사용되었다. 과거에는 '圓', 현재는 '円'으로 표기한다.

72 加太邦憲, 1931, 『加太邦憲自歷譜』, 加太重邦, 200쪽.

73 関和知, 1918, 『西隣游記』, 関和知, 1~2쪽.

74 西川伸一, 2000, 「戦前期法制局研究序説: 所掌事務, 機構, および人事」, 『政經論叢』 69(2·3), 161쪽.

75 櫻井義之, 1979, 『朝鮮研究文献誌: 明治大正編』, 龍渓書舎, 165쪽.

화평론가 이마무라 다이헤이(今村太平, 1911~1986), 그리고 소설가들인 1941년의 이노우에 도모이치로(井上友一郎, 1909~1997)·도요다 사부로(豊田三郎, 1907~1959)·닛타 준(新田潤, 1904~1978) 등이다. 도야 한잔은 일본 국내 여행을 마친 뒤에 중국과 식민지 조선을 여행하였는데, 친지가 쓴 서문에는 그의 여행을 연구 태도를 회복하기 위한 '수학적(修學的) 여행'이라고 평가하였다.[76] 그의 기행문에는 직접 그린 그림이 포함되어 있어 『지나주유도록(支那周遊図録)』이라는 이름을 붙였다. 오마치 게이게쓰는 시인이면서 수필가로도 이름을 날렸으며, 특히 일본어와 한문을 섞은 독특한 문체의 기행문이 독자들의 인기를 끌었다.[77]

이마무라 다이헤이는 영화이론 분야에서 활약한 사람으로, 영화잡지인 『키네마준포(キネマ旬報)』가 창간 20주년 기념으로 기획한 관광에 영화평론가 4명과 함께 참여하였다. 이노우에 도모이치로·도요다 사부로·닛타 준 등 3명은 모두 30대의 젊은 소설가였다. 이들은 어용 문인단체라 할 수 있는 대륙개척문예간화회(大陸開拓文藝懇話會)의[78] 회원으로, 척무성(拓務省)의[79] 위촉으로 시찰여행을 하였다. 대륙개척문예간화회는 "문화인이 국가사업에 적극적이고 직접적으로 참여"하는 것을 강조하였으며, 시찰여행은 "직접 현지 상황을 시찰하여 실천적 문필 활동

....

76 鳥谷幡山, 1914, 『支那周遊図録』, 支那周遊図録發行所, 2쪽.

77 ウィキペディアフリー百科事典, 大町桂月 항목(https://ja.wikipedia.org/wiki/大町桂月).

78 대륙개척문예간화회는 중일전쟁이 본격화되면서 국가정책에 협력하는 문학 창작이 제창되는 흐름 속에서 생겨난 여러 문인단체 가운데 하나이다. 1939년 2월 척무성 대신 관저에서 발회식(發會式)을 열었으며, 발족 시의 회원은 25명이었다. 좌익이었다가 전향한 작가와 와세다 대학 출신의 작가가 많은 것이 특징이었다. 장혁주(張赫宙)도 이 단체 소속이었다(尾西康充, 2014, 「開拓地/植民地への旅: 大陸開拓文芸懇話会第一次視察旅行団について」, 『人文論叢: 三重大学人文学部文化学科研究紀要』 31, 1쪽.).

79 1929년부터 1942년까지 존재하였던 일본의 관청으로, 식민지의 통치사무와 감독, 만철과 동양척식의 사업 감독, 해외 이민사무 등을 담당하였다.

그림 2-1. 여성으로 구성된 1939년 도쿄여자고등사범학교 수학여행단.
출처: 大陸視察旅行團, 1940,『大陸視察旅行所感集』, 大陸視察旅行團.

에 이바지"하는 기회라고 간주하였다.[80] 이 세 사람은 중국·미얀마 등에서 종군 기자나 군 보도원(報道員)으로 활동하기도 하였다. 예술가들의 기행문은 사실의 서술 외에 방문지의 분위기와 그에 관한 자신의 소감, 여행 중에 느낀 감정 등을 상세하게 묘사하여, 다른 직업군의 그것과 차이가 있었다.

생몰연대를 확인할 수 있는 사람은 표 2-1·2-2·2-3에 관광 당시의 나이를 정리하였다. 수학여행 등 단체관광을 제외하고, 개인의 기행문을 출판한 사람 가운데 가장 젊은 시기에 식민지 조선을 관광한 사람은 1914년에 27세의 나이로 식민지 조선을 찾은 스기모토 마사유키였으며, 제일 연장자는 1938년에 관광한 79세의 나카지마 마사오였다. 연

80 尾西康充, 2014, 앞의 논문, 1쪽.

령대별로는 나이를 확인한 42명 가운데 50대가 13명으로 가장 많고, 그다음은 40대 12명, 60대 7명, 30대 6명의 순이었다. 20대와 70대는 각각 2명이었다. 그러나 이것을 통해 식민지 조선을 여행한 일본인의 주된 연령층을 가늠하기는 어렵다. 중장년층이 다수를 차지한 것은 책을 출판할 수 있는 경제력과 사회적 지위와 관련이 있을 것이다.

끝으로 기행문을 남긴 사람들은 모두 남성이었으며, 여성 집필자는 찾을 수 없었다. 식민지 조선뿐 아니라 만주 여행까지 포함하여 모두 175점의 기행문을 분석한 선행 연구에서도 같은 결과가 나타났다.[81] 물론 여성이 식민지 조선 관광을 전혀 하지 않은 것은 아니다. 수학여행을 한 여자고등사범학교 학생,[82] 시찰여행에 참가한 여성 교원이 있었으며,[83] 혼다 다쓰지로와 같이 부부가 함께 여행한 경우가 있었으나, 그 사례는 모두 합쳐도 4건에 불과하여 매우 적었다. 따라서 일본인의 식민지 조선 관광은 남성 위주로 이루어졌으며, 이는 방문지와 관심사 등에 영향을 미쳤을 것이 분명하다.

2 관광의 동기

관광의 동기는 관광지에 영향을 줄 수 있으므로 매우 중요하다. 그런데 관광 동기는 매우 복합적이고 개인의 내면세계와도 연관되어 있

....

81 米家泰作, 2014, 앞의 논문, 329쪽.

82 1939년의 도쿄여자고등사범학교 여학생 43명의 수학여행을 꼽을 수 있다.

83 1925년 전국중등학교지리역사과교원협의회의 여행에는 전체 115명 중 여성 교원이 10명 참가하였다(정치영·米家泰作, 2017, 「1925·1932년 일본 지리 및 역사교원들의 한국 여행과 한국에 대한 인식」, 『문화역사지리』 29(1), 5쪽.). 1932년 같은 단체의 여행에도 여성 교원이 3명 이상 참가한 것으로 추정된다.

다.[84] 관광 동기의 형성에는 개인적 수준의 생리 또는 심리적 측면뿐 아니라 사회와 문화 수준의 여러 측면이 관련되기 때문이다. 특히 관광 동기의 형성은 건강, 자유, 자연, 자아 발전과 같은 근대적 가치와 관련이 있다.[85]

이러한 관광 동기의 중요성과 복합성 때문에 일찍부터 많은 학자가 이를 분류하고 규명하려고 노력해 왔다. 가장 일찍 주목받은 이론은 1943년 발표된 심리학자 매슬로우(Maslow)의 욕구 5단계 이론이다. 매슬로우는 인간의 욕구가 생리적(physiological) 욕구에서부터 안전(safety)의 욕구, 애정(love)·소속(belongingness)의 욕구, 존경(esteem)의 욕구, 그리고 자기실현(self-actualization)의 욕구까지 5단계의 계층을 이루고 있다고 주장하였다.[86] 관광학에서는 매슬로우의 이론을 적용하여, 관광은 이들 각 단계의 욕구로 인해 생길 수 있어서, 생리적 수준의 욕구와 결부된 것이 있는가 하면 사회적 수준의 욕구를 충족하기 위해서 이루어지는 관광도 있다고 보았다.[87] 매슬로우의 이론을 수정한 관광 동기 이론들도 있다. 대표적으로 피어스(Pearce)는 여행 경력 단계(Travel Career Ladder)라는 이론을 제시하였다. 그는 매슬로우의 5단계에 대응하여 휴식(relaxation), 자극(stimulation), 관계(relationship), 자부심(self-esteem), 성취감(fulfillment)이라는 관광 동기를 제안하였다. 피어스는 이를 다시 자기중심적 관광 동기와 타인지향적 관광 동기의 2가지 유형으로 파악하였다.[88]

....

84 가레스 쇼·앨런 모건 윌리엄스(이영희·김양자 옮김), 2010, 『관광지리학』, 한울, 125~128쪽.

85 닝 왕(이진형·최석호 옮김), 2004, 『관광과 근대성』, 일신사, 39쪽.

86 Maslow, A.H., 1943, A Theory of Human Motivation, *Psychological Review 50*, pp.372~390.

87 김창식, 2012, 『신관광학원론』, 백산출판사, 118~119쪽.

88 Yousaf, A., Amin, I., Santos, J.A.C., 2018, Tourist's motivations to travel: a theoretical

관광 연구에서 관광 동기와 관련해 많이 적용되는 또 다른 이론으로는 1977년 발표된 단(Dann)의 배출 및 흡인 동기 이론을 꼽을 수 있다. 단은 관광객이 특정 관광지를 방문하도록 동기를 부여하는 요인을 배출요인과 흡인요인으로 분류하였다.[89] 배출요인은 주로 관광을 촉진하는 개인의 내적 요인으로, 휴식, 레크리에이션, 모험, 일상에서 벗어나고자 하는 욕구 등을 들 수 있다. 이에 비해 흡인요인은 서비스의 품질, 가격, 인프라 등 관광지의 자원과 관련이 있다.[90]

이상과 같이 관광 동기와 관련해 여러 이론이 있으나, 대체로 개인적인 특성에 초점을 맞추고 있어서 자세한 개인 정보를 확보하기 어려운 관광객인 근대 일본인을 다루는 이 책에서는 적용하기가 쉽지 않다. 피어스와 단도 관광 동기는 복잡하고 혼합적인 개념이라고 설명하였다.[91] 그리고 관광 동기에 대한 이론들이 대부분 현대의 관광객을 대상으로 한 것이므로, 사회문화적 조건과 경제적 상황 등에서 상당한 차이가 있는 일제강점기의 관광에 기계적으로 대입하는 것도 무리가 있다. 그래서 여기에서는 직업·경력·나이 등 수집이 가능한 기초적인 개인 정보와 기행문의 서문에 밝힌 여행 목적을 통하여 일본인들이 식민지 조선을 관광한 동기를 살펴보았다.

한편 관광 동기 및 목적과 관련하여 관광 행동의 유형을 구분하기도 한다. 베르넥커(Bernecker)는 관광 행동의 유형을 ① 요양적 관광(요양·보양 등), ② 문화적 관광(수학여행·견학·종교 순례 등), ③ 사회적 관광

....

perspective on the existing literature, *Tourism and Hospitality Management 24(1)*, p.203.

89 Dann, G. M. S., 1977, Anomie, Ego-Enhancement and Tourism, *Annals of Tourism Research 4(4)*, pp.184~194.

90 Yousaf, A., Amin, I., Santos, J.A.C., 2018, *op. cit.*, p.202.

91 가레스 쇼·앨런 모건 윌리엄스(이영희·김양자 옮김), 2010, 앞의 책, 125쪽.

(신혼여행·친목여행 등), ④ 체육 관광(스포츠 관람 등), ⑤ 정치적 관광(정치행사 관람·참여 등), ⑥ 경제적 관광(견본시장·전시회 참가 등)으로 분류하였다. 마리오티(Mariotti)는 ① 견학 관광(명소·고분·박물관 견학), ② 교육적 관광(수학여행 등), ③ 종교 관광(성지 순례 등), ④ 요양 관광(온천관광·휴양관광 등), ⑤ 스포츠 오락 관광(자동차 여행·승마 등), ⑥ 상업적 관광(쇼핑 여행·견본시장 참관 등), ⑦ 사회적 관광(신혼여행 등)으로 나누었다.[92] 두 사람의 분류는 유사하며, 관광의 목적이 매우 다양함을 확인할 수 있다. 식민지 조선을 방문한 일본인들의 관광 행동을 분류하면, 대부분 위의 유형에 포함되며, 하나의 유형이 아니라 복수의 유형으로 분류해야 하는 경우도 적지 않다. 이에 대해서는 뒤에 다시 다룬다.

이 책에서 자료로 활용한 기행문은 대부분 맨 앞에 서문을 두고 있으며, 서문에 여행 동기와 목적을 밝힌 경우가 많다. 몇 가지 사례를 들면, 가장 이른 시기인 1905년에 한국을 찾은 무라세 요네노스케는 그의 기행문 서문에서 두 가지 여행 동기를 밝혔다. 첫째, 생각을 깨끗하게 씻어내는 기회로 삼고, 둘째, 전쟁의[93] 승리로 인한 일본인의 발전 추세를 확인하기 위해 만한(滿韓)의 산하(山河)를 답파한다고 썼다.[94] 1906년의 수학여행 기록을 담은 히로시마고등사범학교의 『만한수학여행기념록(滿韓修學旅行記念錄)』의 서문은 당시 교장인 호조 도키유키(北條時敬, 1858~1929)가 작성하였으며, 그 내용은 다음과 같다.

> 작년 여름방학에 우리 학교 직원과 생도 가운데 유지자(有志者)가 단체로 만한지방(滿韓地方)에 수학여행을 가기로 했다. 먼저 일반적인 수학

....

92 권용우·정태홍·김선희, 1995, 『관광과 여가』, 한울, 59쪽.

93 러일전쟁을 말하는 것으로 추정된다.

94 村瀨米之助, 1905, 『雲烟過眼録: 南日本及韓半島旅行』, 西澤書店, 1쪽.

(修學) 목적을 정하고, 각 학부 생도의 시찰(視察) 사항을 나누어 맡도록 했다. 단체로 다롄(大連)·뤼순(旅順)·잉커우(營口)·랴오양(遼陽)·펑톈(奉天)·톄링(鐵嶺) 등을 둘러보고, 나누어서 창투(昌圖)의 마을과 시장, 뤼순 탄갱 등의 개황을 목격하는 한편, 또 다른 부대는 안펑(安奉)[95] 경편철도(輕便鐵道)를 통해 한국으로 가서 귀국하는 것이다. 귀교(歸校) 후 단대(團隊) 각부(各部)로부터 시찰 기사를 거두어 책으로 편찬하여, 본교 직원과 생도에게 배포하도록 한다. 그것은 여행 참가자를 위한 적당한 기념록(記念錄)일 뿐 아니라 우리 학교로서도 학생 교양에 관한 저대(著大)한 사업으로, 이 책을 우리 학교의 기념 자료로 삼으려 한다.

일행이 만주에 머문 것은 불과 17일로, 가는 곳곳을 마음껏 시찰할 수 없었다. 하지만 관동총독부(關東總督府)의[96] 대우(待遇) 계획이 면밀하고, 그곳 동포 국민의 향도와 지시가 간절하여서 만주의 산천(山川) 풍토(風土)와 당시 두 나라 사람들의 정세에 관해 대체로 알 수 있었다. 이번 여행에서 얻은 지식은 상밀(詳密)하다고 할 수 없고, 양도 상당히 협소할 수밖에 없지만, 그것은 대부분 실제 경험해 직각(直覺)한 것이다. 그래서 지금 그와 관련한 사물을 회상하면, 여행 당시 그것을 접했을 때 우리 마음에 의기가 커졌고 신체적으로 노력이 많았던 것을 연상하지 않을 수 없다. 따라서 타인이 보면 하등 귀중한 지식이 아닐지라도, 우리 일행에게는 실로 금옥(金玉)과 같은 가치가 있다고 할 수 있다.

이번 수학여행의 이익은 지식보다 한층 큰 것이 따로 있다. 바로 이 여행이 우리에게 무한한 감상(感想)을 주는 동시에, 만한 지방에 관해 교육

....

95 안둥(安東)~펑톈(奉天)을 말한다.

96 일본이 러일전쟁에서 승리한 뒤인 1905년에 러시아의 조차지를 인수하는 형식으로 중국에서 빼앗은 랴오둥반도에 만철의 권익을 지키기 위해 설치한 기관이다. 일본은 랴오둥반도의 끝부분(현재의 다롄시의 일부)과 만철의 부속지를 합쳐 간토슈(關東州)라고 불렀다.

적으로 가치 있는 문제에 접하도록 한 점이다. 옛 전장(戰場)의 언덕에는 우리 장졸(將卒)이 장렬한 흔적을 남기고, 초원에는 적군이 후퇴해 죽은 유적이 있다. 준준(蠢蠢)한[97] 우민(愚民)이 노역하는 것은 원야(原野)에 모인 돼지와 같다. 그것들은 모두 애국정신을 일으키고 인류 자애의 정념을 환기한다. 광야는 막막하고 끝없으며, 요하(遼河)는 고요하고 유유히 흐른다. 천지가 개벽해 풍광이 웅대하니, 우리는 마음껏 그 혜택을 취해 우리 기상을 기를 수 있다. 이러한 감상은 우리 마음에 새겨져 장래 이루려 하는 지기(志氣)를 격려하고 사실 발현의 시기가 있기를 기다리는 것과 같으니, 우리 뇌리에 일종의 원동력이 잠입하는 느낌이 없지 않다. 과연 그렇다면 이 감상이 주는 바가 크다고 하겠다.

만한 지방을 둘러보고 여러 학술적 문제에 접했다. 그리고 교육을 직무로 하는 자의 처지에서 보면, 다양한 문제를 부여받았다. 무력으로써 발전한 국세(國勢) 신장은 위대했다. 이후 평화적으로 국민의 세력을 확립하는 데 필요한 인사(人事)의 기초는 무엇인가. 식민적(殖民的) 국민의 성격은 어떻게 길러야 하나. 외국인과 안녕·행복을 공유하고 해외에 신의를 유지하며 우승의 지위를 차지할 수 있는 상업자(商業者)의 소양은 어떻게 해야 하나. 반개(半開)·누속(陋俗)의 땅을 문화로 나아가도록 하는 의지와 열등 인종을 아끼는 감을 기르는 것은 이주(移住) 국민에게 지금 요구해야 할 사항이 아닌가. 이런 문제들은 우리를 자극해 강구(講究)하도록 한다. 이미 만한지방의 여행이 끝났지만 지금 여전히 그 지방의 실경(實景)이 우리 뇌리에 배회하는 것은 이러한 실제 문제들이 우리에게 남아있어 그 강구와 해답을 기다리고 있기 때문이다. 즉 학술적, 교육적 사상의 면에서 우리가 활동적인 태도를 지니도록 하는 것은 무슨 이익

....

97 어리석고 미련하다는 의미이다.

이 이보다 클 수 있겠는가. 나는 만한지방 수학단체의 통솔을 맡았다. 생각건대 일행이 얻은 이익의 심천(深淺)·광협(廣狹)은 대동소이할 것이다. 이제 기념록 편찬을 알리며, 우리 단체가 거둔 이익이라 생각하는 바를 대강 적어 서문으로 하는 바이다.[98]

내용을 살펴보면, 히로시마고등사범학교 학생과 교원의 여행은 수학(修學)과 시찰(視察)을 목적으로 이루어졌음을 알 수 있다. 베르넥커의 유형 분류에 의하면, '문화적 관광'에 해당한다고 할 수 있다. 호조 도키유키는 단기간의 여행이어서 여러 가지 한계가 있지만, 만주와 한국의 산천 풍토, 즉 자연환경과, 사람들의 정세, 즉 인문을 대략 파악할 수 있었으며, 이것이 실제의 직접적인 경험을 통해 얻은 것이므로 매우 가치가 있다고 평가하였다. 그리고 여행의 통솔자로서 여행을 통해 학생들의 기상을 기르고, 교사가 될 학생들이 식민지 국민을 어떻게 교육할지 고민하게 된 점이 중요한 의미가 있다고 평가하였다.

그런데 여기서 주목할 점은 '시찰'을 수학여행의 가장 중요한 목적이라고 밝힌 것이다. 표 2-1·2-2·2-3을 통해 살펴보면, 전시기에 걸쳐서 식민지 조선을 여행한 일본인은 스스로 그 목적을 '시찰'이라고 밝힌 사람들이 가장 많았으며, '시찰단'이란 이름으로 조직된 관광이 많았다. '시찰'의 사전적인 의미는 "있는 그대로를 주의 깊게 살피는 것", 또는 "실제로 그 현장에 나가서 상황을 살피는 것"이므로,[99] 많은 일본인은 식민지 조선을 직접 자세히 살펴보기 위해 관광에 나선 것이다. 이러한 시찰여행은 베르넥커의 '문화적 관광', 마리오티의 '견학 관광' 또는 '교

98 広島高等師範學校, 1907, 앞의 책, 1~6쪽.

99 精選版 日本国語大辞典(https://kotobank.jp/dictionary/nikkokuseisen).

육적 관광'으로 분류할 수 있다. 그럼 일본인들은 왜 식민지 조선을 살피려고 했는지, 그리고 식민지 조선의 무엇을 살펴보려 했는지를 다시 '시찰'을 목적으로 여행하였다는 사람들의 기행문을 통해 확인해 보자.

> 각지의 풍토민정(風土民情)의 일반을 시찰하고, 산업교통의 대세를 조사하며, 청일·러일전쟁의 전적(戰跡)을 방문해 순국 용사의 영령을 추모하고, 연도(沿道)의 명소구적(名所舊蹟)을 섭렵한다(下野新聞主催栃木縣實業家滿韓觀光團, 1909).[100] [101]

> 히로시마조선협회는 조선의 지리를 알고 조선의 민정을 살펴 장래 상호관계를 밀접하게 만들기 위해 조선시찰단을 편성하였다. … 이향(異鄕)의 산천풍물(山川風物)을 관상(觀賞)하고, 봄철의 행락(行樂)으로 심신을 기르는 것도 가능하다(広島朝鮮視察團, 1912).[102]

> 1912년 6·7월 중국과[103] 조선을 시찰하였다. 중국은 전년 10월 청조(淸朝)를 폐하고 새로 공화정을 선포하였고, 조선은 재작년에 제국에 병합되어 양 지역을 시찰하는 것이 필요한 일이 되었다(加太邦憲, 1912).[104]

> 중국은 오늘날 그저 중국이 아니라, 중국의 민족, 중국의 사회, 중국의 흥망성쇠에 관계되는 것이 곧 우리 제국의 운명에 관련되며, 특히 세계

....

100 괄호 안은 인용문의 저자와 여행 연도를 표시한 것이다.

101 下野新聞主催栃木縣實業家滿韓觀光團, 1911, 『滿韓觀光團誌』, 下野新聞株式會社印刷營業部, 7쪽.

102 広島朝鮮視察團, 1913, 앞의 책, 11~13쪽.

103 일제강점기 일본인들은 중국을 중국이라 표기하지 않고 대개 지나(支那)로 표기하였다. 이 책에서는 지나를 중국으로 통일하여 표기하였다.

104 加太邦憲, 1931, 앞의 책, 200쪽.

대전 이후 세계적 변국(變局)을 살펴보면, 중국 문제는 동시에 제국의 사활 문제라고 해도 과언이 아니다. 이런 의미에서 중국을 연구하고 시찰하는 것은 제국 자신을 연구·시찰하는 것과 그 가치가 같다고 할 수 있다(関和知, 1917).[105]

조선·만주·중국 각지를 순력(巡歷)하는 것은 소위 백문불여일견(百聞不如一見)이라는 옛말을 본받아 나의 이웃 나라에 대한 지견(知見) 양성에 조금이라도 보탬이 되고 싶기 때문이다. 따라서 이 여행은 각지의 경제상 실황을 시찰하는 데에 급하여 풍류의 견물(見物)에는 크게 무게를 두지 못했다(内藤久寛, 1917).[106]

만선시찰단을 조직하여 신영토와 동포발전지(同胞發展地)를 시찰하여 제국 팽창의 위대함을 본다(大熊浅次郎, 1919).[107]

위의 인용문들을 통해 1910년대까지 식민지 조선을 시찰한 목적은 일본의 식민지가 된 조선의 여러 상황을 살피는 것이 자신의 지식과 견문을 넓히는 것은 물론, 국가와 자신의 지역 발전에 필요하다고 인식한 데 있음을 알 수 있다. 도치기현 실업가들로 구성된 1909년의 관광단은 러일전쟁의 승리로 일본의 세력 범위에 들어온 만주와 한국을 관민과 지위를 가리지 않고 시찰 연구하여 척식 발전의 방법을 마련해야 한다고 주장하였다.[108] 한일합병 이후인 1912년에 방문한 히로시마조선협

……

105 関和知, 1918, 앞의 책, 1쪽.
106 内藤久寛, 1918, 『訪鄰紀程』, 自家出版, 1~2쪽.
107 大熊浅次郎, 1919, 『支那滿鮮遊記』, 大熊浅次郎, 1쪽.
108 下野新聞主催栃木縣實業家滿韓觀光團, 1911, 앞의 책, 3쪽.

회는 앞서 언급한 바와 같이 식민지 조선을 히로시마시 발전의 주요한 '이원지(利源地)'라고 간주하고,[109] 이를 시찰하여 상호관계를 밀접하게 하는 것이 중요하다고 판단하였다. 이렇게 일본의 새로운 영토가 되어 일본인에 의한 개발이 본격적으로 시작된 식민지 조선을 시찰하는 것은 경제적으로 매우 중요한 일이었으며, 나아가 일본의 팽창을 직접 눈으로 확인하는 기회였다. 이러한 목적이라면, 베르넥커의 '경제적 관광'에도 포함될 수 있다.

그렇지만 이들이 시찰한 내용은 경제적인 것에만 국한되지 않았다. 풍토와 지리, 민정, 산업과 교통 등을 살피는 것을 기본으로, 이국의 색다른 자연과 풍물, 명소와 고적을 돌아보는 것도 시찰 내용에 들어 있었다. 여기에 덧붙여 히로시마조선협회는 행락과 심신 단련을 언급하기도 하였다. '행락'은 놀고 즐기는 것을 의미한다. 따라서 일본인의 시찰 여행은 하나의 유형으로 분류하기 어려운 '문화적 관광', '경제적 관광', '사회적 관광' 등 여러 유형에 걸쳐 있는 관광이라고 할 수 있다.

한편 1917년 식민지 조선과 중국을 여행한 세키 와치의 서문을 보면, 식민지 조선에 관한 언급은 없고 중국 여행의 중요성만 피력하고 있다. 당시에도 식민지 조선보다는 중국에 시찰의 방점이 찍혀 있었다는 사실을 짐작할 수 있다. 이러한 경향은 1917년과 1918년에 식민지 조선을 방문한 야마시나 레이조와 마쓰나가 야스자에몬 등 실업가가 시찰 목적을 각각 "중국과의 친선과 경제 제휴",[110] "중국 및 중국인의 진상을 이해하고 계발을 선도"라고[111] 밝히고 식민지 조선을 전혀 언급하지 않은 것에서도 드러난다.

....

109 広島朝鮮視察團, 1913, 앞의 책, 2쪽.

110 山科礼蔵, 1919, 『渡支印象記: 鵬程千里』, 山科礼蔵, 1쪽.

111 松永安左衛門, 1919, 『支那我觀』, 実業之日本社, 1쪽.

1920년대의 시찰의 목적과 내용도 전 시기와 크게 달라지지 않았다. 다음 인용문들을 살펴보면, 도시계획의 자료를 얻기 위한 1920년의 고베시회시찰단, 인구 문제 해결을 중요한 과제를 꼽은 1926년의 전국정촌장회(全國町村長會)와 같이 특정한 목적의 시찰도 있었으나, 대부분은 산업·경제·교통·인정·풍속 등의 전반적인 현지 사정을 직접 살펴보는 것이 주된 목적이었다. 1910년대와 달라진 점으로 10여 년간의 식민지 통치로 인한 변화상을 확인하는 목적이 추가되었음을 에쓰사교육단(越佐教育團), 하시모토 후미토시(橋本文寿)의 기록으로 알 수 있다. 그리고 일본인들은 이미 일본의 영역이 되었거나 앞으로 세력을 펼치려는 지역의 '동화(同化)'·'개발'·'발전' 등이 궁극적인 목적이었기 때문에, 이를 위해 그 대상 지역을 직접 시찰하는 것이 중요하다고 생각하였다.

> 고베시(神戸市)의 도시계획은 지금 일부 사업에 착수하여 그 방책을 조사·입안하고 있다. 이때 고베시회(神戸市會)가 도시계획시찰단을 조직하여 중국 및 남양을 시찰하는 것은 인근 국가 도시의 실정을 탐구하여 장점을 채택하고 단점을 보완하며, 도시계획의 자료로 사용하는 것과 시민의 양해와 협력을 얻기 위한 것 외에는 없다. 고베시회의 중국시찰단은 1920년 10월 12일 고베역을 출발, 11월 9일 고베항에 돌아오기까지 약 1개월을 들여 직접 조선·만주 및 중국의 주요 도시들을 시찰하였다. 백문이 불여일견이었으며, 이 시찰에서 일행이 받은 감명과 얻은 지식은 어쩌면 적다. 다만 도시계획의 힌트와 자료를 얻은 것뿐 아니라, 무역과 실업 상 얻은 것이 크며 피아(彼我)의 친선에 대해서도 누군가 얻을 것이다(伊藤貞五郎, 1920).[112]

....

112 伊藤貞五郎, 1921, 『最近の朝鮮及支那』, 伊藤貞五郎, 2~3쪽.

만주와 조선, 중국 일부를 크게 내다보고 먼저 우리가 통절하게 느낀 것은 이 지역에 대한 우리나라의 사명이 얼마나 중대한 것인가이다. 장래 이 지역에 있어 정치의 운용, 산업의 개발, 교화(教化)의 보급, 일본인 세력의 소장(消長)은 하나하나가 우리 국운(國運)을 떨칠 수 있을지와 관련된 큰 문제이다. 넓고 아득한 만 리의 옥야(沃野)는 무한한 보고를 간직하여 우리가 활약할 만한 큰 무대가 전개되어 있다. 많은 인민은 아직 문화의 은택(恩澤)을 입지 못해 우리의 계발(啓發)을 기다리는 바가 크다. 우리 국민이 헛되이 협소한 지역에 국척(跼蹐)하지[113] 말고 이 윤택하고 큰 천지에 그곳의 사람들과 서로 협력하여 함께 문화 향상을 도모하고 국부의 증진을 꾀하는 것은 힘쓸 만한 임무이자 사명이 아닐까. 조선·관동주와 만주 연선(沿線) 일대의 땅, 산업·교육·토목·기타 모든 방면에 있어 우리가 덕화(德化)를 입힌 바가 크다. 십수 년 전에 갔을 때와 비교하면 전혀 옛 모습이 남아있지 않을 만큼 개선 진보의 자취를 보이며, 그곳에 재류하는 일본인이 신예(新銳)의 의기(意氣)로서 부지런히 노력하여 각자의 업무에 힘쓴 상황을 목도(目睹)하였다. … 우리는 견문한 실황을 전하여 우리나라 사람들의 분발과 자각을 촉구하고, 교양있는 인사가 가서 그곳의 개발에 힘쓰는 것을 권장함으로써 조선동화(朝鮮同化), 만몽개발(滿蒙開發), 일지친선(日支親善)에 일조하여 바라건대 국운 진전에 만에 하나라도 기여하고 싶다(越佐教育團, 1922).[114]

우리와 같이 장래 제국 공업의 운명을 지배할 사람들의 지도 교육에 종사하는 자는 중국 사정에 정통하여 피아 관계의 원만한 발전을 이끌 각

113 국천척지(跼天蹐地)의 준말로, 머리가 하늘에 닿을까 염려하여 몸을 구부리고 땅이 꺼질까 염려하여 조심조심 걷는다는 뜻으로, 두려워 몸 둘 바를 모르는 모양을 뜻한다.

114 越佐教育雜誌社, 1922, 앞의 책, 1쪽.

별한 책무가 있다고 하지 않을 수 없다(高井利五郎, 1922).[115]

나는 1922년 9월 14일 문부성으로부터 중국 출장을 명받았다. 이것은 공식 사령(辭令)으로, 그 내용은 오는 10월 4일 다롄에서 전국사범학교장회와 공업학교장회가 열리므로 거기에 출석하는 기회에 조선·만주·중국에 있어 일본인 발전의 상황과 교육·산업·교통 등 제반에 걸친 사항을 시찰 조사하는 목적으로 홋카이도로부터 출장을 갔다(橋本文寿, 1922).[116]

전국에 걸친 57명의 정촌장(町村長)이 선만의 땅에 나가 국토개발을 위해 분로충사(奔勞忠死)한 선조의 영령을 달래고, 현재 국가를 위해 진력하고 있는 당국자를 비롯한 지방 유지에게 깊은 감사를 하며, 자치·교육·산업·국방과 기타 일반 제시설을 조사해 현재 우리나라의 가장 급한 임무인 인구 문제 해결을 위해 노력하고 문화 촉진에 공헌한다(全國町村長會, 1926).[117]

본회 교육시찰원(教育視察員)의 파견은 종래 내지에만 한정했으나, 최근 시운(時運)의 추세를 감안하여 대만, 가라후토(樺太),[118] 홋카이도 등의 신개지(新開地)에 파견하여 단지 교육 방면뿐 아니라 산업·경제·교통·위생 등의 문화적 시설 및 지세·인정·풍속·사적 등도 시찰한다(千葉県教育會, 1927).[119]

....

115 高井利五郎, 1923, 『鮮滿支那之教育と産業: 最近踏査』, 広島県立広島工業學校, 1쪽.

116 橋本文寿, 1923, 『東亜のたび』, 橋本文寿, 1쪽.

117 岐阜県武儀郡教育會, 1927, 『全国町村長會鮮滿視察記』, 岐阜県武儀郡教育會, 1~2쪽.

118 가라후토는 사할린을 말한다.

1930~40년대 역시 시찰 내용은 달라지지 않았다. 아래의 인용문을 보면, 이 시기의 관광객들도 풍토와 인정, 풍속·산업·교육·문화와 종교 상황을 견문하였다. 여기에 청일·러일전쟁과 만주사변의 전사자에 대한 위령과 만주에 주둔하는 군인 위문 등이 더해졌다. 이는 1930년대 만주의 상황이 급박하게 전개된 것과 관련이 있다. 일본은 1931년 9월 18일 펑톈(奉天) 외곽의 류타오후(柳條湖)에서 철도를 스스로 파괴하고 이를 중국 측의 소행이라고 트집 잡아 군사행동을 개시하는데, 이것이 만주사변(滿洲事變)이다. 일본군은 전격적인 군사작전으로 만주 전역을 장악하고, 1932년 3월 일본의 괴뢰 국가인 만주국(滿洲國)을 세워 실질적인 지배권을 행사하였다. 이에 대해 중국이 국제연맹에 제소하였고, 국제연맹은 조사단을 파견해 조사한 결과에 따라 일본군의 철수를 권고하였으나, 일본은 이를 거부하고 1933년 3월 국제연맹을 탈퇴하였다. 이를 계기로 일본 정국(政局)은 파시즘 체제로 전환하였으며, 1937년 중일전쟁과 1941년의 태평양전쟁을 일으켰다.

> 조선과 내지는 일위대수(一葦帶水)의[120] 땅, 그래서 동종동근(同種同根)의 민족, 유사 이전부터 밀접한 관계를 지녔다. … 조선 통치의 완벽과 만몽(滿蒙) 개발은 우리나라의 생명이며 대사명(大使命)이다. 동양의 평화를 영원히 건설하고 복지를 증진하는 것이 곧 세계평화를 이루고 인류 공영을 도모하는 방법이다. 우리는 이들 땅을 경험하고, 문화시설의 실제, 산업개발의 상황, 교육 보급의 실적, 인정풍속의 실상을 견문한다(栗原長二, 1931).[121]

....

119 千葉県教育會, 1928,『滿鮮の旅』, 千葉県教育會, 序.

120 일의대수(一衣帶水)와 같은 뜻으로, 강 또는 해협을 사이에 두고 바로 접해 있다는 의미이다.

121 栗原長二, 1932,『鮮滿事情』, 栗原長二, はしがき.

만주는 제국의 생명선이며, 조선은 내지와 만주를 연락하는 일대육교(一大陸橋)에 비유할 만하며, 모두 황국 일본의 흥폐(興廢)와 지대한 관계가 있는 토지이다. 그러므로 청일·러일전쟁, 가깝게는 만주사변에서 막대한 희생을 치르고 권익을 확보한 것이다. 한일이 합병된 지 27년, 신흥 만주제국이 건국된 지 5년, 우리 제국의 대승적 지도로 특별한 진전을 이루어 지금은 세계열강의 경이와 선망의 대상이 되고 있다. 만주에 관한 지식은 일본 국민의 상식이며, 특히 만주 이민이 제국의 국책이 된 지금에 있어 두말할 나위도 없다. … 우리들의 사명 중 하나는 선만의 풍토와 산업 상태를 시찰하여 올바른 인식을 얻어, 귀환 후에 일반단원에 선만의 상황을 전달하는 것이며, 다른 하나는 생명선을 밤낮으로 사수하는 황군을 치하하고 아울러 만주의 광야, 뤼순(旅順)에서 호국의 귀(鬼)가 된 장병들의 영(靈)을 위로하는 것이다(岐阜県聯合青年團, 1937).[122]

건국 정신에 근저(根柢)를 가진 동아(東亞) 신질서의 건설이야말로 우리 국민에게 부여된 숙명적 사명이며, 아주 큰 광영(光榮)이다. 우리 국민은 절대적으로 이 맡은 바 대임(大任)을 수행하여 그 이상의 현현(顯現)을 향하여 매진하지 않으면 안 된다. 거기에 대륙 진출의 필연성이 있고 대륙 인식의 중요성이 있다. 대륙 시찰은 이제부터 각 방면을 통해 계획될 만한 중요한 사항이다(岡山県鮮滿北支視察團, 1939).[123]

대동아(大東亞) 건설 도상에 있어서 종교와 교육은 매우 중요한 역할

122 岐阜県社會教育課, 1937,『鮮滿視察輯録』, 共栄印刷所, 1쪽.

123 岡山県鮮滿北支視察團, 1939,『鮮滿北支視察概要』, 岡山県教育會, 1쪽.

을 가진 것으로 생각된다. 어떤 시대에도 그 시대를 지도하는 정신력은 종교와 교육이다. 새로운 대국가건설의 도상에 있어 먼저 무력·경제력·정치권력 등이 얼마만큼 행사되더라도 인심을 계도하고 교화하는 정신적 기조가 단단하지 않으면, 그 공(功)을 완전하게 하는 것이 불가능하다. 우리는 이 여행에서 주로 눈을 이 방면에 향한다(市村與市, 1941).[124]

건국 10주년을 맞이하는 맹방 만주국에 건너가 함께 대동아의 건설에 힘쓰는 우방에 마음으로부터 경축을 표하고, 현지에서 활약하는 황군을 위문하며, 의용대훈련소(義勇隊訓練所) 및 개척단(開拓團)의 시찰 위문을 마치고, 흥아(興亞)의 초석이 될 만주의 광야에 잠든 수많은 순국 영령에 감사를 올리며, 대륙 각반(各般)의 실제 사정을 시찰하여 황국민의 연마 육성에 더욱 노력하고 정진하는 것이 우리 교육시찰단에 부여된 사명이다(山形県教育會視察團, 1942).[125]

이러한 일본의 정세 변화는 시찰 내용에도 반영되었지만, 그 동기에 더욱 확연하게 드러난다. 1931년 구리하라 조지(栗原長二)는 일본과 조선이 같은 뿌리를 가진 민족이라고 주장하면서 식민지 조선 통치를 완벽하게 하는 것이 일본의 큰 사명이며, 이를 위해서 시찰이 필요하다고 인식하였다. 만주사변 이후에는 전략적인 관점에서 만주와 식민지 조선의 가치를 평가하였다. 1937년 기후현 연합청년단(岐阜県聯合青年團)의 기행문에서는 만주를 일본의 '생명선(生命線)', 식민지 조선을

....

124 市村與市, 1941, 『鮮·滿·北支の旅: 教育と宗教』, 一粒社, 3쪽.
125 山形県教育會視察團, 1942, 『滿鮮2600里』, 山形県教育會視察團, 2쪽.

일본과 만주를 연결하는 '대육교(大陸橋)'로 표현하였다. 대륙 침략에 있어 만주를 주요 자원과 군수물자의 공급처로, 식민지 조선을 일본과 대륙을 잇는 병참선으로 간주한 것이며, 이를 위해 이 지역을 정확하게 파악하는 것이 여행의 중요한 동기가 되었다. 만주를 '생명선'으로 표현한 사람은 1933년에 여행한 요다 야스시(依田泰)가 처음이므로,[126] 만주사변 이후 일본인들의 공통적인 인식으로 볼 수 있다.

그리고 1939년 이후의 기행문에는 '동아 신질서 건설', '대동아 건설'과 같은 일본의 정치 슬로건이 전면에 등장한다. 시찰여행 역시 이를 실현하기 위한 하나의 수단이었다. 1941년의 이치무라 요이치는 대동아 건설에 있어 종교와 교육이 중요하다고 인식하고, 그 상황을 살펴보는 데 중점을 두었다. 1942년 야마가타현교육회 시찰단의 여행 목적은 매우 구체적이어서 현지의 군대와 개척단 위문, 전몰 군인 추모, 황국민의 육성에 필요한 견문 확대 등을 꼽았다.

앞서 관광객의 면면에서도 살펴보았듯이, 식민지 조선을 관광한 일본인들은 시찰 이외에 다양한 목적으로 가지고 있었으며, 그들의 직업과 관련된 경우가 많았다. 교원들은 식민지 조선이나 만주에서 개최되는 회의에 참석하면서 시찰과 관광을 겸하는 사례가 적지 않았다. 1922년 다롄에서 열린 전국사범학교장회에 참가한 하시모토 후미토시, 1925년·1932년·1939년에 각각 다롄·경성·신징에서 회의를 개최하고 현지를 답사한 전국중등학교지리역사과교원협의회, 1925년 궁주링에서 전국농업학교장회의를 개최한 농업학교장협회, 1926년 펑톈에서 열린 전국소학교장회의에 참가한 이나 쇼로쿠(伊奈松麓, 1883~1961), 1927년 다롄에서 개최된 내선만연합교육회(內鮮滿聯合教育會)에 참가한

....

126 依田泰, 1934, 『滿鮮三千里』, 中信每日新聞社, 自序.

지바현교육회 등이 그러한 예이다.

이렇게 교원들의 회의 참가와 관광을 겸하는 여행은 1920년대에 집중적으로 이루어졌으며, 만철이나 조선총독부 등의 후원으로 성사된 것이 많았다. 이 시기는 식민지 조선에서 조선총독부의 식민 통치 성과가 가시화되고, 만주에서 만철이 사업 확대를 추진하던 때였다. 따라서 식민지 조선과 만주를 경영하는 조선총독부와 만철은 이러한 상황을 일본 국내에 적극적으로 선전할 필요가 있었으며, 국민 교육의 일선에 있는 교원이 좋은 매개체 역할을 할 수 있을 것으로 판단하였다. 그래서 만철은 교원들의 회의와 시찰에 무임승차권을 주는 등 각종 편의를 제공하였으며, 일정 등에도 관여하는 사례가 많았다.[127] 예를 들어, 이나 쇼로쿠가 참가한 1926년 전국소학교장회의 주최자는 만철이었다. 일본 전국에서 181명의 교장이 참석했으며, 만철은 2등 열차의 무임승차, 각지에서 마차와 자동차 등 교통편과 숙소를 제공하였으며, 시찰 장소의 안내도 맡았다.[128] 교원들의 회의 장소로 다롄이 많이 선택된 것도 1906년부터 1933년까지 만철의 본사가 다롄에 있었기 때문으로 추정된다. 다롄은 일본의 대륙 진출 거점도시로, 일본 제국주의의 성과를 과시하는 건물과 시설로 가득 차 있었다.[129]

교원 이외에도 회의 참석이 중요한 관광 동기가 된 이가 있었다. 1921년 여행한 이시이 긴고(石井謹吾, 1877~1927)는 베이징에서 열린 국제변호사협회(國際辯護士協會)의 총회에 참석할 목적으로 64명의 변호사와 함께 여행에 나섰다. 이 여행에서도 만철은 특별열차를 배정하는 등 여러 가지 편의를 제공하였다.[130]

....

127 정치영·米家泰作, 2017, 앞의 논문, 4쪽.

128 伊奈松麓, 1926, 『私の鮮滿旅行』, 伊奈森太郎, 1~2쪽.

129 권경선·구지영 편, 2016, 『다롄, 환황해권 해항도시 100여 년의 궤적』, 선인, 46~51쪽.

수학여행과 시찰, 회의 참석 이외의 관광 동기로는 앞서 살펴본 바와 같이 특정한 주제의 연구를 위해 식민지 조선을 찾은 이들이 있고, '종교 관광'에 해당하는 종교인들의 여행이 있다. 불교와 신도의 종교인들은 포교, 전몰자 위령과 군부대 위문 등을 목적으로 여행하였다. 1907년 한국을 찾은 히오키 모쿠센은 통도사(通度寺)·범어사(梵魚寺) 등 사찰을 방문하여 한국의 불교 현황을 살펴보고 쇠퇴하고 있는 불교의 진흥 방안을 모색하기도 하였다.[131]

그리고 업무 목적으로 방문하여 관광을 병행한 이로는 1914년의 하라 쇼이치로, 1917년의 도쿠토미 이이치로를 꼽을 수 있다. 오늘날과 같이 명승고적만을 유람하기 위해 관광에 나선 이는 드물어, 1918년 금강산을 유람하기 위해 식민지 조선을 찾은 오마치 게이게쓰와, 1919년 다카모리 요시토, 1933년의 혼다 다쓰지로 등에 불과하다. 그리고 1929년 시모노세키선만안내소(下関鮮満案内所)가 기획하여 일본 전국에서 199명이 참가한 단체관광인 선만시찰단과 같은 해 요시노 도요시지로(吉野豊次郎)가 참가한 일본여행협회(日本旅行協會) 주관의 선만시찰단은 모두 시찰여행을 내세웠지만, 실제로는 조선박람회(朝鮮博覽會) 관람이 가장 중요한 목적이었다.[132]

지금까지 살펴본 일본인의 식민지 조선 관광 동기를 정리하면, '시찰'이 가장 일반적이었으나, 그 구체적인 양상을 살펴보면, 다양한 내용으로 구성되어 있음을 알 수 있다. 이 때문에 관광 동기를 통한 관광 행동 유형 분류에서도 어느 하나로 분류하기보다는 여러 유형에 걸치는

....

130 石井謹吾, 1923, 『外遊叢書 第4編 (滿鮮支那游記)』, 日比谷書房, 5~25쪽.

131 田中霊鑑·奥村洞麟, 1907, 앞의 책, 98~99쪽.

132 下関鮮滿案内所, 1929, 『鮮滿十二日: 鮮滿視察團紀念誌』, 下関鮮滿案内所, 序.
吉野豊次郎, 1930, 『鮮滿旅行記』, 金洋社, 序.

그림 2-2. 1929년 시모노세키선만안내소 주최 선만시찰단의 평양 단체 사진.
출처: 下関鮮満案内所, 1929,『鮮満十二日: 鮮満視察團紀念誌』, 下関鮮満案内所.

경우가 많았다. 이러한 특성은 뒤에 다룰 관광지의 분석을 통해 더욱 명확하게 드러날 것이다. 예를 들어, 실업가의 여행에는 산업시설 방문뿐 아니라 전적지와 사적, 온천과 환락가 방문이 포함된 경우가 적지 않았다. 즉 명목은 '시찰'이라 하지만, 친목과 유흥도 중요한 관광 동기였다. 오늘날과 달리 당시 이들의 관광 목적 가운데 '시찰'이 가장 중요했던 것은 관광 동기에 개인적인 특성뿐 아니라 당시 일본 정부와 만철과 같은 기업, 그리고 전반적인 사회 분위기가 크게 작용하였다는 사실을 보여주는 증거라 할 수 있다.

3 관광의 준비

다음으로 기행문의 기록을 통해 관광의 준비과정을 살펴보자. 준비는 관광의 성격에 따라, 그리고 관광단의 규모에 따라 차이가 있었다. 수학여행과 같이 규모가 큰 시찰단의 여행 준비는 더 복잡하였고, 소수의 여행은 상대적으로 간단하였다.

먼저 대규모 단체관광의 사례로, 1907년 히로시마고등사범학교의 수학여행 준비과정을 시간순으로 정리하면, 출발 18일 전에 문부성으로부터 문부성과 육군성(陸軍省)의 여행 협조를 알리는 통첩을 받은 것에서 준비가 시작되었다. 출발 일주일 전에는 참가자들의 신체검사를 했고, 6일 전에는 전쟁을 통해 만주 현지 사정을 경험한 바가 있는 5사단 군의부장(軍醫部長)을 초빙하여 위생상의 주의사항을 들었으며, 5~4일 전에는 이틀에 걸쳐 강당에서 만주 지리에 관한 강연을 들었다. 출발 이틀 전에는 잡낭(雜囊)[133]·모기장·메시고리(飯行李)[134] 메시고리 그물주머니(同上網袋)·수통·물그릇(水呑)·통조림 따개(鑵切)·모자 등 8가지 여행 물품을 배부하였으며, 140명의 참가자로 여행단의 단대(團隊)를 편성하였다. 여행단은 본부와 5개의 조(組)로 구성하였으며, 본부에는 감독·부감독·서무부·회계부·의무부·지도부를 두고, 각 조는 조장과 20명 내외의 조원으로 편성하였다.[135]

출발 하루 전에는 기숙사 현관 앞에서 복장 검사를 하였다. 복장은 정복(正服)·정모(正帽)·각반에 잡낭과 수통을 양어깨에 십자로 둘렀다. 그 위에 외투 뭉치를 오른쪽 어깨에, 모포 뭉치를 왼쪽 어깨에 걸쳐 둘

133 잡다한 것을 넣을 수 있는 자루, 또는 어깨에 걸 수 있는 천으로 만든 가방을 말한다.

134 밥을 넣어 휴대하는 작은 고리를 뜻한다.

135 広島高等師範學校, 1907, 앞의 책, 1~3쪽.

을 등 뒤에서 결합하고, 그 위에 일인용 모기장을 묶었다. 휴대품은 속옷과 바지(각 2벌)·양말(3~4켤레)·복대(腹卷)·장갑·수건·손수건·선단(船丹)·호탄(寶丹)[136]·고로다인(コロダイン)[137]·벼룩약(蚤取粉)[138]·치약·이쑤시개·비누·바늘과 실·작은 칼·수첩·연필·지도·나침반·부채·진제목경(塵除目鏡)[139]·구두약·구둣솔·성냥·종이 등이었다. 복장 검사를 마치고 여장을 갖추어 사진을 찍었다. 다시 여장을 풀고 강당에 모여 여행에 관한 교장의 훈시를 들었다.[140]

이상의 준비과정을 살펴보면, 먼저 신체검사, 군의(軍醫)의 강의, 부서(의무부) 편성, 각종 약품과 위생용품이 큰 비중을 차지하는 휴대품의 준비 등 일련의 과정을 통해, 여행 중의 위생 문제를 염려하여 이에 대해 철저하게 준비하였다는 점이 눈에 띈다. 이는 여행지인 한국과 만주의 위생 상황이 열악하다고 평가한 결과일 것이다. 여행단을 군대와 유사한 조직으로 편제한 점도 주목할 만하다. 여행 조직을 군대처럼 만든 것은 당시 수학여행에서 흔히 볼 수 있다. 일본의 근대화에 있어 사회질서의 가장 유력한 모델이 군대였고, 학교는 이를 실천하는 전형이었기 때문이다. 그래서 수학여행뿐 아니라 학교생활에 있어서 집단행동은 물론이고, 제복, 머리형부터 정리 정돈, 시간 엄수 등의 제 규칙에 이르기까지 군대가 모델이 되었다.[141]

1914년의 히로시마고등사범학교 수학여행은 영어부(英語部) 생도가 중심이 된 13명의 규모가 작은 여행단이었다. 그렇지만 그 준비기

....

136 호탄은 적갈색 분말약으로, 두통·구역질·어지럼증 등에 사용한다.

137 액체 위장약이라고 한다.

138 노미토리코는 벼룩을 구제하는 가루약으로, 자기 전에 침구와 잠옷 등에 뿌린다.

139 바람과 먼지를 막는 도수 없는 안경을 말한다.

140 広島高等師範學校, 1907, 앞의 책, 7쪽.

141 有山輝雄, 2002, 앞의 책, 67쪽.

간은 매우 길었고, 그 과정이 『대륙수학여행기(大陸修學旅行記)』에 상세하게 서술되어 있다. 그 내용을 요약하면, 영어부 생도들은 교수의 권유로 1학년 때인 1911년부터 여행을 계획하고 경비 마련을 위해 저축을 시작하였다. 1912년 1월에는 교장에게 여행계획을 보고하고 허락받았으며, 여러 해운회사와 교섭하면서 여행지 및 비용을 조사하였다. 그 결과, 많은 시간이 소요되는 북미는 포기하고, 영어과와 관련이 있다고 판단하여 홍콩 및 상하이를 여행지로 결정하였다. 그러나 5월 들어 교장과 지도 교수의 전근, 학교 경비의 축소 등으로 계획이 중지되었다. 1914년 2월부터 다시 여행을 추진하여, 4월에 여행비 저축을 마무리하였으나, 6월 외무성(外務省)으로부터 페스트가 창궐한 홍콩은 여행이 불가하다는 통보를 받고, 식민지 조선과 중국으로 여행지를 변경하였다. 7월 16일 문부성의 여행 허가를 받고, 이튿날 교의(校醫)에게 신체검사와 위생 교육을 받았다. 신체검사에서 이상이 발견된 1명이 제외되고, 학생 12명과 교수 1명이 7월 19일 마침내 히로시마시를 출발하였다.[142] 이같이 이들의 수학여행은 처음 계획부터 실행까지 무려 3년 이상의 시간이 걸렸으며, 처음 여행을 계획했던 영어부 생도 22명 가운데 최종적으로 9명만 참여하였다.[143] 학교가 주도한 것이 아니라 학생들이 자발적으로 계획하고 준비하면서 여러 시행착오를 겪은 결과이며, 다른 수학여행과 구별되는 점이다.

그 후 25년이 흐른 1939년 도쿄여자고등사범학교의 수학여행에는 인솔자 3명을 포함하여 43명이 참가하였다. 중일전쟁이 발발한 뒤 이루어진 여행이었기 때문에 문부성과 육군성의 지도하에 준비가 진행

....

142 広島高等師範學校, 1915, 『大陸修學旅行記』, 広島高等師範學校, 12~15쪽.

143 나머지 3명의 학생은 국한부(國漢部) 1명, 수물화학부(數物化學部) 2명이 참가하였다.

되었으며, 만주이주협회(滿洲移住協會)와 만주척식공사(滿洲拓殖公社)가 여비를 보조하였다.[144] 그러나 그 기록인 『대륙시찰여행소감집(大陸視察旅行所感集)』에는 여행 준비과정에 관한 설명이 없다. 다만 수학여행에 촉탁(囑託)으로 참여했던 기무라 미야코(木村都)가 자신의 소감문 끝부분에 다음과 같이 만주와 식민지 조선 여행에 필요하다고 생각한 휴대품을 기록해 놓았다. 역시 다양한 약품과 위생용품을 준비한 것이 특징이다.

> 복장: 차양이 넓은 방수모자, 블라우스, 스커트, 굽이 낮은 신발, 배낭은 등에, 수통은 어깨에 메고, 작은 가방을 든다.
> 의복류: 갈아입을 블라우스 4장(한 장은 긴팔), 스커트 1장, 속옷·양말 등은 3개씩, 잠옷 1벌, 비옷(두꺼운 것은 스웨터 대용으로도 편리), 큰 기름종이(油紙), 우산
> 일용품: 세면과 머리 묶는 용구, 재봉 용구(가위·바늘·실), 끈, 안전핀, 수건·손수건·보자기 각 3장씩
> 약품: 구레오소토(クレオソート)[145]·벼룩약·모스키톤(モスキトン)[146]·라키사토루(らキサトール)[147]·호탄, 그 외 항상 복용하는 약이 있으면 반드시 준비, 마스크, 거즈, 지두소독기(指頭消毒器),[148] 오키시후루(オキシフル)[149](주야의 기온 차가 섭씨 10도 이상이고 건조하여 감기에 걸리기 쉬우므로, 이것으로 입을 헹구고 거즈에 축여서 마스크에 붙이면 효과가 탁월함. 붕산을 휴

....

144 大陸視察旅行團, 1940, 『大陸視察旅行所感集』, 大陸視察旅行團, 1쪽.
145 위장약·지사제이다. 정로환(征露丸)으로 많이 불린다.
146 벌레 물린 데 바르는 약이다.
147 변비약이다.
148 알코올을 적신 솜을 넣을 수 있는 휴대용 용기로, 손가락 끝을 소독할 때 사용한다.
149 살균소독제로 주성분은 과산화수소수이다.

그림 2-3. 1930년대의 세이로간(征露丸) 선전: 구레오소토 성분으로 만든 정로환은 러일전쟁 때 비위생적인 물로 인한 감염증을 치료하기 위해 일본 육군에서 사용하였다. 그래서 征露丸이라는 이름이 붙여졌다.

출처: ウィキペディアフリー百科事典 征露丸 항목.

대하여 붕산수를 만드는 것도 좋음), 위생계는 그 외에 아스피린·와카모토(わかもと)[150]·마쿠로(マークロ)·피마자기름·체온계·빙표(氷表)·카이로(懷炉)[151]

식품: 사탕, 우메보시[152]

휴대하는 가방에는 노트·연필·지도·일정표·실·바늘·두통 및 복통 등의 상비약

다음으로 교원의 단체관광 준비과정을 알아보자. 앞서 살펴본 전국

....

150 위장약이다.

151 손난로를 말한다.

152 매실을 소금에 절인 후 말린 음식이다.

중등학교지리역사과교원협의회는 협의회와 시찰여행을 개최할 때마다 그 결과를 보고서로 남겼는데, 식민지 조선을 여행한 1925년과 1932년의 보고서인 『전국중등학교 지리역사과교원 제7회 협의회 및 만선여행보고(全國中等學校地理歷史科教員第七回協議會及滿鮮旅行報告, 이하 『1925년 보고』)』와 『전국중등학교 지리역사과교원 제10회 협의회 및 선만여행보고(全國中等學校地理歷史科教員第十回協議會及鮮滿旅行報告, 이하 『1932년 보고』)』에[153] 준비과정이 상세하게 서술되어 있다.

여행 준비는 구체적인 협의회 및 여행계획을 수립하여 관련기관의 협조를 얻고, 공고를 통해 회원들을 모집하는 순서로 진행되었다. 1925년의 여행은 준비과정에서 난항이 적지 않았다. 이 여행은 원래 1924년에 예정되었으나, 1923년 관동대지진(関東大地震)이 발생해 1년이 연기되면서 문제가 발생하였다. 이 여행이 추진된 결정적인 계기는 만주와 식민지 조선철도를 관할하던 만철이 철도 무임승차를 제공하기로 한 것이었으나, 여행이 연기되는 사이에 조선철도의 운영권이 조선총독부로 이관되면서 식민지 조선 내 구간의 무임승차가 불가능해졌다. 이에 주최 측이 다시 조선총독부와 협의하여, 모든 구간의 철도 무임승차가 가능해졌다. 참가인원도 원래 200명을 계획하였으나, 공고 후 회원들의 신청을 받은 결과, 100여 명에 그쳤다. 그리고 출발 직전에 식민지 조선에 수해가 발생하여, 원래 식민지 조선을 거쳐 만주로 가려던 일정을 변경해 일본에서 바로 다롄으로 건너갔다.[154] 관동대지진, 수해 등 자연재해가 여행계획에 큰 차질을 가져온 것이며, 주최 측은 여기에 대응

....

153 1926년 보고서는 '滿鮮'여행, 1932년 보고서는 '鮮滿'여행이라 표기하고 있다. 1925년의 여행은 만주를, 1932년 여행을 식민지 조선을 위주로 여행하였기 때문으로 생각된다.

154 全国中等學校地理歴史科教員協議會, 1926, 『全国中等學校地理歴史科教員第七回協議會及滿鮮旅行報告』, 全国中等學校地理歴史科教員協議會, 1~2쪽.

하여 여행계획을 변경하였다.

이에 비해 1932년의 여행 준비과정은 비교적 순탄하게 진행되었다. 개최장소인 경성사범학교(京城師範學校) 지리역사과 교관이 직접 계획을 수립하였으며, 조선총독부, 경성제국대학, 조선교육회를 비롯한 관련기관의 협조와 후원도 쉽게 얻었다. 그 결과, 예상보다 많은 230여 명이 참가를 신청하여 성황을 이루었다.[155] 이렇게 여행 준비가 순조로웠던 것은 현지 사정을 잘 알고, 따라서 현지의 관련기관과의 협조도 쉬운 현지 학교가 준비를 주관한 점과, 식민지 조선이 만주에 비해 행정체계 등이 잘 정비되고 안정되어 있었다는 점이 중요하게 작용하였을 것이다.

한편 『1925년 보고』에서 주목할 만한 점이 여행단의 조직이다. 여행단은 단장 1명, 부단장 2명, 역원(役員) 20여 명을 두었고, 역원은 회계·서무·위생·견학·기록업무를 분담하였다. 그리고 여행단 전체를 9개 반으로 나누고 각반에 반장과 반장보좌를 두었는데, 반장은 "항상 역원과 접촉하고, 단장의 명을 반원에게 전달하며, 반의 위생에 주의하는" 등의 업무를, 반장보좌는 "반장을 돕고, 또는 반장을 대신하여 반의 사무를 처리하는" 업무를 담당하였다. 또한 반원의 임무는 "단장과 반장의 명령에 따라 행동하고, 반장을 도와 반의 사무를 분담하는 것"이라고 규정하였다.[156]

교원들의 여행이었지만, 수학여행과 마찬가지로 여행단의 조직을 군대의 그것과 유사하게 편성하였으며, 군대와 마찬가지로 상명하복의 원칙에 따라 행동하였다. 또한 여행단은 각자의 신분에 따라 휘장을 달

....

155 全國中等學校地理歷史科教員協議會, 1932, 『全國中等學校地理歷史科教員第十回協議會及鮮滿旅行報告』, 全國中等學校地理歷史科教員協議會, 1쪽.

156 全国中等學校地理歷史科教員協議會, 1926, 앞의 책, 16~17쪽.

도록 하였으며,[157] 이것은 군대의 계급장과 같은 역할을 한 것으로 생각된다. 당시 일본 교육 및 학교에 군사문화가 널리 적용되고 있었음을 다시 보여주는 증거이다. 한편으로 일본을 대표하여 해외로 나가는 단체 여행단은 전시에 활약한 군대에 후속하는 제국 일본 확대의 첨병이라는 의식도 있었을 것이다.[158]

또한 여행단에 공지한 준비물은 남성과 여성으로 구분하여 다음과 같으며, 각자의 휴대품은 자신이 직접 운반할 수 있을 정도를 넘지 않도록 하였다.[159] 옷의 종류로 보았을 때, 상당한 격식을 차린 복장을 요구하고 있으며, 여성이 특히 그러하였다. 이는 방문지 주민의 시선을 의식하였음을 의미한다. 제국 국민의 문화적 수준을 드러내려고 노력하였고, 현지인들이 자신들을 문명 국민으로 보아주길 기대하였을 것이다.

남자: 셔츠와 바지 각 2벌, 밤 방한용 모직 셔츠, 와이셔츠 2벌, 카라 4~5매.
여자: 기모노의 경우 갈아입을 옷 1~2벌, 속옷 3~4벌, 하카마(袴)와[160] 구두 착용(갈아입을 의복 중 1벌은 모슬린과 같은 모직물이 편리), 양복의 경우, 갈아입을 옷 1~2벌(1벌은 모직물이 편리), 내의 3~4벌, 양산
공통: 수건 여러 장, 무릎 덮개, 각자의 상비약(호탄, 비오헤루민,[161] 아스피린) 및 구레오소토환
휴대하면 편리한 것: 남자는 갈아입을 양복 1벌(알파카이면 가장 좋음), 방진안경, 보온병, 마스크, 여름 외투 또는 레인코트, 여자 안전핀

....

157 全国中等學校地理歷史科教員協議會, 1926, 위의 책, 14쪽.
158 有山輝雄, 2002, 앞의 책, 68쪽.
159 全国中等學校地理歷史科教員協議會, 1926, 앞의 책, 18쪽
160 하카마는 기모노 위에 입는 하의이다.
161 비오헤루민(ビオヘルミン)은 위장약이다.

그리고 출발 전에 종두(種痘) 접종을 마쳐야 하며, 여행 중에 생수·빙수·생과일은 절대 먹지 말고, 차 안이나 여관에서 제공하는 수건 등도 절대 사용하지 말라고 권고하였다.[162] 문헌으로는 조선총독부에서 발간한 『조선요람(朝鮮要覽)』 등 개설서, 철도성에서 만든 『조선만주지나안내(朝鮮滿洲支那案內)』 등 관광안내서, 그리고 지리 교원의 여행답게 5만분의 1, 2만5천분의 1 지형도를 참고할 것을 권하고 있다.[163]

다른 교원들의 단체관광 준비과정도 유사하였다. 1925년에 이루어진 전국농업학교장 74명의 단체여행도 미리 만철 등과 협의하여 일정을 계획하고, 본부에 단장·부단장·회계·서무·기록·접대·의사계(議事係)와 서무 서기를 두고, 참가자를 6반으로 나누어 각반마다 반장을 두었다. 이들은 집합 장소를 일본이 아니라 부산으로 정해 여기에서 일정을 시작한 점이 특징이다. 부산에서 간부들이 모여 타합회(打合會)를[164] 가지고 일정 등을 최종 협의하였다.[165]

소학교 교장 20명이 참가한 1918년 사이타마현교육회(埼玉県教育會)의 사례를 보면, 출발 하루 전에 현청(県廳)에 집합하여 신체검사를 받고, 일정 보고, 인원 보고 등의 절차를 거친 뒤, 여행 중 각자의 임무를 정하였다. 출발일에는 다시 현청에 모여 현 내무부장의 훈시와 학무과장의 주의사항을 듣고 기념 촬영을 한 뒤에 출발하였다. 현의 관계자와 각급학교 및 각 단체의 대표, 그리고 신문기자들이 환송하였으며, 기차역에는 학생들이 나와 만세를 부르고 송별의 편지를 주었다.[166]

....

162 全国中等學校地理歷史科教員協議會, 1926, 앞의 책, 18쪽.

163 全国中等學校地理歷史科教員協議會, 1926, 위의 책, 19~20쪽.

164 미리 의논하고 상의하는 모임을 말한다.

165 農業學校長協會, 1926, 『滿鮮行: 附·北支紀行』, 農業學校長協會, 1~8쪽.

166 埼玉県教育會, 1919, 앞의 책, 1~2쪽.

이렇게 교원들이 출발할 때, 많은 관심과 성원을 받은 것은 당시 해외여행이 드문 일이었기 때문일 것이다. 1922년 홋카이도의 하코다테사범학교(函館師範學校) 교장이었던 하시모토 후미토시는 하코다테항(函館港)에서 직원과 학생, 그리고 지인들이 환송했다. 특히 학생들이 건강이 제일이라며 모자를 흔들고 노래를 부르며 환송해주어 감동하였으며, 자신도 홋카이도를 대표한다는 생각을 가지고 여행에 임하였다. 그는 도쿄를 경유하였으며, 이곳에서 콜레라 예방주사를 맞았다.[167]

교원들의 단체관광 준비과정은 시간이 흘러도 큰 변화가 없어 출발 전에 한두 차례 사전 모임을 하는 것이 보통이었다. 1939년 14명의 교원으로 구성된 오카야마현 시찰단은 10월 1일 출발하기 전에 두 차례 모임을 했다. 9월 20일 오전에는 현 교육회관에 집합하여 현의 시학(視學) 등으로부터 주의사항을 듣고, 지난해에 시찰을 다녀온 사람의 체험담을 들었으며, 일정·여비·복장·휴대품·사무분장(단장·부단장·서무·회계·기록계)에 관해 협의하였다. 그리고 오후에는 현 위생과에서 종두와 콜레라 예방주사를 맞았다. 9월 30일 두 번째 모임은 현 의사당에 모여 장행식(壯行式)을 개최하였다. 장행식에서는 현 학무부장, 현 교육회장의 훈시가 있었고, 오카야마신사(岡山神社)를 참배하였다.[168]

기업인을 비롯한 일반 시찰단의 단체 여행 준비는 수학여행이나 교원의 단체여행에 비해 간략한 편이었다. 1909년 시모쓰케신문사가 주최한 도치기현 실업가관광단은 출발 8일 전에 우쓰노미야시(宇都宮市)의[169] 요정(料亭)에 모여 타합회를 가졌다. 이 자리에는 참전 경험이 있는 군인과 우쓰노미야역장이 참석하여, 각각 현지 사정과 교통편에 관해 설

....

167 橋本文寿, 1923, 앞의 책, 1~2쪽.

168 岡山県鮮滿北支視察團, 1939, 앞의 책, 4쪽.

169 우쓰노미야시는 도치기현의 현청 소재지이다.

명하였다. 이들은 우쓰노미야시를 출발하여 도쿄를 경유해 시모노세키로 갔는데, 경유지인 도쿄에서 하루 머물며 기념 촬영을 하였다. 그리고 이동 중에 34명의 단원을 4개 반으로 편성하고 반장을 정하였다.[170]

전국의 상업회의소 회두들이 참가한 1910년의 부청관광실업단은 출발 당일 오전 11시 바칸(馬関)에[171] 모여서 관광단조직회(觀光團組織會)를 열어 규약(規約)을 정하고 단장과 서기장을 선출한 뒤, 산요호텔(山陽ホテル)에서 만찬을 하고 밤 10시 부산행 배에 올랐다.[172] 1912년의 히로시마조선시찰단은 출발 이틀 전까지 일 인당 57엔의 경비를 냈고, 복장은 양복 또는 일본식 정장으로[173] 정해 미리 공지하였다. 21명의 단원이 출발지인 히로시마역에 출발시간보다 1시간 일찍 모여 단장·회계·간사를 선출하였다. 역장은 이들이 탄 열차 안팎을 휘장으로 장식해주었고, 지역 유지들은 과일·청주·사이다 따위를 협찬하였으며, 악대를 동원하여 환송해주었다.[174] 이토 사다고로가 참가한 1920년의 고베시회시찰단은 출발 8일 전, 시청에 모여 일정·시찰 방법·내규 등을 논의하였다. 그리고 이 시찰이 개인의 여행이 아니라 고베시를 대표하는 공식여행이므로, 일본여행협회 직원에게 부탁하여 여행 주의사항과 일정 등을 작성하고, 단장·회계 등을 선출하였다. 이들은 고베에서 시모노세키로 가는 기차 안에서 각자 준비한 여장(旅裝)을 공개하였는데, 대륙의 추위에 대비해 모피 조끼·순모 내의·방한용 외투와 멀미약·해열제·설사약·변비약 등 여러 약을 준비한 이도 있었고, 통조림과 조리기구를 가

....

170 下野新聞主催栃木縣實業家滿韓觀光團, 1911, 앞의 책, 3~6쪽.

171 바칸(馬関)은 시모노세키(下関)의 별칭이다.

172 赴清実業團誌編纂委員會, 1914, 『赴清実業團誌』, 白岩龍平, 1쪽.

173 가성양복(可成洋服) 또는 일본식 남자 정장인 하오리하카마(羽織袴)로 규정하였다.

174 広島朝鮮視察團, 1913, 앞의 책, 16~19쪽.

져온 사람, 방진안경을 챙긴 사람이 있었고, 의사의 회진(回診) 상자에 알코올·솟코시(即效紙)[175]·의료용 가위 따위를 넣어온 이도 있었다.[176]

이상의일반 시찰단의 단체관광 준비과정을 정리하면, 여행 직전이나 출발일에 참가자가 모두 모여 일정, 주의사항 등을 공유하고, 단장 등 임원을 선출하는 것이 일반적이었다. 그러나 학생이나 교사들의 여행과 같이 구성원에게 각각의 업무를 부여하고 군대식으로 시찰단을 조직하는 경우는 드물었다. 예외적인 사례로, 1937년 18명의 청년이 참가한 기후현 연합청년단은 다음과 같이 5개 반으로 구성하여 각각의 임무를 분담하였다.[177]

서무계: 자동차·전차 등 교통수단 섭외, 식사 주문, 숙소 배정, 기념사진 알선, 인쇄물의 수리(受理) 및 배급

회계계: 금전 보관, 금전의 수지 정산, 영수증 조정(調整) 및 정리, 기타 회계 사무

진행계: 여행단기(旅行團旗) 소지, 여행단의 지휘, 기상·취침의 신호, 시계를 정확하게 맞춤

기록계: 여행일지 기록, 신문 기사 발송, 관계 방면에 통신 연락

위생계: 구급약품의 소지, 화기(火氣)·위생·도난 주의, 탕차(湯茶) 배급, 입욕·세면 알선

개인이나 소규모 인원의 관광은 일정을 짜고 승차권을 구하는 등의 준비를 직접 해야 한다. 이를 위해서는 먼저 여행 정보 수집이 중요

....

175 진정제·청량제 등을 바른 종이로, 두통·치통 등이 있을 때 환부에 붙였다.

176 伊藤貞五郎, 1921, 앞의 책, 1~9쪽.

177 岐阜県社會教育課, 1937, 앞의 책, 1쪽.

하다. 여행 정보는 시중의 관광안내서나 만철이 운영한 선만안내소(鮮滿案內所), 그리고 고베시회시찰단도 이용한 일본여행협회 등을 통해서 얻는 경우가 많았으며, 앞서 여행한 사람들의 기행문도 참고가 되었다. 1919년 단신으로 한 달여에 걸쳐 여행한 사토 고지로(佐藤鋼次郎, 1862~1923)는 과거 군인으로 중국에 3년간 근무한 경험이 있음에도 불구하고, 『공인여행안내(公認旅行案內)』에서[178] 일지주유할인(日支周遊割引)에 관한 정보를 읽고 그에 맞추어 경로를 결정하였으며, 여행비용도 계산하였다. 사토 고지로가 그의 기행문에서 독자에게 챙길 것을 권한 여행 준비물로는 두꺼운 모포와 공기베개, 벼룩약을 포함한 각종 약품과 약간의 음식물 등이 있으며, 의복으로 모닝코트[179]·연미복·실크해트[180] 등속을 휴대하길 추천하였다. 중국에도 신사들이 적지 않으며, 특히 서양인과 동석할 때를 대비하여 이런 복장이 필요하다고 주장하였다.[181]

1936년 단신으로 여행한 구지(宮司) 나카지마 마사쿠니는 출발에 앞서 만철 선만안내소와 여행협회에서[182] 자료를 받고, 잡지에 게재된 기사와 역시 구지이며 자신보다 앞서 여행한 가모 모모키의 기행문 『만선기행(滿鮮紀行)』, 그리고 오가사와라 쇼조(小笠原省三)의 『해외의 신사(海外の神社)』 등을 읽고 여행을 준비하였다. 그는 10월에 여행하였으므로 만주가 추울 것으로 예상하여 겨울 외투와 모내의, 기타 방한구를 준비하였으며, 정로환을 챙겼다. 종두와 티푸스 예방주사는 당시 맞을 수 없어서 백신을 내복하였다. 나카지마 마사쿠니의 여행에서 흥미로운 점

....

178 정확한 책의 제목이 적혀 있지 않다.

179 주간에 입는 서양식 남자 예복이다.

180 실크해트(silk hat)는 예장용 모자로, 모닝코트·연미복을 입을 때 쓴다.

181 佐藤綱次郎, 1920, 『支那一ケ月旅行』, 二酉社, 6~14쪽.

182 일본여행협회를 말하는 것으로 보인다. 일본여행협회는 자판쓰리스토뷰로의 별칭이다.

은 가마쿠라(鎌倉)를 출발하여 시모노세키로 가는 도중에 가나가와현(神奈川県)에 있는 고마야마(高麗山)의[183] 신(神)에게 식민지 조선 여로(旅路)의 안전을 빌었다는 것이다.[184] 고마야마는 고구려와 관련이 있다고 알려진 산이어서 이곳에서 미리 식민지 조선 여행의 안전을 기원한 것으로 보인다.

> 짐은 배낭과 트렁크 그리고 천 가방 등 세 개다. 여러 방법을 시도했지만, 어떻게 해도 그보다 줄어들지 않는다. 무엇보다 지금 만주의 추위가 대체로 어느 정도인지 다른 이들에게 들었지만, 모두 달라서 전혀 짐작할 수 없다. 그래서 가장 추울 때의 준비를 해가면 틀림없다고 생각해 온갖 월동 준비를 지참하기로 했다. 거기다 개척지를 걸을 때처럼 군화에 각반이라는 무시무시한 차림으로 신징(新京)과 하얼빈 등 도시를 걷는 것도 무언가 묘하다고 생각해서 개척지를 걷는 복장은 모두 짐 속에 넣었다. 외투는 트렁크에 넣고 군화와 목도리 그리고 모직 셔츠류, 니커스(knickers),[185] 국방색 상의 등은 배낭에 쑤셔 넣었다. 그리고 추위를 생각해 낡은 바지를 두 개 더 준비했고, 스키 모자도 넣었다. 천 가방에는 다양한 상황을 고려해 약품류와 면도기·비누·수건·칫솔 등 세면도구 그리고 지도 2종류와 원고용지·잉크 등속. 뭐, 그쪽에 가서 필요치 않으면 소포로 돌려보내도 된다고 생각하며 어쨌든 그만큼 갖고 가기로 했다. 배낭을 등에 지고 한 손에 트렁크, 다른 손에 천 가방을 들면 전부 혼자서

....

183 가나가와현 히라쓰카시(平塚市)와 오이소마치(大磯町)에 걸쳐 있는 산으로, 고구려에서 온 사람들이 지은 고라이지(高麗寺)라는 절과 고라이신사(高麗神社)가 있었다. 고라이신사는 메이지시대에 다카쿠신사(高来神社)로 이름이 바뀌었다(ウィキペディアフリー百科事典, 高麗山 항목(https://ja.wikipedia.org/wiki/高麗山)).

184 中島正国, 1937, 앞의 책, 2~6쪽.

185 무릎 근처에서 졸라매게 되어 있는 품이 느슨한 바지로, 여행·등산 등을 할 때 입는다.

가져갈 수 있으니 괜찮겠지.

조금 이른 2시 20분경 도쿄역에 처와 함께 도착하니, 이미 도요다(豊田)가 부인, 아들과 함께 2등 대합실에 불안한 듯 서서 웃고 있었다. 그를 보니 상당히 용맹한 모습이다. 양복에 각반을 두르고, 새 군화를 신었으며 전투모를 쓰고 있었다. 곧바로 개척지로 갈 듯한 모습이다. 짐도 배낭에 트렁크로 나보다 하나 적다. 게다가 배낭도 트렁크도 내 것보다 가볍다. 아무래도 역시 조금 많이 가져온 것 같다고 생각하지만, 이제 어쩔 수 없다.

그러고 보니 도요다는 애용하던 사진기도 지참하지 않았다. 그런데 나는 다카미 준(高見順)이[186] 빌려준 독일제 코렐레(Korelle) 사진기도 어깨에 메고 왔다. 나는 사진기를 이전에 다뤄본 적이 없어서, 어제 사진기를 잘 아는 사촌 아우에게 가지고 가 속성으로 강습받고 온 참이다. "요전에 난 사진기를 가지고 갔다가 질렸어."라고 도요다가 말한다. "사진을 찍고 있으면 아무것도 볼 수 없고, 거기다 숙소 등에서 도난당하지 않을까 신경만 쓰고." 나는 갑자기 불안해진다. 자신도 모르게 어제 속성 강습을 받은 터라 제대로 찍을 수 있을지 전혀 자신도 없고, 게다가 다른 사람의 물건이다. 도난당하면 큰일이다. 생각 끝에 사진기는 두고 가기로 했다. 이것으로 큰 짐 하나가 줄어든 것 같은 느낌이다.[187]

끝으로 위의 인용문은 1941년 척무성의 위촉으로 여행한 3명의 소설가 가운데 닛타 준이 자신의 행장에 관해 서술한 부분이다. 짐을 줄이려고 노력하였지만, 이것저것 챙기다 보니 짐이 많아졌고 마지막에 결국 사진기는 포기한 상황을 흥미롭게 묘사하고 있다.

....

186 高見順(1907~1965)은 소설가이다.

187 井上友一郎·豊田三郎·新田潤, 1942, 『滿洲旅日記: 文学紀行』, 明石書房, 8~10쪽.

지금까지 일본인 관광객들이 준비한 물품을 열거해 보면, 몇 가지 공통점이 드러난다. 우선 일본과 다른 기후에 대비하는 데 주안점을 두었다. 식민지 조선, 특히 만주는 일본에 비해 추운 지방이라는 인식이 있어 여름에도 두꺼운 옷을 준비하였으며, 가을이나 겨울에 여행하게 되면, 보온을 유지할 수 있는 복장과 침구를 미리 마련하였다. 또한 만주의 먼지와 바람에 대비하여 보안경 등을 준비하였다. 둘째, 복장에 있어 타인, 특히 현지인의 시선에 신경을 많이 썼다. 정장을 준비하였으며, 청결한 옷차림을 유지할 수 있도록 여벌의 옷을 꾸렸다. 제국의 국민으로서의 품위를 갖출 수 있도록 한 것이다. 셋째, 일본에 비해 위생이 열악하다고 판단하여 건강을 유지하기 위한 여러 가지를 챙겼다. 다양한 약을 갖추고, 마스크와 소독 도구를 지참하기도 하였다.

제3장

교통수단과 교통로

1 일본과 식민지 조선 간의 이동

전 세계적으로 대중관광의 발달을 촉진한 가장 큰 요인은 근대 교통수단의 도입이다. 철도와 기선으로 대표되는 근대 교통수단이 도입되면서 더 많은 사람이 더욱 빠르게, 그리고 보다 더 편하고 안전하게 이동할 수 있게 되었다. 앞서 언급한 바와 같이 일본인의 한국 관광이 본격적으로 시작된 것도 1905년 1월에 경부선철도가 개통되고, 같은 해 9월부터 관부연락선이 정기적으로 운항하기 시작하면서부터이다. 이로써 일본 전역에서 철도를 이용해 시모노세키로 이동하고, 여기서 연락선을 타고 대한해협을 건넌 뒤, 다시 경부선철도를 타고 한국을 여행할 수 있게 되었다.

이 책의 자료가 된 80권의 기행문에 나타난 일본 출입국 경로를 시기별로 분석한 결과가 표 3-1이다. 섬나라인 일본에서 식민지 조선이나 만주, 중국을 오고 갈 때 모두 배를 이용하였으며, 비행기를 이용한 사람이나 단체는 귀국 길에 경성에서 하카타(博多)까지[1] 비행기를 탄 1941년의 이노우에 도모이치로가 유일하다.[2] 만주와 중국 내의 이동에서는 비행기를 탄 사람들이 있었다. 1932년의 중의원의원 시노하라 요시마사, 1935년의 기업인 히로세 다메히사, 1938년의 신문발행인 나카지마 마사오이며, 하얼빈~신징, 하얼빈~치치하얼(斉斉哈爾),[3] 하얼빈~헤이허(黑河)의[4] 여정에서 비행기를 이용하였다.

전 시기에 걸쳐 일본을 출·입국할 때 가장 많이 활용한 항로는 부산~시모노세키였다. 80명[5] 가운데 일본에서 출발할 때, 부산~시모노세키 항로(이하 '부관항로(釜関航路)')를 이용한 경우는 58명이었고, 일본으로 돌아갈 때, 부관항로를 이용한 경우는 35명이었다. 80명의 관광객 가운데 식민지 조선만을 관광한 7명을[6] 포함하여, 출국과 입국 경로를 모두 부관항로로 선택한 경우가 17명이나 되었다. 부관항로가 가장 널리 이용된 이유는 일본과 대륙을 잇는 가장 짧은 바닷길이며, 부산에서 철도를 통해 직접 만주와 중국으로 연결되므로, 가장 빠르고 편안하게 식민지 조선은 물론, 만주나 중국으로 갈 수 있었기 때문이다.

표 3-1을 보면, 만주와 중국을 포함한 여정의 경우, 부관항로를 제

....

1 하카타는 후쿠오카현(福岡県) 후쿠오카시(福岡市)에 있는 지역 이름이다.

2 일행이었던 도요다 사부로와 닛타 준은 배를 이용해 귀국하였다.

3 치치하얼은 중국 헤이룽장성(黑龍江省) 서쪽에 있는 도시로, 헤이룽장성에서 하얼빈에 이어 두 번째로 큰 도시이다.

4 헤이룽장성 북쪽에 있는 도시이다.

5 80권의 기행문의 주인공은 개인보다 단체가 훨씬 많다. 그러나 여기서 편의상 그 숫자를 세는 단위로 '명'을 사용하였다.

6 1905년의 무라세 요네노스케, 1912년의 히로시마조선시찰단, 1914년의 하라 쇼이치로, 1917년의 기쿠치 유호, 1922년의 오야 도쿠쇼, 1923년의 이시와타리 시게타네, 1929년의 우루시야마 마사키(漆山雅喜) 등 7건이었다. 이중 히로시마조선시찰단과 이시와타리 시게타네는 신의주와 마주하고 있는 중국의 국경도시 안둥(安東, 지금의 단둥)에만 들렀기 때문에 여기에 포함하였다.

외하면 지배적인 경로는 없었으며, 다양한 항로가 이용되었음을 알 수 있다. 일본의 항구로는 시모노세키 외에 1920년대까지 모지(門司)·고베·나가사키(長崎) 등이 이용되다가, 1930년대에는 쓰루가(敦賀)·니가타(新潟) 등 동해에 면해 있는 항구가 이용되기 시작하였다. 중국의 항구로는 일본의 대륙 진출 핵심 기지였던 다롄이 가장 많이 이용되었고, 상하이(上海)·칭다오(青島)·톈진(天津)·탕구(塘沽)[7] 등도 일본에 오가는 항구로 사용되었다. 지룽(基隆)은 타이완 북부에 있는 항구로, 다른 곳을 거치지 않고 타이완으로 바로 갈 때 이용하였다.

표 3-1. 일본 관광객의 출입국 항로

시기	출국		입국	
	항로	숫자	항로	숫자
1905~1919	시모노세키(下関)→부산(釜山)	25	부산→시모노세키	10
	모지(門司)→다롄(大連)	2	상하이→나가사키(長崎)	6
	모지→상하이(上海)	2	상하이→모지	3
	모지→지룽(基隆)	1	상하이→시모노세키	1
	고베(神戸)→지룽	1	다롄→시모노세키	2
			다롄→고베	2
			다롄→모지	1
			다롄→히로시마(広島)	1
			칭다오(青島)→시모노세키	1
			칭다오→모지	2
			불명	2
계		31		31

....

7 톈진의 외항이다.

시기	출국		입국	
	항로	숫자	항로	숫자
1920~1930	시모노세키→부산	15	부산→시모노세키	11
	모지→톈진(天津)	1	상하이→나가사키	1
	모지→다롄	1	상하이→모지	2
	나가사키→상하이	2	상하이→고베	2
	고베→다롄	1	다롄→시모노세키	1
			다롄→고베	2
			칭다오→시모노세키	1
계		20		20
1931~1945	시모노세키→부산	18	부산→시모노세키	14
	시모노세키→다롄	1	부산→하카타(博多)	1
	모지→다롄	2	상하이→나가사키	1
	고베→다롄	1	다롄→시모노세키	2
	고베→탕구(塘沽)	1	다롄→모지	3
	나가사키→상하이	1	다롄→고베	2
	쓰루가(敦賀)→청진(淸津)	4	칭다오→모지	1
	니가타(新潟)→청진	1	청진→니가타	1
			불명	4
계		29		29
합계		80		80

주목할 만한 점은 1930년대 들어 청진(淸津)~쓰루가, 청진~니가타 항로가 이용되기 시작한 것이다. 이 경로를 이용해 처음으로 관광에 나선 사람들은 1934년 상공업자 43명으로 시찰단을 꾸린 도카이상공회의소연합회(東海商工會議所聯合會)이다. 이들은 나고야(名古屋)에 모여 기차로 쓰루가로 이동하여, 만슈마루(滿洲丸)라는 배를 타고 41시간의 항해 끝에 청진에 도착하였다. 청진·나진(羅津)·웅기(雄基)를 거쳐 투먼(圖

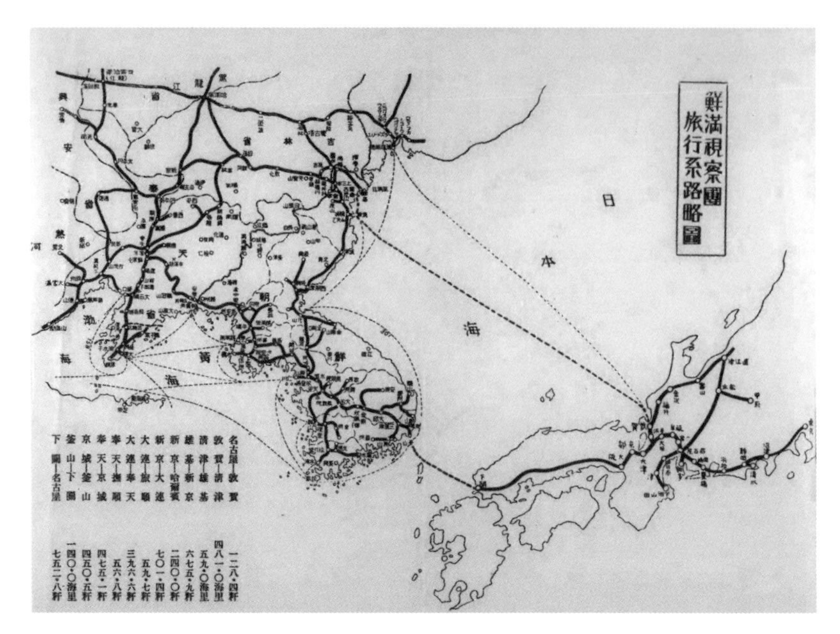

그림 3-1. 도카이상공회의소연합회의 관광 여정.
출처: 東海商工會議所聯合會, 1936,『滿鮮旅の思ひ出』, 名古屋商工會議所.

們)으로 들어가 만주를 관광한 뒤, 다시 식민지 조선을 구경하고 부산을 통해 돌아갔다.[8] 여행 참가자 중 한 사람은 이 경로에 관해 "일본과 만주가 제휴하여 동아(東亞)의 평화를 도모하고 공존공영(共存共榮)의 열매를 거두려는 때, 우라니혼(裏日本)의[9] 각 항구에서 북선(北鮮)의 요항(要港)인 청진·나진·웅기를 거쳐 게이토센(京圖線)에[10] 의해 만주국의

....

8 東海商工會議所聯合會, 1936,『滿鮮旅の思ひ出』, 名古屋商工會議所, 5~9쪽.

9 일본 혼슈(本州)에서 동해에 면한 지역을 부르는 호칭이었으며, 현재는 사용하지 않는다. 현재는 일반적으로 '니혼카이가와(日本海側)'라 부른다. 이와 반대의 지방, 즉 태평양에 면한 지역은 '오모테니혼(表日本)'이라 불렀다.

10 신징(新京)과 투먼(圖們)을 연결하는 철도로 1933년 9월부터 영업을 시작하였으며, 길이는 529km이다(ウィキペディアフリー百科事典, 長図線 항목(https://ja.wikipedia.org/wiki/長図線)).

심장부를 관통하는 신교통로(新交通路)가 열려 일본과 만주 교통사(交通史)에 있어 일대기원(一大紀元)을 긋기에 이른 것을 계기로, 도카이(東海) 18개 상공회의소가 주최하여 신노선(新路線)에 의한 시찰단을 기획하였다."라고[11] 서술하고 있다. 정리하면, 1934년의 토카이상공회의소 연합회의 여정은 일본~만주 간 새롭게 열린 교통로를 따라 관광한다는 점에서 커다란 의의를 지닌다고 스스로 평가한 것이다.

이 교통로는 동해 쪽의 쓰루가·니가타 등 일본 항구와 당시 '북선삼항(北鮮三港)'이라 불리던 함경북도의 청진·나진·웅기항을 항로로 연결하고, 여기서 도문선(圖們線)[12] 철도로 남양(南陽)까지 간 뒤, 1933년에 완공된 게이토센(京圖線) 철도를 타고 만주를 관통하여 만주국의 수도인 신징까지 가는 노선이다. 사실 쓰루가~청진 간의 항로는 1928년부터 개설되었으나, 이용객의 부족으로 계속 타산이 맞지 않았다. 그러다가 만주사변과 게이토센 개통으로 만주국으로 가는 가장 지름길이 된 이 항로의 중요성이 새롭게 떠오른 것이다.[13]

이 항로는 '일만구아연락항로(日滿歐亞連絡航路)', 또는 '쓰루가호쿠센센(敦賀北鮮線)'이라고 불렸으며, 기타니혼기선회사(北日本汽船會社)의 배가 운항하였다. 기선회사의 1937년 안내 책자에는 이 항로를 "일본에서 만주로, 만주에서 일본으로의 경로는 여럿이 있지만, 만주국의 수도 신징과 우리의 상공중심지(商工中心地)를 연결하는 최단(最短) 최첩로(最捷路)는 '쓰루가-호쿠센센' 및 '쓰루가호쿠센우라지오센(敦賀北鮮浦

....

11 東海商工會議所聯合會, 1936, 앞의 책, 33쪽.

12 청진~나진~웅기~종성~회령 등 두만강 연안의 국경을 따라 건설된 철도이다. 1919년 회령~상삼봉 사이에서 운행을 시작하였고, 1932년부터 만철이 운영하면서 '북선선(北鮮線)'으로 이름을 고쳤으며, 1933년 전 노선이 개통되었다(한국민족문화대백과사전, 도문선 항목(http://encykorea.aks.ac.kr)).

13 須藤康夫, 百年の鉄道旅行: 黄金時代の鉄道をめぐる旅(https://travel-100years.com).

潮線)'의[14] 이용을 제일로 들지 않으면 안 된다."라고[15] 설명하였다. 당시 쓰루가호쿠센센 항로에는 3,054톤인 만슈마루가 운항하였으며, 매월 1일·11일·21일 오후 2시에 쓰루가를 출항하여, 3일·13일·23일 오전 6시에 청진에 입항하고, 다시 11시에 출항하여 같은 날 오후 2시 30분에 나진에, 같은 날 오후 8시에 나진을 출항하여 같은 날 오후 6시에 웅기에 도착하였다.[16] 그리고 매월 5일·15일·25일에는 오전 11시에 웅기를 출항하여 나진·청진에 기항하고, 쓰루가에는 매월 8일·18일·28일 오

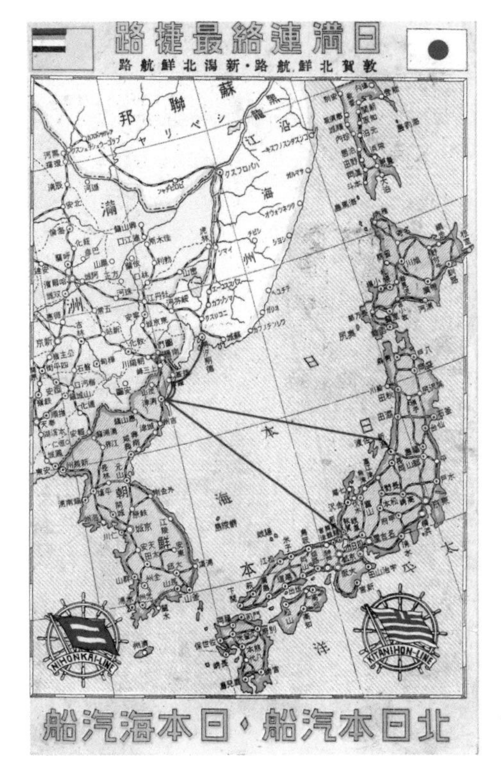

그림 3-2. 쓰루가~청진, 니가타~청진 항로(저자 소장 그림엽서).

....

14 '우라지오'는 '浦潮' 또는 '浦塩'이라 표기하며, 러시아 블라디보스토크를 말한다.

15 森田初三郎·畠中隆輔 編, 1937, 『北日本 定期航路案内 昭和十二年版(改定第貳巻)』, 275쪽(松浦章, 2016, 「野村治一良と日本海航路: 大阪商船·北日本汽船·日本海汽船」, 『関西大学東西学術研究所紀要』 49, 48쪽에서 재인용).

전 8시에 도착하였다.[17] 토카이상공회의소연합회는 1934년 6월 1일 오후 2시에 쓰루가를 출발하여, 6월 3일 오전 7시에 청진에 도착하였다.[18] 1시간 연착한 것이다.

쓰루가~청진 항로를 통해 일본을 떠나고 부관항로를 통해 일본으로 돌아오는 경로는 1935년과 1942년의 야마가타현교육회 시찰단(山形県教育會視察團), 1939년의 오카야마현 선만북지시찰단(岡山県鮮滿北支視察團)도 이용하였으며, 모두 교원들의 시찰여행이었다. 오카야마현 시찰단의 기록에 따르면, 이들은 10월 1일 쓰루가항에서 하루빈마루(ハルビン丸)라는 5,700톤의 배를 탔는데, 배에는 자동차를 비롯해 많은 물품이 실려 있었으며, 목욕탕도 갖추고 있었다. 그리고 승객 가운데는 대륙시찰을 위해 파견된 다른 현의 시찰단이 여럿 있었으며, 특히 전국에서 선발된 여자청년단(女子青年團)이 눈에 띄었다고 한다.[19] 이 기록으로 보아 1930년대 후반 만주를 관광한 사람 중 상당수가 쓰루가~청진 항로를 이용한 것으로 추정된다. 그 이유는 1939년 기타니혼기선회사가 발행한 안내서에 수록된 다음의 설명을 통해 짐작할 수 있다. 일본의 혼슈(本州)에서 만주로 여행할 때, 이 항로가 소요 시간과 비용 면에서 모두 경쟁력이 있었기 때문이다.

일본에서 만주로, 그리고 만주에서 일본으로의 경로는 다양하나, 만주국의 수도 신징과 일본의 심장, 즉 게이한신(京阪神),[20] 나고야지방 및 도쿄

....

16 마쓰우라 아키라(松浦章)의 논문에는 이렇게 기재되어 있으나, '같은 날 오전 6시'는 오기로 추정된다.

17 松浦章, 2016, 앞의 논문, 48쪽.

18 東海商工會議所聯合會, 1936, 앞의 책, 5쪽.

19 岡山県鮮滿北支視察團, 1939, 『鮮滿北支視察概要』, 岡山県教育會, 7쪽.

를 연결하는 가장 짧은, 그리고 가장 지름길은 '쓰루가-호쿠센센', '니가타-호쿠센센', '쓰루가호쿠센우라지오센(敎賀北鮮浦潮線)'을 이용하는 코스를 제일로 들 수 있다. 이 3개 항로의 이용은 그 소요 시간이라는 점에서 봐도, 그 경비라는 점에서 비교해도 다른 어떠한 경로보다도 가장 빠르고 가장 저렴하기 때문이다.[21]

부관항로, 청진~쓰루가 항로 외에도 식민지 조선과 일본을 연결하는 항로는 더 있었다. 전라남도 여수와 시모노세키 사이의 관려(關麗)항로, 부산과 하카타 사이의 부박(釜博)항로 등이 그것이다. 관려항로는 광주~여수 간 철도와 연결할 목적으로 1930년부터 운항하기 시작하였으며, 1934년에는 조선총독부가 부관항로에 편중된 수송 부담을 완화하기 위해 '명령항로(命令抗路)'로 지정하여 강력하게 지원하였다.[22] 그리고 그 이면에는 줄곧 식민지 조선과 일본을 잇는 대동맥 역할을 한 부관항로가 일관되게 일본의 철도 당국에 의해 장악된 데 대한 조선총독부의 누적된 불만이 반영되어 있었다. 조선총독부는 관려항로를 키우려고 노력하였으나 경영 부진을 면치 못하여, 한때 이 항로의 직영화를 검토하기도 하였다.[23] 그렇지만 이 책에서 분석한 80명의 관광객 가운데 관려항로를 이용한 사례는 한 명도 없었으며, 부박항로를 이용한 경우는 1933년 만주와 식민지 조선을 관광한 요다 야스시가 유일하였다. 그는 귀국길에 부산에서 다마마루(珠丸)라는 1,200톤의[24] 배를 타고 9시

....

20 교토(京都), 오사카(大阪), 고베(神戶)를 총칭하는 말이다.

21 松浦章, 2016, 앞의 논문, 51쪽.

22 須藤康夫, 百年の鉄道旅行: 黄金時代の鉄道をめぐる旅(https://travel-100years.com).

23 高成鳳, 2009, 「近代日朝航路の中の大阪: 濟州島航路」, 『白山人類学』 12, 11쪽.

24 일본 위키피디아 백과사전에 의하면 이 배는 500톤이며, 승선정원이 500명이다. 이 배는 1945년 10월 쓰시마 해협에서 일본군이 부설한 기뢰에 의해 침몰하였다(ウィキペディアフ

간의 항해 끝에 하카타항에 도착하였다.[25]

한편 80건의 관광 사례 가운데 표 3-1에는 드러나지 않는 항로가 있다. 표 3-1은 일본을 출발지 또는 도착지로 한 항로만 정리하였기 때문이다. 식민지 조선과 만주·중국을 왕래할 때, 대부분 육로, 그것도 철도를 이용하지만, 항로를 이용한 사례가 존재하기 때문이며, 그 유일한 사례가 1913년 다롄에서 배를 타고 인천으로 들어온 도야 한잔이다. 그는 오사카상선회사(大阪商船會社) 소속의 안돈마루(安東丸)라는 배를 타고 진남포에 기항하였다가 인천항에 들어왔으며, 소증기선(小蒸氣船)으로 갈아타고 인천 잔교에 상륙하였다.[26]

한편, 일제강점기 식민지 조선과 일본 간의 이동에 가장 많이 이용된 부관항로는 1905년 9월 11일 시모노세키항을 출발한 1,600톤급의 여객선 이키마루(壱岐丸)가 11시간 30분간의 항해 끝에 부산항에 도착하면서 본격적으로 열렸다. 제국 일본 최초의 국제 페리인 관부연락선의 역사가 시작된 것이다. 연락선이란 명칭을 사용한 것은 같은 해 개통된 경부선철도와 일본 내의 간선철도를 연결한다는 의미에서였다.[27] 이 때문에 관부연락선의 운영은 줄곧 해운회사가 아닌 철도가 담당하였다. 처음에는 민영철도, 즉 사철(私鐵)인 산요철도(山陽鐵道)가 운영하다가, 1906년 12월부터 철도국유법(鐵道國有法)에 의해 사철을 국유화하면서 철도원(鐵道院)이 운영하였다.[28] 1905년 11월부터는 1,679톤의 쓰시마

....

リー百科事典, 珠丸 항목(https://ja.wikipedia.org/wiki/珠丸)).

25 依田泰, 1934, 『滿鮮三千里』, 中信每日新聞社, 260~261쪽.

26 鳥谷幡山, 1914, 『支那周遊図録』, 支那周遊図録發行所, 160~161쪽.

27 최영호·박진우·류교열·홍연진, 2007, 『부관연락선과 부산: 식민도시 부산과 민족 이동』, 논형, 84쪽.

28 1906년 일본은 철도를 국유화한 뒤, 일본 국내의 철도는 제국철도청(帝国鐵道廳)을 만들어 운영하였고, 이것이 1908년 철도원으로, 1920년에는 철도성(鐵道省)으로 바뀌었다(ウィキペディアフリー百科事典, 鉄道省 항목(https://ja.wikipedia.org/wiki/鉄道省)).

마루(対馬丸)가 추가로 투입되었다. 두 배는 약 300명의 승객을 싣고 기본적으로 밤에 출발하여 이튿날 아침에 도착하는 형태로 매일 1회 운항하였다. 관부연락선의 수송량이 급증하면서 1907년에는 1,458톤의 에게산마루(會下山丸), 1908년에는 1,946톤의 사쓰마마루(薩摩丸)를 민간 선박회사에서 빌려 운항하기 시작하였으며, 낮과 밤, 하루에 두 편으로 운항 횟수를 늘렸다. 이는 1908년 경부선철도의 기점이 초량역에서 부산역까지 연장되면서 철도와 관부연락선의 연결이 크게 개선된 사실과도 관련이 있다.[29] 그 이후에도 시간이 흐름에 따라 관부연락선에 새로운 배들이 속속 투입되었는데, 이를 정리한 것이 표 3-2이다.

우선 연락선의 명칭을 보면, 대한해협의 섬 이름인 이키와 쓰시마

표 3-2. 관부연락선의 운항 시기 및 제원

명칭	운항 기간	총 톤 수(t)	최대 속도(노트)	여객 정원(명)
이키마루(壱岐丸)	1905.09~1922.10	1,680	14.96	317
쓰시마마루(対馬丸)	1905.11~1923.03	1,679	14.93	317
고마마루(高麗丸)	1913.01~1931.05	3,054	13.0	603
시라기마루(新羅丸)	1913.04~1942.06	3,107	16.0	603
게이후쿠마루(景福丸)	1922.05~1944.10	3,619	19.8	945
도쿠주마루(徳寿丸)	1922.11~1943.07	3,619	19.9	980
쇼케이마루(昌慶丸)	1923.03~1943.07	3,619	20.5	878
곤고마루(金剛丸)	1936.11~1945.05	7,082	23.2	1,746
고안마루(興安丸)	1937.01~1945.06	7,079	23.11	1,746
텐잔마루(天山丸)	1942.09~1945.07	7,906	23.26	2,067
곤룬마루(崑崙丸)	1943.04~1943.10	7,908	23.45	2,069

출처: ウィキペディアフリー百科事典, 関釜連絡船 항목(https://ja.wikipedia.org/wiki/関釜連絡船).

....

29 최민경, 2020, 「근대 동북아해역의 이주 현상에 대한 미시적 접근: 부관연락선을 중심으로」, 『인문사회과학연구』 21(2), 47~48쪽.

에서 시작하여, 한반도가 식민지로 전락한 1913년에는 과거의 나라 이름인 고려와 신라를 사용하여 한반도의 역사마저 일본의 지배 아래 두겠다는 의도를 보였고, 1922년과 1923년에 취항한 배에는 경복·덕수·창경 등 조선의 궁궐 이름을 붙여 조선의 지배권력이 완전히 일본에 넘어갔다는 사실을 의도적으로 드러내었다. 그리고 만주국 건설 이후인 1936년과 1937년에 취항한 배에는 식민지 조선의 명산인 금강산과 중국 싱안링산맥(興安嶺山脈)의 이름을 따서 만주까지 제국 일본의 지배 아래 들어왔음을 과시하였다.[30] 1940년대의 배에는 중국의 대산맥인 톈산산맥(天山山脈)과 쿤룬산맥(崑崙山脈)의 이름을 붙임으로써 아시아 대륙 전체로 세력을 확장하려는 일제의 의도를 표시하였다.

그리고 거의 10년 주기로 새로운 배를 관부연락선으로 투입하면서 갈수록 배의 규모가 커지고 속도가 빨라졌으며, 수용 여객 숫자도 증가

그림 3-3. 관부연락선 이키마루.
출처: ウィキペディアフリー百科事典, 壱岐丸 항목(https://ja.wikipedia.org/wiki/壱岐丸).

....

30 류치열, 2006, 「제국과 식민지의 경계와 월경: 釜關連絡船과 『渡航證明書』를 중심으로」, 『한일민족문제연구』 11, 212~213쪽.

그림 3-4. 관부연락선 게이후쿠마루: 부산항 잔교에 정박한 모습.
출처: ウィキペディアフリー百科事典, 壱岐丸 항목(https://ja.wikipedia.org/wiki/壱岐丸).

하였다. 1913년 고마마루(高麗丸)와 시라기마루(新羅丸)의 투입은 1912년부터 도쿄~시모노세키의 특별급행열차, 부산~펑톈의 직통열차가 운행하면서 도쿄에서 펑톈까지 빠르게 연결되는 교통로가 완성되어 이를 이용하는 사람들이 늘어나 부관항로에 대형선이 필요해졌기 때문이다.[31] 이와 함께, 1908년부터 주간과 야간, 하루에 두 편의 연락선을 운항하였으나, 여객이 야간 편에 집중하여 이키마루와 쓰시마마루로는 이를 감당하기 어려웠던 점도 작용하였다. 그러나 고마마루와 시라기마루도 계속 증가하는 여객 숫자에 한계를 보이고 세계 1차 대전의 영향으로 배를 빌리는 것도 여의치 못하자, 철도성은 미쓰비시조선(三菱造船)에 직접 발주하여 새롭게 건조한 게이후쿠마루(景福丸)와 도쿠주마루(徳寿丸)를 1922년에, 쇼케이마루(昌慶丸)를 1923년에 부관항로에 투입하

....

31 ウィキペディアフリー百科事典, 高麗丸 항목(https://ja.wikipedia.org/wiki/高麗丸).

였다. 이들 3척은 배도 커졌지만, 속도도 빨라져 주간에는 8시간, 야간에는 9시간에 대한해협을 건널 수 있었다. 그리고 이들은 여객 전용선으로 화물 하역이 없어져서 정박시간이 단축되어 하루에 왕복하는 것이 가능해져서, 주간 편과 야간 편이 각각 왕복함으로써 하루 2편의 왕복 편이 생겼다. 그리고 기존의 고마마루와 시라기마루는 주로 화물선으로 활용되었다.[32]

1936년 곤고마루(金剛丸), 1937년 고안마루(興安丸)의 취항은 일본이 만주국을 세우고 본격적인 대륙 침략에 나서 만주로의 여객과 화물이 급증한 것과 관련이 있다. 그리고 조선총독부가 관려노선을 직접 관리하면서 경쟁체제에 들어가자 재정적인 문제로 증선·증편에 부정적이던 철도성이 새로운 대형연락선을 도입한 것이다.[33] 더 많은 사람과 물자를 실어 나르기 위해 도입된 곤고마루와 고안마루는 한 번에 1,700명 이상이 탈 수 있었으며, 운항 시간을 더 단축해 7시간에 시모노세키와 부산을 연결하였다.[34] 곤고마루는 전 객실에 냉·온방 시설을 갖추고, 담화실·끽연실·오락실·식당·매점과 철도안내소 따위가 있어 이용자가 쾌적하고 편리하게 여행할 수 있었다.[35] 1942년과 1943년에 새롭게 투입된 텐잔마루(天山丸)와 곤룬마루(崑崙丸)는 중일전쟁에서 태평양전쟁으로 이어지는 과정에서 제기된 관부연락선의 수송량 증강 문제를 해결하기 위한 방책이었다. 따라서 관광 목적으로 이 배를 탄 사람은 거의 없었고, 일본으로 강제 동원된 조선인과 대륙으로 향하는 병력이 주된 승객이었다.

....

32 ウィキペディアフリー百科事典, 壱岐丸 항목(https://ja.wikipedia.org/wiki/壱岐丸).

33 류치열, 2006, 앞의 논문, 228쪽.

34 최민경, 2020, 앞의 논문, 48~49쪽.

35 ウィキペディアフリー百科事典, 金剛丸 항목(https://ja.wikipedia.org/wiki/金剛丸).

이제 기행문을 통해 식민지 조선 관광에 관부연락선을 어떻게 이용하였는지 살펴보자. 가장 이른 시기인 1905년에 식민지 조선을 찾은 무라세 요네노스케는 철도연락선이 아닌 오사카상선회사(大阪商船會社)가 운항하는 799톤의 모쿠호마루(木浦丸)를 타고 시모노세키에서 오후 6시에 출항하여 이튿날 오전 6시에 부산항에 도착하였다.[36] 1905년의 우카이 다이조 역시 오사카상선회사의 기슈마루(義州丸)로 부산으로 건너왔다.[37] 관부연락선을 처음 이용한 사례는 1906년의 히로시마고등사범학교 수학여행단으로 이들은 귀로에 쓰시마마루를 탔으며, 시모노세키에 상륙하기 전에 배 안에서 검역 절차를 거쳤다.[38] 그 후 1907년의 히오키 모쿠센, 1909년의 교토부 시찰단과[39] 도치기현 관광단[40] 등이 모두 관부연락선을 타서, 부산~시모노세키 구간에는 관부연락선 이용이 보편화된 것을 알 수 있다. 간혹 표 3-2에 정리한 관부연락선과 에게산마루(會下山丸), 사쓰마마루(薩摩丸) 등 용선(傭船)의 형태로 투입된 관부연락선 이외의 배로 대한해협을 건넌 사람도 있었다. 1918년의 우에무라 도라와 1920년의 이토 사다고로는 시모노세키에서 3,000톤급의 하쿠아이마루(博愛丸)를[41] 탔다.[42] 이토 사다고로에 의하면, 당시 부관항로에는 철도성이 하쿠아이마루·이키마루·쓰시마마루·고마마루·시라기

....

36 村瀬米之助, 1905,『雲烟過眼録: 南日本及韓半島旅行』, 西澤書店, 90~91쪽.

37 鵜飼退蔵, 1906,『韓滿行日記』, 鵜飼退蔵, 1~3쪽.

38 広島高等師範學校, 1907,『滿韓修學旅行記念録』, 広島高等師範學校, 29~30쪽.

39 출국에 傭船인 사쓰마마루를 이용하였다(京都府, 1909,『滿韓實業視察復命書』, 京都府, 1쪽.).

40 출국에 쓰시마마루를 이용하였다(下野新聞主催栃木縣實業家滿韓觀光團, 1911,『滿韓觀光團誌』, 下野新聞株式會社印刷營業部, 33쪽.).

41 하쿠아이마루는 원래 일본적십자사가 관리하는 병원선이었으며, 나중에 니혼우선(日本郵船)의 상하이 항로의 화객선으로 이용되었다. 이 배도 같은 병원선이었던 고사이마루(弘済丸)와 함께 용선 형태로 부관항로에 투입된 것으로 추정된다(ウィキペディアフリー百科事典, 博愛丸 항목(https://ja.wikipedia.org/wiki/博愛丸)).

42 植村寅, 1919,『青年の滿鮮産業見物』, 大阪屋号書店, 3쪽.

마루 등 5척의 배를 배치하고 있었다고 한다.[43]

관부연락선을 이용한 일본인들은 주간에 운항하는 배가 소요 시간이 더 짧았음에도 불구하고 야간에 운항하는 배를 훨씬 선호하였다. 야간 편을 선호한 이유는 배에서 밤을 보내면, 숙박비를 줄일 수 있고 시간도 절약할 수 있기 때문이다. 이와 함께 하라 쇼이치로는 기차 여행의 피로를 배에서 자면서 풀기 좋다고 설명하였다.[44] 그리고 철도성이 승객이 많은 야간 편에 더 큰 배를 투입한 것도 야간 편에 승객이 몰리는 데 한몫하였다. 큰 배가 운항이 더 안정적이며, 뱃멀미도 덜하기 때문이다. 일례로, 1922년의 우치다 슌가이(内田春涯)는 1,679톤의 쓰시마마루를 타고 시모노세키를 오전 10시 30분에 출발하였으나, 기상악화로 파도가 거세지자 오후 1시 30분에 다시 돌아왔다가 저녁에 3,107톤의 시라기마루를 타고 대한해협을 무사히 건넜다.[45] 이시이 긴고는 뱃멀미를 덜하려면 주간보다 더 큰 배가 운항하는 야간 편을 이용하는 것이 좋다고 주장하였다.[46]

기행문에는 뱃멀미에 관한 서술이 적지 않아, 당시 뱃멀미가 고역이었음이 분명하다. 1918년의 사이타마현교육회의 기록에는 파도가 심해지자 부인과 아이가 보이를 간절하게 부르는 소리가 들렸다는 내용이 등장하며,[47] 이토 사다고로도 선원이 최근에 보기 드문 평온한 항해였다고 했음에도 불구하고, 배가 흔들리자 옆 선실에서 앓는 소리와 토하는 소리가 들렸다고 적었다.[48] 하라 쇼이치로는 북서풍이 부는 겨울

....

43 伊藤貞五郎, 1921, 『最近の朝鮮及支那』, 伊藤貞五郎, 10쪽.

44 原象一郎, 1917, 『朝鮮の旅』, 巖松堂書店, 4쪽.

45 内田春涯, 1923, 『鮮滿北支感興ところどころ』, 内田重吉, 5~10쪽.

46 石井謹吾, 1923, 『外遊叢書 第4編 (滿鮮支那游記)』, 日比谷書房, 20쪽.

47 埼玉県教育會, 1919, 『鵬程五千哩: 第二回朝鮮滿洲支那視察録』, 埼玉県教育會, 3쪽.

48 伊藤貞五郎, 1921, 앞의 책, 13쪽.

에는 대한해협의 파도가 험하여 배가 많이 흔들리며, 이를 줄이기 위해 배 바닥에 균형을 잡는 돌을 넣는다고 하였다.[49] 그리고 관광객들은 멀미약을 미리 준비하였고, 당시 관광안내책자에는 따로 뱃멀미를 방지하는 방법을 아래와 같이 적어두었다.

> 기선을 탈 때는 선실의 중앙에 가까운 곳의 좌석을 차지하고 기둥을 앞이나 뒤에 두는 것이 좋다. 배의 동요가 심할 때 좋으며, 폭풍우 때에는 똑바로 서서 기둥에 의지하면 고통이 적어진다. 선실에 처음 들어가서 좌석을 차지할 때 기선이 진행하는 방향을 정면으로 하고, 진행하는 방향에 횡으로 앉지 않는 것이 좋다. 신체를 좌우로 동요시키면 기분이 나빠지고 뱃멀미를 한다.[50]

한편 관부연락선을 이용할 때는 세관 검사를 거쳐야 했다. 세관 검사는 배에서 이루어지는 경우가 일반적이었으며, 1910년대에는 식민지 조선으로 출국할 때는 조선세관(朝鮮稅關)이, 일본으로 귀국할 때는 일본세관(日本稅關)이 검사를 맡았으나,[51] 1920년대와 1930년대에는 입·출국 모두 일본세관이 검사하였다.[52] 세관 검사는 시간이 흐를수록 강화되는 경향을 보였으며, 1940년대에는 전시 경제 통제와 관련해 더욱 강화되었다. 오늘날과 비슷하게 여행 목적과 장소, 짐의 내용을 물어보았고, 특히 담배와 금지품의 소지 여부를 검사하였다.[53] 그리고 전

....

49 原象一郎, 1917, 앞의 책, 3쪽.

50 日本旅行會, 1931, 『日本名勝旅行辭典』, 日本旅行會, 부록 42.

51 南滿洲鐵道株式會社 運輸部營業課, 1917, 『滿鮮觀光旅程』, 南滿洲鐵道株式會社, 16~17쪽.

52 ジヤパン·ツーリスト·ビユーロー, 1920, 『旅程と費用概算』, ジヤパン·ツーリスト·ビユーロー, 95~97쪽.
ジヤパン·ツーリスト·ビユーロー, 1938, 『旅程と費用概算』, 博文館, 921쪽.

염병이 유행할 때는 검역 절차를 진행하였다. 1919년 식민지 조선을 관광한 다카모리 요시토는 시모노세키에 도착하고 나서야 콜레라 때문에 연락선의 편수가 줄었다는 사실을 알았고, 표를 구하지 못해 하루를 허비하고 배에 올랐다. 부산에 내릴 때는 검역의(檢疫醫)의 검사를 받았다.[54]

1942년 야마가타현교육회 시찰단의 기행문에는, 태평양전쟁 상황에서의 항해가 쉬운 일이 아니었음을 짐작하게 하는 기록들이 있다. 먼저 쓰루가에서 청진으로 가는 배를 타기 전에 '전시하(戰時下) 선객심득(船客心得)'을[55] 볼 수 있었는데, 아래와 같은 내용이었다. 적국의 공격, 특히 잠수함 공격에 대비하여야 하며, 사고가 발생하여도 어쩔 수 없다는 것과 함께, 공격에 대비하여 운항 일정도 미리 공지하지 않는다는 사실을 알 수 있다. 이들이 관광을 마치고 돌아오며 이용한 관부연락선도 등화관제(燈火管制)가 이루어졌고, 갑판과 선실과의 출입도 하나의 문으로만 하도록 제한되었다.[56]

> 하나. 넓은 바다이므로 적국에 남겨진 유일한 수단인 잠수함에 의한 게릴라 전투의 습격이 없기를 기대할 수 없다. 따라서 선박 행동의 비밀과 만일에 대응하여 최선의 주의를 해야만 한다.
> 하나. 제국 무적 해군의 제해권(制海權)을 신뢰하는 우리는 해상 항행을 쓸데없이 두려워할 필요가 없다. 국가의 존망을 건 대전쟁에 예기치 못한 사고 발생은 당연히 각오하고 있어야 한다.

53 山形県教育會視察團, 1942, 『滿鮮2600里』, 山形県教育會視察團, 132쪽.

54 高森良人, 1920, 『滿·鮮·支那遊行の印象』, 大阪屋号書店, 50~56쪽.

55 '고코로에(心得)'는 마음가짐, 주의사항을 의미한다.

56 山形県教育會視察團, 1942, 앞의 책, 132~133쪽.

하나. 출범 일시도 대강의 예정에 불과하다. 이것은 참으로 불편하지만, 전시 중에는 어쩔 수 없다.

하나. 배의 행동을 기밀로 하기 위해서는 승객의 행동도 되도록 은밀하게 할 필요가 있다.[57]

관부연락선에 대한 관광객들의 인상은 사람마다 자못 달랐다. 1920년 고마마루를 탄 와타나베 미노지로는 배가 청결하고 실내에 세면기도 있어 설비가 쾌적하다고 느꼈다.[58] 1918년 여름방학을 맞이하여 식민지 조선을 관광한 마노 노브카즈는 시라기마루의 승선 경험을 다음과 같이 서술하였다. 배의 3등실이 너무 더워 갑판으로 나왔고, 갑판에서 시모노세키와 모지 주변의 야경을 구경하였다. 그리고 험한 현해탄(玄海灘)을 묘사하였으며, 이튿날 배가 부산항에 가까워지자 임진왜란 때 상륙을 앞둔 왜군의 모습을 연상하였다. 부산에 상륙하면서 임진왜란을 떠올리는 것은 여러 기행문에서 발견된다.

밤에 출범하는 관부연락선 시라기마루에 타기 위해, 이번에 일행 3명은 요네다(米田) 일가의 배웅을 받아 모지까지 가서 시모노세키로 건너갔다. 배 안의 입구에서 세관 검사를 받고 3등실로 들어갔다. 밖은 바다의 밤바람으로 여름이 아닌 듯 시원했지만, 실내로 한발 들어서자 훅하는 열기로 찌는 듯했다. 여름에 처음으로 배를 탄 나는 꽤 놀랐다. 하지만 어쩔 수 없이 참고 들어가 보니, 거의 차 있었다. 모두 더워서 단정하지 않았다. 평소라면 단정했을 것 같은 여자도 보기 흉했다. … 머리 위에 선풍기가

....

57 山形県教育會視察團, 1942, 위의 책, 7~8쪽.

58 渡辺巳之次郎, 1921, 『老大国の山河: 余と朝鮮及支那』, 金尾文淵堂, 7쪽.

있지만 별 소용이 없는 듯했다. 견딜 수 없어 옆에 넣어둔 짐을 정리하고 웃옷을 벗자마자 갑판으로 뛰쳐나왔다. 무나카타(宗像)도 따라왔다.
좋은 밤이었다. 선실과는 전혀 반대였다. 바람이 산들산들 불고 하늘은 맑았다. … 근처 모지의 전등과 가스등이 앞다투어 파도 위에 금빛 물결을 이루었다. 벌레가 어지러이 나는 듯 배의 등불이 멀리서 가까이서 스쳐 지나갔다. 붉은 불과 파란 불도 보였다. 오늘 아침 여학원(女學院)의 정원에서 본 풍경과는 전혀 다른, 밤에 펼쳐지는 해협의 불빛 장면은 환상적이다. 한편 어둠과 함께 다가오는 신비한 연무에 쌓인, 환한 불빛의 시가의 아름다움에 그리움이 녹아들기 시작했다. 배가 이제 움직이기 시작했다. 안벽(岸壁)을 떠난 3천 톤 시라기마루는 서서히 방향을 돌려 해협 입구의 히코시마(彦島)를 우회해 북서쪽으로 나갔다. 해협을 지키는 시모노세키 요새지대(要塞地帶) 양안의 산들이 밤하늘에 검은 윤곽을 그리며 솟아있었다. 동쪽에 모지와 고쿠라(小倉) 일대, 서쪽에 시모노세키와 히코시마가 팔자(八字) 형으로 빛났다. 금색의 두 마리 용을 닮은 등불의 연속에서 점차 멀어져, 배는 무쓰레지마(六連島)의 동북쪽을 돌아서 이미 먼바다로 나왔다. 어느새 혼슈(本州)의 그림자는 조용히 어둠 속에 잠들고, 단지 야하타제철소(八幡製鐵所)의 용광로에서 뿜어내는 불길이 검은 하늘의 한쪽을 붉게 물들이고 있었다(중략).
배는 이제 겐카이나다(玄海灘)에 가까워져, 과연 파도가 높이 뱃전을 때리고 하얗게 부서지는 소리도 격해졌는데, 겐카이나다에서는 평온한 항해라고 했다. 덕분에 배가 흔들리지 않으면, 멀미할 것 같지 않았다. 아니 하얀 파도의 머리에서 샘솟는 듯한 시원한 바람에 나는 갑판을 헤매며 흥이 나서 작은 소리로 시를 읊고 있었다(중략).
주위가 시끄러워 눈을 뜨니, 벌써 아침이 밝았다. 서둘러 갑판에 나가 보니, 해는 꽤 높게 뜨고 사람들이 이물 쪽을 바라보며 이야기하고 있었다.

시선이 모인 곳, 조선의 산들은 멀리 연무 속에 희미하게, 가까이는 아침 햇살을 받아 짙은 여름 색을 보이고 있었다. 배는 서서히 부산을 향해 갔다. 잠시 생각이 오래전 조선 정벌의 때로 달렸다. 마음속에 전략을 정하고 묵묵히 수염을 만지며, 범선의 이물에 서서 멀리 이 산들을 주목하는 기요마사(清正)의 얼굴이 머릿속에 선명히 떠올랐다. 뒤를 따르는 무사들도 각자 갑옷으로 무장하고 상륙 준비를 하며, 용감한 기운이 미간에 나타나고 이미 계림팔도(鷄林八道)를 집어삼키는 기개를 보였던 당시 상황이 환영처럼 보였다. 실로 시간과 공간을 초월한 상상의 힘은 한순간에 몸을 300여 년 전 옛날로 되돌렸다. 아, 시간이 흐르고 세상이 바뀌어 조선도 지금은 우리 세력하에 들어왔는데, 저 산들의 모습은 예나 지금이나 변함이 없다. 부산의 끝을 오른쪽에, 절영도(絶影島)를 왼쪽에 두고 배가 나아가니 부산시가가 보였다. 배가 잔교(棧橋) 옆으로 붙고 조선 땅에 처음으로 내디뎠을 때, 나는 넘쳐나는 호기심으로 가슴의 피가 고동치는 것을 느꼈다.[59]

1930년 자판쓰리스토뷰로에서 만든 관광안내서 『료테이토히요가이산(旅程と費用概算)』(이하 『여정과 비용개산』)에 따르면, 부관연락선의 여객 운임은[60] 1등석이 12.15엔, 2등석이 7.10엔, 3등석이 3.55엔이었다.[61] 그리고 선내의 식사는 일식과 양식이 있었고, 각각의 요금은 일식이 아침 50센(銭),[62] 점심과 저녁 80센, 도시락 45센, 오야코돈(親子丼)[63]

....

59 間野暢籌, 1919, 『滿鮮の五十日』, 国民書院, 17~23쪽.

60 운임표에는 배에 대한 언급이 없으나, 여정표에 취항선으로 게이후쿠마루, 도쿠주마루, 쇼케이마루를 들고 있어 이들 연락선의 운임으로 간주할 수 있다. 이들의 운항시간은 야간 편을 기준으로 9시간 반으로 기록되어 있다(ジャパン·ツーリスト·ビューロー, 1930, 『旅程と費用概算』, ジャパン·ツーリスト·ビューロー, 581쪽.).

61 ジャパン·ツーリスト·ビューロー, 1930, 위의 책, 570쪽.

40센이었으며, 양식은 아침 90센, 점심 1.2엔, 저녁 1.5엔, 카레라이스 30센이었다.[64]

2 도시 간의 이동

동서양을 막론하고 근대관광의 발달에 있어 가장 중요한 교통수단은 철도였다. 철도는 19세기에 세계적으로 관광산업이 대규모로 발전하는 데 결정적인 역할을 하였다. 철도는 안정적인 속도로 많은 사람을 태우고 이동하는 데에 필적할 게 없는 교통수단이었기 때문이다.[65] 일본인의 식민지 조선 관광에 있어 가장 중요한 역할을 한 육상교통수단은 역시 철도였으며, 철도의 발달이 관광을 일으켰다고 해도 과언이 아니다. 여러 번 강조한 바와 같이 1905년 경부선이 개통되고, 같은 해에 이를 일본 국내 철도와 연결하는 관부연락선이 취항하면서 일본인의 식민지 조선 관광이 본격적으로 시작되었다. 일제는 1906년에 서울과 신의주를 잇는 경의선 철도를 완공하였고, 병탄 직후인 1911년에는 압록강 철교를 가설하면서 한반도의 철도와 만주의 철도를 연결하였다. 이로써 제국의 수도인 도쿄는 물론, 일본 각지에서 기차로 출발하여 시모노세키를 거쳐 관부연락선으로 부산으로 온 뒤, 다시 기차를 이용하여 경성, 평양 등 식민지 조선의 각지와 만주로 가는 교통망이 완성된 것이

....

62 일본의 화폐단위로, 100센(銭)이 1엔(円)이었다. 1945년 이후에는 인플레이션으로 거의 사용되지 않았다.

63 닭고기와 달걀을 얹은 덮밥이다.

64 ジャパン·ツーリスト·ビューロー, 1930, 앞의 책, 581쪽.

65 크리시티안 월마(배현 옮김), 2019, 『철도의 세계사: 철도는 어떻게 세상을 바꿔놓았나』, 다시봄, 358~360쪽.

다. 그리고 중국과 만주를 관광한 일본인들도 만주의 중심도시들인 다렌·펑톈·창춘 등지에서 철도를 통해 식민지 조선으로 들어와 관광한 뒤 일본으로 편리하게 귀국할 수 있었다.

1905년 이후 일본인 관광객들의 여정과 교통수단을 살펴보면, 도시 간의 이동은 대부분 철도를 이용하였으며, 일본인이 주로 찾은 관광지들도 대개 철도로 연결이 가능한 곳이었다. 기행문 80건의 여정을 분석한 결과, 식민지 조선 내에서의 도시 간 이동에 철도 이외의 교통수단을 이용한 사례는 모두 17건에 불과하였다.

그 사례를 살펴보면, 1905년부터 1920년까지는 4건이었는데, 1914년에 아직 철도가 부설되지 않았던 전주·진주 등지를 공무로 출장한 하라 쇼이치로, 1918년에 아직 철도로 연결되지 않았던 금강산을 다녀온 오마치 게이게쓰와 마노 노부카즈, 1919년 합천·거창·부여·공주·금강산 등지를 방문한 누나미 게이온 등이었다. 1920년대에는 1922년에 부여·고령 등을 찾아 불교 유적조사를 한 오야 도쿠쇼와, 미쓰이 재벌(三井財閥)의 총수인 단 다쿠마(團琢磨, 1858~1932)를 수행하여 1929년에 사리원·해주 등을 들른 우루시야마 마사키 등 2명이었다. 1930~40년대에는 부산~울산 간 이동에 자동차를 이용한 1931년의 오카다 준이치로(岡田潤一郎)와 구리하라 조지, 대구~경주 간에 자동차를 탄 1933년의 혼다 다쓰지로, 청진~나진~웅기 등을 오가는 데 자동차를 이용한 1933년의 요다 야스시와 스기야마 사시치(杉山佐七), 1935년의 야마가타현교육회·나카네 간도(中根環堂, 1876~1959)·후쿠도쿠생명해외교육시찰단(福德生命海外教育視察團), 1939년의 도쿄여자고등사범학교의 대륙시찰여행단, 흥남과 장진호 사이에 차를 탄 1940년의 이시바시 단잔과 이시야마 겐키치가 있었다. 이들은 대부분 철도로 갈 수 없는 구간에서 자동차를 이용하였는데, 단체보다는 개인 여행이 많았고, 공무수행·연구·사업 출장 등 특별한 목적을 가지고 여행한 사례가 많았다. 그래서 식민지 조선에 체류한 기간도 다른 관광객에 비해 긴 편이었다.

도시 간 이동에 자동차 이외의 교통수단을 이용한 사람들은 자동차가 많이 보급되지 않은 초기의 관광객들 가운데 발견된다. 예를 들어, 1907년 한국의 불교 상황을 살피기 위해 사찰들을 순례한 승려 히오키 모쿠센은 통도사(通度寺)를 찾아갈 때, 경부선 물금역(勿禁驛)에서 내려 도보대와 승마대로 나누어 이동하였다. 이들은 통도사를 방문한 뒤에도 도보나 말을 타고 범어사(梵魚寺)로 이동하였다. 히오키 모쿠센은 안동에서 아직 철교가 놓이지 않았던 압록강을 건너 의주로 올 때도 특이한 교통수단을 이용하였다. 그림 3-5와 같이 얼어붙은 압록강을 중국인 일

그림 3-5. 압록강을 썰매로 건너는 모습.
출처: 田中霊鑑·奥村洞麟, 1907,『日置黙仙老師滿韓巡錫録』, 香野蔵治, 73~74쪽.

꾼이 모는 썰매로 건넌 것이다.[66]

이제 도시 간 이동에 활용한 철도에 관해 본격적으로 살펴보자. 식민지 조선을 관광한 일본인들이 가장 많이 이용한 철도노선은 역시 경부선과 경의선, 그리고 경인선을 꼽을 수 있다. 경부선의 부설과정은 앞서 정리한 바 있으므로, 경인선과 경의선에 대해서 간단하게 살펴보면, 관광객이 경성과 인천을 왕복할 때 이용한 경인선은 한반도에서 가장 처음 부설된 철도이며, 일본이 외국에서 최초로 건설한 철도이기도 하다. 원래 경인선 철도 부설권은 1896년 한국 정부가 미국인 모스(J. R. Morse)에게 주었으나, 모스는 자금 조달의 어려움으로 부설권을 일본인들로 결성된 경인철도인수조합(京仁鐵道引受組合)으로 넘겼다. 경인철도인수조합은 일본 정부의 재정 지원으로 1899년 1월부터 직접 공사에 나서 같은 해 9월 인천~노량진의 35km 구간을 완공하여 영업에 들어갔으며, 1900년 7월 한강철교를 가설하여 서대문역까지[67] 약 42km의 전 구간을 개통하였다. 경인선은 일본의 경부선 장악을 위한 마중물 역할을 하였으며, 1902년에는 경인선과 경부선의 운영을 합병하였다.[68]

1905년 경인선을 이용해 인천에 다녀온 우카이 다이조는 남대문정거장에서 오전 8시 28분에 출발하여 인천역에 10시 7분 도착하였다.[69] 1시간 40분 정도가 소요된 것이다. 1915년에는 서대문역~인천역 간

....

66 田中霊鑑·奥村洞麟, 1907,『日置黙仙老師滿韓巡錫録』, 香野蔵治, 74~93쪽.

67 경인선의 종착역인 서대문역은 현재의 중구 순화동 이화여고 유관순기념관 일대에 있었다. 처음에는 이름이 경성역(京城驛), 또는 경성정거장(京城停車場)이었고 서울의 관문 역할을 하였다. 1905년 서대문역으로 이름이 바뀌었으며, 남대문역의 기능이 커지면서 1919년에 폐역되었다. 한편 남대문역 또는 남대문정거장은 1900년 경인선의 정거장으로 영업을 개시하였으며, 1923년 경성역으로, 1947년 서울역으로 개명하였다(김종혁, 2017,『일제시기 한국 철도망의 확산과 지역구조의 변동』, 선인, 136쪽.).

68 정재정, 2018,『철도와 근대 서울』, 국학자료원, 55~83쪽.

69 鵜飼退蔵, 1906, 앞의 책, 19~20쪽.

에 1시간 30분이 소요되었고, 운임은 3등이 50센이었다.[70] 한참 후인 1936년 경인선 운행 상황을 보면, 하루에 15회 다녔으며, 경성역에서 첫차가 6시 50분, 막차가 23시 25분에 출발하여 각기 1시간 후인 7시 50분과 0시 25분에 인천역에 도착하였다. 인천발 상행선 첫차는 6시였고 막차는 23시 5분이었으며, 각기 도착시간은 6시 55분과 0시로 55분이 소요되었다.[71] 이렇게 경성~인천 간은 1시간 정도가 소요되었고 경인선이 자주 운행하였기 때문에, 관광객들은 인천에서 숙박하지 않고 경성에서 왕복하면서 대개 반나절, 길어야 한나절에 걸쳐 인천을 관광하였다.

경성과[72] 신의주를 잇는 경의선 철도는 남쪽으로 경부선과 접속하고 북쪽으로는 압록강을 건너 만주의 안봉선(安奉線)과[73] 연결되어 일본과 아시아대륙을 최단 거리로 연결하는 교량의 성격을 지니고 있다. 경의선도 처음에는 1896년 프랑스의 피브릴르(Fives-Lille)회사가 부설권을 획득하였으나, 1899년 건설을 포기하였다. 이에 한국의 관민이 대한철도회사(大韓鐵道會社)를 설립하여 직접 경의선 건설에 나섰으나, 다시 일본이 1903년 대한철도회사와 계약을 체결하여 사실상 경의선의 부설권을 획득하였다. 1904년 러일전쟁이 발발하자 일본은 군대와 군수품을 수송하기 위해서 경의선을 군용철도로 부설하겠다는 방침을 정하였다. 일본 정부는 군대와 토건회사, 한국인 노동자를 동원하여 불과 2년 만인 1906년 5월 경의선을 준공하였다. 그리고 경부선과 함께 경의선을 국유화하여 통감부가 직접 관리하도록 하였다.[74] 1905년 한국을 여

....

70 落合浪雄, 1915, 『漫遊案内七日の旅』, 有文堂書店, 284쪽.

71 김종혁, 2017, 앞의 책, 139쪽.

72 경의선 개통 시 출발역은 용산역이었다.

73 식민지 조선과 중국의 국경도시인 안둥(安東)과 펑톈(奉天)을 잇는 철도이다. 러일전쟁 중에 일본 육군이 건설을 시작하여 1905년 12월 개통하였다. 안둥은 지금의 단둥(丹東), 펑톈은 지금의 선양(瀋陽)이다. 그래서 안봉선은 현재 심단선(瀋丹線)이라 부른다.

행한 무라세 요네노스케는 한창 건설 중인 경의선을 이용한 경험을 아래와 같이 술회하였다.

> 5월 4일 오전 6시에 경성을 출발하여 용산역에 이르렀다. 군용건축열차(軍用建築列車)는 모두 화물차이면서 무개(無蓋) 열차로, 편승객(便乘客)은 화물 위에 또는 우편물 사이에 웅크리고 있었다. 위험하고 불편한 정도가 객차에 있는 것과 비교할 수 없었다. 때로 매연을 뒤집어써 전신이 '흑인'과 같아진다고 했다. 그날은 다행히 유개(有蓋) 화물차가 1대 있어서 우편물을 적재했다. 나는 그 안으로 들어가 일단 바람을 그대로 맞는 불행을 면할 수 있었다. 동승자는 십수 명이었다. 경의철도는 정차장도 아직 명명되지 않았다. 용산~평양 간 총 13곳 모두 완성된 정차장이 없이, 2동 또는 3동의 병참부(兵站部) 건축이 있을 뿐으로 매표소와 대합실은 물론, 아직 건축의 준영(隼影)[75]도 볼 수 없었다. 그러므로 연도(沿道)의 사정을 상세히 기술할 수 없다. 다만 놀랄 만한 것은 각 정차장 부지가 넓은 점으로, 규모가 내지인의 상상 이상이다. 대략 연도의 도읍(都邑)을 따라 철로를 부설한다 해도, 정차장에서 부근 도회로 가려면 통상 반(半) 리에서 1리 정도 떨어져 있다고 각오해야 한다. … 오후에 평양 병참사령부(平壤兵站司令部)로 가서 방문의 목적을 말하고 평양 이북 군용철도 편승의 절차를 밟았다. 그리고 서류를 가지고 비를 맞으며 약 1리 떨어진 정차장에 도착했다. 철도감부(鐵道監部)로 가서 안주행(安州行) 편승권을 얻었다. … 안주행을 중지하고 대동강을 내려가기로 하고, 대동강을 거쳐 진남포행을 결정했다. 듣기로는 안주 이북의 청천강(淸川

....

74 정재정, 2005, 「역사적 관점에서 본 남북한 철도연결의 국제적 성격」, 『동방학지』 129, 244~248쪽.

75 면영(面影)을 잘못 쓴 것으로 추정된다.

江)과 대령강(大寧江)은 아직 가교 공사가 완성되지 않아서 어용선(御用船)으로 연결되며, 이후부터 경편철도(輕便鐵道)로 신의주(의주를 지나 3리)에 도착할 수 있다. 하지만 시간은 아직 일정하지 않고, 사실상 연결하는 데에 수개월이 필요하다고 한다. 지금 대동강의 가교를 철교로 건설하는 데 얼마나 많은 시일이 필요할지 알 수 없다.[76]

위 내용에 따르면, 1905년 5월 용산~평양 사이에 경의선 철도가 운행하긴 했지만, 군용의 화물열차만 운행하였다. 이러한 군용열차에 편승하기 위해서는 미리 군의 허가를 받아야 했다. 경의선의 역 이름은 아직 정해지지 않았고, 역의 시설도 만들어지지 않았다. 그리고 무라세 요네노스케는 일본과 달리 역과 도심 사이의 거리가 떨어져 있는 점, 역 부지가 넓은 점에서 강한 인상을 받았다. 청천강과 대령강, 그리고 대동강을 건너는 철교가 건설 중이었는데, 이들은 1906년 완공되었다. 1905년 경부선개통식에 참가한 뒤, 평양을 관광하기 위해 경의선을 탄 우카이 다이조도 아직 객차가 없어 지붕이 없는 군용 운반차에 편승하였는데, 동요가 심하였다고 한다. 우카이 다이조는 오전 7시 20분에 남대문역을 출발하여 용산·개성·황주 등지를 거쳐 평양에 오후 8시에 도착하였다.[77] 서울~평양 간 12시간 이상 걸린 것이다.

그러나 경의선이 본격적으로 운행한 후에는 시간이 많이 단축되었다. 1915년에 발간된 관광안내서에 의하면, 경성에서 평양까지는 거리가 약 263km,[78] 소요 시간은 급행열차로 6시간 30분이며, 요금은 3등

....

76 村瀨米之助, 1905, 앞의 책, 115~126쪽.

77 鵜飼退蔵, 1906, 앞의 책, 32쪽.

78 책에는 164리(哩)라고 기재되어 있다. 리(哩)는 마일(mile)로, 당시에는 거리 단위로 마일을 흔히 사용하였다.

이 3.30엔이었다. 평양에서 의주까지는 약 235km, 소요 시간은 5시간 40분, 요금은 3엔이었다. 경의선과 안봉선을 연결하는 의주~안둥 간은 10분이 걸리며, 요금은 2등이 11센, 3등이 6센이었다. 그리고 안둥에서 부산까지는 23시간이 걸렸다.[79] 15년 후인 1930년의 관광안내서에는 보통열차로 경성~평양 간 7시간, 평양~안둥 간 5시간 30분, 경성~안둥 간에 12시간이 소요된다고 기재되어 있다. 그리고 경성~안둥 간의 요금은 1등 22엔, 2등 14엔, 3등 7.75엔이었다. 보통열차에는 침대차, 식당차 따위가 있으며, 경성~평양 간 2등 침대차의 요금은 하단이 4.5엔, 상단이 3엔이었고, 3등 침대차의 요금은 하단 1.25엔, 중단 1엔, 상단 75센이었으며, 식당차는 조식이 50센, 석식은 일식 70센, 양식 1엔이었다.[80] 이로 보아 2등 침대차는 2단, 3등 침대차는 3단으로 이루어져 있었고 아래쪽일수록 요금이 더 비쌌다. 침대차의 요금은 일반 요금에 추가로 내는 것이었다.

한편 1905년 경부선 개통 당시에는 서울~부산 간 열차 운행에 30여 시간이 소요되었다. 선로의 개축과 정비로 1년여 만에 소요 시간은 11시간으로 단축되었다.[81] 실제로 1907년 3월, 경부선에 탑승한 히오키 모쿠센은 오전 7시 남대문역을 출발하여 11시간이 걸려 오후 6시 부산역에 도착하였다.[82] 1915년의 관광안내서에도 부산~남대문역이 급행으로 11시간이 걸리며, 운임은 2등이 9.63엔, 3등이 5.50엔이었다.[83] 1930년의 관광안내서에는 부산~경성의 급행열차가 10시간 소요되어

79 落合浪雄, 1915, 앞의 책, 284쪽.

80 ジヤパン·ツーリスト·ビユーロー, 1930, 앞의 책, 570~586쪽.

81 정재정, 2018, 앞의 책, 418쪽.

82 田中霊鑑·奥村洞麟, 1907, 앞의 책, 79쪽.

83 落合浪雄, 1915, 앞의 책, 284쪽.

그림 3-6. 특급열차 아카쓰키(曉)와 관부연락선 곤고마루.

출처: 朝鮮總督府鐵道局, 1937,『半島の近影』, 日本版画印刷合資會社, 1쪽.

1시간이 단축되었으며, 운임은 2등이 12.63엔, 3등이 7엔으로 인상되었다.[84]

그리고 1938년 관광안내서에는 시간이 더욱 단축되어 부산~경성 간에 특급열차로 6시간 44분이 걸렸다. 운임은 1930년과 같았으나, 급행료로 2등은 1.50엔, 3등은 75센을 내야 했다.[85] 부산~경성 간을 6시간 44분에 주파하는 열차는 1936년 처음 등장한 '아카쓰키(暁)'로, 평균 시속이 67km였다.[86] 아카쓰키는 한반도에서 달린 유일한 특급열차였으며, 당시 세계 최고 수준의 속도로 운행하였다.[87]

앞에서도 언급한 바와 같이 식민지 조선의 철도는 일본 철도, 만주

(2) 朝鮮鐵道時刻表

2	1.2 急 202(金) 長春ヨリ釜山行	6	驛名	5	1.2 急 201(水) 釜山ヨリ長春行	1
7.20	金 9.45	6.30	發 安東 著	9.40	5.40	7.30
1.27	3.15	1.27	著 平壤 發	4.21	1.43	3.20
1.39	3.28	1.33	發 平壤 著	4.14	1.33	3.10
7.30	8.50	8.00	著 南大門 發	9.40	8.20	9.10
7.50	9.10	8.30	發 南大門 著	9.00	木 7.50	8.50
5.40	土 6.10	7.00	著 釜山 發	10.30	水 10.30	11.00
6.40		8.30	發 釜山 著	9.00	9.40	
5.40		7.30	著 下關 發	9.30	10.10	

急行列車は一週一回運轉、第一及第二列車には南大門釜山間に限り一二等寢臺車を、第五及第六列車には安東南大門間一等寢臺車を連結す

驛名	122	124急	126急	128	130急	132	134	136
南大門 發	6.05	8.53	12.30	2.40	5.05	7.10	8.49	10.15
仁川 著	8.04	10.00	1.40	4.31	6.13	8.47	10.12	11.48
驛名	**121**	**123急**	**125**	**127急**	**129**	**131急**	**133**	**135**
仁川 發	6.00	7.10	9.45	12.40	2.50	5.30	7.00	9.35
南大門 著	7.23	8.19	11.45	1.49	4.47	6.37	8.36	11.13

그림 3-7. 관부연락선과 철도가 연계된 운행시간표.
출처: 南滿洲鐵道株式會社 運輸部營業課, 1917,『滿鮮觀光旅程』, 南滿洲鐵道株式會社.

84 ジヤパン·ツーリスト·ビユーロー, 1930, 앞의 책, 583쪽.
85 ジヤパン·ツーリスト·ビユーロー, 1938, 앞의 책, 926쪽.
86 서울역사편찬원, 2015,『서울2천년사 30: 일제강점기 서울 도시문화와 일상생활』, 서울역사편찬원, 68쪽.
87 정재정, 2018, 앞의 책, 419~420쪽.

철도와 연결되는 국제철도로 운영되었다. 1911년 압록강 철교가 준공되자, 남대문-창춘 노선에 직통 급행열차가 1주일에 3회 운영되었고, 1912년에는 부산~펑톈 간에 직통 급행열차가 달리기 시작하였다. 일제는 관부연락선과 경부선을 바로 연결하기 위해 일본에도 없는 최신 설비의 잔교(棧橋)를 1913년 부산항에 건설하였다. 이후 부산에서 발착하는 국제열차는 모두 이 잔교를 통해 관부연락선과 접속하였다. 이에 따라 한반도의 철도 시각표도 일본에서 출입하는 승객의 편의를 최우선으로 고려하여 관부연락선의 발착 시간에 맞추어 편성하였다.[88] 그림 3-7은 1917년 만철이 간행한 『만선관광여정(滿鮮觀光旅程)』이라는 관광 안내서에 수록된 관부연락선과 조선철도의 시간표인데, 이러한 상황을 잘 보여준다. 일본인의 기행문에도 배가 닿는 잔교와 철도가 붙어 있어 매우 편리하다는 언급이 자주 등장한다.

그리고 시간 경과에 따른 경의선과 경부선의 소요 시간 단축에서 확인할 수 있듯이, 일본은 제국주의의 확장에 발맞추어 더욱 많은 사람과 물자를 더 빠르게 대륙으로 실어 나르기 위해 철도시설을 개량하고, 성능이 향상된 기관차를 국제노선에 투입하였다. 만주국을 수립한 이후인 1933년에는 부산~펑톈 노선에 직통 급행열차인 '히카리(光)'가 운전을 개시하였고, 1934년에는 역시 급행열차인 '노조미(望)'를 같은 노선에 투입하였으며, 히카리는 신징까지 연장 운행하였다.[89] 1936년 히카리의 운행 상황을 살펴보면, 만주국의 수도 신징에서 아침 8시에 출발하여 저녁 6시 46분에 신의주에 도착해 1분을 정차하고 47분에 출발하였다. 정주(20시 39분 도착)~평양(22시 23분 도착)~개성(1시 50분 도

....

88 정재정, 2018, 위의 책, 415~418쪽.

89 서울역사편찬원, 2015, 앞의 책, 67쪽.

착)을 거쳐 새벽 3시 3분 경성에 섰고, 종착역인 부산역에는 오전 11시 5분에 도착하였다.[90] 신징에서 부산까지 27시간 정도가 걸린 것이다. 그리고 관부연락선과 일본 국내 철도를 더하면, 일본의 수도 도쿄와 만주국의 수도 신징 간의 소요 시간은 54시간 12분이었다.[91]

이에 따라 철도를 이용해 식민지 조선을 여행한 관광객들은 시간이 흐를수록 더욱 빠르고 편리하게 도시 간의 이동은 물론, 만주까지 장거리 이동을 할 수 있었다. 철도를 이용한 관광은 여정의 구성 등에만 영향을 미친 것이 아니라 관광객의 풍경 지각 그 자체를 구조적으로 변용시키는 결과를 가져왔다. 빠른 속도로 달리는 기차의 차창을 통해 파노라마와 같이 펼쳐졌다가 멀어지는 풍경을 보는 눈은 그 대상과는 이미 동일 공간에 속하지 않는다. 즉 철도 여행은 현장과 격리되거나 단절된 시각을 관광객에게 제공하며, 이것은 관광객의 관광지에 관한 인식에 커다란 영향을 미쳤다.

한편 식민지 조선을 관광한 일본인들은 각 도시에서 기차를 탈 때마다 운임을 지불하고 승차권을 사기보다는 일본에서 출발하여 식민지 조선과 만주 등을 관광한 뒤 귀국할 때까지의 연락선, 기차 운임을 모두 포함한 이른바 '순유권(巡遊券)' 또는 '주유권(周遊券)'을 구매하여 이용하는 사람이 더 많았다. 이것은 일종의 교통패스였다. 일본에서 해외의 교통기관을 포함한 주유권의 효시는 1913년 발매를 개시한 '세계주유권(世界周遊券)'과 '동반구일주주유권(東半球一周周遊券)'이었다. 모두 만철과 시베리아철도를 이용하며, 전자는 대서양항로, 캐나다철도, 태평양항로를 통해 세계 일주를 하는 것이고, 후자는 인도양과 수에즈 경유

....

90 김종혁, 2017, 앞의 책, 146쪽.
91 정재정, 2018, 앞의 책, 423쪽.

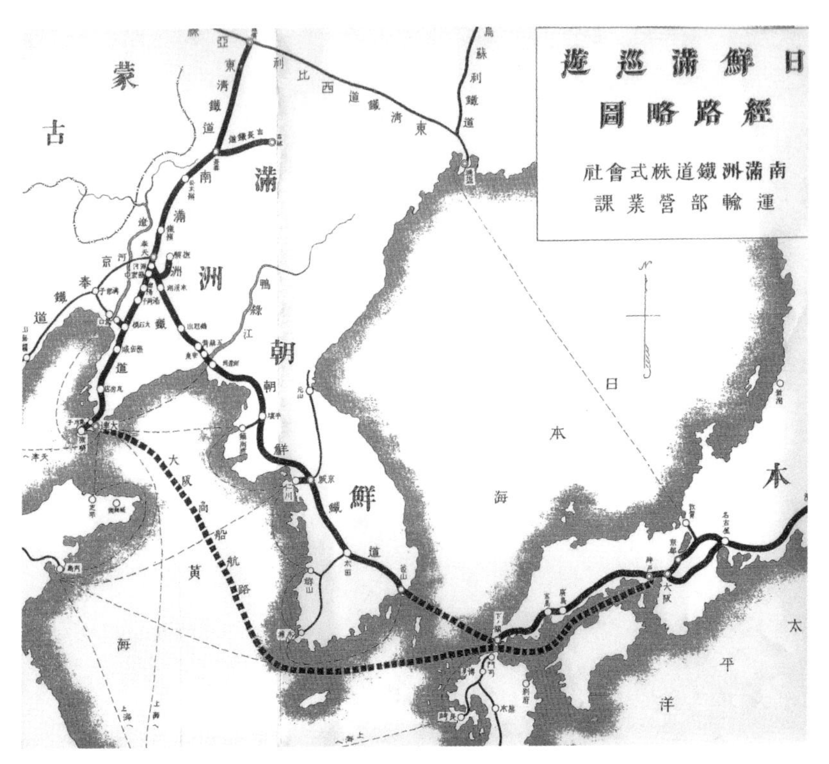

그림 3-8. 일선만순유권의 여행경로.

출처: 南滿洲鐵道株式會社 運輸部營業課, 1917, 『滿鮮觀光旅程』, 南滿洲鐵道株式會社.

항로를 편도로 이용하여 일본과 유럽을 왕복하는 것이었다. 중국을 관광하는 주유권은 일본과 중국의 철도 당국이 체결한 협약으로 1915년부터 발매되었으며, 상호 관광객 유치를 목적으로 하였다. 일본 출발의 경우, 한반도를 경유, 조선철도·만철·중국철도를 바꾸어 타고 베이징(北京)에 가서 복수의 루트 중 하나를 선택해 최종적으로 상하이로 이동하여 일본으로 돌아오는 것이었다.[92]

1916년 만철 운수영업과(運輸營業課)가 발간한 관광안내서에 따르

92 日本大百科全書(ニッポニカ), 周遊券 항목(https://kotobank.jp/word/周遊券).

면, 당시 식민지 조선과 만주를 관광할 수 있는 '일선만순유권(日鮮滿巡遊券)'이 있었다. 만철은 이 표가 관광객에게 가장 편리하고 이익이라며 구매를 권장하였다. 일선만순유권은 모든 운임이 30% 할인되고 발행일로부터 60일 동안 사용이 가능했으며, 경로는 두 가지였다. 하나는 일본 각지에서 모지 또는 고베로 직행하여 오사카상선회사의 기선을 타고 다롄으로 건너가 펑톈·안둥·경성을 거쳐 부산에 도착해 관부연락선으로 시모노세키로 건너와 출발지 역으로 돌아가는 것이다. 다른 하나는 거꾸로 시모노세키로 직행하여 관부연락선으로 부산에 상륙한 뒤, 경성·안둥·펑톈을 거쳐 다롄에 도착해 오사카상선회사의 기선으로 모지 또는 고베로 건너와 출발지 역으로 돌아가는 것이었다.[93] 그 운임은 출발지에 따라 표 3-3과 같았다.

이외에도 1916년에는 여러 할인권이 있었다. '조선경유왕복할인승차선권(朝鮮經由往復割引乘車船券)'은 식민지 조선을 경유하여 일본과 만주를 왕복하는 여객에 대해 철도원과 만철이 운영하는 노선의 주요 역간에 20% 할인된 왕복승차권을 발매해 주며, 통용기간은 역시 60일이었다. '만선순유단체왕복승차선권(滿鮮巡遊團體往復乘車船券)'은 20인 이상의 단체에 대해 주요 역에서 발매하며, 철도원과 조선철도, 만철의 철도 모두 50%를 할인하는 표로, 통용기간은 60일이었다. '학생할인승차선권(學生割引乘車船券)'은 여름방학에 여행하는 중학생에 대하여 단체 여부를 불문하고 조선철도 노선은 3등석에 한해 50%, 만철 노선은 2등석에 한해 80%를 할인해 주었고, 철도원 노선은 3등석에 한해 단독은 20%, 단체는 인원 및 거리에 따라 상당한 할인을 해주었다.[94] 이러한 학

93 南滿洲鐵道株式會社 運輸部營業課, 1916,『滿鮮觀光旅程』, 南滿洲鐵道株式會社, 1~2쪽.

94 南滿洲鐵道株式會社 運輸部營業課, 1916, 위의 책, 3~4쪽.

표 3-3. 1916년 '일선만순유권(日鮮滿巡遊券)'과 1932년 '일선만주유권(日鮮滿周遊券)'의 운임

발매역	1916년		1932년				
	1등	2등	일반여객			교직원·학생·생도	
			1등	2등	3등	2등	3등
도쿄	91.40	53.10	162.20	106.10	53.70	91.70	46.00
요코하마	91.00	52.90	161.40	105.50	53.40	91.10	45.70
나고야	85.70	49.70	150.70	98.30	49.80	83.90	42.10
교토	83.40	48.30	145.70	95.00	48.10	80.60	40.40
오사카	82.80	47.90	144.10	94.00	47.60	79.60	39.90
고베	82.20	47.60	142.90	93.20	47.20	78.80	39.50
히메지	-	-	141.00	91.90	46.60	77.50	38.90
오카야마	-	-	137.20	89.40	45.30	75.00	37.60
히로시마	76.60	44.20	129.60	84.30	42.80	69.90	35.10
시모노세키	70.00	40.30	115.30	74.80	38.00	60.40	30.30
모지	69.90	40.20	115.30	74.80	38.00	60.40	30.30
하카타	72.60	41.80	121.30	78.70	40.00	64.30	32.30
나가사키	77.30	44.70	131.90	85.80	43.50	71.40	35.80
구마모토	75.80	43.80	128.30	83.40	42.40	69.00	34.70
가고시마	79.60	46.00	137.20	89.40	45.30	75.00	37.60

출처: 南滿洲鐵道株式會社 運輸部營業課, 1916,『滿鮮觀光旅程』, 南滿洲鐵道株式會社, 2쪽.
ジヤパン·ツーリスト·ビユーロー, 1932,『旅程と費用概算』, 博文館, 629쪽.

생할인승차선권은 이듬해인 1917년에 교원에게까지 확대되었다. 만철은 중학교 정도 이상의 교직원과 생도, 그리고 소학교 교원에 대하여 여름 및 겨울방학 중 철도원 노선은 3등석에 한하여 20%, 조선철도 노선은 3등석에 한하여 50%를 할인해 주었으며, 만철 노선은 여름방학 중에 2등석에 한하여 80%, 기타 기간에는 2등석에 한하여 50%를 할인해 주었다.[95]

1932년 자판쓰리스토뷰로가 간행한 관광안내서에 따르면, 일선만

순유권은 '일선만주유권(日鮮滿周遊券)'으로 이름이 바뀌었다. 선택할 수 있는 두 개의 여행 경로는 같았으나, 할인율이 철도는 20%로, 오사카 상선은 10%로 줄었다. 이에 따라 표 3-3과 같이 운임이 큰 폭으로 올랐다. 대신 특전으로 노선에서 벗어나 있는 경인선·펑톈~창춘·푸순선(撫順線)·뤼순선(旅順線) 등도 20%를 할인해 주었다. 통용기간은 60일로 같았고, 도중에 하차하는 것은 몇 번이라도 상관이 없었다.[96] 그리고 표 3-3과 같이 오카야마와 히메지(姬路)에서도 이용할 수 있었다.

그 밖의 할인권도 1916년과 비교해 1932년에 변화가 있었다. '조선경유왕복할인승차권'은 '조선·만주왕복할인승차권(朝鮮·滿洲往復割引乘車券)'으로 명칭이 바뀌었을 뿐, 20% 할인, 통용기간 60일은 그대로였다. '학생할인승차선권'은 '학교교직원 및 학생할인(學校敎職員及學生割引)'으로 이름이 변했고, 관·공립학교와 감독관청의 허가를 받아 설립된 사립학교의 교원·사감(舍監)·학생·생도가 식민지 조선 또는 만주를 여행할 때는 감독관청 발행의 할인증과 서로 바꾸어 철도성은 20%, 조선철도국은 40%, 만철은 50% 할인을 해주었다. 단체할인권은 보이지 않아 없어진 것으로 보이며, 일본~중국 노선에만 단체할인권이 있었다.[97]

정리하면, 철도원(철도성)·조선철도·만철 등 일본·식민지 조선·만주에서 철도를 운영한 주체들은 여러 관광 상품과 할인 혜택을 통해 관광객 유치를 적극적으로 도모한 것으로 나타났다. 기행문 기록으로 보아 일본인들은 이러한 유인책을 적극적으로 활용하여 식민지 조선을 관광하였다. 앞에서 살펴본 바와 같이 교원과 학생들이 식민지 조선 관

....

95 南滿洲鐵道株式會社 運輸部營業課, 1917,『滿鮮觀光旅程』, 南滿洲鐵道株式會社, 4쪽.

96 ジャパン·ツーリスト·ビユーロー, 1932,『旅程と費用概算』, 博文館, 629쪽.

97 ジャパン·ツーリスト·ビユーロー, 1932, 위의 책, 630~631쪽.

광에서 큰 비중을 차지한 것은 이러한 할인 혜택의 영향이 적지 않았을 것으로 생각된다.

이제 기행문에 식민지 조선의 철도가 어떻게 묘사되었는지 살펴보자. 일본인 관광객들은 대개 관부연락선으로 부산에 내려 경부선 열차에 탑승하면서 처음 식민지 철도를 경험하게 된다. 이들이 가장 강한 인상을 받은 것은 일본과 달리 식민지 조선의 철도가 표준궤를 채택하여 부설하였다는 점이다. 철도의 두 레일 사이의 간격을 궤간(軌間) 또는 궤폭(軌幅)이라 하는데, 철도를 선도한 영국은 궤간을 1,435mm로 설정하였고, 이를 표준궤라고 부른다. 표준궤보다 좁은 것을 협궤(狹軌), 넓은 것을 광궤(廣軌)라고 한다. 궤간의 결정은 철도의 비용과 속도를 비롯한 다양한 문제를 포괄하기 때문에 자칫 잘못 결정하면 막대한 비용을 낭비하는 것은 물론, 철도의 수익성을 떨어뜨린다. 궤간을 넓게 하면 당연히 건설비용이 늘어나고 땅도 그만큼 더 차지하지만, 승차감이 좋아진다. 반면에 궤간을 좁게 하면 건설비용은 덜 들지만, 속도가 떨어지고 승객을 많이 태울 수 없다.[98] 경부선이 계획될 당시, 영국이 부설하고 있던 징펑철도(京奉鐵道)는[99] 표준궤였고, 러시아가 부설하고 있던 시베리아철도와 동청철도(東清鐵道)는[100] 1,524mm의 광궤를 채택하였다. 그리고 일본 국내의 철도는 1,067mm의 협궤였다. 한국 정부는 1896년 철도의 건설과 운영을 규정한 '국내철도규칙(國內鐵道規則)'을 반포하

....

98 크리시티안 월마(배현 옮김), 2019, 앞의 책, 28~29쪽.

99 베이징과 펑텐 사이의 철도이다.

100 동청철도는 하얼빈 철도의 옛 이름으로, 만주 지방을 동서와 남북으로 연결한다. 1896년부터 러시아가 부설하기 시작하여 1901년 완공하였다. 만저우리(滿洲里)에서 하얼빈(哈爾濱)을 지나서 쑤이펀허(綏芬河:東寧)까지의 본선과, 하얼빈에서 창춘(長春)을 경유하여 다롄(大連)까지의 남부선(南部線)이 있다. 1905년 러일전쟁의 결과로 일제가 창춘 이하의 남부선을 차지하였고, 만주사변 이후인 1935년에는 전 노선이 일제의 괴뢰정권인 만주국에 매각되었다.

면서 외국의 사례를 참조하여 표준궤를 채택하였다. 그러나 부설공사를 앞두고 일본에서는 경부선을 협궤로 건설해야 한다는 주장이 있었다. 이때 일본인이 운영한 경부철도주식회사는 경부선이 국제간선임을 내세워 표준궤 채택을 주장하였고, 대륙으로 세력을 뻗치려는 일본의 군부 및 정계를 움직여 표준궤를 최종적으로 선택하였다. 경부선이 표준궤로 결정되자, 나중에 이와 접속하는 군용철도로 부설한 경의선도 표준궤를 채택하였다.[101]

1914년 경부선에 승차한 스기모토 마사유키는 "태어나 처음으로 '광궤'를 탔는데, 승차감이 확실히 좋았다."라고[102] 기록해 광궤의 승차감을 높이 평가하였다. 당시 일본인들은 일본 철도보다 넓은 조선의 철도를 일반적으로 '광궤'라고 표현하였다. 같은 해 하라 쇼이치로도 경부선을 광궤라고 기록하고, 기차에 대한 감상을 다음과 같이 대체로 긍정적으로 서술하였다.

> 배에서 내리면 바로 철도선로가 부두까지 이어져 있고 경성행 열차가 기다리고 있었다. 배가 연착을 해서 바로 기차로 갔다. … 기차는 광궤이고 차량의 구조가 매우 훌륭하여 기분이 대단히 좋았다. 그리고 차량과 차량의 연결설비가 좋아 다니는 데 위험한 느낌이 없다. 특히 1등실과 2등실은 내지보다 더 좋은 것 같다. 1등실의 마주 보고 있는 작은 의자의 좌석이 이중으로 되어 있어 그것을 양쪽에서 빼내면 침대가 된다는 점 등은 내지보다도 편리하다. … 설비가 대체로 겨울 위주여서 창이 무겁고 이중의 유리문으로 되어 있어, 만철과 동청철도의 차와 마찬가지로 열기

....

101 정재정, 2018, 앞의 책, 102~104쪽.

102 杉本正幸, 1915, 『最近の支那と滿鮮』, 如山居, 303~304쪽.

어렵다. … 전반적으로 내지의 차보다 무거운 느낌이 있는 것이 굳이 결점을 말한다면 결점이 될 것이다.[103]

1919년의 누나미 게이온은 부산에서 펑톈행 야간열차를 탔는데, 이중유리로 된 창문과 함께 의자가 높아 같이 탄 사람들의 얼굴이 보이지 않아서 내지의 기차와는 전혀 다른 승차감을 느꼈다.[104] 1929년 미쓰이 재벌 총수와 같이 여행한 우루시야마 마사키는 특별한 기차를 탔다. 오전 9시 30분 출발하는 펑톈행 급행열차였는데, 조선총독부가 특별실과 전망차(展望車)를 제공하였다.[105] 누나미 게이온이 탄 전망차가 어떤 구조였는지는 정확하게 알 수 없으나, 그림 3-9의 '아카쓰키(曉)' 전망차 내부 사진을 보면, 그 모습을 짐작할 수 있다. 누나미 게이온 일행은 차례로 전개되는 새로운 반도의 풍경을 보면서 이야기를 나누었다고 한다. 1932년의 시노하라 요시마사는 부산에서 탄 기차를 "광궤의 당당한 열차"라고 표현하고, 식당차에는 스마트한 여성 보이가 있고 식사도 일식이 내지의 열차보다 훨씬 훌륭하다고 평가하였다.[106]

이러한 기록들로 미루어 볼 때, 일제가 식민지 철도에 많은 투자를 하였음을 알 수 있으며, 이 때문에 일제강점기 초기에는 철도 운임이 내지에 비해서도 비싼 편이어서 이용객의 대다수가 조선인이 아니라 일본인이었다. 철도를 경영하는 조선총독부와 만철은 승객 확보를 위해 관광객 유치에 적극적이지 않을 수밖에 없었다.

....

103 原象一郎, 1917, 앞의 책, 15~16쪽.

104 沼波瓊音, 1920, 『鮮滿風物記』, 大阪屋号書店, 7쪽.

105 漆山雅喜, 1929, 『朝鮮巡遊雜記』, 漆山雅喜, 3쪽.

106 篠原義政, 1932, 『滿洲縱横記』, 国政研究會, 4쪽.

鮮滿を繋ぐ超特急
「あかつき」「ひかり」
「のぞみ」列車

釜山京城間を僅か六時間四十五分の快速で走る超特急「あかつき」鮮滿を直通する「ひかり」「のぞみ」は朝夕各一回釜山に發着し「ひかり」は新京まで「のぞみ」は奉天まで相互直通運轉し何れも豪華な一等展望車、設備完整せる各等寝台食堂車を連結し快速にて馳驅してゐる。

殊に「ひかり」は内地の特急富士、櫻に接續し東京から新京まで僅かに五十五時間の超スピードで走つてゐる。

그림 3-9. 특급열차의 식당차와 전망차.

출처: 朝鮮總督府鐵道局, 1937,『半島の近影』, 日本版画印刷合資會社, 4쪽.

3 도시 내의 이동

일본인 관광객이 도시 내에서 이동할 때 이용한 교통수단으로는 도보·인력거(人力車)[107]·마차·전차·자동차 등을 꼽을 수 있다. 관광지들이 좁은 지역에 모여 있는 경우에는 도보로 이동하면서 구경했는데, 특히 부산의 일본인 시가지를 둘러보거나, 평양의 을밀대·모란대·부벽루(浮碧樓) 등지를 차례로 유람할 때는 대개 걸어서 다녔다. 교통수단이 상대적으로 미비했던 1910년대에는 도보를 이용한 관광 사례를 더 흔히 찾을 수 있다. 예를 들어, 1905년 부산항에 내린 우가이 다이조는 여관에서 점심을 먹은 뒤, 일행 3명이 도보로 일본인 거류지의 영사관·상품진열관(商品陳列館) 등을 구경하였다.[108]

1) 인력거

인력거는 말 그대로 사람이 끄는 수레이다. 1884년 『한성순보(漢城旬報)』에 인력거에 관한 언급이 있어, 이미 이 무렵에 서울에서는 일본에서 들여온 인력거가 운영되고 있음을 알 수 있다.[109] 처음에는 관용으로 이용되었으나, 청일전쟁 이후 일본인이 에이라쿠초(永樂町)에[110] 점포를 차리고 10대의 인력거로 영업하면서 차츰 일반에 보급되기 시작하였다. 인력거는 좁은 골목까지 어디나 통행이 가능하다는 장점 때문에 많이 이용되었다.[111] 그 후 경성의 인력거 수는 1914년 1,231대,

....

107 기행문에는 '완샤(腕車)'라고 표기한 경우가 많다.

108 鵜飼退蔵, 1906, 앞의 책, 3쪽.

109 문종안, 2017, 『20세기 초 서울의 인력거 연구』, 목포대학교 대학원 사학과 석사학위논문, 6쪽.

110 현재의 서울시 중구 저동이다.

표 3-4. 1911년 경성의 인력거 요금표

목적지	거리	요금(센)	목적지	거리	요금(센)
南大門	4町40間	5	本町3丁目	14町30間	19
總督府	21町10間	25	南部警察署	10町40間	14
本町5丁目	17町10間	21	警務總監部	24町10間	27
本町7丁目	22町10間	25	新町	29町40間	32
東四軒町	1里1町20間	37	大觀亭	12町	16
大漢門	11町40間	16	西小門	12町30間	17
손탁호텔	13町	17	西大門	15町40間	20
西大門警察署	17町35間	22	獨立門監獄署	29町40間	32
慶熙宮	18町50間	22	通信局	21町40間	25
京畿道廳	23町40間	27	景福宮橫町	35町40間	36
水門洞警察署	27町	29	鐘路裁判所	23町40間	27
北部警察署	27町40間	30	東亞煙草會社	35町50間	36
東大門警察分署	1里9町40間	46	總督府病院	1里5町40間	42
昌德宮	1里	36	東小門	1里19町	55
工業傳習所	1里7町40間	44	東大門	1里11町	47
水標橋	26町10間	28	光熙門	1里6町30間	43
銅峴警察署	20町10間	24	十八銀行支店	16町10間	20
明治町教會堂	15町40間	20	韓國銀行	14町40間	19
米倉町, 和樂園	8町40間	12	中の新地	6町	8
龍山桃山遊廓	34町50間	35	龍山停車場	1里2町20間	38
龍山鐵道官舍	1里5町20間	41	龍山警察署	25町20間	28
龍山陸軍官舍	1里9町20間	45	龍山衛戍病院	30町20間	32
龍山兵器廠	19町	23	龍山軍司令部	1里	36
麻浦	1里4町	40	靑坡避病院	15町	19
蓬萊町鐵道官舍	8町20間	10	巴城館	15町	23
浦尾旅館	17町	23	原金旅館	16町20間	23
東海旅館	10町	18	아스토루하우스	16町50間	20
天眞樓	14町50間	20	旭館	17町	23

목적지	거리	요금(센)	목적지	거리	요금(센)
佐藤旅館	14町	20	九州旅館	10町	20
金澤旅館	17町	20	三ヶ月旅館	12町40間	20
不知火旅館	12町	20	松壽旅館	22町30間	25
京城호텔	16町	23			

주 1: 출발지는 남대문정거장(南大門停車場) 기준.
주 2: 거리의 단위인 1리(里)는 약 3.9km, 1초(町)는 약 109m, 1겐(間)은 약 1.8m이다.
출처: 朝鮮總督府 鐵道局, 1911, 『朝鮮鐵道線路案內』, 朝鮮總督府鐵道局, 108~109쪽.

1922년 1,604대로 빠르게 늘었다. 그러나 1920년대 후반부터 택시 영업이 활발해지면서 인력거 수는 크게 줄어 1930년 1,046대가 되었다. 도로가 정비되고 자동차가 도입되면서 인력거는 점차 밀려나게 되었다.[112]

표 3-4는 1911년 『조선철도선로안내(朝鮮鐵道線路案內)』라는 관광 안내서에 수록된 남대문정거장(南大門停車場)을[113] 기준으로 한 경성의 인력거 요금표이다. 거리에 비례하여 목적지별로 세분된 요금체계를 가지고 있었으며, 가장 요금이 저렴한 구간은 남대문(南大門)까지로 5센이었으며, 가장 비싼 구간은 동소문(東小門)으로 55센이었다. 그러나 요금체계가 꼭 거리에만 비례하는 것은 아니어서 규슈여관(九州旅館) 등은 거리에 비해 요금이 비쌌다. 거리뿐만 아니라 도로의 경사 따위도 고려하여 요금을 책정한 것으로 추정된다. 그리고 1리(里) 이상의 시내는 리마다 36센, 시외는 40센이 할증되며, 심야와 새벽은 10% 할증, 눈비와 진창일 때는 30% 할증, 언덕길은 10~30% 할증, 폭풍우 시에는 40% 할증, 대기 시에는 1시간에 8센, 하루 대절은 1엔 80센, 반일 대절은 90

....

111 김영근, 2000, 「일제하 서울의 근대적 대중교통수단」, 『한국학보』 26(1), 74쪽.

112 서울역사편찬원, 2015, 앞의 책, 30~31쪽.

113 남대문정거장은 경성역, 즉 지금의 서울역이다.

표 3-5. 1911년 부산의 인력거 요금표

목적지	요금(센)	소요 시간(분)
関釜連絡船桟橋	10	8
辨天町, 幸町1 · 2丁目, 本町1 · 2丁目, 琴平町, 入江町	12	13 내지 15
西町, 大廳町, 幸町3丁目	16	15
富平町, 寶水町	20	20
富民洞	24	25

주 1: 출발지는 부산역 기준.
주 2: 광복 후에 辨天町은 광복동, 幸町은 창선동, 本町은 동광동, 琴平町은 광복동, 入江町은 광복동, 西町은 신창동, 大廳町은 대청동, 富平町은 부평동, 寶水町은 보수동 일대가 되었다.
출처: 朝鮮總督府 鐵道局, 1911, 『朝鮮鐵道線路案內』, 朝鮮總督府鐵道局, 4~5쪽.

센이었다.[114] 이렇게 인력거는 사람이 끄는 것이어서 시간대와 운행조건에 따라 할증이 있었다.

표 3-5는 같은 책에 실려 있는 부산의 인력거 요금체계로, 경성보다 단순하였다. 가장 요금이 저렴한 구간은 10센으로, 부산역에서 관부연락선 잔교까지였으며, 가장 비싼 구간은 부민동까지로 24센이었다. 부산 인력거도 할증제도가 있었으며, 우천 또는 야간에는 20% 할증, 야간의 우천에는 30% 할증이었다. 그리고 대기할 경우, 1시간에 8센이었다.[115] 한편 평양은 평양역에서 신시가지까지 40센, 구시가지까지 60센이었으며, 야간에는 5센이 더 붙고, 야간에 비·눈·진창일 때에는 50%가 할증되었다.[116] 주목할 만한 점은 이상과 같이 1910년대 관광안내책자에는 도시별로 인력거 요금이 자세하게 안내되어 있으나, 1921년의 『조선철도여행안내(朝鮮鐵道旅行案內)』를 비롯하여[118] 1920년대 이후에

....

114 朝鮮總督府 鐵道局, 1911, 『朝鮮鐵道線路案內』, 朝鮮總督府鐵道局, 109쪽.

115 朝鮮總督府 鐵道局, 1911, 위의 책, 4~5쪽.

116 統監府 鐵道管理局, 1908, 『韓國鐵道線路案內』, 統監府鐵道管理局, 37쪽.

간행된 관광안내서에는 각 도시의 인력거 상황을 간략하게 안내하거나 아예 안내하지 않아 시간이 흐르면서 점차 인력거 이용이 줄었음을 방증하고 있다.

기행문의 인력거 탑승 기록도 유사한 경향을 보인다. 1910년대의 기행문에는 인력거를 이용해 관광한 기록이 꽤 나오지만, 1920년대 이후에는 매우 드물다. 인력거를 탄 기록으로는 1905년 우가이 다이조가 부산에서의 이틀째 관광에 인력거를 이용해 숙소에서 초량역으로 이동하면서 각지를 둘러보았고, 서울에서도 인력거를 타고 남산을 비롯한 서울 시내를 관광하였다.[118] 단체 관광객들도 인력거를 이용하였다. 1909년 36명의 도치기현 실업가관광단은 남대문역에 도착한 뒤, 환영 나온 한국악대(韓國樂隊)를 선두로 하여 인력거에 나누어 타고 숙소로 향했으며, 서울 시내 관광에도 인력거를 활용하였다.[119] 1912년 21명으로 구성된 히로시마조선시찰단 역시 남대문역에서 여관까지 인력거로 이동했으며, 경성과 평양 관광에도 인력거를 동원하였다.[120] 1917년 28명으로 구성된 사이타마현교육회는 남대문역에 도착하여 마중 나온 사람까지 30여 대의 인력거를 타고 일 열로 남대문을 통과하여 당당하게 시내로 들어가면서 우승 국민의 기분을 느꼈다고 기록하였다.[121] 1920년대 이후의 기록으로는, 1923년 이시와타리 시게타네가 새벽 기차를

....

117 1921년 간행된 『조선철도여행안내』의 경성과 부산 설명에는 인력거에 관한 내용이 없으며, 전차와 자동차 요금만 안내되어 있다. 평양만 인력거에 관한 내용이 있으며, 그 요금이 평양역을 기준으로 야마토초(大和町) 40센, 대동문 50센, 칠성문 70센, 모란대 70센, 보통문 70센으로 안내되어 있다(南滿洲鐵道株式會社 京城管理局, 1921, 『朝鮮鐵道旅行案內: 附金剛山探勝案內』, 南滿洲鐵道株式會社 京城管理局, 113쪽).

118 鵜飼退蔵, 1906, 앞의 책, 4~7쪽.

119 下野新聞主催栃木縣實業家滿韓觀光團, 1911, 앞의 책, 72~92쪽.

120 広島朝鮮視察團, 1913, 『朝鮮視察概要』, 增田兄弟活版所, 70~125쪽.

121 埼玉県教育會, 1918, 『踏破六千哩』, 埼玉県教育會, 7쪽.

그림 3-10. 부산항 잔교 앞의 인력거(저자 소장 그림엽서).

타러 숙소에서 평양역에 나가면서 인력거를 탔다는 기록이 있으며,[122] 1941년 이치무라 요이치가 평양에서 친지 집을 방문하고 밤늦게 숙소로 돌아오면서 인력거를 이용하였다.[123] 그런데 이시와타리 시게타네와 이치무라 요이치는 모두 평양 관광을 할 때는 자동차를 이용하였다. 이로 미루어 보아, 인력거는 시간이 흐를수록 관광보다는 개인적인 용무에 주로 이용하였고, 다른 교통수단을 이용하기 어려운 시간대에 많이 활용한 것으로 보인다.

2) 마차

마차는 여객을 태우는 말이 끄는 수레로, 짐을 싣는 하마차(荷馬車)

....

122 石渡繁胤, 1935,『滿洲漫談』, 明文堂, 109쪽.

123 市村與市, 1941,『鮮·滿·北支の旅: 教育と宗教』, 一粒社, 36쪽.

와 구분하여 객마차(客馬車)라고도 한다. 마차는 러일전쟁을 전후하여 외국 사신의 출퇴근용으로 처음 서울에 등장했으나 일반에 널리 활용되지 않았으며, 1905년경 객마차로 대체되었다.[124] 객마차는 한때 인력거와 경쟁 관계에 있었다고 하나,[125] 그 숫자는 인력거에 비해 매우 적었다. 1923년 조사에 의하면, 경성의 인력거는 1,497대였으나, 승합마차는[126] 14대에 불과하였다.[127] 1927년에는 경성에 인력거가 1,219대 있었으나, 객마차는 3대밖에 없었다.[128] 객마차는 인력거에 비해 많은 사람을 태울 수 있으나, 좁은 길을 통행하기 어렵고 속도도 큰 차이가 없어 별로 보급되지 않았던 것 같다. 따라서 객마차를 타고 관광한 일본인은 거의 없었던 것으로 생각된다. 기행문에도 마차를 탔다는 기록은 1914년의 하라 쇼이치로가 유일하다. 그는 총독관저를 방문하고 조선총독부 관리와 함께 마차를 타고 경성의 궁궐들을 관람하였다.[129]

이같이 일본인 관광객은 마차를 거의 이용하지 않았으나, 1910~1920년대에 간행된 관광안내서에는 경성·부산의 마차 운임 정보가 수록되어 있다. 먼저 1908년의 『한국철도선로안내(韓國鐵道線路案內)』에는 부산역과 초량역(草梁驛)을 왕복하는 마차가 있고, 승합요금은 1인에 5센, 대절은 30센이며, 동래까지는 편도 50센으로 갈 수 있다고 기재되어 있으며,[130] 서울과 평양의 마차 정보는 기록이 없다. 1911년 『조선철도선로안내』에는 부산·평양의 마차에 대한 정보는 없고, 표 3-6과 같이

124 원제무, 1994, 『서울시 교통체계 형성에 관한 연구: 1876년부터 1944년까지의 기간을 중심으로』, 『서울학연구』 2, 65쪽.

125 서울역사편찬원, 2015, 앞의 책, 32쪽.

126 객마차로 추정된다.

127 青柳綱太郎, 1925, 『大京城』, 朝鮮研究會, 197~198쪽.

128 서울역사편찬원, 2015, 앞의 책, 32쪽.

129 原象一郎, 1917, 앞의 책, 31~33쪽.

130 統監府 鐵道管理局, 1908, 앞의 책, 6쪽.

표 3-6. 1911년 경성의 우마차 요금표

목적지	요금(센)	목적지	요금(센)
南大門外	30	南大門內	40
水標橋 附近	60	本町1·2丁目	40
本町3·4丁目	55	本町5·6丁目	60
本町7·8丁目	60	永樂町赤門附近	60
鐘路	60	昌德宮附近	80
新町附近	70	西小門附近	55
倭將臺附近	60	大觀亭附近[131]	55
東大門附近	80	梨峴	80
西大門附近	55	獨立門附近	70
靑坡附近	45	岡崎町	50
龍山舊市街	60	龍山停車場附近	70
龍山避病院附近	60	麻浦	1엔

주: 출발지는 남대문정거장(南大門停車場) 기준.
출처: 朝鮮總督府 鐵道局, 1911, 『朝鮮鐵道線路案內』, 朝鮮總督府鐵道局, 106~107쪽.

경성의 우마차(牛馬車) 요금 정보가 수록되어 있다. 이 '우마차'가 객마차를 뜻하는 것인지, 아니면 소가 끄는 것인지는 확인할 수 없다. 표 3-4의 인력거 요금과 비교하면, 목적지에 따라 차이가 있지만 우마차가 인력거에 비해 3~5배 정도 비싼 것을 알 수 있다.

한편 1915년 조선총독부는 식민지 통치 5년의 성과를 전시하여 합병의 정당성을 합리화하기 위하여 시정(施政) 5년을 기념한다는 명분으로 조선물산공진회(朝鮮物産共進會)를 경복궁에서 개최하였다. 이때 일본

....

131 대관정은 현재의 서울시 중구 소공로 103에 있었다. 원래는 미국선교회가 유럽식 숙박시설로 개조한 건물을 1898년 대한제국이 매입하여 황실 영빈관으로 사용하였다. 1904년 일본은 러일전쟁을 구실로 이를 무단으로 점령하여 당시 일본군 사령관인 하세가와 요시미치(長谷川好道)의 관저로 사용하였다. 1905년 을사늑약 당시에는 이토 히로부미(伊藤博文)가 머물기도 하였다.

관광객을 유치하기 위하여 『조선안내(朝鮮案內)』라는 관광 안내 팸플릿을 제작하여 배포하였는데, 그 내용 가운데 경성에서 마차를 대여하는 업체 두 곳이 수록되어 있다. 하나는 혼마치니초메(本町2丁目)에[132] 있는 이토 도모마츠(伊藤友松)였고, 다른 하나는 관훈동에 있는 에가와 분키치(江川文吉)였다. 전자의 요금은 하루 6엔, 반일 3엔 50센, 1시간에 2엔이었으며, 후자는 2마리가 끄는 마차가 하루 10엔, 1시간 3엔이었고, 1마리가 끄는 마차는 하루 7엔, 1시간 2엔이었다.[133] 1915년 경성의 물가 정보가 담겨 있는 『경성안내(京城案內)』에도 마차 요금이 하루 6엔, 반일 3엔 50센, 1시간 2엔으로 기록되어 있다. 이에 비해 자동차는 1시간

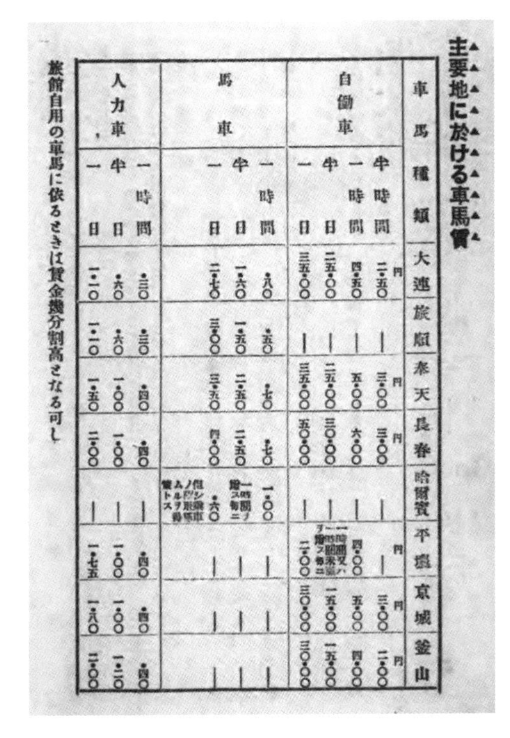

主要地に於ける車馬賃

車馬種類	自働車 半時間	自働車 一時間	自働車 半日	自働車 一日	馬車 一時間	馬車 半日	馬車 一日	人力車 一時間	人力車 半日	人力車 一日
大連	円 二・五〇	四・五〇	二五・〇〇	三五・〇〇	・八〇	一・六〇	二・七〇	・三〇	・六〇	一・二〇
旅順	—	—	—	—	・五〇	一・五〇	三・〇〇	・三〇	・六〇	一・二〇
奉天	円 三・〇〇	五・〇〇	二五・〇〇	三五・〇〇	・七〇	二・五〇	三・九〇	・四〇	一・〇〇	一・五〇
長春	円 三・〇〇	六・〇〇	三〇・〇〇	五〇・〇〇	・七〇	二・五〇	四・〇〇	・四〇	一・〇〇	二・〇〇
哈爾賓	—	—	—	—	一・〇〇	一時間ヲ増ス毎ニ	・六〇 但シ[illegible]	—	—	—
平壤	円 —	四・〇〇	一時間又ハ一時間未満ヲ増ス毎ニ	二・〇〇	—	—	—	・四〇	一・〇〇	一・七五
京城	円 三・〇〇	五・〇〇	一五・〇〇	三〇・〇〇	—	—	—	・四〇	一・〇〇	一・八〇
釜山	円 二・〇〇	四・〇〇	一五・〇〇	三〇・〇〇	—	—	—	・四〇	一・二〇	二・〇〇

旅館自用の車馬に依るときは賃金幾分割高となる可し

그림 3-11. 1920년 주요 도시의 마차 운임표: 경성, 평양, 부산은 생략되어 있다.

출처: 南滿洲鐵道株式會社 大連管理局營業課, 1920, 『滿鮮觀光旅程』, 南滿洲鐵道株式會社 大連管理局.

132 지금의 서울시 중구 충무로2가이다.

133 始政五年記念朝鮮物産共進會 編, 1915, 『朝鮮案內』, 始政五年記念朝鮮物産共進會.

에 4엔이었다.[134] 인력거와 마찬가지로, 1920년대 이후의 관광안내서에는 마차 요금이 거의 기록되지 않았다. 그림 3-11과 같이 1920년『만선관광여정(滿鮮觀光旅程)』에는 만주의 주요 도시의 마차 요금은 수록되어 있으나, 경성·평양·부산은 공란으로 되어 있다. 마차가 식민지 조선 관광에 별로 활용되지 않았음을 보여준다.

3) 전차

일본 관광객이 마차보다 많이 이용한 교통수단으로 전차가 있다. 서울에 전차가 처음 운행을 시작한 것은 1899년이었다. 처음 개통된 구간은 고종의 홍릉(洪陵) 행차의 편의를 위해 서쪽의 경교(京橋)에서 서대문을 거쳐 종로를 통과하고 다시 동대문을 거쳐 청량리까지 가는 노선이었다.[135] 초기에 운행한 전차는 40인승 개방차였으며, 승차권은 상·하등으로 구분하였으며, 특별한 정거장 없이 승객의 요구에 따라 승·하차가 가능하였다.[136] 전차가 새로운 대중교통수단으로 인기를 끌기 시작하자 점차 노선을 확장해 나갔다. 특히 1909년 일본인이 운영하는 일한와사주식회사(日韓瓦斯株式會社)가 서울의 전차 운영권을 장악하고,[137] 1912년 조선총독부가 도로 개수 및 신설 등을 주요 내용으로 하는 경성시구개수사업(京城市區改修事業)을 추진하면서 전차 노선의 신설과 복선화가 활발하게 진행되었다.[138] 이에 따라 표 3-7의 1923년의 경성 전

....

134 石原留吉, 1915,『京城案內』, 京城協贊會, 265쪽.

135 김영근, 2000, 앞의 논문, 77~78쪽.

136 원제무, 1994, 앞의 논문, 70쪽.

137 서울역사편찬원, 2015, 앞의 책, 33쪽.

138 최인영, 2010,「일제시기 京城의 도시공간을 통해 본 전차노선의 변화」,『서울학연구』41, 34쪽.

표 3-7. 1923년 경성 전차 영업성적

월	승차 인원(명)	전차 수입(엔)
1	2,463,028	117,528.75
2	2,445,292	116,940.05
3	2,645,992	129,024.65
4	3,214,368	154,156.10
5	3,165,972	151,470.70
6	2,901,732	139,673.15
7	2,754,259	133,200.90
8	2,832,455	138,785.75
9	2,885,338	136,561.60
10	2,822,469	133,945.60
11	2,527,135	119,746.65
12	2,504,479	119,804.10
계	33,162,519	1,590,838

출처: 靑柳綱太郞, 1925,『大京城』, 朝鮮硏究會, 196~197쪽.

그림 3-12. 경성의 전차 노선망(1899~1937년).

출처: 서울시사편찬위원회 편, 1981,『서울육백년사 제4권』, 974쪽.

그림 3-13. 일제강점기부터 있었던 동래온천 전차 종점의 노인상(저자 촬영).

차의 영업성적을 보면, 매달 300만 명 내외의 인원이 전차를 이용하였음을 알 수 있다. 당시 경성의 전차는 5월부터 10월까지는 오전 5시부터 다음 날 오전 1시, 11월부터 4월까지는 오전 6시부터 저녁 12시까지 운행하였다. 그리고 1937년경에는 그림 3-12과 같은 전차 노선망을 갖추고 있었다.

부산에도 전차가 있었다. 부산의 전차는 일본인 유지들이 설립한 부산궤도주식회사(釜山軌道株式會社)가 부산과 동래온천을 연결하기 위해 1909년 11월 부산진성(釜山鎭城)부터 동래남문(東萊南門)까지 궤도를 부설한 데에서 시작되었다. 12월에는 동래남문에서 온천장까지 선로를 준공하였으며, 이듬해인 1910년 3월부터 이른바 동래선(東萊線)의 열차 운행을 시작하였다. 그 후 조선와사전기주식회사(朝鮮瓦斯電氣株式會社)가 동래선을 인수하여 선로를 개수하고 연장하여 1912년 경

그림 3-14. 평양 야마토마치의 전차.
출처: 대구근대역사관, 2012,「근대한국의 명소와 경관전」.

편철도(輕便鐵道)로 바꾸었다.[139] 1915년에는 부산항에서부터 부산진에 이르는 전철 건설과 함께 기존의 부산진~온천장 구간의 전철화를 통해 부산항에서 온천장까지 전철이 완공되었다. 당시 부산항의 기점, 즉 남쪽 기점은 부산우편국이었고 여기에서는 오전 6시부터, 북쪽 기점인 동래온천장에서는 오전 5시 52분부터 전차가 다녔으며, 하루 15·16차례를 운행하였다. 부산우편국~온천장 간의 소요 시간은 48분이었으며, 요금은 21센이었다.[140]

평양의 전차는 경성·부산에 비해 훨씬 늦었다. 평양은 중심지와 기차역이 멀리 떨어져 이 둘을 연결하는 것이 지역 발전의 중요한 관건이

....

139 전성현, 2009,「일제시기 동래선 건설과 근대 식민도시 부산의 형성」,『지방사와 지방문화』 12(2), 235~253쪽.

140 전성현, 2015,「동래온천 일대 시가지 개발과 교통수단의 설치」,『근대의 목욕탕 동래온천』, 부산근대역사관, 230~231쪽.

표 3-8. 1927년 평양의 전차 운영 상황

항목	내용
정류장	(본선) 平壤驛前, 東町, 法院前(慈惠醫院正門通), 幸町, 八千代町, 黃金町, 本町, 郵便局前(船橋里寺洞行分岐點), 道廳前, 府廳前, 警察署前, 衙廳里, 西門通, 鐘路, 新倉里, 鏡齊里, 大神宮前, 七星門外, 箕子陵, 箕林橋 (지선) 櫻町, 大同橋, 船橋里 (신선) 峴里, 飛行隊前, 塔峴洞, 文新洞, 寺洞
요금	구간제를 채택, 본선은 平壤驛~府廳前, 府廳前~新倉里, 新倉里~箕林里, 지선은 郵便局~船橋里驛, 船橋里~飛行隊前, 飛行隊前~寺洞이 각각 1구간, 1구간은 5센
차량 및 설비	40인승 14량: 창업 시 제조한 최신식, 앞뒤에 救命器 구비, 동계 차내 보온을 위한 전열기 6개 설비 40인승 10량: 제3기 寺洞線 개통 시 교토에서 구입 貨車 3량, 撒水車 1량

출처: 平壤商業會議所, 1927,『平壤全誌』, 梶道夫印刷所, 810~811쪽.

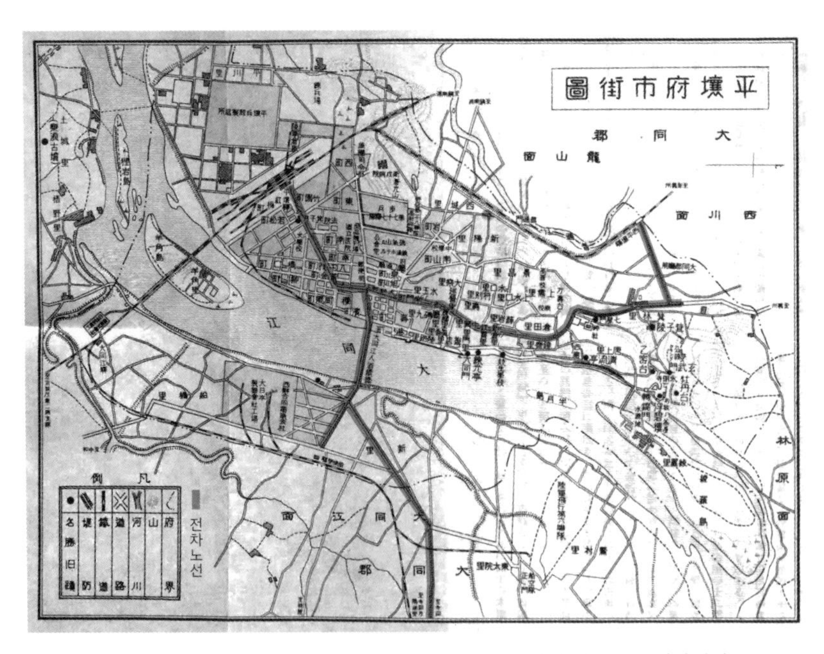

그림 3-15. 평양의 전차노선: 원본 지도에 전차노선을 굵은 회색 선으로 표시하였다.

출처: 朝鮮總督府 鐵道局, 1934,『朝鮮旅行案內記』, 朝鮮總督府 鐵道局, 86쪽.

었다. 이에 1905년 평양시가철도주식회사(平壤市街鐵道株式會社)가 설립되어 평양역과 야마토마치(大和町)[141] 간에 궤도를 설치하고 사람이 끄는 4인승 객차 20대를 운행하였으나, 인력거와의 경쟁에서 밀려 1916년 폐업하였다. 1921년부터 다시 전차를 도입하기 위한 움직임이 시작되어, 1922년 공사에 들어가 1923년 제1기 사업으로 평양역~신창리(新倉里) 간에 복선을 부설하고, 다시 우편국 앞에서 대동교(大同橋)까지를 같은 해 11월에 준공하였다. 제2기 사업으로는 1925년까지 지선을 선교리(船橋里)까지, 본선을 기림교(箕林橋)까지 연장하였다. 제3기 사업으로는 1927년에 선교리~사동(寺洞) 간에 새로운 선을 깔고, 대신궁(大神宮)부터 기림리(箕林里)까지를 복선으로 교체하였다.[142] 1927년 현재 평양의 전철 운영 상황은 표 3-8과 같다.

다음으로 관광안내서의 전차에 관한 내용을 살펴보면, 1908년의 『한국철도선로안내』에 서울의 전차가 동대문을 출발하여 용산에 이르는데, 분기점인 종로에서 갈아타면 서대문, 마포를 갈 수 있다. 그리고 요금은 1구간이 5센이며, 1구간은 동대문~종로, 종로~서대문, 서대문~마포, 종로~남대문 밖 철도선 교차점, 철도선 교차점~용산이며, 학생은 반액이라고 안내되어 있다.[143] 1911년의 『조선철도선로안내』에는 경성 전차의 역사와 주요 구간을 설명하고, 전차 요금표가 관광의 출발지인 남대문정거장을 기준으로 표 3-9와 같이 제시되어 있다.[144] 그리고 부산의 부산진역(釜山鎭驛)에 관한 안내 가운데 부산진성부터 동래온천까지 경편철도가 있으며, 거리는 6리(哩), 약 50분이 소요되며, 요금은

141 지금의 평양시 중구역 승리거리이다.
142 平壤商業會議所, 1927, 『平壤全誌』, 梶道夫印刷所, 808~810쪽.
143 統監府 鐵道管理局, 1908, 앞의 책, 107~108쪽.
144 朝鮮總督府 鐵道局, 1911, 앞의 책, 4~5쪽.

표 3-9. 1911년 경성의 전차 요금표

목적지	거리	요금(센)	목적지	거리	요금(센)
종로	1哩16鎖	5	동대문	2哩46鎖	10
청량리	4哩61鎖	15	총독부병원앞	2哩57鎖	13
서대문	2哩13鎖	10	공덕리	3哩57鎖	15
마포	4哩60鎖	20	신용산	2哩22鎖	10
구용산	2哩13鎖	10			

주 1: 출발지는 남대문정거장(南大門停車場) 기준.
주 2: 거리의 단위인 리(哩)는 마일(mile), 즉 약 1.6km이며, 쇄(鎖)는 체인(chain), 즉 약 20.1m이다.
출처: 朝鮮總督府 鐵道局, 1911, 『朝鮮鐵道線路案內』, 朝鮮總督府鐵道局, 106쪽.

1등 30센, 2등 24센, 3등 12센이라고 소개되어 있다.[145]

1921년의 『조선철도여행안내』에는 경성의 전차 요금이 시내는 5센 균일이고, 교외는 5센을 더 내는데, 남대문~신·구용산, 의주통(義州通)~마포, 동대문~청량리, 광희문~왕십리 등이 교외 구간이라고 적혀 있다. 그리고 20회권을 묶어 95센에 판매하는 회수권이 있다고 하였다.[146] 관광객에게 필요한 요금체계만 간략하게 설명한 것이다. 부산도 전차 요금만 간단하게 언급하였다.[147]

이러한 전차에 관한 간략한 안내는 1930년대의 관광안내서도 유사하다. 1931년 선만안내소(鮮滿案內所)가 간행한 『조선만주여행안내(朝鮮滿洲旅行案內)』에서는 경성·평양·부산의 시내 유람순서를 제시하면서 전차를 이용할 것을 권장하고, 세 도시 모두 요금이 시내 또는 1구

145 朝鮮總督府 鐵道局, 1911, 위의 책, 10~11쪽.
146 南滿洲鐵道株式會社 京城管理局, 1921, 앞의 책, 61쪽.
147 1구간은 5센이며, 부산정차장부터 시내는 1구간, 초량·고관(古館)은 1구간, 부산진은 2구간, 동래온천장은 5구간이라고 기재되어 있다(南滿洲鐵道株式會社 京城管理局, 1921, 위의 책, 11쪽.).

간이 5센이라고 기록해 놓았다.[148] 자판쓰리스토뷰로가 간행한 1930년·1932년·1938년의 『여정과 비용개산』은 전차 요금에 대한 간단한 정보만 수록하고 있다.[149] 조금 다른 내용이 들어 있는 관광안내서로, 1933년 만철 도쿄지사가 간행한 『선만중국여행수인(鮮滿中國旅行手引)』과 1938년 조선총독부 철도국이 간행한 『경성: 개성·인천·수원(京城: 開城·仁川·水原)』이 있다. 이 두 책자에는 전차를 이용해 경성을 구경하는 코스를 제안하였으며, 그 내용은 다음과 같이 거의 같다. 이에 따르면, 전차는 3~4회 타는 것으로 구성되어 있다.

> 경성역-상공장려관(商工奬勵館)-남대문-조선신궁(朝鮮神宮)-남산공원-은사과학관(恩賜科學館)-(이상은 모두 도보)-에이라쿠초(永楽町)-(전차)-창덕궁-창경원(昌慶苑, 점심)-(전차)-파고다공원-(전차)-총독부-경복궁-(도보)-미술품제작소(美術品製作所)-(도보 또는 전차)-조선은행 앞(석식 후 혼마치(本町) 야경)[150]

> 경성역-(도보)-남대문-(도보)-조선신궁-(도보)-남산공원-(도보)-에이라쿠초-(전차)-창덕궁, 창경원(점심)-(전차)-파고다공원-(전차)-경복궁-(도보)-미술품제작소-(도보)-조선은행 앞(석식 후 혼마치 야경)[151]

....

148 鮮滿案內所, 1931, 『朝鮮滿洲旅行案內』, 鮮滿案內所, 3~21쪽.

149 ジヤパン·ツーリスト·ビユーロー, 1930, 앞의 책, 582~585쪽.
ジヤパン·ツーリスト·ビユーロー, 1932, 앞의 책, 634~636쪽.
ジヤパン·ツーリスト·ビユーロー, 1938, 앞의 책, 934~953쪽.

150 南滿洲鐵道株式會社 東京支社, 1933, 『鮮滿中國旅行手引』, 南滿洲鐵道株式會社 東京支社, 28쪽.

151 朝鮮總督府 鐵道局, 1938, 『京城- 開城·仁川·水原』, 朝鮮總督府 鐵道局, 7~8쪽.

그림 3-16. 경성전기주식회사가 요시다 하쓰사부로(吉田初三郎)에게 의뢰하여 제작한 경성의 전차안내지도.
출처: 京城電氣株式會社,『京城電車案內』.

다음으로 기행문의 전차 승차 기록을 분석해 보자. 먼저 경성 전차의 승차 기록으로, 1909년 도치기현 관광단은 인천을 구경하고 돌아오는 길에 용산에서 기차를 내려 용산 시가지를 둘러보고 전차를 이용해 여관으로[152] 돌아왔다.[153] 1912년의 히로시마조선시찰단도 용산의 군사령부를 방문할 때 전차를 탔다.[154] 1917년 사이타마현교육회는 종로에서 전차를 타고 청량리로 가서 홍릉을 구경하고, 다시 전차로 남대문역으로 돌아왔으며, 경성 시내 관광에도 전차를 이용하였다.[155] 1918년의

....

152 不知火旅館과 原金旅館에 숙박하고 있었다.

153 下野新聞主催栃木縣實業家滿韓觀光團, 1911, 앞의 책, 96쪽.

154 広島朝鮮視察團, 1913, 앞의 책, 95쪽.

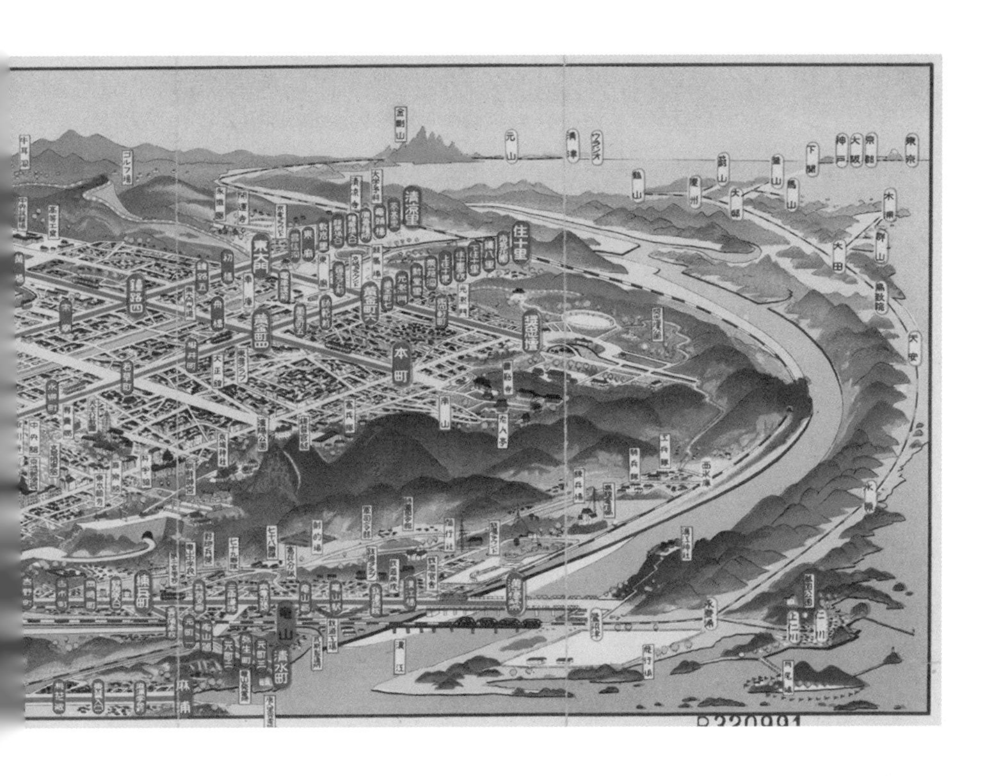

마노 노부카즈는 전차로 뚝섬 과수원에 다녀왔다.[156] 1919년의 누나미 게이온은 전차를 잘 활용하였는데, 남대문에서 전차를 타고 종로로 가서 보신각(普信閣)을 보고, 다시 전차를 갈아타고 경복궁에 갔다가 다시 전차로 동대문을 거쳐 청량리로 갔다. 청량리에서 홍릉을 본 뒤, 다시 전차를 이용해 숙소로 돌아왔으며, 전차 안에서 본 기생의 모습을 상세하게 묘사하였다.[157] 1922년의 니가타현 교육시찰단도 경성역에 도착하여 바로 전차로 이동하여 경복궁을 관람하였다.[158] 대체로 1920년대

....

155 埼玉県教育會, 1918, 앞의 책, 10~14쪽.

156 間野暢籌, 1919, 앞의 책, 69쪽.

157 沼波瓊音, 1920, 앞의 책, 7쪽.

까지의 단체관광객이 전차를 많이 이용하였는데, 이때까지 자동차가 널리 보급되지 않았고, 인력거는 한꺼번에 많은 인원을 수용하기 어려웠기 때문으로 풀이된다. 한편으로 누나미 게이온의 기록으로 비추어 볼 때, 인력거와 달리 전차는 조선인과 섞여서 타기 때문에 이들을 직접 접촉하는 기회가 생긴다는 점에서 의미가 있다.

이 점은 1918년 동래온천행 전차를 탄 사이타마현교육회의 기행문에도 드러난다. 그들은 전차 안에서 식민지 조선의 풍속 생활 상태를 조사한다는 명목으로 같이 탄 조선인과 필담을 시도하였다. “일본인에 대한 당신의 감상은 어떤가?”, “총독부 시정(施政)의 장단 득실은 무엇인가?” 등의 질문을 던졌다. 그리고 동래온천행 경편철도가 러일전쟁 때 안봉선에서 사용하던 차량임을 확인한 사실도 기록하였다.[159] 이 밖에 부산 전차 승차 기록으로, 1917년 나이토 히사히로가 전차를 타고 동래온천에 갔으며, 요금이 1구(區)에 3센이라고 기록하였다.[160] 1919년 동래온천을 방문한 고아제 가메타로도 전차를 이용하였으며, 부산역에서 1시간 30분이 걸렸다고 썼다.[161]

평양 전차의 승차 기록은 1925년의 농업학교장협회, 1929년 시모노세키 선만안내소가 주최한 선만시찰단이 남겼다. 74명으로 구성된 농업학교장협회 시찰단은 전차로 기림리까지 이동하여 기자묘(箕子廟)를[162] 구경하였다. 대동문 등지의 구경을 마친 뒤, 다시 전차를 타고 대동강을 건너서 선교리의 니혼제당회사(日本製糖會社) 공장을 견학하였

....

158 越佐教育雑誌社, 1922, 『越佐教育満鮮視察記: 附·青島上海』, 越佐教育雑誌社, 4쪽.

159 埼玉県教育會, 1919, 앞의 책, 7~8쪽.

160 内藤久寛, 1918, 『訪鄰紀程』, 自家出版, 3쪽.

161 小畔亀太郎, 1919, 『東亜游記』, 小畔亀太郎, 11쪽.

162 기자묘는 평양 기림리에 있는 기자(箕子)의 무덤으로, 기자릉(箕子陵)이라고도 불린다. 이 책에서는 ‘기자묘’로 표기하였고, 원자료에 기자릉으로 표기된 경우에 한하여 ‘기자릉’을 혼용하였다.

그림 3-17. 부산의 전차(저자 소장 그림엽서).

다.[163] 199명으로 이루어진 선만시찰단은 평양역에 도착한 뒤 대절한 전차로 대신궁까지 가서 시내 관광을 시작하였다.[164] 평양의 전차 역시 단체관광객이 주로 이용한 것을 확인할 수 있다.

4) 자동차

도시 내의 관광에서 관광객들이 가장 많이 이용한 교통수단은 자동차였다. 식민지 조선에 자동차가 본격적으로 도입되기 시작한 것은 1910년대 이후였다. 경성에서 자동차 임대 영업이 시작된 것은 1912년이었다. 일제강점기에는 자동차 수가 군사기밀로 다루어진 탓에 정확한 숫자를 파악하기 어려우나 자동차는 1910년대와 1920년대를 거치

163 農業學校長協會, 1926, 『滿鮮行: 附·北支紀行』, 農業學校長協會, 38~39쪽.

164 下関鮮滿案內所, 1929, 『鮮滿十二日: 鮮滿視察團紀念誌』, 下関鮮滿案內所, 103쪽.

면서 많이 증가한 것으로 추정된다.[165] 1920년대 후반부터는 임대 자동차가 택시라는 이름으로 불리기 시작하였다.[166] 경성에서 택시가 빠르게 증가하는 데는 1929년 열린 조선박람회(朝鮮博覽會)가 중요한 계기가 되었다. 박람회 관람객을 노리고 일본인들이 택시 영업을 속속 출원하여 서울에만도 300여 대의 택시가 생겨났다.[167] 그렇지만 택시는 요금이 비싸 조선인이 타기 어려운 교통수단이었다.[168]

자동차에 관한 내용이 처음 등장하는 관광안내서는 1915년의 조선물산공진회를 위해 만든 관광 안내 팸플릿인 『조선안내(朝鮮案內)』이다. 여기에는 경성의 임대 자동차 업체가 두 곳 적혀 있는데,[169] 한 곳은 하세가와마치(長谷川町)에[170] 있었고 요금이 1시간에 4엔이었으며, 다른 한 곳은 고가네마치이치초메(黃金町1丁目)에[171] 있었고 요금이 1시간에 3엔, 5시간에 13엔, 하루에 25엔이었다. 두 곳 모두 6인승 자동차를 대여하였다.[172] 같은 책자에 적혀 있는 마차 요금과 비교하면, 2배 정도 비쌌다. 그리고 1919년 철도원이 펴낸 『조선만주지나안내(朝鮮滿洲支那案內)』에는 평양의 자동차 요금이 수록되어 있다. 평양역부터 대동문 왕복은 50센, 모란대 왕복은 90센이며, 대절은 최초 1시간에 4엔, 이후 1시간이 늘어날 때마다 2엔씩이었다.[173] 경성은 시내 운행에 대한 설명은 없고 경성~춘천 간 운행하는 자동차에 대한 설명만 있다.[174] 부산은 자

165 김영근, 2000, 앞의 논문, 87~88쪽.
166 원제무, 1994, 앞의 논문, 81~82쪽.
167 서울역사편찬원, 2015, 앞의 책, 40쪽.
168 김영근, 2000, 앞의 논문, 92쪽.
169 회사 이름은 판독이 어려웠다.
170 지금의 서울시 중구 소공동이다.
171 지금의 서울시 중구 을지로1가이다.
172 始政五年記念朝鮮物産共進會 編, 1915, 앞의 책.
173 鐵道院, 1919, 『朝鮮滿洲支那案內』, 鐵道院, 75쪽.

동차에 대한 설명이 없다.[175]

1920년대 이후에 간행된 관광안내서에는 경성·평양·부산의 자동차에 관한 정보가 대부분 수록되어 있어, 이때부터 자동차가 관광객의 교통수단으로 본격적으로 활용되기 시작한 것으로 보인다. 1921년의 『조선철도여행안내』에 따르면, 경성의 자동차는 지방으로 가는 장거리 노선 위주로 여러 회사에서 운행하고 있었고,[176] 대절 요금은 30분 3엔, 1시간 5엔, 반일 15엔, 1일 25엔으로 안내되어 있다.[177] 평양의 자동차 요금은 평양역을 기준으로 야마토마치까지 40센, 대동문까지 50센, 칠성문까지 60센, 모란대까지 70센이었고, 1시간 대절은 5엔이었다.[178] 부산은 승합자동차(乘合自動車)가 시내에서 동래온천장까지 80센에 운행하며, 대절은 30분 2엔, 1시간 4엔, 1시간 이상은 1시간마다 4엔씩 늘어났다.[179]

1924년 만철도쿄선만안내소(滿鐵東京鮮滿案內所)가 발간한 『선만지나여정과 비용개산(鮮滿支那旅程と費用概算)』에는 식민지 조선의 세 도시와 만주의 5개 도시의 자동차와 인력거 대절요금이 표 3-10과 같이 제시되어 있다. 자동차는 4인승이라고 명시되어 있으며, 인력거는 1인승일 것이다. 자동차 대절 요금은 식민지 조선과 만주의 도시 간에 큰 차

....

174 경성~춘천 간 매일 1회 운영, 요금은 4엔이며, 4시간이 걸린다. 도중에 청량리, 망우리, 금곡리(金谷里), 마석우리(磨石隅里), 청평천(清平川), 가평, 안보리(安保里), 신연구(新延口) 등에 정차한다.

175 鐵道院, 1919, 앞의 책, 1~37쪽.

176 춘천으로 가는 노선에 鐘路의 大成自動車部, 黃金町의 春川自動車部, 水標町의 松田自動車部가 있고, 충주로 가는 노선에 永樂町의 中央自動車部, 종로의 京南自動車部·東洋自動車部, 樂園洞의 鮮一自動車部, 원주로 가는 노선에 觀水洞의 京釜自動車部 등이 영업하고 있었다.

177 南滿洲鐵道株式會社 京城管理局, 1921, 앞의 책, 61쪽.

178 南滿洲鐵道株式會社 京城管理局, 1921, 위의 책, 113쪽.

179 南滿洲鐵道株式會社 京城管理局, 1921, 위의 책, 11쪽.

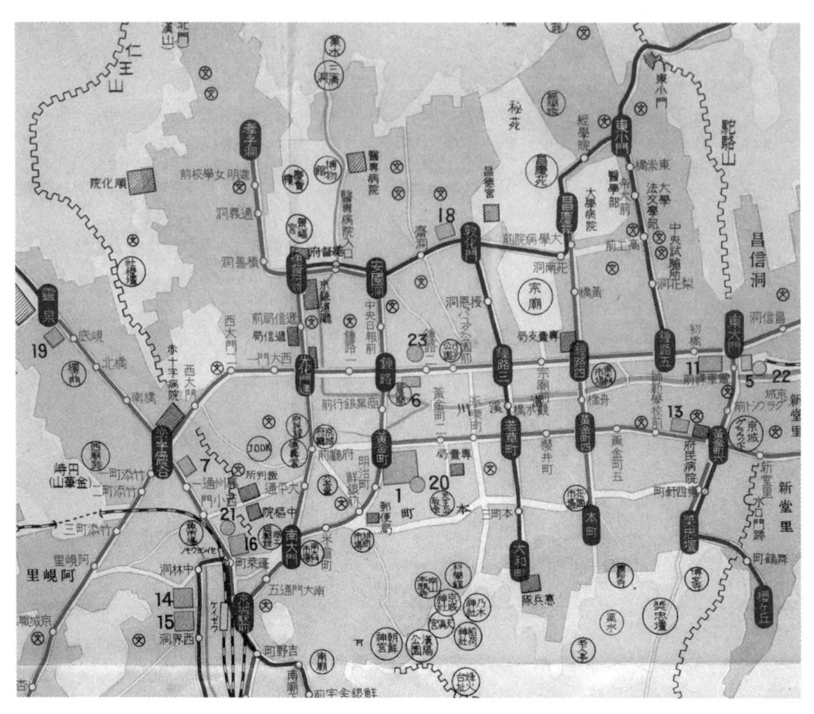

그림 3-18. 경성 시내의 버스 및 전차 노선도: 굵고 진한 선은 버스, 연한 선은 전차 노선이다.
출처: 용산역사박물관 전시물.

이가 없었으며, 1시간에 5엔인 경우가 많았다. 하루를 빌리는 경우는 부산이 가장 저렴하였고, 평양이 가장 비쌌다. 이러한 가격의 차이는 여러 요인에 의해 결정되었을 것이나, 수요와 공급이 제일 중요하게 작용했을 것이다. 평양은 자동차 숫자가 적거나, 하루를 빌리는 사람이 적었을 것이다. 나중에 분석하겠지만, 평양은 반일 정도를 관광하는 사람이 대부분이었기 때문이다. 인력거 대절 요금은 식민지 조선의 도시들이 만주의 그것에 비해 비쌌다. 경성·평양·부산 간에도 차이가 있었다. 특히 대절 시간에 따라 다른 양상을 보였는데, 시간이 늘어날수록 경성이 매우 비쌌다. 자동차는 4명이 탈 수 있다는 점을 고려한다면, 1시간을 빌리는 경우, 부산은 자동차와 인력거 요금이 차이가 없으나, 경성과 평양

표 3-10. 1924년 식민지 조선과 만주의 자동차 및 인력거 요금표

지역	자동차 요금(4인승/엔)			인력거(엔)		
	1시간	반일	1일	1시간	반일	1일
경성	5.00	15.00*	40.00	0.70	3.00	5.00
부산	4.00	15.00	30.00	1.00	1.80	2.50
평양	5.00	25.00	50.00	0.45	2.00	3.50
다롄	5.00	20.00	35.00	0.40	1.20	2.00
뤼순	5.00	20.00	35.00	0.40	1.20	2.00
펑톈	5.00	20.00	35.00	0.30	1.00	1.80
창춘	5.00	20.00	35.00	0.35	1.20	2.00
하얼빈	6.00	25.00	40.00	0.30	1.50	3.00

주: 경성의 자동차 반일 요금은 인쇄상태가 나빠 식별이 어려워 추정한 숫자이다.
출처: 滿鐵東京鮮滿案內所, 1924,『鮮滿支那旅程と費用概算』, 滿鐵東京鮮滿案內所, 31~32쪽.

은 자동차가 2배 정도 비싸며, 반일과 1일은 그 편차가 더 벌어진다.

관광객에게 교통수단의 선택은 쉽지 않은 문제였을 것이다. 자동차를 이용하면 빠르게 이동하면서 많은 곳을 구경할 수 있으나, 자세한 관찰이나 이국의 정취를 느끼기는 어려울 것이다. 반대로 인력거는 구석구석을 꼼꼼하게 구경할 수 있으나, 시간이 많이 소요된다. 1930년 이후의 관광안내서들은 자동차와 전차 이용을 권장하고 있다. 앞서 언급한 바 있는 1931년의 『조선만주여행안내』는 전차와 함께 자동차를 이용한 유람코스를 제시하고 있다. 특히 부산은 관부연락선을 타고 부산에 상륙한 뒤 곧 기차를 타는 사람들에게 갈아타는 시간을 이용하여 자동차를 타고 다이쵸마치(大廳町)·용두산(龍頭山)·나가테도오리(長手通)·시장 등을 돌아볼 것을 권유하였다.[180]

같은 책에서 경성은 "시내에는 전차와 승합자동차가 있으며, 모두

180 鮮滿案內所, 1931, 앞의 책, 3쪽.

요금은 5센 균일이다. 그리고 시내 각지를 일순하여 경성역에 돌아오는 유람 자동차(遊覽 自動車)가 있으며, 그 요금은 1인당 3엔 50센이다. 대절 자동차의 요금은 시내는 1엔 균일이며, 시간 대절은 1시간에 4엔, 반일에 20엔, 1일에 40엔이다."라고 설명하였다.[181] 이를 통해 몇 가지 새로운 사실을 확인할 수 있다. 먼저 당시 경성에서 관광객이 이용할 수 있는 자동차의 종류는 승합자동차, 유람 자동차, 대절 자동차가 있었다. 이 가운데 5센으로 탈 수 있는 승합자동차의 정체는 세 가지 정도로 추정해 볼 수 있다. 첫째, 1930년대에 들어서 출현한 승객 좌석이 2개뿐인 자그마한 택시로, 이 택시는 요금이 50센이어서 '50센 택시'라고 불렸다고 한다.[182] 요금으로 봐서 가능성이 떨어진다. 둘째, 1920년대 말에 등장한 9인승 승합 택시로 구간 균일요금제로 운행했는데, 요금이 4인 기준 1엔으로,[183] 5센이 아니었다. 오히려 설명 가운데 시내 1엔 균일 요금의 대절 자동차가 이것으로 추정된다. 세 번째, 1928년에 경성부가 운영을 시작한 부영(府營) 버스이다. 당시 부영 버스는 14인승이었지만, 손잡이가 8개 있어 모두 22명이 탈 수 있었다. 그리고 처음 영업을 시작할 때는 10대로 시작하였으나 1929년 조선박람회를 계기로 49대로 늘어났으며, 노선도 점차 확장되었다. 요금도 전차와 마찬가지로 1구간에 5센을 받았다.[184] 그러므로 1931년 『조선만주여행안내』에서 언급한 5센으로 타는 승합자동차는 부영 버스였으며, 이를 이용하여 경성을 관광하기를 권한 것이다.[185] 부영 버스는 전차와 치열한 승객 유치전을 펼

....

181 鮮滿案內所, 1931, 위의 책, 10쪽.

182 서울역사편찬원, 2015, 앞의 책, 40쪽.

183 서울역사편찬원, 2015, 위의 책, 58쪽.

184 최인영, 2007, 「1928~1933년 京城府의 府營버스 도입과 그 영향」, 『서울학연구』 29, 230~242쪽.

185 1930년의 『여정과 비용개산』에도 "경성부 직영의 시내 승합자동차가 8시부터 6시까지 영업

치면서 적자에 허덕이다가 결국 1933년에 전차를 운영하는 경성전기 주식회사에 흡수되었다.[186]

그리고 『조선만주여행안내』의 경성 자동차 안내를 통해, 3엔 50센의 요금을 내고 경성역을 기점으로 시내 각지를 돌아볼 수 있는 유람 자동차가 있었다는 사실도 확인할 수 있다. 유람 자동차에 관한 내용은 1930년의 『여정과 비용개산』에도 수록되어 있으며, 관광객이 신청하면 경성역 및 철도국 영업과에서 수배한다고 적혀 있다.[187] 따라서 늦어도 1930년에는 경성에서 유람 자동차가 운행한 것이 분명하다. 이는 일본에 비해서 그리 늦은 것이 아니었다. 일본에서 정기 유람 버스는 1925년 도쿄에 처음 등장하였으며, 우에노(上野)를 기점으로 히비야공원(日比谷公園)과 긴자(銀座), 아타고야마(愛宕山), 메이지신궁(明治神宮) 등을 순회하는 코스로 운행하였다. 여성 가이드가 동승하는 유람 버스는 1928년 벳부(別府)의 '지옥온천순례(地獄巡り) 유람 버스'에 처음 도입되었다.[188] 1933년의 『선만중국여행수인』에서는 아래와 같이 유람 자동차를 이용한 경성의 유람코스를 제안하고 있어, 이 무렵에 유람 자동차를 이용한 경성 관광이 꽤 보급된 것으로 추정된다. 이 코스는 5시간이 소요되며, 요금은 3엔 50센이었다. 이용객이 4명 미만이면 4인 요금을 내야 하며, 단체는 할인이 있었다.[189] 『선만중국여행수인』은 부산에서도 표 3-11과 같이 자동차와 전차를 이용한 두 개의 유람코스를 제안하고 있다. 자동차와 전차의 요금 차이가 매우 컸다.

....

하며, 시내 5센 균일"이라고 기록되어 있다.

186 서울역사편찬원, 2015, 앞의 책, 35쪽.

187 ジャパン·ツーリスト·ビューロー, 1930, 앞의 책, 583쪽.

188 橋爪紳也, 2015, 『大京都モダニズム観光』, 芸術新聞社, 153쪽.

189 南滿洲鐵道株式會社 東京支社, 1933, 앞의 책, 29쪽.

경성역-(자동차)-상공장려관-남대문-(자동차)-조선신궁-(자동차)-남산공원-(자동차)-은사과학관-(자동차)-미술품제작소-(자동차)-총독부, 경복궁-(자동차)-파고다공원-(자동차)-창덕궁, 창경원-(자동차)-중앙시험소(中央試驗所)-(자동차)-장충단-청량리(진전하릉(晋殿下陵))[190]-임업시험장(林業試驗場)-(장충단에서 되돌아가서 석식 후 혼마치 야경)[191]

1938년의 『여정과 비용개산』에는 자동차와 관련해 변화되거나 추가된 내용이 포함되어 있다. 경성에서는 택시 미터제가 시행되어[192] 4인승의 경우, 시내에서 2km까지는 50센이었으며, 이후 800m 갈 때마다 10센이 추가되었다. 그리고 대절 요금은 30분 2엔, 1시간 3엔, 반일 15엔, 1일 25엔으로 1931년에 비해 저렴해졌다. 시내 유람 버스도 2엔 20센으로 요금이 내렸다. 부산은 택시 요금이 시내에서 80센이라는 내용이 추가되었으며, 평양은 자동차가 시내에서 70센·40센 균일이며,[193]

표 3-11. 1933년 부산의 추천 유람코스와 교통수단

	코스	교통수단	소요 시간	요금	비고
1안	棧橋-大廳町-龍頭山-長手通-驛	자동차	40분	2엔	자동차는 5인승
		전차	1시간	10센	
2안	棧橋-長手通-水産市場-龍頭山-大廳町–釜山驛-草梁-東萊溫川場-驛	자동차	4시간 30분	10엔	온천 입욕 시간을 3시간으로 가정
		전차	5시간	50센	

출처: 南滿洲鐵道株式會社 東京支社, 1933, 『鮮滿中國旅行手引』, 南滿洲鐵道株式會社 東京支社, 27쪽.

....

190 진전하(晋殿下)는 영친왕 이은(李垠)과 이방자(李方子)와의 사이에 1921년 태어난 이진(李晉)을 말하며, 조선과 일본의 왕족 사이에 태어나 '일선융합(日鮮融合)'의 상징으로 여겨졌다. 1922년 사망하여 청량리에 매장되었다. 이 무덤을 숭인원(崇仁園)이라 부른다.

191 南滿洲鐵道株式會社 東京支社, 1933, 앞의 책, 29쪽.

192 경성에서 택시 미터제는 1936년 5월 1일부터 시행되었다(서울역사편찬원, 2015, 앞의 책, 40쪽.).

193 70센 균일과 40센 균일에 어떤 차이가 있는지에 관한 언급은 없다.

버스는 5센 균일이라는 내용이 새로 포함되었다.[194]

이제 기행문을 통해 관광객들의 자동차 이용 상황을 살펴볼 차례이다. 1910년대에도 자동차를 이용한 기록들이 있다. 가장 앞선 기록은 1917년의 세키 와치와 나이토 히사히로이다. 중의원의원인 세키 와치는 이왕직(李王職)이[195] 준비한 어용자동차(御用自動車)로 창덕궁 등을 관람하였다.[196] 역시 중의원의원을 지냈고 니혼석유회사(日本石油會社)의 경영자였던 나이토 히사히로는 경성역에 내려 자동차로 숙소로 이동하였고, 자동차를 이용해 경성 서계동(西界洞)의 회사 창고와 용산 등지를 둘러보았다.[197] 이에 앞서 1910년 평양을 방문한 부청관광실업단이 선교리에서 '차(車)'로 열을 지어 여관으로 돌아왔다는 기록,[198] 1914년 히로시마고등사범학교 학생들이 부산역에 내린 뒤 '차'로 여관으로 이동했다는 기록이[199] 있으나, 이 '차'는 자동차가 아니라 인력거일 것으로 추정된다. 그 증거로, 세키 와치는 부산 시내를 둘러볼 때 사용한 '차'와 경성에서 탄 '자동차(自動車)'를 구분하여 적었다.[200] 나이토 히사히로는 '자동차(自動車)'라고 표기하였다.[201] 1917년의 교장들로 구성된 사이타마현교육회는 평양역에 내려 시간에 맞추기 위해 자동차를 타고 고등보통학교와 평양성을 일주하였다.[202] 1918년 시인 오마치 게이게쓰는

....

194 ジャパン·ツーリスト·ビユーロー, 1938, 앞의 책, 934~953쪽.

195 이왕직(李王職)은 일제강점기 이왕가와 관련한 사무 일체를 담당하던 기구이다. 이왕직은 망국과 함께 대한제국 황실이 이왕가로 격하되면서 기존의 왕실 업무를 담당하던 궁내부(宮內府)를 계승하여 설치되었으며, 조선총독부가 아닌 일본의 궁내성(宮內省) 소속 기관이었다.

196 関和知, 1918, 『西隣游記』, 関和知, 4쪽.

197 内藤久寛, 1918, 앞의 책, 7~11쪽.

198 赴清実業團誌編纂委員會, 1914, 『赴清実業團誌』, 白岩龍平, 10쪽.

199 広島高等師範學校, 1907, 앞의 책, 31쪽.

200 関和知, 1918, 앞의 책, 3~4쪽.

201 内藤久寛, 1918, 앞의 책, 7쪽.

202 埼玉県教育會, 1918, 앞의 책, 16쪽.

조선총독부에서 내준 자동차로 경성 시내는 물론, 청량리·우이동·벽제관 등을 하루에 모두 관광하였다.[203] 1919년 나가오카상업회의소 시찰단의 일원이었던 고아제 가메타로는 부산에서 자동차로 시내를 구경하였으며, 경성에서는 나가오카척식주식회사(長岡拓殖株式會社)의 사업지인 김포의 축제공사(築堤工事) 현장을 자동차로 시찰하였다.[204] 이상과 같이 1910년대에 자동차를 이용한 사람은 모두 사회적, 경제적 지위가 높은 이들로, 관광과 사업 목적을 겸해 자동차를 탔다.

1920년대 이후의 기행문에는 관광에 자동차를 이용했다는 기록이 자주 나온다. 1920년 고베시회시찰단의 일원이었던 이토 사다고로는 배에서 내린 뒤, 경부선과 연결시간을 이용하여 자동차 3대를 불러 나누어 타고 20분쯤 부산 중심지를 훑어보았다.[205] 1921년 변호사 이시이 긴고도 부산항에 내려 자동차로 시가지를 둘러보았다.[206] 1922년의 니가타현 교육시찰단은 경성과 평양 관광에 자동차를 이용하였는데, 특히 경성에서는 조선총독부에서 자동차 4대를 제공하였다.[207] 1922년의 양잠학자 이시와타리 시게타네는 평양역에서 자동차로 여관에 들어갔으며, 기자묘를 구경하러 갈 때도 자동차를 탔다.[208] 1925년의 농업학교장들은 여러 대의 자동차에 분승하여 조선총독부를 출발하여 창경원 등지를 관람하였고,[209] 1928년 승려인 고바야시 후쿠타로는 자동차로 남산에 올랐다.[210] 그리고 1929년 199명이 참가한 시모노세키선만안내소

....

203 大町桂月, 1919, 『滿鮮遊記』, 大阪屋号書店, 313~316쪽.
204 小畔亀太郎, 1919, 앞의 책, 10~13쪽.
205 伊藤貞五郎, 1921, 앞의 책, 14~15쪽.
206 石井謹吾, 1923, 앞의 책, 24쪽.
207 越佐教育雜誌社, 1922, 앞의 책, 5~6쪽.
208 石渡繁胤, 1935, 앞의 책, 107~108쪽.
209 農業學校長協會, 1926, 앞의 책, 30쪽.
210 小林福太郎, 1928, 『北支滿鮮随行日誌』, 小林福太郎, 29쪽.

주최 선만시찰단은 대절 자동차를 이용해 경성 각지를 관광하였으며,[211] 역시 1929년의 일본여행협회 주최 선만시찰단도 부산과 경성에서 자동차로 관광하였다.[212] 특별한 사례로 1929년 미쓰이 재벌 총수일행은 자동차 드라이브를 즐겼는데, 그 대상은 회사 소유의 청운동(青雲洞) 별장지와 용산·노량진 등지였다.[213] 이상과 같이 1920년대에는 관광에 자동차를 이용하는 것이 보편화되었고, 특히 단체관광객이 대절 자동차를 빌려 관광하는 관행이 자리 잡았다.

1930년대에는 자동차를 이용한 관광이 더욱 늘어났다. 기행문에는 '택시'라는 용어가 자주 등장하는데, 1932년 중의원의원 시노하라 요시마사는 부산항에 도착하여 짐을 평톈행 기차에 싣고 역 앞의 택시를 30분간 2엔 50센에 빌려서 시내 구경에 나섰다.[214] 1933년 스기야마 사시치도 역시 부산에서 2엔 50센에 택시를 빌려 관광했는데, 도쿄에 비해 비싸다고 생각하였다. 그리고 관광을 마치고 역에 도착하자, 운전사가 택시로 동래온천에 가지 않겠냐고 제안하였다. 운전사는 3엔을 요구하였으나, 2엔에 흥정하여 동래온천으로 갔다.[215] 1941년의 학교장 이치무라 요이치도 경성과 평양에서 택시를 이용하였다.[216]

1930년대 후반이 되면, 유람 버스에 관한 기록이 기행문에 나타난다. 유람 버스는 '유람 자동차', '회유(廻遊) 버스' 따위로 적혀 있으며, 1936년의 나카지마 마사쿠니는 '편의유람자동차(便宜遊覽自動車)'라고 기록하였다. 신사의 구지였던 그는 아침 일찍 경성역에 도착하여 가장

....

211 下関鮮滿案内所, 1929, 앞의 책, 101~102쪽.

212 吉野豊次郎, 1930, 『鮮滿旅行記』, 金洋社, 5~8쪽.

213 漆山雅喜, 1929, 앞의 책, 3쪽.

214 篠原義政, 1932, 앞의 책, 4쪽.

215 杉山佐七, 1935, 『観て来た滿鮮』, 東京市立小石川工業學校校友會, 8~10쪽.

216 市村與市, 1941, 앞의 책, 36쪽.

그림 3-19. 경성역과 버스: 사진 오른쪽에 보이는 버스가 유람 버스로 추정된다.
출처: 신동규 외, 2020, 「일제침략기 한국 관련 사진그림엽서 수집·분석·해제 및 DB 구축」(http://waks.aks.ac.kr/rsh/?rshID=AKS-2017-KFR-1230003).

먼저 조선신궁과 경성신사를 참배해야 하나, 저녁에 경성을 떠날 예정이므로 우선 유람 자동차로 관광부터 하는 것으로 결정했다. 오전 9시에 경성역을 출발하였는데, 자동차는 전망식 고급자동차였으며, 청초한 한복에 하이힐을 신은 미소녀가 안내하였다. 일본어 발음은 조금 부자연스러웠지만, 빈틈없이 설명을 잘해주었다. 가장 먼저 조선신궁을 보고, 박문사(博文寺)·동대문·경학원(經學院)·창경원을 거쳐 파고다공원·보신각을 통과하여 덕수궁(德壽宮)에 도착하였다. 유람 자동차의 예정 코스에는 조선총독부와 경회루(慶會樓)도 있었으나 마침 관람이 허락되지 않았으며, 도청(道廳)·방송국·부청(府廳)·조선은행 등은 차창으로 구경하고 유람이 끝난 것은 오전 11시 반이었다.[217]

나카지마 마사쿠니 이후 경성을 방문한 관광객들은 유람 버스를 많

217 中島正国, 1937, 『鮮滿雜記』, 中島正国, 9~14쪽.

이 이용하였다. 1938년 일본여행회(日本旅行會)가 기획한 52명의 단체 관광단도 밤새 기차를 타고 와서 아침 8시에 경성역에 내리자마자 3대의 유람 버스에 나누어 타고 오후 4시까지 경성을 관광하였다. 기행문에 조선 미인인 '버스 걸(bus girl)'이 "조선 민가가 낮은 것은 왕이 10척 이상의 기둥 사용을 금했기 때문"이라고 설명했다고 기록하였다.[218] 1939년의 오카야마현 시찰단은 평양역에 도착하여 여관에 짐을 맡긴 다음 유람 버스를 타고 낙랑고분·모란대·박물관 등을 둘러보았는데, 역시 버스 걸인 명랑한 '반도 아가씨(半島娘)'가 유창한 일본어로 안내해 주었다. 경성역에 도착해서도 바로 유람 버스를 탔다.[219] 1939년의 도쿄여자고등사범학교의 수학여행단 역시 유람 버스 2대를 빌려 오전 8시부터 4시간 30분 동안 아름다운 한복을[220] 입은 버스 걸의 설명을 들으며 시내를 구경하였다. 기행문을 쓴 학생은 반일 동안 경성 전 시가를 돌고, 너무 많은 곳을 지나가서 머리에 잘 들어오지 않았다고 유람 버스 관광을 술회하였다.[221]

이상에서 살펴보았듯이 유람 버스를 경험한 일본인들은 동승한 여성 가이드에 유독 많은 관심을 표명하였다. 1940년 경성 유람 버스에 탄 중의원의원이자 잡지사 경영인인 이시야마 겐키치는 안내원이 설명이 매우 능숙하고, 조선인이지만 일본인과 발음이 조금도 다르지 않다고 하였으며,[222] 1941년 경성을 찾은 소설가 도요다 사부로와 닛타 준은 아래와 같이 버스 안내원과 유람 버스의 분위기에 대해 상세하게 묘사

……..

218 日本旅行會, 1938,『鮮滿北支の旅: 皇軍慰問·戰跡巡礼』, 日本旅行會, 16~17쪽.

219 岡山県鮮滿北支視察團, 1939, 앞의 책, 22~23쪽.

220 기행문에는 조선복(朝鮮服)이라 표현되어 있다.

221 大陸視察旅行團, 1940,『大陸視察旅行所感集』, 大陸視察旅行團, 28~29쪽.

222 石山賢吉, 1942,『紀行: 滿洲·臺灣·海南島』, ダイアモンド社, 17쪽.

하였다.

(도요다 사부로) 숙소는 나중에 어떻게 마련하기로 하고, 시내 구경 유람 버스를 탔다. 안내 걸은 17~18세의 반도 아가씨로 조선옷을 입고 있지만, 설명은 전부 유창한 일본어로 했다. 약간 사투리가 있어서 유머러스했다. 입이 상당히 커서 반도 아가씨치고 별로 예쁘지 않지만, 못되지 않고 재미있는 아이다. 귓불이 빨개 눈에 띄었다. 손님은 대부분 내지인이지만, 조선인 노파 두 명 정도와 가죽가방을 든 여학교 출신으로 보이는 여자아이가 타고 있었다. 그리고 검은 중절모에 학생복을 입은 청년이 타고 있었는데, 그는 실업학교(實業學校) 출신으로 평양에서 구경하러 왔다고 한다. 역시 숙소가 없어서 인천에 가서 묵을 예정이며, 평양에도 꼭 와 달라고 했다. 이런 청년이 일본어를 잘해서 감동했다.[223]

(닛타 준) 우리는 9시에 출발하는 유람 버스를 타기로 하였다. 서둘러 역 2층의 식당에서 아침을 먹었다. 유람 버스는 약 20명의 손님을 태우고 출발하였다. 먼저 근대화된 시가 한가운데 홀로 남겨진 고풍스러운 남대문. 그곳 비탈길 근처에서 버스 승객이 모두 내려 남대문을 배경으로 기념 촬영을 했다. 거기서 조선신궁(朝鮮神宮)으로 가는 아스팔트 참도(參道)를 올랐다. 실크해트를 쓰고 검은 코트나 모닝코트의 가슴에 훈장을 달고서 참도를 따라가는 사람들이 종종 눈에 들어왔다. 신궁 앞까지 오니, 경성의 고위 관리들이 모두 화려한 예복을 입고 모여 있었다. 뭔지 생각하니 오늘이 10월 18일 니이나메사이(新嘗祭)였다.[224] 그곳 외원(外

....

223 井上友一郎·豊田三郎·新田潤, 1942,『滿洲旅日記: 文学紀行』, 明石書房, 33~34쪽.

224 니이나메사이(新嘗祭)는 일본의 궁중 제사 중 하나로, 그해에 수확한 햇곡식을 신에게 바치고 감사를 표하는 행사이다.

苑)에서 한눈에 내려다본 경성 시가의 전망은 실로 굉장히 인상적이었다. 시가를 둘러싼 산들이 멀리 창공에 분명하게 붉게 도드라졌다. 그것은 내지 등에서는 어디에서도 볼 수 없는 산의 모습이었다. 살짝 안개가 서린 가운데 아침 햇볕을 받은 집들이 모두 하얗게 빛나고 있었다. 지붕은 붉은색이 많이 눈에 들어왔다. 마치 어딘가 외국의 거리에 온 것 같은 이국적인 경치였다.

그곳에서 버스는 경성신사(京城神社)·박문사·동대문·경학원·창경원·파고다공원·총독부·박물관·덕수궁 등을 돌았다. 안내양은 눈동자가 또렷한 귀여운 조선의 소녀로, 작은 귓불이 살짝 붉었다. 조금 낭독하는 투였지만, 맑은 목소리로 막힘없이 설명을 계속했다. 이왕가(李王家)의 정원이었던 창경원에 도착할 즈음, 우리는 안내양에게 완전히 익숙해졌다. "이곳에 오면 꼭 모두 흩어져 길을 잃어 곤란해합니다." 넓은 원내(苑內)에 식물원과 동물원이 있었고, 그것을 보며 걷는 중에 과연 뿔뿔이 흩어졌다. 안내양은 잠시 유치원 선생처럼 계속 뒤를 돌아보고, 천천히 걷는 일행을 서두르도록 재촉하는 등 꽤 힘들어 보였다. 마지막까지 그녀를 따라 함께 움직인 것은 우리 두 명과 학생복을 입은 젊은 조선 청년 등 세 사람뿐이었다. "너는 발이 상당히 빠르군."이라고 하자 "강동강동 걸어요."라고 그녀는 쾌활하게 웃었다. "그래서 토끼라고 불러요."[225]

조선인 여성 안내원에 대한 이러한 시선은 일본인들이 식민지 조선을 관광하면서 기차나 자동차의 창문을 통해서가 아닌 직접 만날 수 있는 몇 안 되는 조선인 중 하나가 이들이라는 점에서 비롯되었다. 그래서 여성 안내원은 호기심의 대상이었으며, 소녀, 한복, 유창한 일본어 등이

....

225 井上友一郎·豊田三郎·新田潤, 1942, 앞의 책, 39~41쪽.

더욱 관광객의 이목을 끄는 요소로 작용하였다.

5) 배

관광에는 배도 사용되었다. 관광에 배가 사용된 곳은 부산과 평양이다. 기행문을 살펴보면, 부산에서는 '란치(ランチ, launch)'라는[226] 작은 증기선을 타고 바다에 나가 부산항을 구경하는 사례가 종종 발견된다. 1909년의 도치기현 실업가관광단은 배를 타고 항구와 절영도(絶影島)를 구경하였다.[227] 1910년의 부청관광실업단도 세관의 소증기선으로 부산항을 순시하면서 항만 시설에 관한 세관장의 설명을 들었다.[228] 1917년 일본의 석유왕(石油王)이라 불린 나이토 히사히로 역시 란치를 타고 바다로 나가 절영도 옆을 통과하여 새롭게 건설한 자신의 회사 석유 창고 등을 관망하였다.[229] 1922년의 사범학교장 회의에 참석한 하시모토 후미토시와[230] 소학교장 회의에 참석한 1926년의 이나 쇼로쿠도[231] 각각 소증기선을 타고 부산항을 일주하였다.

평양에서 배를 타는 것은 대동강 선유(船遊)이다. 대개 부벽루(浮碧樓)를 구경한 뒤에, 대동강으로 내려가 배를 타고 하류로 내려오다가 연광정(練光亭)이나 대동문(大同門) 주변에서 상륙하였다. 예를 들어, 1910년의 부청관광실업단은 평안남도관찰사(平安南道觀察使)와 경찰부장(警

....

226 '란치'는 항만 내에서 연락업무와 함께, 사람과 화물을 수송하는 데에 사용하는 기동성이 좋은 배이다.

227 下野新聞主催栃木縣實業家滿韓觀光團, 1911, 앞의 책, 46~47쪽.

228 赴清実業團誌編纂委員會, 1914, 앞의 책, 2~3쪽.

229 內藤久寛, 1918, 앞의 책, 4쪽.

230 橋本文寿, 1923, 『東亜のたび』, 橋本文寿, 3쪽.

231 伊奈松麓, 1926, 『私の鮮満旅行』, 伊奈森太郎, 24쪽.

그림 3-20. 대동강의 유람선.
출처: 朝鮮總督府鐵道局, 1937,『半島の近影』, 日本版画印刷合資會社, 37쪽.

察部長)이 준비한 유선(遊船) 3척에 나누어 타고 대동강을 내려가면서 일본·한국 기생과 술을 마셨다. 그리고 한국 기생이 매화·난·대나무를 그린 부채를 기념품으로 받았다.[232] 이렇게 배를 타고 대동강을 내려오면서 주변 경치를 즐기는 것은 후대로 내려오면서 관행화되었고, 일본인의 평양 관광 코스 가운데 핵심이 되었다. 이러한 뱃놀이에는 '화방(畵舫)'이라고 하는 아름답게 장식된 유람선이 동원되었다. 이 배는 보통 20명 정도가 탑승할 수 있었다.[233] 그리고 배 안에서 맥주를 마시거나 다과를 즐기는 경우가 많았으며, 기생의 노래와 춤을 구경하기도 하

....

232 赴淸実業團誌編纂委員會, 1914, 앞의 책, 10쪽.
233 吉野豊次郎, 1930, 앞의 책, 19쪽.

였다. 1929년의 200명 가까운 선만시찰단은 12척의 배를 이용해 대동강을 내려오면서 도시락을 먹었다.[234] 한편 청류벽(清流壁)부터 대동강을 타고 내려오는 옥형선(屋形船) 은 소형 15인승의 1척 요금이 3엔이었다.[235]

....

234 下関鮮滿案内所, 1929, 앞의 책, 103쪽.

235 南滿洲鐵道株式會社 東京支社, 1933, 앞의 책, 30쪽.

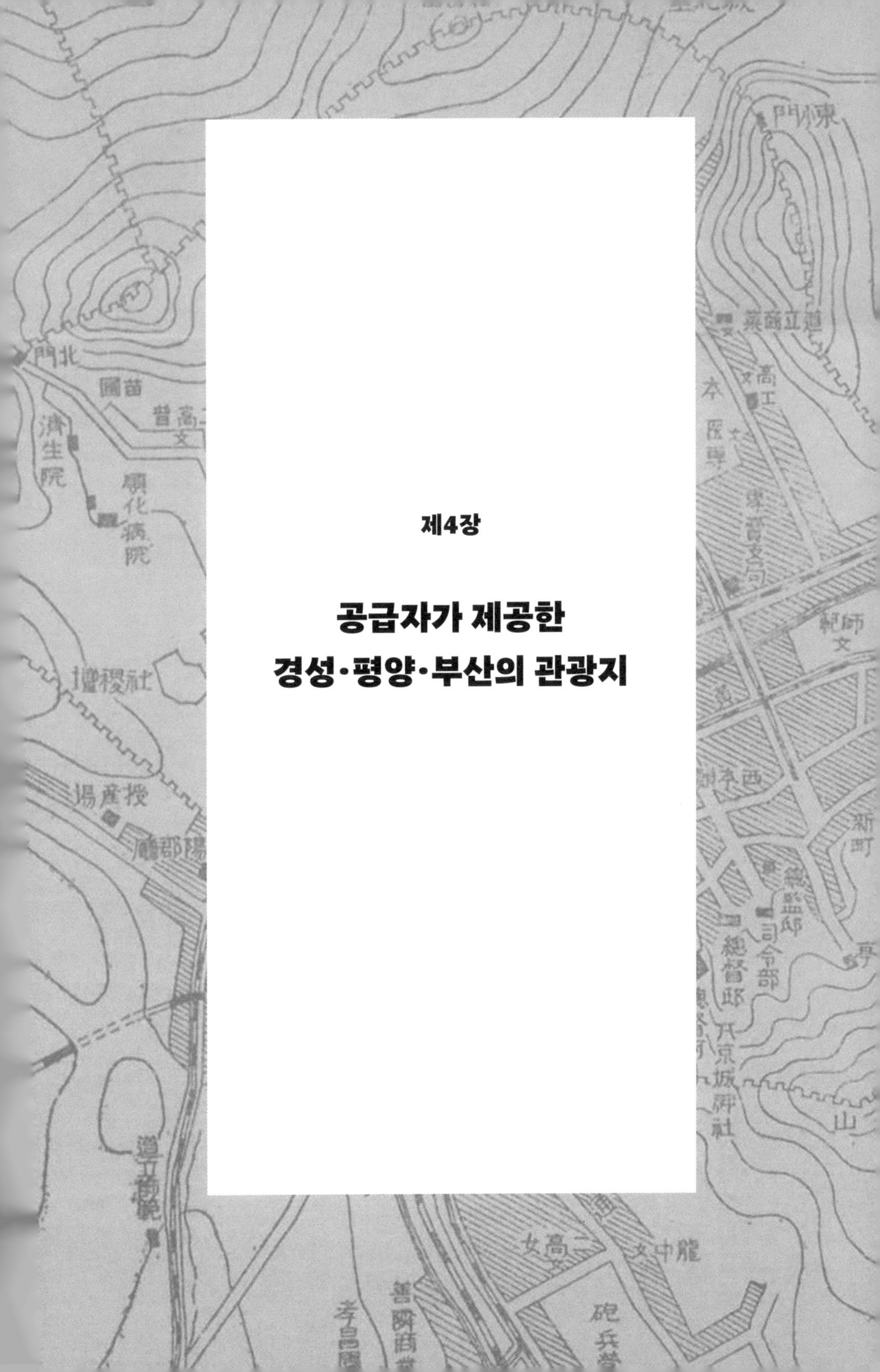

제4장

공급자가 제공한 경성·평양·부산의 관광지

1 공급자가 추천한 주요 관광지

이 장은 조선총독부, 만철 등이 기획하고 만든 일제강점기 경성·평양·부산의 관광지를 살펴보았다. 특히 이들이 제작한 관광안내서에 제시된 관광지와 관광 여정을 분석하여 당시의 관광지를 재현하고, 시간 흐름에 따른 변화를 분석하였다. 이를 위해 세 도시의 관광지를 목록화하고 이들을 시기별, 유형별로 분류하여 그 분포와 특징도 고찰하였다. "탐험가는 발견되지 않은 것을, 여행자는 역사 속에서 마음으로 발견된 것을, 관광객은 기업가들이 발견하고 대량 기술로 준비한 것을 찾아 나선다."라는 푸셀(Fussell)의 지적처럼 관광안내서에 수록된 관광지는 식민지 정부와 기업가들이 준비한 곳들이다. 따라서 이들의 특성을 살피면, 식민지 정부와 만철을 비롯한 기업이 세 도시에 어떠한 관광지를 만들려고 했으며, 그 의도는 무엇이었는지를 파악할 수 있다.

1장에서 살펴본 바와 같이, 식민지 조선의 관광안내서를 많이 제작한 기관은 조선총독부 철도국, 만철, 자판쓰리스토뷰로 등이다. 기관에 따라 관광안내서 내용 구성의 특징이 드러나는데, 대체로 조선총독부 철도국이 제작한 관광안내서는 철도 노선별로 각 노선에 속하는 역을 열거하고, 역이 속해 있거나 인근에 있는 행정구역에 관한 개략적인 소개와 역 주변의 관광지, 숙박시설 등을 소개하고 있다. 이에 비해 만철과 자판쓰리스토뷰로가 제작한 관광안내서는 역시 철도 이용을 전제로 하나, 관광목적지별로 관광 일정을 만들어 모델로 제시하는 것이 특징이다. 이러한 관광안내서의 특징 때문에, 조선총독부 철도국이 만든 관광안내서를 분석하면 관광의 공급자가 제안한 각 지역의 관광지를 파악할 수 있으며, 만철과 자판쓰리스토뷰로가 제작한 관광안내서를 통해서는 공급자가 편성한 관광공간의 네트워크를 엿볼 수 있다.

한편 만철이 운영한 선만안내소(鮮滿案內所)는 별도로 관광안내서를 발행하였다. 선만안내소는 일본인들의 식민지 조선과 만주 관광에 중요한 역할을 하였기 때문에 이에 대해 먼저 살펴볼 필요가 있다. 선만안내소는 만철이 식민지 조선과 만주 그리고 중국을 여행하는 사람들에게 편의를 제공할 목적으로 여행 상담과 함께 기차표와 앞서 살펴본 주유권을 판매하는 기관인데, 1918년 만철 도쿄지사에 처음 설치되었다.

만철은 그 전해인 1917년 조선총독부로부터 조선철도 운영을 위탁받았기 때문에 도쿄에 있던 조선철도영업안내소(朝鮮鐵道営業案內所)를 폐지하고 새롭게 선만안내소를 개설하였다. 원래 선만안내소는 도쿄 유라쿠초(有楽町)에 있었으나, 1923년 만철 도쿄지사가 이전한 마루노우치빌딩(丸の内ビルディング) 1층으로 같이 옮겨 갔다. 많은 사람이 출입하는 마루노우치빌딩으로 이전하면서[1] 선만안내소의 사업도 크게 약진

....

1 1923년 도쿄역 인근에 건립된 마루노우치빌딩은 당시 일본에서 가장 큰 빌딩이었으며, 저층

하였다. 1923년의 경우, 문의 건수가 6,702건, 인쇄물 배포가 42,375부에 달하였다. 안내소 내에 진열된 사진집과 참고서 등을 열람하러 오는 사람도 하루에 150명 이상이었다. 안내소는 인쇄물 발송과 출장을 통한 관광 권유에도 적극적이었다. 1920년대 들어서는 『선만지나여정과 비용개산(鮮滿支那旅程と費用概算)』, 『선만지나여행안내(鮮滿支那旅行案內)』 등의 책자와 포스터, 그리고 실지 시찰의 필요성을 역설하는 권유장을 각 부현지사(府県知事)와 시장, 교육회의 장, 상업회의소 회두(會頭), 기업가, 학교, 구락부, 재향군인단 등에 보내 관광객 유치에 노력하였으며, 상당한 효과를 거두었다.[2] 선만안내소의 구체적인 업무 내용은 다음과 같았으며, 모두 무료로 취급하였다.[3]

1. 만선지방 상황의 설명
2. 여행 일정과 여비 계산의 제공
3. 선차(船車) 시각 및 연락 상황 설명
4. 여관 및 시찰 개소의 설명
5. 하물(荷物) 운송 및 통관의 설명
6. 선차 침대 및 급행 좌석의 예약
7. 각종 연락승차선권(連絡乘車船劵) 및 여관권(旅館劵)의 발매
8. 만몽(滿蒙) 및 조선 물산 진열
9. 만선에 관한 강연 및 활동사진 영사(映寫)

....

부에는 쇼핑몰이 있어 많은 사람이 방문하였다(ウィキペディアフリー百科事典, 丸の内ビルディング 항목(https://ja.wikipedia.org/wiki/丸の内ビルディング)).

2 ウィキペディアフリー百科事典, 滿鉄鮮滿案内所 항목(https://ja.wikipedia.org/wiki/滿鉄鮮滿案内所).

3 滿鐵鮮滿案內所, 1940, 『業務案內』, 滿鐵鮮滿案內所, 1쪽.

10. 만선에 관한 조사 도서 공람(供覽)

11. 기타 만선 지나에 관한 설명

이같이 일본인들의 식민지 조선과 만주 관광에 필요한 거의 모든 서비스를 제공한 선만안내소 관광안내서는 조선총독부 철도국과 만철, 자판쓰리스토뷰로가 제작한 관광안내서와 달리, 주요한 도시와 관광지별로 추천 일정을 제시하고, 이에 관한 자세한 정보를 제공하고 있다. 따라서 이 세 가지 유형의 관광안내서의 내용을 차례로 살펴서 경성·평양·부산의 관광지를 분석하였다.

먼저 이 절에서는 조선총독부에서 제작한 관광안내서를 중심으로 경성·평양·부산의 주요 관광지를 살펴보았다. 이 책에서 분석한 관광안내서 가운데 가장 빠른 시기의 것은 1908년 조선총독부 철도국의 전신인 통감부 철도관리국이 발간한 『한국철도선로안내』이다. 이 책은 우선 철도노선에 따라 전국을 분류하고, 노선의 주요 역 별로 개요·산업·승지(勝地)·주요 기관·여관·요리점·교통·통신 등의 정보를 수록하고 있다. 이 가운데 승지가 관광지에 해당하는 항목이다. 경성과 부산은 경부선 부분에, 평양은 경의선 부분에 서술되어 있으며, 한일합병이 이루어지기 전인 1908년 통감부에서 발간한 책임에도 불구하고, 가장 먼저 부산역이 수록되어 있어 철저하게 일본의 시각에서 제작된 책자임을 알 수 있다. 일제강점기 내내 경부선의 경우, 부산에서 경성으로 가는 것이 하행열차, 경성에서 부산으로 가는 것이 상행열차였다. 표 4-1은 『한국철도선로안내』에 수록된 서울·평양·부산의 관광지를 정리한 것이다. 서울은 남대문역·서대문역·용산역에 걸쳐 38곳의 관광지가 수록되어 있다. 평양은 평양역에 12곳, 부산은 부산역·초량역·부산진역에 모두 11곳의 관광지가 기재되어 있다.

표 4-1. 1908년 서울·평양·부산의 관광지

도시	역	관광지
서울	南大門驛/西大門驛	昌慶宮, 昌德宮, 景福宮, 慶熙宮, 慶運宮, 大理石十三層塔, 龜碑, 파고다公園, 普信閣, 萬歲門, 訓鍊院, 東廟, 北廟, 文廟, 獎忠壇, 淸涼里, 角山, 北漢山城, 大古寺, 文殊庵, 僧伽寺, 天然亭, 獨立門 및 獨立館, 碧蹄館, 石波亭, 洗劍亭, 蕩臺城, 濟川亭, 梨泰院, 南廟, 侍衛聯隊跡, 圜丘壇, 倭城臺, 南山(34곳)
	龍山驛	孔德里大院君舊陵, 萬里倉(龍山公園), 銅雀津, 龍津(4곳)
평양	平壤驛	大同江, 大同門, 練光亭, 大同館, 船橋里, 牡丹臺, 乙密臺, 浮碧樓, 箕子陵, 豐慶宮, 京義線創設紀念碑, 箕子の井, 萬景臺(13곳)
부산	釜山驛	龍頭山, 龍尾山, 絶影島, 東萊(4곳)
	草梁驛	津江成太君招魂碑(1곳)
	釜山鎭驛	鎭城, 小西城趾, 永嘉臺, 東萊府, 梵魚寺, 釜山水源池(6곳)

출처: 統監府鐵道管理局, 1908,『韓國鐵道線路案內』, 統監府鐵道管理局, 2~102쪽.

『한국철도선로안내』에 수록된 서울의 관광지 중 남대문역과 서대문역에서 갈 수 있는 34곳에 관한 설명을 살펴보면, 먼저 중심부의 주요 관광지부터 서술하고, 그다음에 동·북·서·남쪽의 관광지를 차례로 적었다. 중심부에서는 창경궁(昌慶宮)을 비롯한 조선의 궁궐 5곳에 관한 설명이 제일 처음 등장한다. 각 궁궐의 위치와 역사, 주요 건물, 접근 방법 등을 설명하였다. 창덕궁(昌德宮)은 임진왜란 때 소실된 것을 광해군 때 다시 지었으며, 경복궁(景福宮)은 임진왜란 때 민란(民亂)에 의해 소실되었다가 대원군(大院君)이 재건했는데, 을미사변(乙未事變)으로 다시 버려졌다고 언급하였다. '대리석십삼층탑(大理石十三層塔)'은 파고다공원에 있는 원각사지십층석탑(圓覺寺址十層石塔)을 말하며, 당시 상부 3층이 땅에 내려져 있었는데 임진왜란 때 일본군이 이 탑을 일본에 가져가려고 시도하다가 너무 무거워 포기한 결과라고 설명하였다. '구비(龜碑)'는 역시 파고다공원에 있는 원각사지 대원각사비(大圓覺寺碑)를 말한다. 보신각(普信閣)은 종로 십자로에 있으며 종루(鍾樓)라고도 하고,

그림 4-1. 파고다공원: 앞쪽에 거북 모양의 받침을 가진 대원각사비가 있고 멀리 원각사지십층석탑의 모습이 보인다.
출처: 統監府, 1910,『大日本帝国朝鮮寫真帖:日韓併合紀念』, 小川寫眞製版所.

하루 두 차례 일출과 일몰에 종을 쳐 시각을 알렸는데 당시에는 종이 없다고 소개하였다. 만세문(萬歲門)에 관해서는 서대문에서 종로로 통하는 대로 북쪽에 광화문전우편국(光化門前郵便局)과 마주 보고 있는 한국풍의 작은 건물을 둘러싼 철책인데, 건물 중앙에는 석비가[4] 있다고 기술하였다.[5]

서울 동쪽에 있는 관광지로는 훈련원(訓鍊院)·동묘(東廟)·북묘(北廟)·문묘(文廟)·장충단(奬忠壇)·청량리(淸凉里)를 꼽았다. 훈련원은 조선 군인의 훈련을 담당하던 일본군 장교 호리모토 레이조(堀本禮造)가 임오

....

4 만세문은 고종어극40년칭경기념비(高宗御極四十年稱慶紀念碑)를 보호하는 비전의 문이다. 돌기둥을 세우고 철문을 달았으며, 문의 가운데 칸에 무지개 모양의 돌을 얹어 만세문이란 이름을 새겼다.

5 統監府鐵道管理局, 1908,『韓國鐵道線路案內』, 統監府鐵道管理局, 85~90쪽.

군란(壬午軍亂)으로 사망한 곳이라고 설명하면서, 현재는 학생들의 운동회 장소로 사용한다고 기록하였다. 그리고 동묘·북묘는 모두 임진왜란과 관련해 명나라 군대를 도왔다는 관우(關羽)를 모신 사당이라 소개하면서, 북묘는 혜화문(惠化門) 부근에 있으며, 남묘와 동묘에 비해 규모가 작고 제반 시설이 남묘를 모방하였다고 설명하였다. 문묘는 일명 공자묘(孔子廟)이며, 공자와 맹자(孟子) 등을 모신 정전을 대성전(大成殿)이라 하는데, 대성전의 편액은 화가 황석봉(黃石峯)의[6] 글씨라고 밝혔다. 장충단(獎忠壇)은 남산 동쪽 기슭의 계곡에 위치하여 풍광이 풍부하고 사계(四季)의 조망이 다른 데에서는 얻기 어려운 곳으로, 한국의 충신에게 제사 지내는 곳이라고 썼다. 청량리는 명성황후의 능이 있으며, 노송을 비롯한 나무가 우거져 아름답다고 서술하였다.[7]

북쪽의 관광지로는 '각산(角山)'이 가장 먼저 언급되었다. 각산은 삼각산(三角山)의 오기이다. 기암(奇巖)과 단애(斷崖)가 많으며, 선경(仙境)으로 묘사하였다. 북한산성(北漢山城)은 숙종 때 쌓았다는 사실을 밝히고 있으며, 산성의 주요 시설과 중흥사(重興寺)에 대해 언급하였다. 그리고 대고사(大古寺)[8]·문수암(文殊庵)·승가사(僧伽寺) 등 북한산에 있는 사찰을 열거하였는데, 문수암은 석굴이 있어 수백 명을 수용하고 굴 옆에 차가운 샘물이 있어 등산객의 갈증을 씻어 준다고 설명하였다. 승가사는 도성을 조망할 수 있는 곳으로, 도성의 귀족 자제가 책을 가지고 놀던 곳이었는데, 언제부터인지 병자(病者)의 요양 장소가 되어 쇠퇴하였다고 해설하였다.[9]

....

6 황석봉은 한석봉(韓石峯)의 오기로 보인다.

7 統監府鐵道管理局, 1908, 앞의 책, 90~92쪽.

8 태고사(太古寺)의 오기이다.

9 統監府鐵道管理局, 1908, 앞의 책, 93~95쪽.

그림 4-2. 독립문과 독립관: 앞쪽의 기와집이 독립관, 뒤쪽의 개선문을 닮은 흰색의 문이 독립문이다.
출처: 統監府, 1910,『大日本帝国朝鮮寫真帖: 日韓併合紀念』, 小川寫眞製版所.

서울 서쪽에서는 천연정(天然亭)·독립문(獨立門) 및 독립관(獨立館)·벽제관(碧蹄館), 그리고 서북쪽의 석파정(石波亭)·세검정(洗劍亭)·탕대성(蕩臺城)이 관광지로 수록되었다. 천연정은 서대문 밖에 있으며, 원래 서지(西池)라 부르는 연못에 연꽃을 심어서 여름에 꽃이 필 때면 경치가 아름다웠는데, 연못가에 건물을 지어 청수관(淸水館)이라고 칭하고 이와 별도로 작은 정자를 만들어 천연정이라 불렀다고 기술하였다. 청수관은 한때 하나부사 요시모토(花房義質) 공사가 일본공사관으로 사용하였는데, 임오군란 때 불탔다고 언급하였다. 독립문(獨立門) 및 독립관(獨立館)에 관한 설명은 "서대문 밖 의주가도(義州街道)에 있으며, 왼쪽에 보이는 서양 건물이 독립관이고 그 앞쪽의 석문이 독립문이다. 원래 독립관은 모화루(慕華樓) 또는 무이소(武二所)라 불렀으며 무과(武科)의 시험장이었는데, 나중에 명나라 사신의 말에 따라 영은문(迎恩門)으로 고쳤으며, 이곳에서 사신을 송영(送迎)했다. 이 문은 청일전쟁 이후에 완전히 청국과의 관계를 끊고 독립국을 선양하면서 독립문으로 고쳤으며, 동시에 모화루를 독립관으로 바꾸어 불렀다. 그 주변에 국민연설대(國民演說臺)를 설치하여 일진회(一進會)의 모임 장소로 하였다."라고 되어 있다. 벽제관(碧蹄館)은 임진왜란 때 고바야카와 다카카게(小早川隆景)가 명나라 군대를 격파한 곳으로 소개하고 있다. 그리고 석파정은 창의문 바깥에 있는 대원군의 별장으로 정원이 넓고 나무와 돌, 그리고 조망이 아름다운 곳이며, 세검정은 석파정 아래쪽 계곡에 연한 육각형의 정자로, 인조반정(仁祖反正)과 관련된 전설이 전해온다고 적었다. 탕대성은[10] 세검정과 계곡을 사이에 두고 마주 보고 있는 고관방(古關防)으로, 예전

그림 4-3. 1905년 무라세 요네노스케가 묘사한 왜성대: 일본공사관과 신사, 그리고 갑오전첩기념비가 그려져 있다.

출처: 村瀨米之助, 1905, 『雲烟過眼録: 南日本及韓半島旅行』, 西澤書店, 111쪽.

엔 장의사(藏義寺)라는 절이 있었다고 설명하였다.[11]

서울 남쪽의 관광지로는 제천정(濟川亭)·이태원(梨泰院)·남묘(南廟)·시위연대적(侍衛聯 隊跡)·환구단(圜丘壇)·왜성대(倭城臺)·남산(南山)을 들었다. 제천정은 한강 북안에 있던 정자로, 명나라 사신이 오면 반드시 이 정자에서 놀았으며, 임진왜란 때에는 이양원(李陽元)이 일본군에 대항했던 곳인데, 지금은 초석만 남아있다고 적었다. 이태원에 관한 설명은 흥미롭다. 이곳은 사면이 산으로 둘러싸인 풍경이 아름다운 백여 호의 마을로, 임진왜란 때 일본군이 일 년 이상 주둔하였는데, 당시 병자(病者)와 노병들이 진퇴를 같이 하지 못해 이곳에 남아 고국에 돌아가지 못했고, 그 자손들이 남아 오늘에 이르게 되었다. 일본인이 조상이어서 다른 마을과 통혼하지 못했고, 갑옷과 도검류를 지닌 집도 있다고 기술하였다. 남대문 밖에 있는 관우를 모신 남묘 역시 임진왜란과 관련해 해설하고 있다. 울산 전투에서 다친 명나라 장군 진인(陳寅)이 요양하던 장소에 남묘를 만들었다는 것이다. 시위연대적은 남대문과 서대문 사이의 성벽에 연해 있는 병영터로, 1907년 군대해산 때 한국 시위대(侍衛隊)와 일본군이 전투를 벌여 많은 한국군과 일본군이 전사한 곳이다. 환구단은 이전에 남별궁(南別宮)이라 부르던 곳으로, 고종이 황제즉위식을 했던 곳이다. 왜성대는 남산 중턱의 통감부청(統監府廳)이 있는 곳으로, 남산공원(南山公園)이라고도 부른다. 서울 시내가 한눈에 내려다보이고, 텐쇼코다이진구(天照皇大神宮)와 텐만구(天滿宮)라는 신사가 세워져 있으며, 일본인 거류지에 공급하는 경편수도(輕便水道)의 원천인 저수지가 있다. 또한 청일전쟁을 기념하는 갑오전첩기념비(甲午戰捷紀念

....

10 탕춘대성(蕩春臺城)을 말한다.

11 統監府鐵道管理局, 1908, 앞의 책, 95~98쪽.

碑)가 있으며, 야간의 경치가 아름답다. 임진왜란 때 마시타 나가모리(增田長盛)의 일부 병력이 이곳에 주둔하여 왜성대라 불린다. 끝으로 남산은 소나무가 우거져 있으며 성벽이 뱀처럼 뻗어 있는데, 정상에 오르면 용산·노량진·영등포와 한강 하류, 동쪽으로는 양주지방이 보인다. 또한 정상에는 국사당(國師堂)이 있고, 그 뒤에는 봉수대의 흔적이 남아있다.[12]

용산역에서 갈 수 있는 관광지는 공덕리대원군구릉(孔德里大院君舊陵)·만리창(萬里倉)·동작진(銅雀津)·용진(龍津) 등 4곳이다. 공덕리 대원군의 구릉은 공덕리에 있던 대원군의 무덤으로, 묘는 1908년 파주로 이장하였으나, 대원군이 만년을 보낸 곳이어서 옛 영웅의 모습을 회상할 수 있다고 적었다. 만리창은 용산공원이라고도 하며, 용산역에서 북쪽으로 500m 정도 떨어져 있는 작은 언덕으로 노송이 울창하다. 모토마치4초메(元町4丁目)에서 경의선 철도선로를 따라서 가다 보면 갑자기 깊은 숲이 나타나 속세에서 벗어난 느낌을 준다. 언덕 위에 오르면, 한강이 내려다보이며, 청일전쟁 때 오시마혼성여단(大島混成旅團)의 선발대가 이곳에 주둔하였다고 기술하였다. 동작진은 용산의 동북쪽 2리[13] 한강 상류에 있으며, 임진왜란 때 가토 기요마사(加藤清正)가 한강을 건넌 곳이다. 용진은 용산의 동쪽 3리 한강 상류에 있으며, 임진왜란 때 고니시 유키나가(小西行長)가 한강을 건넌 곳이다. 고니시 유키나가는 남대문으로, 가토 기요마사는 동대문으로 서울을 공격했는데, 고니시 유키나가가 가토 기요마사보다 앞서 입성하였다고 설명하였다.[14]

이상과 같이 1908년 『한국철도선로안내』에 수록된 서울의 관광지

....

12 統監府鐵道管理局, 1908, 위의 책, 98~102쪽.

13 1리(里)는 3.927km이다.

14 統監府鐵道管理局, 1908, 앞의 책, 79~81쪽.

와 그에 관한 설명을 검토해 보면, 궁궐과 종교시설, 누정(樓亭) 등 조선 시대 유적이 대부분을 차지하는 것을 확인할 수 있다. 그러나 그 설명을 보면, 많은 관광지가 일본과 관련된 장소이며, 관련성이 떨어지는 장소라 하더라도 굳이 일본과 관련된 사건을 위주로 설명하고 있음을 확인할 수 있다. 임진왜란·임오군란·을미사변·청일전쟁 등이 주요한 설명의 소재이며, 특히 일본군의 전적지(戰跡地)와 주둔지(駐屯地)가 주요 관광지로 소개되고 있다. 시위연대적과 같이 다른 볼거리는 전혀 없는 장소도 일본군이 전사한 곳이라는 의미를 부여하여 '승지'에 끼워 넣었다. 또한 관광지 설명은 모두 일본의 관점에서 이루어져 이 관광안내서가 오로지 일본인을 위한 것임이 다시 판명되었다. 예를 들어, 장충단은 을미사변과 임오군란 때 순국한, 즉 항일·배일(排日)의 인물들을 제향하는 곳이지만, 이에 대한 언급은 피하고 "한국의 충신"을 제사 지낸다고만 설명하였다. 설명 내용 가운데 부정확한 것도 있다. 용산역의 관광지로 수록된 임진왜란 때 고니시 유키나가가 건넜다는 용진은 용산의 동쪽 3리에 있는 것이 아니라, 북한강 하류인 현재의 경기도 양평군 양서면 양수리에 있던 나루이다. 그리고 고니시 유키나가는 용진을 건너 남대문이 아닌 동대문을 통해 한양에 입성하였으며, 가토 기요마사가 동작진을 건너 남대문을 통해 입성하였다.[15]

평양의 관광지는 모두 13곳이 수록되어 있다. 책의 설명을 요약하면 다음과 같다. 먼저 대동강(大同江)은 한국 5대 강의 하나이며, 평양을 포함한 평안도와 황해도에 걸쳐 흐르면서 수운(水運)과 관개(灌漑)의 이익을 주며 수질이 양호하여 강물을 마실 수 있다. 대동문(大同門)은 평양

....

15 ウィキペディアフリー百科事典, 文禄·慶長の役 항목(https://ja.wikipedia.org/wiki/文禄·慶長の役).

내성(內城)의 동문(東門)으로 대동강 변에 서 있으며, 찬란한 3층 누문(樓門)이 장관이다. 연광정(練光亭)은 대동강 변의 덕안(德岸)[16] 위에 있으며, 임진왜란 때 고니시 유키나가가 명나라 장수와 강화(講和)교섭을 한 곳으로, 조망이 매우 훌륭하다. 대동관(大同館)은 내성의 종로(鐘路)에 있으며, 과거 청나라 사신 등의 객관(客館)으로 그 구조가 굉장하다. 선교리(船橋里)는 대동강의 동쪽에 있으며, 청일전쟁의 평양 포위공격 때 오시마혼성여단이 분전한 곳으로, 이토 히로부미가 세운 기념비가 있다. 모란대(牡丹臺)는 모란봉(牡丹峯)이라고도 하며, 내성의 서북쪽에 있는 가장 높은 지점으로, 그 아래에 있는 현무문(玄武門)은 청일전쟁의 저명한 고전장(古戰場)이다. 을밀대(乙密臺)는 모란대와 마주 보는 조망이 뛰어난 곳으로, 사허정(四虛亭)이라는 정자가 있으며, 청일전쟁의 흔적인 많은 탄흔이 남아있다. 부벽루(浮碧樓)는 모란대와 을밀대 사이의 골짜기에 있는 아취(雅趣) 있는 건축으로, 누각 앞의 절벽 아래로 흐르는 대동강의 청류(淸流)와 하중도인 능라도(綾羅島), 그리고 건너편의 평야를 한눈에 넣을 수 있어, 한국 사람들은 실로 천하의 절승(絶勝)이라 칭한다. 기자릉(箕子陵)은 토산(兔山)이라 칭하는 을밀대 아래 서쪽 언덕에 있으며, 노송이 우거져 있으며 경치가 매우 아름답다. 풍경궁(豐慶宮)은 이궁(離宮)이라고도 하며, 역 앞에 있는 한국 황실의 이궁으로 기자정전(箕子井田)의 옛터에 건축공사 중이다. 경의선창설기념비(京義線創設紀念碑)는 평양역 앞에 있고, 철도차량구(鐵道車輛具)를 교묘하게 이용하여 주위의 울타리를 만든 것이 특징이다. 기자우물(箕子井)은 역 앞 경의선창설기념비 구내에 있다. 만경대(萬景臺)는 평양에서 3리 떨어진 대동강 하류에 있는데, 수심이 깊어 큰 선박의 계류가 가능하며, 청일전쟁 때

....

16 덕안이 아니라 덕암(德巖)이다.

그림 4-4. 대동강의 원경.
출처: 統監府, 1910,『大日本帝国朝鮮寫真帖: 日韓併合紀念』, 小川寫眞製版所.

일본군의 상륙지점이었다.[17]

『한국철도선로안내』에 수록된 부산의 관광지는 모두 11곳이다. 이에 대한 설명을 살펴보면, "부산역의 용두산(龍頭山)은 시가의 중앙에 있는 공원으로, 올라가면 부산항의 아름다운 경치를 한눈에 볼 수 있고, 날씨가 좋은 날에는 쓰시마섬이 보인다. 정상에는 고토비라신사(金比羅神社)가 있다. 용미산(龍尾山)은 용두산의 동남쪽에 절영도(絶影島)와 마주 보고 있으며, 정상에는 노송이 있고 조망이 좋으며 가토 기요마사의 소사(小祠)가 있다. 절영도는 부산항의 동남쪽에 있는데 부산항을 은폐하여 양항(良港)으로 만들어주며, 남쪽은 소나무가 무성하고 모래사장은 여름 해수욕장으로 적당하다. 동래는 성터가 있으며, 금정리에 온천

....

17 統監府鐵道管理局, 1908, 앞의 책, 30~34쪽.

이 있다. 금정온천(金井溫泉)이라 부르며 일본인이 경영하는 여관이 있는데, 초량에서 3리이다. 초량역(草梁驛)의 쓰에 나리타 초혼비(津江成太君招魂碑)는 고관(古館)의 언덕 위에 있다. 쓰에 나리타는 쓰시마 사람으로 쓰에 효고(津江兵庫)라고도 불리며,[18] 고관을 초량으로 옮기는 데 진력한 것을 기려 1879년 일본 거류민들이 비석을 세웠다."라고 하였다.[19]

부산진역(釜山鎭驛)에는 부산역보다 많은 진성(鎭城)·고니시 성지(小西城趾)·영가대(永嘉臺)·동래부(東萊府)·범어사(梵魚寺)·부산수원지(釜山水源池) 등 6곳의 관광지가 있었다. 이들에 대해서는 "진성은 역 동남쪽 3초(丁)[20] 거리의 바닷가에 연한 구릉 위에 있으며, 오르면 부산항을 조망할 수 있다. 고니시 성지는 역의 뒤쪽 3초에 있으며, 진성과 시가를 사이에 두고 마주 보고 있다. 임진왜란 때 고니시 유키나가가 쌓은 성으로, 당시의 원정(遠征)을 상상할 수 있다. 영가대는 역의 남쪽 철도 선로 변에 있으며, 과거 양반의 관월장(觀月場)이었으나 지금은 폐허가 되었다. 동래부는 과거 절도사(節度使)를 두어 좌도수군(左道水軍)을 통제하던 곳으로, 지금은 관찰사 소재지이다. 동래온천이 있고 금정산과 범어사를 바라보는 풍광이 좋은 곳이다. 그윽하고 조용하며, 한가롭고 아치가 있는 곳이다. 범어사는 수목이 우거지고 청류가 흘러 청초하고 아취가 있는 절로, 임진왜란 때 병화를 입었다가 복구하였다. 부산수원지는 성지곡(聖知谷)의 계류를 저수하여 부산·초량 방면에 수도를 부설하려고 만들고 있으며, 공사를 위해 부산진성 밖을 기점으로 현장까지

....

18 쓰에 효고는 쓰시마 번의 무사로, 두모포에 있던 왜관을 초량으로 옮기는 데 기여한 인물이다. 두모포는 배를 대기에 불편한 점이 많아, 1678년 초량에 새 왜관을 지어 이전하였다. 이후 두모포 왜관을 고관(古館), 초량 왜관을 신관(新館)이라 불렀다.

19 統監府鐵道管理局, 1908, 앞의 책, 2~8쪽.

20 초(丁)는 '町'으로도 표기하며, 거리의 단위로 1초는 약 109m이다.

그림 4-5. 고니시 성지: 일본의 축성 방법에 따라 쌓은 모습(저자 촬영).

표 4-2. 1924년 경성·평양·부산의 관광지

도시	관광지
경성	南大門, 德壽宮, 景福宮, 昌德宮, 普信閣, 南山公園, 奬忠壇公園, 파고다公園, 淸涼里, 牛耳洞, 北漢山, 碧蹄館(12곳)
평양	大同門, 練光亭, 萬壽臺, 乙密臺, 牡丹臺, 玄武門, 箕子陵, 七星門, 永明寺, 浮碧樓, 普通門(11곳)
부산	龍頭山, 大正公園, 松島遊園, 釜山鎭城址, 小西行長城址, 古館 및 津江兵庫墓, 東萊, 東萊溫泉, 海雲臺溫泉, 梵魚寺(10곳)

출처: 朝鮮總督府, 1924,『朝鮮鐵道旅行便覽』, 朝鮮總督府, 810~811쪽

경편철도를 부설하였다."라고 설명하였다.[21] 이렇게 부산의 관광지 역시 일본과 직접적인 관련이 있는 곳이 많았다. 용두산·용미산·쓰에 나리타 초혼비·고니시 성지·부산수원지가 그러한 예이다.

....

21 統監府鐵道管理局, 1908, 앞의 책, 9~11쪽.

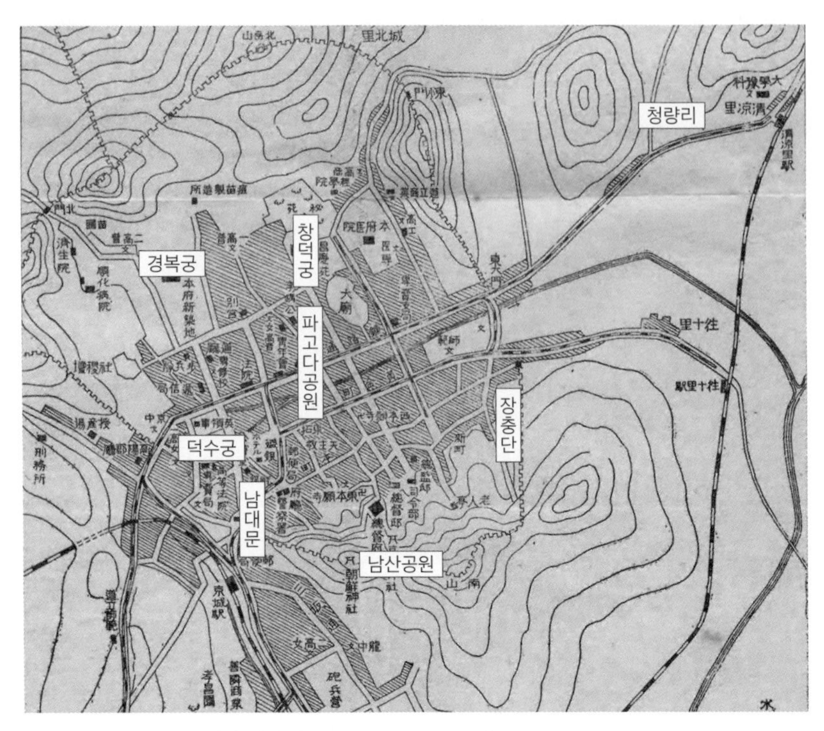

그림 4-6. 1924년 경성의 관광지.
출처: 朝鮮總督府, 1924,『朝鮮鐵道旅行便覽』, 朝鮮總督府, 87쪽.

1924년 조선총독부가 편찬한 『조선철도여행편람(朝鮮鐵道旅行便覽)』 역시 1908년의 『한국철도선로안내』와 마찬가지로, 철도 노선별로 주요 관광지를 소개하고 있으며, 이를 정리한 것이 표 4-2이다. 표 4-1과 비교하면, 세 도시 모두 수록된 관광지 숫자가 줄었다. 특히 경성의 관광지는 많은 변화가 있어, 궁궐 가운데 창경궁과 경희궁, 유적 가운데 대리석십삼층탑·구비·만세문·독립문 및 독립관, 종교시설로 분류할 수 있는 동묘·북묘·문묘·남묘·태고사·문수암·승가사·환구단, 정자인 천연정·석파정·세검정·제천정, 군사 유적인 북한산성과 탕춘대성, 일본군과 관련된 이태원·시위연대적·왜성대·훈련원 등이 제외되었다. 용산역의 공덕리대원군구릉·만리창·동작진·용진도 모두 빠졌다. 그리고 경운궁은 덕수궁으로, 삼각산은 북한산으로 이름이 바뀌었다. 생략된 것 가운데 창경궁은 창경원이 되어 『조선철도여행편람』의 내용 가운데 창덕궁의 설명에, 대리석십삼층탑은 파고다공원의 설명에, 북한산성도 북한산에 관한 설명 중에 포함되었다. 1924년 관광안내서에서 생략된 관광지는 경희궁·제천정·공덕리대원군구릉과 같이 흔적이나 터만 남고 그 기능을 잃어 관광지로서의 의미를 상실한 경우,[22] 이태원·시위연대적·훈련원과 같이 관광지로서의 매력이 별로 없는 경우, 문수암·승가사·탕춘대성과 같이 관광객의 접근이 어려운 경우 등이다. 간추리면, 일본인의 관심을 끌 수 있어 관광자원이 될 만한 곳을 모두 망라하여 기록하였던 1908년의 『한국철도선로안내』와는 달리, 1924년 『조선철도여행편람』은 일본인이 많이 방문할 만한 핵심적인 관광지만 수록한 것으로 이해된다.

한편 경성의 관광지 가운데 1924년에 새로 추가된 곳은 남대문(南大門)과 우이동(牛耳洞)이다. 그 설명을 보면, 남대문은 숭례문(崇禮門)이 본래 이름이며, 남대문통의 중앙에 있다. 조선 태조 5년에 9개 성문 가운데 하나로 건립했고 세종 29년 개축하였으며, 훌륭하고 굉장하여 하나의 미술품으로 가치가 있다고 평가하였다. 우이동은 경원선(京元線) 창동역(倉洞驛)에서 30초 거리인데, 북한산의 준령이 우러러 보이고 콸콸 흐르는 계류가 있다. 홍양호(洪良浩)가 은거한 곳으로, 그가 일본에서 이식한 벚나무가 숲을 이루어 경성 교외의 꽃 명소가 되었다. 봄에는 유람하는 경성 사람들로 가득 찬다고 설명하였다. 경복궁에 관한 설명에는 앞쪽에 총독부 청사를 건립 중이라는 사실과 함께, 삼한시대의 발

....

22 경희궁의 경우, 1910년 일본인 교육을 위한 경성중학교(京城中學校)가 경내에 설립되면서 그 모습을 잃게 되었다(岡良助, 1929, 『京城繁昌記』, 博文社, 128쪽.).

굴물, 신라시대의 불상, 고려시대의 도기, 조선시대의 서화 등을 진열한 미술관이 있다는 사실을 추가하였으며, 창덕궁의 설명에는 비원·박물관·동물원·식물원이 있다는 것을 새로 넣었다. 그리고 청량리에 관한 설명에는 동대문에서 전차로 갈 수 있으며, 홍릉(洪陵)·청량사(淸凉寺)·총독부임업시험장(總督府林業試驗場)이 있고 교외 산책 장소로 봄가을에 붐빈다고 하였다.[23] 이상과 같이 『조선철도여행편람』은 약 15년 사이에 변화한 상황뿐 아니라, 『한국철도선로안내』에 비해 관광지의 특성을 더욱 충실하게 설명하고 있다.

평양은 1908년과 1924년 관광안내서를 비교할 때, 숫자 면에서는 2곳이 줄어 큰 차이가 없지만, 대동문·연광정·모란대·을밀대·부벽루·기자릉 등 6곳만 같고, 나머지는 바뀌었다. 1908년의 대동강·대동관·선교리·풍경궁·경의선창설기념비·기자우물·만경대 등 7곳이 빠지고, 대신 만수대(萬壽臺)·현무문(玄武門)·칠성문(七星門)·영명사(永明寺)·보통문(普通門)이 추가되었다. 평양의 대표적인 관광지인 평양성과 그 주변에 있는 곳들이 추가되고, 이곳에서 거리가 먼 곳이나 평양역 주변에 있는 관광지가 제외되었다. 즉 관광객이 짧은 시간이 둘러볼 수 있게 가까운 거리에 모여 있는 관광지들을 넣고, 관광 동선에서 떨어져 있는 곳들을 뺐다.

관광지로 새롭게 추가된 곳의 설명을 살펴보면, “만수대는 시의 북부, 노송이 점점이 있는 고지로, 청일전쟁 때 청군의 포병 진지가 있어 선교리에 주둔한 오시마혼성여단과 공방전을 벌인 곳이다. 현무문은 모란대와 을밀대 중간에 있는 작은 문으로, 성 밖의 의주와 원산가도(元山街道)에서 을밀대와 부벽루 등으로 들어가는 통용문이다. 칠성문은 을

....

23 朝鮮總督府, 1924, 『朝鮮鐵道旅行便覽』, 朝鮮總督府, 88~93쪽.

밀대에서 정해문(靜海門)에 이르는 구성(舊城) 외벽(外壁)의 한 문으로, 서부 평양의 평야를 부감할 수 있다. 임진왜란 때 여기에 이여송(李如松)이 주력을 투입했으며, 이곳에서 청일전쟁의 유명한 고전장도 내려다보인다. 영명사는 고구려 때 창건되었고, 과거에는 8개의 가람(伽藍)이 있었으나, 청일전쟁으로 재가 되고 일부만 남아있다. 보통문은 평양의 서문(西門)으로, 양관(陽關)이라고도 한다. 국빈을 영송(迎送)하는 문이었으며, 임진왜란 때는 명나라 장수 양원(楊元)이 이를 통해 들어왔고, 청일전쟁 때 노즈 미치쓰라(野津道貫) 중장이 이 문으로 진격하여 평양을 점령하였다."라고 되어 있다.[24]

다음으로 부산의 관광지는 1908년의 용미산·절영도·영가대·부산수원지가 빠지고, 대신 다이쇼공원(大正公園)·송도유원(松島遊園)·해운대온천(海雲臺溫泉)이 새로 포함되었다. 그 설명을 살펴보면, "다이쇼공원은 시의 서부, 미나미하마(南濱)에[25] 면해 있으며, 무덕전(武德殿)과[26] 운동장 설비가 갖추어져 있다. 송도유원은 작은 만(灣)에 임한 소나무 숲과 암석을 배경으로, 요릿집·염탕(鹽湯)[27]·극장·해수욕장 따위가 들어서 있다. 여름에는 이 별천지가 일대 환락장(歡樂場)으로 바뀐다. 여름에는 미나미하마에서 기정(汽艇)과 소선(小船)이 왕복한다. 해운대온천은 동래읍에서 동쪽으로 2리 떨어진 바닷가에 있으며, 높고 험한 산들, 백사청송(白砂青松), 바위에 부서지는 크고 작은 파도, 끝없는 푸른 언덕 등 해운대의 조망이 특히 아름다우며, 여름에는 해수욕을 겸해 이용할 수 있다."라고 적었다. 그리고 고니시 성지는 고니시 유키나가 성지(小西

....

24 朝鮮總督府, 1924, 위의 책, 175~176쪽.

25 지금의 중구 남포동이다.

26 무술연마를 위한 시설로, 전국각지에 설치되었다.

27 바닷물을 데워 목욕하는 시설이다.

行長城址), 쓰에 나리타 초혼비는 '고관(古館) 및 쓰에 효고묘(津江兵庫墓)'로 명칭을 바꾸어 기록하였다.[28]

표 4-3은 1934년 조선총독부 철도국이 제작한 『조선여행안내기(朝鮮旅行案內記)』에 수록된 세 도시의 관광지이다. 이 책은 총 545페이지에 달하는 방대한 분량인데, 크게 두 부분으로 나누어져 있다. 앞부분에 해당하는 개설편(槪說編)은 236페이지 분량으로, 위치·기후·산업·역사 등 식민지 조선에 대한 일반적인 소개에서부터 '차창에서 본 조선의 지형', '역명만록(驛名漫錄)'과 같이 철도와 관련된 내용, '금강산 안내', '행락지 안내'와 같은 관광지에 대한 소개, '여행의 주의'와 같은 여행의 실제에 이르기까지 그 내용이 다양하다. 책의 뒷부분인 안내편(案內編)은

표 4-3. 1934년 경성·평양·부산의 관광지

도시	역	관광지
경성	京城驛	京城驛, 商工奬勵館, 南大門, 朝鮮神宮, 南山公園, 本町, 朝鮮호텔, 德壽宮, 京城放送局, 美術品製作所, 景福宮, 慶會樓, 總督府博物館, 朝鮮總督府, 普信閣, 파고다公園, 昌德宮, 昌慶苑, 祕苑, 東平館趾, 經學院, 京城帝大, 東大門, 奬忠壇公園, 博文寺, 獨立門, 天然亭, 淸涼里, 東九陵, 金谷陵, 牛耳洞, 洗劍亭, 碧蹄館, 北漢山(34곳)
	龍山驛	小西行長城址, 龍山, 漢江, 鳳山公園(4곳)
평양	平壤驛	瑞氣山公園, 大同門, 練光亭, 普通門, 崇仁殿 · 崇靈殿, 萬壽臺, 七星門, 乙密臺, 箕子廟, 玄武門, 牡丹臺, 永明寺, 浮碧樓, 妓生學校, 골프링크, 樂浪遺蹟(16곳)
부산	釜山驛	龍頭山, 松島, 絶影島(3곳)
	釜山鎭驛	釜山浦城址, 津江兵庫碑, 釜山家畜市場(3곳)
	東萊驛	東萊溫泉, 梵魚寺(2곳)
	海雲臺驛	海雲臺溫泉(1곳)

출처: 朝鮮總督府鐵道局, 1934,『朝鮮旅行案內記』, 朝鮮總督府鐵道局, 5~88쪽.

……

28 朝鮮總督府, 1924, 앞의 책, 3~6쪽.

▽旅　館　温泉館・湯雲閣　宿泊料　一泊　二圓より四圓七
○錢宛

釜山灣を後に右窓に釜山鎮城址を見て列車は釜山市
街を離れ北に進む。

沙上驛　慶尚南道東萊郡沙上面　釜山から一二粁七　京城から四三七粁八

▽乗合自動車　釜山行・龜浦行

山間の一村落で驛前に八景臺と稱する眺望のよい所
がある。

車窓に洛東江流域の肥沃なる平野を眺め、鮮內第一
の長橋洛東橋の人道橋を見て龜浦驛に着く。

龜浦驛　慶尚南道東萊郡龜浦面　釜山から一七粁八　京城から四三二粁七

京釜線

▽出店、立賣（辨當なし）

▽乗合自動車　釜山行・金海邑行

鐵道及洛東江の水運を利用し流域平野より多產する
農產物の集散地として人馬の往來頻繁を極め、附近に
は果樹園多く特に梨は三浪津の名聲を凌駕する程質と
量に於て勝つてゐる。

▽旅　館　富士屋旅館・高松屋旅館・廣島屋旅館

【洛東橋】　對岸洛東江の三角洲をなす向島とを結ぶゲ
ルバー式鐵橋で全長一〇六〇米工費七十五萬圓を費
した鮮內第一の長橋である。

梨

梨では龜浦は全鮮的に有名で、種類には一
原・博多青・太白・二十世紀・長十郎・早生
赤・今村秋・晚三吉・明月・赤龍等がある。
最近の年產額は四、一二五瓲、大半は內地

九

그림 4-7. 『조선여행안내기』(1934년)의 내용.

앞서 살펴본 『한국철도선로안내』·『조선철도여행편람』과 마찬가지로 철도노선 별로 각 노선에 속하는 역이 열거되어 있다. 역 별로는 먼저 역의 위치, 현황과 특징이 간략하게 적혀 있고, 역이 속해 있거나 인근에 있는 행정구역에 대한 개략적인 소개, 그리고 역 주변의 관광지, 숙박시설, 교통 등이 설명되어 있다.[29]

먼저 경성은 모두 38곳의 관광지가 실려 있다. 1924년 『조선철도여행편람』의 그것과 비교해 보면, 1924년의 관광안내서에 수록된 12

29 정치영, 2015, 「『조선여행안내기』를 통해 본 1930년대 한국의 관광자원」, 『문화역사지리』 27(1), 70~71쪽.

곳의 관광지가 모두 수록되어 있으며, 여기에 경성역(京城驛)·상공장려관(商工奬勵館)·조선신궁(朝鮮神宮)·혼마치(本町)·조선호텔·경성방송국(京城放送局)·미술품제작소(美術品製作所)·경회루(慶會樓)·총독부박물관(總督府博物館)·조선총독부(朝鮮總督府)·창경원(昌慶苑)·비원(祕苑)·동평관지(東平館趾)·경학원(經學院)·경성제대(京城帝大)·동대문(東大門)·박문사(博文寺)·독립문(獨立門)·천연정(天然亭)·동구릉(東九陵)·금곡릉(金谷陵)·세검정(洗劍亭)·고니시 유키나가 성지(小西行長城址)·용산(龍山)·한강(漢江)·봉산공원(鳳山公園) 등 26곳의 관광지가 추가되었다. 이 가운데 『조선철도여행편람』에서 경회루와 총독부박물관은[30] 경복궁, 창경원과 비원은 창덕궁에 포함하여 소개하였기 때문에 실제로 22곳이 늘어났다. 경회루·총독부박물관·창경원·비원을 별도로 소개한 것은 관광지로서 이들의 가치가 중요하다고 판단한 데 따른 조치로 보인다. 30년에 가까운 시간 격차가 있는 1908년 『한국철도선로안내』와 비교해 보면, 숫자는 4곳이 더 늘었을 뿐이지만, 그 내용은 차이가 확연하다. 1934년 『조선여행안내기』와 1924년 『조선철도여행편람』이 공통으로 꼽은 12곳 외에 1908년 『한국철도선로안내』와 1934년 『조선여행안내기』가 함께 꼽은 관광지는 경학원[31]·독립문·천연정·세검정 등 4곳이다. 이들 16곳이 일제강점기 내내 경성의 주요 관광지였다고 볼 수 있다.

한편 1934년 관광안내서에 처음 등장한 경성의 관광지는 경성역·상공장려관·조선신궁·혼마치·조선호텔·경성방송국·미술품제작소·총독부박물관·조선총독부·동평관지·경성제대·동대문·박문사·동구릉·금곡릉·고니시 유키나가 성지·용산·한강·봉산공원 등 19곳이다. 이 가

....

30 『조선철도여행편람』에는 총독부박물관이 아니라 미술관이라고 소개하였다.

31 1908년 『한국철도선로안내』에는 문묘로 기재되어 있다.

운데 동평관지·동대문·동구릉·고시니 유키나가 성지·용산·한강을 제외하면, 모두 일제강점기에 새로 만들어진 곳이다. 『조선여행안내기』에 소개된 새로 만들어진 13곳에 관한 설명을 살펴보면, 조선총독부 철도국이 만든 관광안내서답게 경성 관광지 중 가장 앞에 실린 경성역은 "경성의 정면 현관(表玄關)"이라 표현하였다. 그리고 경성역은 "북쪽의 경성 중심 시가와 남쪽의 용산 시가를 가까이 둔, 마치 옆으로 누운 표주박의 잘록한 부분에 위치한다. 역사(驛舍)는 돌과 벽돌을 같이 사용한 르네상스식의 철근콘크리트 건축이며, 1층의 오른쪽은 사무실, 왼쪽은 식당이다. 약 3년간 140만 엔의 경비를 투입한 동양 유수의 큰 역이다." 라고 소개하였다. 상공장려관은 "남대문 오른쪽으로 보이는 벽돌 건물로, 총독부 식산국(殖産局)이 관리하며 주로 조선의 생산품을 진열하고 일본 제품도 참고품으로 진열하고 있다. 진열품에 대한 질의응답, 생산품에 관한 조사 등의 의뢰에도 응한다. 조선 생산계(生産界)의 일반을 알거나 상품의 판로확장을 도모하는 사람은 반드시 방문할 필요가 있다." 라고 추천하였다. 조선신궁은 "남대문에서 아스팔트 오모테산도(表參道)와[32] 384개의 돌계단을 오르면 있는 관폐대사(官幣大社)이다.[33] 아마테라스 오미카미(天照大神)와 메이지 천황(明治天皇)을 주신으로 한다. 신사 앞 정원은 원래 한양공원으로, 세 방향이 뚫려 있어 전망이 좋아 시가가 한눈에 들어온다."라고 설명하였다.[34]

혼마치는 그 설명이 자세하여, "왜성대에서 총독관저 앞을 좌측으로 돌아서 내려가면 있는 경성에서 가장 번화한 거리이다. 양쪽에 일본인 상점이 즐비하고 길이 좁으며, 왕래하는 사람들의 모습이 마치 오

....

32 신사 정면의 참배 도로를 말한다.

33 관폐대사란 국가에서 공물을 헌납하는 신사로, 신사 가운데 격이 가장 높다.

34 朝鮮總督府鐵道局, 1934, 『朝鮮旅行案內記』, 朝鮮總督府鐵道局, 44~45쪽.

사카의 신사이바시(心斎橋)를 방불케 한다. 경성의 중심지 미쓰코시(三越)[35] 앞에서 남산 기슭에 연하여 뻗어 있는 1초메(丁目)부터 5초메에 이르는 긴 거리로, 동쪽 끝은 유곽(遊廓)이 있는 신마치(新町), 서쪽 끝은 조선은행 앞의 대광장이며, 이 광장에서 아사히마치(旭町)·남대문통(南大門通)·하세가와마치(長谷川町)·혼마치의 대소 가로가 방사상으로 달리고 있다. 이 부근에는 우편국·조선은행·상업은행·상공회의소·조선호텔·미쓰코시·조지야(丁子屋)·미나카이(三中井) 등 시내 굴지의 대건축물이 우뚝 솟아있어 거리의 아름다움이 일본의 대도시에 뒤지지 않는다."라고 안내하였다. 조선호텔은 "철도국이 직영하며, 객실 수가 80여 개이고 식당·주장(酒場)·연예실(演藝室)·독서실(讀書室) 등의 설비를 갖춘 동양 유수의 큰 호텔이다. 호텔 부지는 유서 깊은 역사가 있어 임진왜란 때 우키타 히데이에(浮田秀家)가[36] 주둔한 곳이며, 고종이 즉위식을 거행한 환구단도 이곳에 있다. 호텔의 정원은 당시의 유물인 누각을 중앙에 두었으며, 그 아름다움은 여정(旅情)을 위로하기에 충분하다."라고 언급하였다. 경성방송국은 "덕수궁의 뒤쪽 언덕에 2개의 높은 철주가 있는 곳이다. 식민지 조선 특유의 재미있는 방송이 청자(聽者)를 기쁘게 한다."라고, 미술품제작소는 "태평통(太平通)의 종로통(鐘路通)에 가까운 곳에 있으며, 금·은·옥 등에 조선색(朝鮮色) 의장(意匠)을 넣은 것과 지필문구(紙筆文具)와 가구 등 조선 특유의 물건을 진열해 일반에 팔고 있다."라고 해설하였다.[37]

조선총독부는 "광화문통의 정면, 화강암으로 만들어진 굉장한 백악전(白堊殿)이다. 반도 통치를 총괄하는 조선총독부 청사는 공사비 630

....

35 현재의 중구 충무로1가의 신세계백화점 본점이다.

36 浮田秀家로 기록되어 있는데, 보통 宇喜多秀家로 쓴다.

37 朝鮮總督府鐵道局, 1934, 앞의 책, 45~47쪽.

여만 엔을 투여하고 10여 년을 들여 완성하였다. 현관·복도·회의실 등은 색채가 아름다운 조선산 대리석으로 장식하였고, 특히 홀의 벽화는 와다 산조(和田三造)가 내선융화(內鮮融和)를 상징한 신화를 그린 걸작이다."라고 소개하였다. 경성제대에 대한 설명은 간단하여, "경학원에서 동대문으로 나가는 새로운 도로 양옆은 경성의 학교 거리로 경성제대·경성상업(京城商業)·고등공업(高等工業)·의전(醫專) 등의 건물이 늘어서 있다"라고 되어 있다. 박문사(博文寺)는 "이토 히로부미(伊藤博文)의 업적을 후세에 길이 전하기 위해 그와 연고가 깊은 장충단공원의 경승지(景勝地)에 건립한 가마쿠라(鎌倉) 풍의 가람으로, 그 건축양식이 사찰로서는 유례가 없는 철근콘크리트 2층 구조이다. 건설비는 27만 엔이 들었으며, 본당 정면에 걸린 춘묘산(春畝山)의[38] 편액은 순종의 어필(御筆)이다."라고 했으며, 금곡릉은 "홍릉(洪陵)과 유릉(裕陵)이 있으며, 경성에서 춘천행 승합자동차를 이용하는 것이 가능하다.", 봉산공원은 "한강 인도교(人道橋) 건너 대안(對岸)의 언덕에 조성한 공원으로, 설비는 아직 완비되지 않았으나 봄의 벚꽃 철부터 여름에 걸쳐 많은 시민이 찾는다. 산으로 이어지는 한강신사(漢江神社)에서는 남산 동남쪽과 서빙고(西氷庫) 등을 전망할 수 있다."라고 설명하였다.[39]

이상과 같이 1934년에 새로 추가된 경성 관광지의 설명을 살펴보면, 대부분 일제의 식민지 통치의 결과로 만들어진 곳이며, 통치의 성과를 과시할 수 있는 장소가 많았다. 관광지로 보기 어려운 경성방송국·경성제대·조선총독부, 그리고 관광안내서를 제작한 조선총독부 철도국과 직접 관련이 있는 경성역과 조선호텔에 '동양 유수'라는 수식어를 붙

....

38 슌포(春畝)는 이토 히로부미의 호였으며, 장충단이 있던 남산 동북쪽 기슭을 춘묘산이라 불렀다.

39 朝鮮總督府鐵道局, 1934, 앞의 책, 42~51쪽.

그림 4-8. 경복궁 주변의 관광지: 총독부박물관, 미술품제작소 등의 위치를 확인할 수 있다.
출처: 朝鮮總督府, 1927, 京城市街圖(서울역사박물관, 서울역사아카이브).

여 관광지에 포함한 것은 같은 맥락에서 이해할 수 있다. 경성 근교의 많은 왕릉 가운데 일제강점기에 조성한 금곡릉을 관광지에 넣은 이유도 접근성이 좋다는 점 때문에 선정한 것이 아니라, 특별한 의도가 깔려 있었을 것이다.

한편 조선시대 유적에 관한 설명을 보면, 동평관지는 "혼마치4초메 뒤의 사쿠라이초(櫻井町) 인현공립보통학교(仁峴公立普通學校) 부근에 있다. 아시카가시대(足利時代)[40] 일본 국사(國使)나 특사(特使)가 한양에 올 때 머물던 곳이었다. 일본의 유명한 화승(畵僧)인 슈분(周文)이 체재하며 조선 국왕을 알현하였다는 기록이 남아있다.", 동대문은 "남대문 다음으로 웅장하고 화려하며, 문밖에는 유명한 조선 시장과 관우(關羽)를 모시는 동묘가 있다.", 동구릉은 "망우리 고개를 넘어 좌회전하여 약 1km 가면 있다. 구릉산(九陵山)의 산허리, 노송이 울창한 곳에 있는 조선 태조 이하 일곱 왕과 두 왕비의 능이다."라고 되어 있다.[41]

그리고 용산역에 수록된 고시니 유키나가 성지·용산·한강에 관해서는 다음과 같이 설명하고 있다. 고니시 유키나가 성지는 "임진왜란 때 평양에서 철수한 고니시 유키나가가 조선 군자감창(軍資監倉)을 점령하고, 그곳에 성을 신축하였다. 명나라 군대와 휴전조약이 이 성에서 체결되었다고 전해진다. 지금은 구용산(舊龍山) 조선서적인쇄회사(朝鮮書籍印刷會社)의 부지이다."라고, 용산은 "구용산 조선서적인쇄회사의 뒤쪽, 마포가도(麻浦街道)와의 사이에 있는 산이 용산이며, 고려 우왕이 왕비를 동반해 이 산에서 소요하며 바다를 바라보았다는 기록이 있다."라고 소개하였다. 그리고 한강은 "경성 시가의 동부에서부터 남쪽을 돌아 서쪽으로 흐르는 조선의 5대 하천 중 하나로, 상류 충주에서 경기의 농산물, 하류 인천에서 바다의 산물을 경성에 반입하는 조선 선박의 수로가 된다. 용산 부근에는 경부선의 2대 철교와 경인가도를 연결하는 인도교가 가설되어 있다. 한강은 물이 맑고 특히 인도교를 중심으로 하여 한강신사 부근은 경치가 뛰어나다. 봄에는 꽃구경, 여름에는 수영·뱃놀이, 가을은 달구경, 겨울은 호쾌한 스케이트장이 되어 사계절을 통해 경성 사람들의 유람지가 된다."라고 자세하게 설명하였다.[42]

....

40 무가(武家)인 아시카가시(足利氏)가 집권했던 시기로, 무로마치시대(室町時代)라고도 하며, 1336년부터 1573년까지를 말한다.

41 朝鮮總督府鐵道局, 1934, 앞의 책, 49~51쪽.

42 朝鮮總督府鐵道局, 1934, 위의 책, 41~42쪽.

다음으로 평양의 관광지는 16곳이었다. 1924년의 11곳에 비해 5곳이 늘었고, 1908년의 13곳보다도 3곳이 많은 숫자이다. 1924년의 그것과 비교해 새로 추가된 곳은 서기산공원(瑞氣山公園)·숭인전 및 숭령전(崇仁殿 및 崇靈殿)·기생학교(妓生學校)·골프 링크·낙랑유적(樂浪遺蹟)이며, 빠진 곳은 없다. 새롭게 꼽힌 관광지에 관해 『조선여행안내기』는 다음과 같이 소개하고 있다. 먼저 서기산공원은 "도청(道廳)의 배후에 있는 작은 언덕으로, 언덕 위에는 청일전쟁의 충혼비(忠魂碑)가 세워져 있고, 그 주변 평지가 공원이다. 공원에서 동남쪽을 바라보면 평양 시가의 반 이상을 조감할 수 있으며, 서북쪽 들판 가운데 보통문의 지붕이 눈에 들어온다. 언덕의 남쪽 기슭은 서기산통(瑞氣山通)이라 부르며, 철도국 직영의 평양철도호텔·평양공회당(平壤公會堂)·상품진열관 등이 있다.", 여자고등보통학교 인근에 있는 숭인전은 "기자의 위패를 안치하였고, 숭령전은 단군을 모시는 곳으로, 모두 평양의 선조를 제사 지내는 영묘(靈廟)이다."라고 설명하였다. 그리고 기생학교는 "평양은 예로부터 관기(官妓)의 산지로, 기생을 많이 배출하여 기생의 본고장으로 내외에 알려져 있다. 최근 이들의 양성기관으로서 기성권번(箕城券番)의 경영과 관련해 기생학교가 설립되어 가요(歌謠)·무용(舞踊)·국어(國語)·서화(書畵) 등을 가르친다."라고 소개하였다. 골프 링크는 "사동(寺洞) 바로 앞 언덕 일대에 있다."라고 간단하게, 낙랑유적은 "대동강역(大同江驛)에서 약 3km 하류의 토성리(土城里) 일원에 그 군치(郡治)의 터가 있으며, 대동강면(大同江面)·용연면(龍淵面)·남곶면(南串面)의 3개 면 14개 리에 걸쳐 고분의 숫자가 1,130기에 달한다. 이들 고분에 매장되었던 부장품은 당시 예술의 진보를 말해주는 자료로 우리에게 감흥을 준다. 그 다수는 평양박물관에 보존·진열되어 있다. 평양에서 4인승 자동차로 갈 수 있으며, 왕복 4엔이다. 고분 내부 관람은 도청의 허가가 필요하다."라고 상세하게 밝혔다.[43] 일찍부터 일본인 관광객의 발길이 끊이지 않았던 기생학교가 비로소 관광지로 추가된 것이 눈에 띄며, 골프장이 관광지에 포함된 것도 흥미롭다.

부산의 관광지를 살펴보면, 9곳의 관광지가 수록되어 있다. 1924년의 『조선철도여행편람』과 비교하면, 1924년의 다이쇼공원·고니시 유키나가 성지·동래가 빠지고, 절영도와 부산가축시장(釜山家畜市場)이 추가되었다. 절영도는 1908년의 『한국철도선로안내』에는 포함되어 있던 관광지이다. 새로 들어간 부산가축시장은 일본으로 나가는 소를 거래하는 시장으로 연 5만 두를 이출한다는 설명이 있어 일본과의 관련성 때문에 수록한 것으로 보인다.

지금까지 1908년·1924년·1934년 통감부와 그 후신인 조선총독부가 제작한 관광안내서를 이용하여 경성·평양·부산의 관광지와 그 변화를 따져보았다. 이번에는 이들 관광지를 유형별로 분류하여 그 특징을 고찰해 본다. 관광지, 즉 관광자원을 분류하는 방법은 다양하지만,[44] 가장 일반적인 방법은 그 존재 형태와 형성 원인에 따라 분류하는 것이다. 즉 존재 형태에 따라 유형 관광자원과 무형 관광자원으로 구분하고, 형성 원인에 따라 자연적 관광자원과 인문적 관광자원으로 구분한다.[45] 인문적 관광자원은 다시 문화적 관광자원, 사회적 관광자원, 산업적 관광자원으로 세분하기도 한다.[46] 또한 표 4-4와 같이, 자연적 관광자원, 문화적 관광자원, 사회적 관광자원, 산업적 관광자원, 위락적 관광자원

....

43 朝鮮總督府鐵道局, 1934, 위의 책, 85~88쪽.

44 한국관광학회, 2009, 『관광학총론』, 백산출판사, 669~670쪽.

45 권용우·정태홍·김선희, 1995, 『관광과 여가』, 한울, 64쪽.

46 김병문, 2006, 『관광지리학』, 백산출판사, 276~281쪽.
김창식, 2012, 『신관광학원론』, 백산출판사, 140~143쪽.

표 4-4. 관광자원의 유형과 구성요소

유형	구성요소
자연적 관광자원	산악, 내수면, 해안, 온천, 동굴, 지형, 지질, 천문, 기상, 도서, 동·식물, 자연현상
문화적 관광자원	고고학적 유적, 사적, 유·무형문화재, 기념물, 민속자료, 박물관, 기타 문화시설
사회적 관광자원	풍속, 행사, 생활, 예술, 종교, 철학, 교육, 미술, 국민성, 음식, 사회형태, 인정, 예절
산업적 관광자원	공업단지, 유통단지, 관광농업, 백화점, 견본시설, 공업시설 및 생산공장
위락적 관광자원	수영장, 놀이시설, 레저타운, 낚시터, 카지노, 보트장, 주제공원, 골프장, 스키장

출처: 이순구·박미선, 2011, 『관광자원의 이해』, 대왕사, 21쪽.

등 5가지로 분류하기도 한다.

여기에서는 한국 관광학계에서 가장 널리 이용하고 있으며,[47] 가장 합리적이라고 판단되는 표 4-4의 관광자원 유형 분류 방법으로 『한국철도선로안내』·『조선철도여행편람』·『조선여행안내기』에 수록된 세 도시의 관광지를 분류한 결과가 표 4-5이다. 가장 많은 숫자를 차지한 것은 문화적 관광자원이었다. 경성의 관광지 중 문화적 관광자원은 1908년과 1924년 각각 71.1%와 75.0%를 차지하였다. 1934년에는 59.5%로 비율이 낮아지긴 했으나, 다른 유형에 비해 훨씬 많았다. 다만 시간이 흐를수록 경성의 관광지는 점차 다양해지는 경향을 보였다. 1934년에는 위락적 관광자원을 뺀 4가지 유형의 관광자원이 모두 포함되어 있었다. 자연적 관광자원으로는 청량리·우이동·북한산·한강·용산이, 사회적 관광자원으로는 조선신궁·혼마치·조선총독부·경학원·경성제대·

....

47 이순구·박미선, 2011, 『관광자원의 이해』, 대왕사, 17~21쪽.

표 4-5. 시기별 경성·평양·부산 관광지의 유형별 숫자

도시	유형	관광지 숫자 및 비율(%)					
		1908년		1924년		1934년	
		숫자	비율	숫자	비율	숫자	비율
경성	자연적 관광자원	4	10.5	3	25.0	5	13.5
	문화적 관광자원	27	71.1	9	75.0	22	59.5
	사회적 관광자원	7	18.4	-	-	6	16.2
	산업적 관광자원	-	-	-	-	4	10.8
	위락적 관광자원	-	-	-	-	-	-
	계	38	100	12	100	37	100
평양	자연적 관광자원	2	15.4	-	-	-	-
	문화적 관광자원	10	76.9	11	100	14	87.5
	사회적 관광자원	-	-	-	-	1	6.25
	산업적 관광자원	1	7.7	-	-	-	-
	위락적 관광자원	-	-	-	-	1	6.25
	계	13	100	11	100	16	100
부산	자연적 관광자원	3	27.3	4	40.0	5	55.6
	문화적 관광자원	6	54.5	5	50.0	2	22.2
	사회적 관광자원	1	9.1	1	10.0	1	11.1
	산업적 관광자원	1	9.1	-	-	1	11.1
	위락적 관광자원	-	-	-	-	-	-
	계	11	100	10	100	9	100

박문사가 있었고, 산업적 관광자원으로는 경성역·상공장려관·조선호텔·미술품제작소가 있었다.

평양은 문화적 관광자원이 차지하는 비중이 압도적이었으며, 다른 유형의 관광자원은 거의 없었다. 1924년 관광안내서에 수록된 관광지는 모두 문화적 관광자원이었고, 1934년의 경우에도 사회적 관광자원으로 분류한 기생학교와 위락적 관광자원으로 분류한 골프 링크를 빼

면, 모두 문화적 관광자원이었다.

부산은 경성·평양에 비해 상대적으로 문화적 관광자원의 비중이 낮고 자연적 관광자원의 비중이 높았으며, 여러 유형의 관광자원이 고루 분포하였다. 자연적 관광자원에는 동래온천과 해운대온천, 절영도 등이 포함되었으며, 산업적 관광자원으로는 1908년에 부산수원지, 1934년에는 부산가축시장이 들어갔다.

지금까지 3종의 관광안내서를 이용하여, 식민지 조선을 통치하면서 관광정책까지 주도하였던 조선총독부가 제시한 경성·평양·부산의 관광지를 살펴보았다. 그 가장 큰 특징은 문화역사와 관련된 유적지가 가장 높은 비중을 차지한다는 점이다. 전체 관광자원 중 문화적 관광자원이 압도적인 비율을 보였을 뿐 아니라, 그 설명을 분석해 보면, 자연적 관광자원 중 상당수도 자연경관의 아름다움보다는 그곳에 담긴 역사적 문화적 의미 때문에 관광자원으로 선정된 예가 많았다. 경성의 진산(鎭山)으로 삼국시대부터의 역사가 남아있으며, 성벽·행궁(行宮)·중흥사·동장대(東將臺) 등의 유적을 볼 수 있는 경성의 북한산,[48] 경치가 아름답고 부산항을 조망할 수 있지만, 조선 최초의 신사인 용두산신사가 있다고 의미를 부여한 부산의 용두산 등이 좋은 사례이다.

한편 문화적 관광자원 중에는 오늘날에 별로 주목받지 못하는 성지(城址)와 전적지가 많다는 것이 특징이다. 성지는 대개 주변을 조망할 수 있는 높은 곳에 있어 전망장소로 이용한 경우가 있다. 그러나 조선총독부가 성지를 관광지로 많이 선정한 주된 이유는 역시 일본과의 관련 때문이며, 조선총독부의 관광지 개발정책과 연관이 있다. 조선총독부는 고적 조사를 통해 명승지를 창출하여 관광지로 육성하고자 하였으며,

....

48 朝鮮總督府鐵道局, 1934, 앞의 책, 52쪽.

이를 위해 1916년부터 고적조사위원회(古蹟調査委員會)를 설치하여 전국적인 고적 조사를 시행하였다. 그런데 당시 고적 조사는 주로 왜성 및 일본과 관련이 있는 지역에 대해 이루어졌다.[49] 이러한 일제의 고적 조사사업은 국민을 계몽하고 조선 지배의 정당성을 강조하기 위한 작업의 일환이었다. 국민의 계몽하기 위해서는 되도록 고적 방문자의 숫자가 많아야 했으며, 이를 위해서 고적을 공원화하거나 명승지화하여 관광객을 유치하고자 한 것이다. 이러한 일제의 노력은 성지와 더불어 일본군의 흔적이 남아있는 전적지에서도 마찬가지로 발견된다.[50] 특히 청일·러일전쟁이 끝나고 얼마 지나지 않은 1908년의 관광안내서에는 유독 전적지가 많이 포함되었다.

거듭 확인할 수 있는 특징은 3종의 관광안내서가 일본인을 위한 것이기 때문에 수록된 관광지도 일본인이 관심을 가질 만한, 일본과 직접 관련이 있는 장소가 많다는 점이다. 임진왜란과 청일전쟁의 전적지 외에도 일본과 관련된 기념비, 이토 히로부미를 기리기 위해 만든 박문사, 불타버린 일본공사관 자리인 천연정 등이 대표적인 예이다. 조선시대부터 명소였던 평양의 을밀대·모란대·칠성문에 관해서도, 이들 관광안내서는 임진왜란과 청일전쟁의 역사 위주로 소개하고 있다. 이러한 사실들을 통해, 일제가 한반도를 강점한 후, 전국에 걸쳐 일본과 관련 있는 흔적에 대한 종합적이고 치밀한 조사를 하였으며, 이를 바탕으로 식민지 조선의 관광자원을 개발하였음을 미루어 짐작할 수 있다.[51]

일제가 그들 위주의 시각에서 관광지를 조성했다는 점은 일본이 도입한 근대문화시설인 공원을 주요한 관광지로 선정한 것에서도 확인된

....

49 조성운, 2011, 『식민지 근대관광과 일본시찰』, 역사공간, 15~16쪽.

50 정치영, 2015, 앞의 논문, 79쪽.

51 정치영, 2015, 위의 논문, 79쪽.

다. 경성에서는 파고다공원·장충단공원·남산공원, 부산에서는 다이쇼공원·용두산공원,[52] 평양에서는 서기산공원 등지가 관광지로 선정되었는데, 이 가운데 파고다공원을 제외하고는 모두 일제가 만든 곳이다. 특히 장충단공원은 조선의 충신을 추모하는 제단을 없애고 공원을 조성하고 벚꽃을 심었으며, 박문사를 경내에 건립하였다. 이들 공원은 공통적인 입지와 구성요소를 가지고 있었다. 그 입지는 대개 도시의 중심부나 시가지가 한눈에 내려다보이는 곳, 그리고 경치가 좋은 곳이었고, 신사나 기념탑이 조성되어 있었으며, 벚꽃을 비롯한 꽃나무를 심은 경우가 많았다. 즉 일본을 상징하는 요소들이 모여 있는 곳이 공원이었다. 예를 들어, 한성의 남산공원에는 조선신궁·경성신사(京城神社)·덴만구·갑오전승기념비(甲午戰勝記念碑) 등이, 한강 변의 봉산공원에는 한강신사가, 부산의 용두산공원에는 용두산신사가, 평양의 서기산공원에는 청일전쟁 충혼비가 있었다. 특히 남산공원은 왜성대공원(倭城臺公園)이라고도 불렸으며, 아래의 여러 기록에서 엿볼 수 있듯이 경성의 일본인에게 각별한 의미가 있는 최고의 명소였다. 이 때문에 조선총독부는 물론, 경성에 사는 일본인들도 남산공원은 본국에서 관광하러 온 일본인에게 자랑하고 싶은 공간이었다.

> 왜성대(倭城臺)는 남산의 중복(中腹)에 위치하며 조선총독부가 있는 곳이다. 경성 시가를 한눈에 내려다 볼 수 있는 조망이 좋은 곳이다. 남산의 소나무가 청초하며, 풍경이 고아한 정취가 있다. 1897년 일본 경성거류민회(京城居留民會)가 공사 가토 마쓰오(加藤增雄)를 통해 조정과 교섭

....

52 용두산은 자연적 관광자원으로 분류하였다. 그러나 1934년의 『조선여행안내기』에는 부산부의 공원이 되었다는 설명이 있다.

하여 영대차지권(永代借地權)을 얻은 뒤, 이곳에 공원을 개설하고 대신궁(大神宮)을 건설하였다. 또한 왜성대의 높은 곳에는 기념비가 있다. 청일전쟁 전몰기념비로 1900년 거류민회가 세웠으며, '갑오전첩기념비(甲午戰捷紀念碑)'라고 새겨져 있다. 여기서 약간 떨어진 곳에 덴만구(天滿宮)의 사우(祠宇)가 있다. 경성부민의 수호신인 경성신사와 함께 일년 내내 참배객이 끊이지 않는다. 비취색의 소나무와 계곡의 세류 등으로 사계절 내내 산책하기 좋고 남녀노소가 즐길 수 있는 천연의 웅대한 낙원이다. 왜성대의 이름은 임진왜란에서 유래하였다. 임진왜란 중인 1593년 총대장 우키다 히데이에(浮田秀家, 宇喜多秀家)가 남산 중턱에 인마의 왕래를 활발하게 하고 깃발을 높이 올리자 조선인들이 멀리서 이를 보고 왜장대(倭將臺)라고 불렀고, 지금은 왜성대라고 불린다. 왜성대는 일본의 무인(武人)이 왕도를 점령한 일장(一場)의 꿈을 기념하는 장소이다. 수백 년이 지나 먼 선조의 위업이 헛되지 않도록 병합의 실적을 거두고, 지금은 의연하게 그곳에 조선총독부가 설치되어 13도 천하의 정령(政令)을 장악하고 왜성대 위에 높이 일장기가 날리고 있어 실로 국민으로서 유쾌하다.[53]

남산공원은 왜성대정(倭城臺町)에 있으며, 내지인이 들어갈 당시는 초목지였고 도로도 없었으나 조망이 우수하므로 산책하는 사람이 있어 공원이 되었으며, 지금은 단을 쌓고 정(亭)을 만들었다. 입구의 단상에는 '갑오전승기념비'가 있는데 청일전쟁 후에 거류민이 건립한 것이다. '음악당(音樂堂)'은 팔각형의 작은 집으로, 그 옆의 작은 연못에는 분수 장치가 있고, 못 옆의 작은 소나무는 '이본궁전하어수식송(梨本宮殿下御手植松)'으로 1909년 7월에 심었으며, 좌측으로 가면 경성신사가 있다. 그 외에

53 青柳綱太郎, 1925, 『大京城』, 朝鮮研究會, 209~213쪽.

'청천(淸泉: 수도 고장 시에 대용으로 자주 사용됨)', 오시마혼성여단이 포를 설치했던 '포병진지(砲兵陣地)'가 있다.[54]

한편 일본인을 위한 관광지의 개발로 인하여 조선시대에는 없었던 새로운 관광지와 관광 형태가 생겨났는데, 그 대표적인 사례가 온천관광이었다. 한국도 온천의 역사는 길지만, 입욕 습관이 발달하지 않았고 교통이 불편하여 조선시대까지는 온천을 대중적으로 이용하는 문화가 존재하지 않았다.[55] 그래서 일제강점기 들어 일본인들은 본격적으로 자신들을 위한 온천관광을 개발하였다. 부산의 동래온천과 해운대온천은 일찍부터 일본인이 운영하는 욕탕과 여관 등이 만들어졌고, 그 주변의 볼거리와 해수욕·등산 등 온천욕과 함께 할 수 있는 활동이 개발되었다. 벚꽃 구경도 새로운 관광 형태였다. 조선시대에도 봄철의 꽃구경은 있었지만, 벚꽃이라는 특정한 꽃을 구경한 것은 아니었다. 일본인들이 벚꽃 구경을 특별히 좋아했기 때문에 벚꽃이 많은 곳은 새로운 관광명소로 떠올랐는데, 경성에서는 우이동이 대표적인 벚꽃 명소로 소개되었다.

이상은 통감부와 조선총독부가 한반도만을 한정하여 제작한 관광안내서에 나타난 관광지의 상황이었다. 그럼 일본 전국과 일본의 식민지였던 조선·만주·대만까지를 모두 다룬 관광안내서에는 식민지 조선의 관광지가 어느 정도의 비중으로 어떻게 다루어졌을까? 1931년 일본여행회(日本旅行會)가 편찬한 『일본명승여행사전(日本名勝旅行辭典)』을 사례로 살펴보자.

....

54 岡良助, 1929, 앞의 책, 90쪽.

55 국사편찬위원회 편, 2008, 『여행과 관광으로 본 근대』, 두산동아, 151쪽.

이 책은 맨 앞에 "여행하는 사람들이 가장 먼저 알고 싶은 것은 목적지의 소재·교통·여관, 그리고 부근의 명승이지만, 지금까지 나온 관광안내서들은 모두 철도노선에 의해 분류되어 있어 복잡하고 사용하기 불편하다. 이 책은 이러한 불편을 일소하기 위해 일본 전국의 온천·수욕장(水浴場)·산악·하천 계곡·신사 및 불각(神社佛閣)·명승고적·도회(都會) 등을 50음 순으로 분류, 배열하여 필요사항을 설명하고 있어 여행을 결심하는 동시에 바로 목적지에 대해 유감없이 아는 것이 가능하다." 라고 그 특징을 밝히고 있다. 즉 관광지의 사전식 구성을 책의 장점으로 들었으며, 온천 192곳, 신사·불각 200곳, 도시·섬·명승 282곳, 산악·고개 114곳, 하천·호소·계곡·폭포·동굴 45곳, 해수욕장·곶·해변[濱]·항구·반도·포(浦) 100곳 등 모두 933곳의 관광지를 856쪽에 걸쳐 소개하고 있다. 그 가운데 식민지 조선에 있는 관광지는 경성·부산·금강산 등 단 3곳뿐이었다.[56] 금강산은 3쪽에 걸쳐 내용이 수록되어 있어, 일본 국내의 다른 관광지에 비해서도 매우 많은 분량을 할애하였다. 당시 일본인이 꼽은 식민지 조선 최고의 관광지는 금강산이었음을 확인할 수 있다. 경성과 부산은 각각 1쪽 분량으로 소개하고 있는데, 그 내용은 다음과 같다.

〈경성〉

소재지: 경성은 조선총독부가 있는 곳으로 반도의 수부(首府)이다. 산하경승(山河景勝)의 위치를 점하며, 지세는 교토와 비슷하다. 주위에 성벽을 둘러싸고 8문을 설치하였으며 인구는 45만 명에 가까운데 내지인은 주로 남대문 부근, 이현(泥峴), 용산에 거주하며 10만 명에 달한다. 이현

....

56 日本旅行會, 1931,『日本名勝旅行辭典』, 日本旅行會, 1~17쪽.

에 왜성대가 있어 경성 전 시가를 바라다보는 전망이 뛰어나다. 시내에는 구왕궁·이왕직박물관·동물원·식물원·남산공원·파고다공원·구비(龜碑)·종루·천연정·공업전습소·중앙시험소·미술품제작소·상품진열관 등 볼만한 곳이 많다.

부근명승: 북한산은 북 3리에 있으며, 정상의 관망은 매우 쾌활하고, 산록에 중흥사가 있다. 단풍의 명소로서도 알려져 있다. 수색(水色)은 아득히 떨어진 한강의 흐름을 바라보고, 난지도(蘭芝島)는 강 가운데 있는 주위 2리의 섬으로 풍경이 아름답고 피서에 적합하며, 일산(一山) 부근은 가을철에 오리, 기러기 따위의 새가 군집을 이루어 사냥터로 이름 높다. 고봉산성(高峰山城)은 부근에서 제일 높은 산으로 가토 기요마사가 공략한 고전장(古戰場)이다.[57]

〈부산〉

소재지: 조선반도의 남단에 있다. 시모노세키와 해로로 122해리 떨어져 있으며, 쓰시마와 40해리밖에 떨어져 있지 않다. 동남에 절영도가 가로놓여 있고 용두산·용미산의 승지가 있다. 부산진은 부산항 시가지의 최북단이 있으며 경부본선의 한 역을 두고 서방의 높은 언덕에 고니시 성지(小西城址)가 있는데, 임진왜란 때 고니시 유키나가가 쌓은 것이다. 부산은 지금 내지의 도회와 같은 모습으로 인구 5만여 명이며, 항내(港內)가 넓고 깊어 큰 배가 들어오는 것이 가능하다. 용두산은 부산의 공원으로 만내(灣內)의 풍광을 한눈에 담으며, 맑은 날에는 쓰시마를 조망하는 것이 가능하다. 산 동남쪽의 절영도와 마주하는 곳을 용미산이라 부르며, 가토 기요마사를 모시고 있다. 절영도는 주위 7리로 항의 문호(門戶)를 이

57 日本旅行會, 1931, 위의 책, 321쪽.

루고, 그 남쪽은 소나무가 무성하며 모래사장은 해수욕에 적합하다.

부근명승: 동래온천이 북 2리, 경편철도 편이 있다. 범어사는 온천에서 2리, 가토 기요마사의 고전장인 울산성지(蔚山城址)는 온천의 동쪽 9리에 있다. 낙동강은 유역이 70여 리, 남선(南鮮)에서 가장 큰 강으로, 기차의 창밖 가까이 풍광을 볼 수 있다.[58]

정리하면, 경성의 관광지로는 시내의 왜성대·구왕궁·이왕직박물관(李王職博物館)·동물원·식물원·남산공원·파고다공원·구비·종루·천연정·공업전습소(工業傳習所)·중앙시험소(中央試驗所)·미술품제작소·상품진열관 등을 들었고, 시 외곽에서는 북한산·수색·난지도·일산·고봉산성 등을 꼽았다. 이왕직박물관·공업전습소·중앙시험소는 앞서 살펴본 3종의 관광안내서에는 언급되지 않은 곳이다. 시 외곽의 관광지들은 주로 경성 서쪽에 있는 곳들로 역시 다른 관광안내서에서는 소개되지 않았다.

이 가운데 중앙시험소는 각종 공업에 관한 시험조사를 목적으로, 1912년 3월 조선총독부 산하에 설립된 기관이었다. 1913년 이화동의 공업전습소에 접한 부지를 매입하여 신청사를 지어 이전하였으며, 양조(釀造)·염직(染織)·요업(窯業)·응용화학 등에 관한 시험을 담당하였다. 공업전습소는 1902년 한국 정부가 산업발전을 도모하기 위해 농상공부(農商工部) 산하에 설치한 기관이다. 염직·도기(陶器)·금공(金工)·목공(木工)·응용화학·토목(土木) 등 6개 과가 있었으며, 1907년 청사를 건축하고 생도를 모집하여 개소식을 하였다. 공업전습소는 1910년 이후 조선총독부 소관이 되면서 토목과가 폐지되었으며, 1912년 중앙시험소

....

58 日本旅行會, 1931, 위의 책, 694~695쪽.

그림 4-9. 중앙시험소 건물(저자 촬영).

에 부속되었다. 전습생이 제작한 제품은 제작품진열실 및 상품진열관에 진열하여 일반에게 공개하였다.[59] 그리고 이왕직박물관은 아래의 『대경성(大京城)』의 기록에서 볼 수 있듯이 창경궁에 동물원, 식물원과 같이 있었으며, 궁궐 건물을 박물관으로 사용하였다.

> 박물관·동물원·식물원은 모두 창덕궁 동원(東園)에 있어 창경원(昌慶苑)이라 칭하며, 모두 합쳐 이왕가의 경영으로 유지하고 있다. 창경궁은 성종 때 건립한 궁궐이다. 현재 조선 굴지의 고건축물이라 칭해지는 명정전(明政殿)은 박물관 진열장의 하나로 이용되고 있는데, 임진왜란 때 명정전은 명정문(明政門)·홍화문(弘化門)과 함께 파괴를 면하였다.[60] 창경

....

59 石原留吉, 1915, 『京城案內』, 京城協贊會, 132~136쪽.

원 중앙에 있는 벽돌조의 신관은 박물관 본관으로 세계적인 보물이라 할 수 있는 진품을 수집하여 진열하고 있다. 이외 명정전·함덕전(涵德殿)을[61] 비롯해 환경(歡慶)·경춘(景春)·통명(通明)·양화(養和) 등의 각 궁전에는 고대의 불상·도자기·회화·고경(古鏡)·금속품·조각물·고무기(古武器) 등을 진열하고 있다.[62]

부산의 명소로는 역시 절영도·용두산·용미산·고니시 성지·동래온천·범어사가 꼽혔으며, 낙동강과 함께 상당한 거리가 떨어져 있는 울산성지도 언급하였다. 울산성지를 소개한 이유를 따로 밝히지 않았으나, 역시 정유재란 때 가토 기요마사가 쌓은 왜성(倭城)이기 때문에 특별히 언급하였을 것이다.

2 공급자가 편성한 관광 일정

이 절에서는 관광의 공급자가 제안한 경성·평양·부산의 관광 일정에 관해 분석하였다. 관광 일정을 제시한 관광안내서는 만철과 자판쓰리스토뷰로가 주로 제작하였으며, 주된 이용자가 일본에서 출발하는 일본인 관광객이라는 점을 고려하여 개별 도시의 일정보다는 일본에서 출발하여 여러 도시를 관광하고 다시 일본으로 돌아오는 전체 일정을

....

60 조선왕조실록 등의 기록으로 볼 때, 임진왜란 때 불에 탄 것을 1616년 재건하였으며, 조선시대 정전 중 가장 오래되었다(한국민족문화대백과사전, 창경궁 명정전 항목(http://encykorea.aks.ac.kr)).

61 함인정(涵仁亭)의 오기로 추정된다.

62 青柳綱太郎, 1925, 앞의 책, 199~200쪽.

표 4-6. 1917년 『만선관광여정』의 '11일 여정'

일차	지명	발착 시간	관광 장소	숙박	비고
1	도쿄	발 오전 08:30		차중(車中)	
2	시모노세키	착 오전 09:38 발 오후 01:00		선중(船中)	오사카상선 매주 화, 토 2회 출범
3	선중			선중	
4	다롄	착 오전 중	市街, 西公園, 電氣遊園, 油房	다롄	기상, 기타 조건에 따라 다롄 도착이 오후가 될 수 있음
5	다롄		中央試驗所, 滿鐵沙河口工場, 星ケ浦	다롄	
6	뤼순(왕복)	다롄발 오전 07:50 다롄착 오후 06:10	白玉山表忠塔, 記念品陳列館, 各戰蹟, 新舊市街	차중	다롄 출발 시에 역 앞에서 중국 세관의 검사가 있음
	다롄	발 오후 07:00			
7	펑톈	착 오전 05:50 발 오후 08:50	城內, 宮殿, 北陵, 新市街	차중	궁전, 북릉 관람에는 중국 관헌이 발급한 허가증이 필요, 미리 펑톈 역장에게 신청하여 수속하는 것이 좋음
8	안둥	착 오전 06:40 발 오전 07:20	압록강	경성	안둥역 구내에서 조선 세관의 검사가 있음
	경성	착 오후 07:30			
9	경성	발 오후 07:50	박물관, 경복궁, 청량리, 총독부, 남산공원, 독립문	차중	
10	부산	착 오전 05:40 발 오전 06:40		선중	관부연락선 배 안에서 일본 세관의 검사가 있음
	시모노세키	착 오후 05:40 발 오후 07:10			
11	도쿄	착 오후 08:30		귀택(歸宅)	

출처: 南滿洲鐵道株式會社 運輸部營業課, 1917, 『滿鮮觀光旅程』, 南滿洲鐵道株式會社, 11~13쪽.

제시하였다. 따라서 대부분의 일정은 식민지 조선만의 일정이 아니라, 만주와 식민지 조선을 같이 관광하는 일정으로 편성되었다.

1917년부터 1925년까지 한반도 철도를 위탁 경영한 만철은 1916년부터 『만선관광여정(滿鮮觀光旅程)』이라는 관광안내서를 거의 매년 발간하였다. 책의 제목은 1922년에 『선만지관광여정(鮮滿支觀光旅程)』, 1924년에는 『선만지나여정과 비용개산(鮮滿支那旅程と費用概算)』으로 바뀌었다. 『선만지나여정과 비용개산』이라는 이름은 1920년부터 간행되기 시작한 자판쓰리스토뷰로의 『여정과 비용개산』을 의식하여 바꾼 것으로 생각된다. 그러나 도쿄를 기점으로 한 관광 일정과 그 비용을 제시한 형식은 만철의 『만선관광여정』이 자판쓰리스토뷰로의 『여정과 비용개산』보다 더 앞선 것으로,[63] 일본 관광안내서 역사에 있어 새로운 형식을 도입했다는 의미가 있다. 그리고 발행 주체가 1916년에는 만철 운수부영업과(運輸部營業課)였으나, 1919년에는 다롄 관리국영업과(大連管理局營業課), 1921년에는 도쿄지사의 선만안내소(鮮滿案內所)로 계속 변화하였다. 이러한 발행 주체의 변화에도 불구하고, 책의 내용은 큰 변화가 없었다. 책의 앞부분에는 승차선권(乘車船券)·급행료(急行料) 및 침대요금(寢臺料金)·여관·숙박료·철도 도시락 가격·주요 지역의 차마비(車馬費)·세관 검사 등 여행상의 주의사항을 설명하고, 뒷부분에는 대개 8개의 관광 일정을 제시하였다.[64] 그리고 맨 마지막에는 철도시간표와 지도를 첨부하였다. 매년 발간하였기 때문에 개정사항을 조금씩 반영하였고, 전체 분량은 60~80쪽 정도였다. 여기에서는 동일한 일정이 수록된 책을 제외하고 책의 개정 내용 등을 고려하여 1917년의 『만선

....

63 荒山正彦, 2018, 『近代日本の旅行案内書図録』, 創元社, 163쪽.

64 1922년 판 『선만지관광여정』은 6개의 일정을 제시하였다.

표 4-7. 1917년 『만선관광여정』의 식민지 조선 관광 일정

관광 일정	일차	일정	발착 시간	숙박지	관광 장소
② 11일 여정	2	시모노세키	발 오전 10:10	차중	
		부산	착 오후 09:40 발 오후 11:00		
	3	경성	착 오전 08:50 발 오후 09:40	차중	남산공원, 박물관, 경복궁, 청량리, 독립문, 총독부
	4	안둥	착 오전 09:40		
③ 14일 여정	10	안둥	발 오후 06:30	차중	
	11	경성	착 오전 08:00	경성	청량리, 박물관, 경복궁, 남산공원
	12	경성	발 오후 07:50	차중	파고다공원, 보신각, 독립문, 상품진열소, 총독부
	13	부산	착 오전 05:40 발 오전 06:40		
		시모노세키	착 오후 05:40		
④ 15일 여정	2	시모노세키	발 오전 10:10	차중	
		부산	착 오후 09:40 발 오후 11:00		
	3	경성	착 오전 08:50	경성	청량리, 박물관, 경복궁, 경운궁, 남산공원
	4	경성	발 오후 09:40	차중	파고다공원, 보신각, 독립문, 상품진열소, 총독부
	5	안둥	착 오전 09:40		
⑤ 18일 여정	13	안둥	발 오후 06:30	차중	
	14	평양	착 오전 01:27 발 오후 01:39	평양/경성	대동문, 연광정, 모란대, 을밀대, 현무문, 부벽루, 영명사, 기자묘
		경성	착 오후 07:30		
	15	경성		경성	경복궁, 남산공원, 청량리, 독립문, 용산시가

관광 일정	일차	일정	발착 시간	숙박지	관광 장소
⑤ 18일 여정	16	경성	발 오후 12:20	차중	파고다공원, 보신각, 상품 진열소
		인천	착 오후 01:40 발 오후 07:00		인천축항, 인천공원, 각국 공원, 시가, 월미도
		영등포	착 오후 08:06 발 오후 08:16		
	17	부산	착 오전 05:40 발 오전 06:40		연락 시간을 이용하여 인력거로 시내 관광
		시모노세키	착 오후 05:40		
⑥ 18일 여정	2	시모노세키	발 오후 09:30		
	3	부산	착 오전 09:00 발 오후 11:00	차중	부산축항, 시가, 용두산, 용미산, 초량, 부산진
	4	영등포	착 오전 08:27 발 오전 09:12	경성	
		인천	착 오전 10:00 발 오후 02:50		인천축항, 인천공원, 거류지공원, 월미도, 시가
		경성	착 오후 04:47		남산공원, 총독부, 시가
	5	경성		경성	박물관, 경복궁, 파고다공원, 청량리, 독립문, 상품진열관, 용산
	6	경성	발 오전 09:10	평양	
		평양	착 오후 03:10		대동문, 연광정, 모란대, 을밀대, 현무문, 부벽루, 영명사, 기자묘, 시가
	7	평양	발 오전 04:21		
		안동	착 오전 09:40		
⑦ 21일 여정	15	안동	발 오후 06:30	차중	
	16	평양	착 오전 01:27 발 오후 03:28	평양/경성	대동문, 연광정, 모란대, 을밀대, 기자묘, 시가
		경성	착 오후 08:50		시가
	17	경성		경성	박물관, 경복궁, 파고다공원, 청량리, 독립문, 상품진열관, 시가

관광 일정	일차	일정	발착 시간	숙박지	관광 장소
⑦ 21일 여정	18	경성	발 오전 08:53	차중	용산시가
		인천	착 오전 10:00 발 오후 07:00		인천축항, 거류지공원, 인천공원, 시가, 월미도
		영등포	착 오후 08:12 발 오후 09:25		
	19	부산	착 오전 06:10 발 오후 08:30	선중	부산축항, 시가, 용두산, 용미산, 초량, 부산진
	20	시모노세키	착 오전 07:30		
⑧ 21일 여정	2	시모노세키	발 오전 10:10	차중	
		부산	착 오후 09:10 발 오후 11:00		
	3	경성	착 오전 08:50	경성	박물관, 경복궁, 남산공원, 총독부, 파고다공원, 독립문, 시가
	4	인천(왕복)	경성 발 오후 12:20 착 오후 06:37	경성	오전 경성시외 청량리 인천축항, 거류지공원, 인천공원, 월미도
	5	경성	발 오전 09:10	평양	용산시가
		평양	착 오후 03:10		대동문, 연광정, 모란대, 을밀대, 현무문, 부벽루, 영명사, 기자묘, 시가
	6	평양	발 오전 04:21		
		안둥	착 오전 09:40		

출처: 南滿洲鐵道株式會社 運輸部營業課, 1917,『滿鮮觀光旅程』, 南滿洲鐵道株式會社, 15~57쪽.

관광여정』과 1924년의 『선만지나여정과 비용개산』에 수록된 관광 일정을 분석하였다. 먼저 1917년 『만선관광여정』에 수록된 8개 일정 가운데 첫 번째 일정인 '①11일 여정'을 그대로 옮긴 것이 표 4-6이다. 도쿄에서 출발하여 다시 도쿄로 돌아오기까지 10박 11일의 일정이며, 교통편은 주로 기차와 배를 이용하였다. 도쿄에서 기차를 타고 시모노세키로 가서 오사카상선의 배로 다롄으로 건너간 뒤, 다롄·뤼순·펑톈을 관광하고, 다시 기차로 안둥을 거쳐 경성으로 들어온 뒤, 경성을 관광하고 다시 부산을 거쳐 시모노세키로 건너가 도쿄로 돌아간다. 10박 가운데 7박을 배나 기차에서 자고, 다롄에서 2박, 경성에서 1박을 하는 매우 빡빡한 일정이다. 식민지 조선의 일정은 8일 차 오전에 입국하여 저녁 7시 30분에 경성에 도착한 뒤, 다음 날인 9일 차에 경성을 관광하고 다시 저녁 7시 50분에 출발하여, 다음 날 오전 5시 40분에 부산에 도착해 1시간 뒤 관부연락선에 오른다. 2박 3일을 머물지만, 관광은 거의 24시간 머무는 경성에서만 이루어진다.

이같이 일정 가운데 많은 부분을 만주가 차지하고, 또 일본에서의 이동시간도 적지 않기 때문에 표 4-7은 1917년 『만선관광여정』의 나머지 7개 일정 중 식민지 조선 부분만 발췌하여 정리한 것이다. '비고'는 내용이 유사하므로 생략하였다. 하나하나 분석해 보면, '②11일 여정'은 '①11일 여정'과 총 여행 일수는 같으나, 반대 방향으로 여행한다. ①여정이 일본~만주~식민지 조선~일본의 순인 데 비해, ②여정은 일본~식민지 조선~만주~일본의 순으로 관광한다. 두 여정 모두 경성만 관광하는데, ①여정은 경성에 1박 2일, 약 24시간을 머물며 박물관·경복궁·청량리·총독부·남산공원·독립문 등 6곳을 관광하라고 추천하고 있다. 이에 비해 ②여정은 경성은 약 12시간을 체재하며, 추천한 관광지는 똑같다. ①·②여정 모두 평양은 아예 들르지 않으며, 부산은 배와 기차를 갈아타기 위해 1시간 남짓 머문다. '③14일 여정'과 '④15일 여정' 역시 경성만 관광한다. 두 일정 모두 경성에서 숙박하며 24시간 정도를 체재하며, ①·②여정에 파고다공원·보신각·상품진열소 등 3곳의 관광지가 추가되고, ③여정보다 1시간 정도 더 머무는 ④여정에는 경운궁이 더 추가된다.

'18일 여정'인 ⑤여정과 ⑥여정도 여행경로가 반대이다. ⑤여정은 만주를 먼저, ⑥여정은 식민지 조선을 먼저 관광한다. 전체 관광 기간이 늘어나면서 식민지 조선에서의 체재 기간도 4박 5일이 되었으며, 경성뿐 아니라, 평양·부산·인천 등을 관광하게 되었다. 경성에서는 2박 3일을 머물렀으나, 관광지가 ③·④여정보다 늘어나지는 않았다. 경성에 숙박하며 인천을 다녀오는 것으로 일정이 짜여 있기 때문이다. 따라서 ⑤·⑥여정에서 경성의 관광지로 추천된 곳 가운데 ③·④여정에 없는 곳은 용산뿐이며, 오히려 ③·④여정에 포함된 박물관·총독부가 ⑤여정에, 보신각이 ⑥여정에 빠져 있다. 평양은 ⑤여정에서 새벽 1시 27분에 도착해 오후 1시 39분에 출발하는 것으로 되어 있어, 도착 후 휴식을 취해야 하므로 실제로 관광할 수 있는 시간은 4시간 내외이다. ⑥여정도 오후 3시 10분에 도착하여 다음 날 새벽에 출발하므로 역시 실제로 관광할 수 있는 시간은 비슷하다. 추천된 관광지는 대동문·연광정·모란대·을밀대·현무문·부벽루·영명사·기자묘 등 8곳으로 똑같다. 다만 ⑥여정에는 '시가(市街)'가 추가되어 있다. 부산은 ⑤여정에서 1시간, ⑥여정에서 2시간을 머문다. ⑤여정에서는 갈아타는 시간을 이용해 인력거로 시내를 관광할 것을, ⑥여정에서는 축항·시가·용두산·용미산·초량·부산진 등 6곳을 추천하였다.

⑦과 ⑧여정은 모두 '21일 여정'이며, 역시 관광 경로가 반대인 여정이다. 여행 기간이 21일로 가장 길지만, 18일인 ⑤·⑥여정과 식민지 조선에서의 일정은 큰 차이가 없다. 역시 경성에 2박 3일을 머물면서 경성과 인천을 함께 관광하며, 추천된 관광지는 ⑤·⑥여정과 약간의 변화가 있다. ⑦여정에는 다른 모든 여정에 포함된 남산공원과 총독부가 제외되었고, ⑧여정에는 상품진열관이 빠졌다. 평양의 경우, ⑦여정은 ⑤여정과 같이 새벽 1시 27분에 도착하여 당일 오후에 떠나고, ⑧여정은 ⑥여정과 마찬가지로 오후 3시 10분에 도착하여 다음 날 새벽에 출

표 4-8. 1924년 『선만지나여정과 비용개산』의 식민지 조선 관광 일정

관광 일정	일차	일정	발착 시간	숙박지	관광 장소
㉠ 11일간 조선왕복여정	2	시모노세키	발 오후 11:00	선중	
	3	부산	착 오전 08:00 발 오전 09:10	경성	
		경성	착 오후 07:00		
	4	경성		경성	경복궁, 미술품제작소 오후 인천구경 왕복 인천 축항, 월미도. 시가
	5	경성	발 오후 10:50	차중	상품진열소, 동식물원, 박물관, 남산공원, 파고다공원, 시가
	6	평양	착 오전 05:17 발 오후 02:35	신의주	대동문, 을밀대, 모란대, 현무문, 기자묘, 시가
		신의주	착 오후 08:35		
	7	안둥	발 오후 06:35	차중	營林廠, 압록강철교, 신의주 · 안둥 양 시가, 물산진열관, 鎭江山, 沙河鎭시가
	8	대구	착 오후 03:42	대구	서문시장, 달성공원, 시가
	9	대구	발 오전 06:32	선중	
		부산	착 오전 09:30 발 오후 09:30		용두산, 시가, 상품진열소, 동래온천
	10	시모노세키	착 오전 07:00		
㉡ 13일간 금강산탐승 여정	2	시모노세키	발 오후 11:00	선중	
	3	부산	착 오전 08:00 발 오전 10:50	경성	용두산, 시가
		경성	착 오후 10:25		
	4	경성		경성	경복궁, 미술품제작소, 상품진열장, 창덕궁, 박물관, 동식물원, 파고다공원

관광 일정	일차	일정	발착 시간	숙박지	관광 장소
㉡ 13일간 금강산탐승 여정	5	경성	발 오전 08:05	장안사	시가
		평강	착 오후 12:25 발 오후 12:40		
		장안사	착 오후 06:40		
	6			장안사	명경대-영원암-망군대
	7			장안사	표훈사-정양사-만폭동
	8	장안사	발 早朝	온정리	장안사 신풍리 간 자동차-만물상-온정령
		온정리	착 夕刻		
	9			온정리	신계사-옥류동-구룡연
	10	온정리	발 오후	차중	해금강(오전 중)
		장전	착 오후 발 오후 03:20		
		원산	착 오후 09:30 발 오후 11:00		
	11	경성	착 오전 06:40 발 오전 10:00	차중	
		부산	착 오후 08:10 발 오후 09:30		
	12	시모노세키	착 오전 07:00		
㉢ 12일간 만선주유여정	8	평텐	발 오전 09:00	차중	
	9	경성	착 오전 06:55	경성	남산공원, 총독부, 박물관, 동식물원, 경복궁, 미술품제작소, 독립문
	10	경성	발 오전 10:00	선중	용산시가
		부산	착 오후 08:10 발 오후 09:30		
	11	시모노세키	착 오전 07:00		

관광 일정	일차	일정	발착 시간	숙박지	관광 장소
㉣ 15일간 만선주유여정	2	시모노세키	발 오후 11:00	선중	
	3	부산	착 오전 08:00 발 오전 10:50	경성	축항, 시가 차 안에서 연도 풍경 조망
		경성	착 오후 10:25		
	4	경성		경성	남산공원, 총독부, 상품진열관, 파고다공원, 창덕궁, 박물관, 동식물원
	5	경성	발 오후 10:50	차중	미술품제작소, 경복궁, 독립문, 용산시가, 한강
	6	평양	착 오전 05:17 발 오후 02:35	차중	대동문, 연광정, 모란대, 현무문, 을밀대
	7	펑톈	착 오전 06:40		
㉤ 18일간 만선하얼빈 주유여정	14	펑톈	발 오전 9:00	차중	
	15	평양	착 오전 12:10 발 오후 03:18	경성	대동문, 연광정, 부벽루, 모란대, 현무문, 을밀대
		경성	착 오후 09:35		남산공원, 총독부, 파고다공원, 박물관, 동식물원, 창덕궁
	16	경성	발 오후 10:00	차중	미술품제작소, 경복궁, 용산시가, 한강
	17	부산	착 오전 09:30 발 오전 11:00		
		시모노세키	착 오후 07:00		
㉥ 22일간 만선하얼빈 주유여정	2	시모노세키	발 오후 11:00	선중	
	3	부산	착 오전 08:00 발 오전 10:50	경성	축항, 시가 차 안에서 연도 풍경 조망
		경성	착 오후 10:25		
	4	경성		경성	남산공원, 총독부, 파고다공원, 상품진열관, 창덕궁, 박물관, 동식물원
	5	경성	발 오후 10:50	차중	미술품제작소, 경복궁, 독립문, 용산시가, 한강

관광 일정	일차	일정	발착 시간	숙박지	관광 장소
ⓗ 22일간 만선하얼빈 주유여정	6	평양	착 오전 05:17 발 오후 02:35	차중	대동문, 연광정, 부벽루, 모란대, 을밀대, 현무문
	7	평톈	착 오전 06:40		
ⓢ 30일간 津浦線經由 日中주유여정	2	시모노세키	발 오후 11:00	선중	
	3	부산	착 오전 08:00 발 오전 10:50	경성	축항, 시가 차 안에서 연도 풍경 조망
		경성	착 오후 10:25		
	4	경성		경성	남산공원, 총독부, 파고다 공원, 보신각, 동식물원, 박물관, 상품진열관
	5	경성	발 오후 10:50	차중	미술품제작소, 독립문, 경 복궁, 청량리
	6	평톈	착 오후 06:45		
ⓞ 30일간 京漢線經由 日中주유여정	2	시모노세키	발 오후 11:00	선중	
	3	부산	착 오전 08:00 발 오전 10:50	경성	축항, 시가 차 안에서 연도 풍경 조망
		경성	착 오후 10:25		
	4	경성		경성	남산공원, 총독부, 파고다 공원, 보신각, 동식물원, 박물관, 상품진열관
	5	인천(왕복)	경성발 오전 08:55 인천발 오후 05:40	경성	월미도, 각국공원, 축항, 인천공원
	6	경성	발 오후 10:50		미술품제작소, 독립문, 경 복궁, 청량리
	7	평톈	착 오후 06:45		

출처: 滿鐵東京鮮滿案內所, 1924, 『鮮滿支那旅程と費用概算』, 滿鐵東京鮮滿案內所, 39~84쪽.

발한다. 추천된 관광지도 ⑧여정은 ⑥여정과 같으나, ⑦여정은 현무문·부벽루·영명사 등 3곳이 빠졌다. 부산은 ⑦과 ⑧여정 모두 2시간 정도 머물며, ⑦여정에서는 축항·시가·용두산·용미산·초량·부산진 등 6곳을 추천하였으나, ⑧여정은 아예 생략하였다.

표 4-8은 1924년의 『선만지나여정과 비용개산』에 수록된 8개의 관광 일정을 정리한 것이다. 제시한 일정의 숫자는 같으나, 표 4-6과 4-7의 1917년 『만선관광여정』의 일정과는 많은 변화가 있다. 우선 식민지 조선만을 여행하는 '㉠11일간 조선왕복여정'과 '㉡13일간 금강산탐승여정'이 생겼다. ㉠여정은 경성·인천·평양·신의주·대구·부산 등 식민지 조선의 도시 6곳과 신의주와 마주한 만주의 안둥을 관광하는 일정이다. 역시 가장 오랜 시간을 보내는 도시는 경성으로 2박 3일을 머물며 인천을 왕복한다. 경성에서 볼 만한 관광지로 추천한 곳은 경복궁·미술품제작소·상품진열소·동식물원·박물관·남산공원·파고다공원이다. 1917년에 없었던 새로운 곳으로 미술품제작소와 동식물원이 들어갔다. 미술품제작소는 1909년 이봉래(李鳳來)·백완혁(白完爀) 등이 조선미술의 발달과 후진 양성을 도모할 목적으로 설립하였다. 1913년부터는 이왕직이 인수하여 이왕가 소요의 미술품을 제작하고 일반에 판매도 병행하였다. 공장은 총 2,000평 규모였으며, 사무실과 진열장을 갖추고 있었다. 공장은 금공(金工)·주금(鑄金)·염직(染織)·필묵(筆墨)·석공(石工) 등 5부로 나누어져 있었다.[65] 조선의 궁궐이었던 창경궁에 조성된 동식물원을 일본인의 관광지로 꼽은 이유는 다음의 기록으로 짐작할 수 있다. 인접한 이왕직박물관·창덕궁과 묶어서 관광할 수 있어 경성의 대표적인 관광지로 선정한 것으로 보인다. 다만 창덕궁 관람은 이왕직의 허가가 필요하다.[66]

....

65 石原留吉, 1915, 앞의 책, 143~144쪽.

66 滿鐵東京鮮滿案內所, 1924, 『鮮滿支那旅程と費用概算』, 滿鐵東京鮮滿案內所, 44쪽.

동물원은 박물관의 왼쪽에 있으며, 조선 호랑이와 표범, 두루미 등이 대표적인 동물이다. 외국산으로 하마·악어·사자·낙타 등이 유명하다. 식물원은 박물관 오른쪽에 있으며, 현재 원지(苑池)가 있는 곳은 40년 전까지 친경전(親耕田)으로 팔도의 벼를 파종했다. 유명한 온실은 어원기사(御苑技師)인 후쿠바 하야토(福羽逸人)가 설계에 관여했으며 그 규모가 동양 제일이라 한다. 온실 안에는 장대한 파초(芭蕉)와 사탕·야자(椰子)·커피나무·고무나무·산호수(珊瑚樹) 등 진귀한 열대식물이 향을 내뿜으며 아름다움을 다투고 있다. 박물관·동물원·식물원의 매년 입장객은 20만 명이며, 관람료 수입이 9천 엔에서 1만 엔 정도이다.[67]

평양은 9시간가량 머물며, 대동문·연광정·부벽루·모란대·을밀대·현무문 등 6곳을 둘러보는 것을 제안하여, 1917년의 일정과 큰 차이가 없었다. 부산은 12시간을 머물며 동래온천을 다녀오도록 추천하였다.

'㉡13일간 금강산탐승여정'은 금강산 관광이 중심이다. 금강산에서 6박 7일을 보낸다. 경성에서는 2박 3일을 지내지만, 관광에는 하루만 사용하여 7곳의 관광지를 돌아본다. 부산은 시모노세키에서 건너오는 날에 용두산과 시가를 구경한다. '㉢12일간 만선주유여정'은 만주 펑텐에서 바로 경성으로 들어와 8곳의 관광지를 둘러보고, 다음 날 아침에 용산 시가를 본 뒤 10시 기차로 부산으로 향한다. '㉣15일간 만선주유여정'은 경성에서 48시간을 보낸다. 이러한 넉넉한 체류시간 때문인지 추천한 관광지가 12곳으로 가장 많으며, 한강이 포함되어 있다. 평양은 ㉠여정과 똑같은 시간표의 열차를 이용하는데, ㉠여정의 기자묘 대신 연광정이 관광지로 들어있다. 부산은 기차를 갈아타는 데에 3시간 정도

....

67 岡良助, 1929, 앞의 책, 492~493쪽.

그림 4-10. 창경원 식물원의 온실, 현 창경궁 대온실(저자 촬영).

가 남는데, 축항과 시가를 구경하도록 추천한다.

'ⓜ18일간 만선하얼빈주유여정'은 경성에서 24시간을 체류하는데, 추천한 10곳의 관광지 중에 한강이 들어 있다. 평양은 자정이 넘어 도착하여 그날 오후 3시 18분에 떠나는데, 대동문을 비롯한 6곳을 관광한다. 'ⓑ22일간 만선하얼빈주유여정'은 ⓜ여정과 반대 경로로 여행한다. ⓜ여정의 2배인 약 48시간을 경성에서 보내며, ⓡ여정과 마찬가지로 12곳을 구경한다. 평양은 ⓡ여정과 같은 시간의 열차로 도착과 출발을 하지만, 관광지는 부벽루가 추가된다. 'ⓢ30일간 진포선경유일중주유여정(津浦線經由日中周遊旅程)'과[68] 'ⓞ30일간 경한선경유일중주유여정(京漢線經由日中周遊旅程)'은[69] 부산에서 경성까지 같은 열차를 이용한다. 경성에서 구경하는 관광지도 똑같으나, 차이는 ⓞ여정이 경성에 하루 더 머무르며 인천을 관광한다는 점이다. 둘 다 평양은 들르지 않으

....

68 津浦線은 중국의 톈진(天津)과 푸커우(浦口) 간의 철도이다.

69 京漢線은 중국의 베이징(北京)과 한커우(漢口) 간의 철도이다.

며, 부산에서는 축항과 시가를 둘러본다. 끝으로 부산에서 오전에 출발하는 기차를 타는 ㉣·㉥·㉦·㉧여정은 모두 경성으로 가는 동안, 창밖으로 펼쳐지는 풍경을 조망할 것을 권장한다.

다음으로 자판쓰리스토뷰로가 간행한 『여정과 비용개산』이 제시한 식민지 조선 관광의 일정을 검토해 보자. 이에 앞서 일제강점기에 일본에서 발간된 가장 대표적인 관광안내서로 꼽히는 『여정과 비용개산』에 관해 조금 살펴볼 필요가 있다.

『여정과 비용개산』은 일본교통공사의 전신인 자판쓰리스토뷰로가[70] 1919년부터 1940년까지 해마다 간행한 책이다. 원래 이 책은 『쓰리스토(シーリスト)』라는 잡지의 부록으로 기획되었으며, 피서지를 안내하고 그것과 관련된 일정, 소요 시간, 비용 따위를 소개하는 것이 목적이었다. 당시 일본의 관광안내서는 대부분 문학적 성격과 문장의 기교를 중시하여 실용적인 면이 부족했는데, 이러한 경향을 타파한 이 책은 관광객들의 호평을 받았다. 1920년부터[71] 대중에게 판매된 이 책은 해가 갈수록 내용이 증보되고 쪽수가 늘어 나중에는 관광안내서라기보다는 여행 사전이라 부르는 것이 어울리는 존재가 되었다.[72] 『여정과 비용개산』은 주요 교통수단으로 철도 이용을 전제로 하지만, 당시 출판된 일반적인 철도관광안내서와는 다른 특징을 가지고 있었다. 철도관광안내서들이 철도노선을 따라 관광지를 안내하는 데에 비해, 『여정과 비

....

70 1912년 설립된 기관으로, 이 기관의 설립은 일본의 관광산업을 근대화하는 계기로 이해될 수 있다. 주요 업무는 관광객 알선과 안내였으며, 업무는 여행안내소에서 이루어졌다(조성운, 2010, 「일본여행협회 활동을 통해 본 1910년대 조선 관광」, 『한국민족운동사연구』 65, 14.).

71 1920년 판의 맨 앞부분에 "작년 여름 본 여정을 만들어 일부 희망자에게 배포하였는데, 의외로 호평을 얻어 올해는 항목을 늘리고, 내용도 한층 정확을 기해 일반에 실비 제공한다."라고 적혀 있어 1919년 처음 간행되었고, 1920년부터 본격적으로 판매하였음을 알 수 있다.

72 中川浩一, 1979, 『旅の文化誌: ガイドブックと時刻表と旅行者たち』, 傳統と現代社, 208~209쪽.

용개산』은 관광지와 관광 일정을 모델코스로 만들어 제안하고 있다. 여기서는 처음 본격적으로 판매된 1920년 판과 그 후 10년 뒤에 발간된 1930년 판의 식민지 조선 관광 일정을 분석하였다. 1930년 판 이후의 책을 분석하지 않은 것은 그 이후 1940년까지의 책에서 일본 국내 내용은 늘어났으나, 식민지 조선의 일정은 내용 변화가 거의 없었기 때문이다.[73]

그림 4-11. 1932년 판 『여정과 비용개산』의 표지.

....

73 荒山正彦, 2012, 「『旅程と費用概算』(1920~1940年)にみるツーリズム空間: 樺太·台湾·朝鮮·滿洲 への旅程」, 『関西學院大学先端社会研究所紀要』 8, 5~7쪽.

두 시기 책의 구체적인 내용 구성을 살펴보면, 먼저 1920년 판은 총 106쪽으로, 미우라반도(三浦半島) 회유(回遊)부터 중국 회유까지 모두 27개의 관광 일정이 수록되어 있으며, 각 일정에는 날짜별로 여정, 교통편과 시간, 관광 장소, 숙박지 등을 적은 표와 함께, 여행비용이 교통비와 숙박료 및 기타비용으로 나누어 계산되어 있다. 기타비용에는 식사비·입장료·잡비 등이 포함되어 있다. 모든 코스는 일본의 수도인 도쿄에서 출발하여 다시 도쿄로 돌아오는 것으로 짜여 있다.

1930년 판은 분량이 많이 늘어나서 본문이 746쪽, 광고가 38쪽에 달하며, 총 116개 코스가 수록되어 있다. 1920년 판과 달리, ①도쿄 부근, 하코네(箱根)·이즈(伊豆)·보소(房總) 방면(26),[74] ②도호쿠(東北) 방면(16), ③조에쓰(上越)·신에쓰(信越)·호쿠리쿠(北陸) 방면(10), ④주부(中部) 지방(16), ⑤교토·오사카 및 그 부근과 이세(伊勢)·야마토(大和)·나라(奈良)·기슈(紀州) 방면(19), ⑥산인(山陰)·산요(山陽)·시코쿠(四國) 방면(9), ⑦규슈(九州) 방면(7), ⑧홋카이도(北海道) 방면(7), ⑨대만(1), ⑩조선·만주·중국 방면(5) 등 모두 10개 지역별로 구분하여 관광 일정을 수록하였다. 1930년 판의 도쿄·교토·오사카, 조선·만주·중국 일정에는 '비고'라는 내용이 포함되어 있다. 도쿄·교토·오사카의 비고에는 각 지역의 교통기관, 명소 사적 안내, 여관, 관람 장소, 극장과 영화관 따위가 기록되어 있으며, 조선·만주·중국의 비고에는 기후와 유람 계절, 세관 검사, 통화, 표준시, 여행권, 승차선권 등에 관해 설명하였다.

식민지 조선이 포함된 관광 일정은 1920년 판이 4개, 1930년 판이 5개이다. 당시 『여정과 비용개산』이 일본 사회에서 지닌 의미를 감안할 때, 이 책에서 제시한 관광 일정은 당시 사회적으로 일반성을 가지고,

....

74 괄호 안의 숫자는 지역별 관광 일정의 숫자이다.

인쇄출판물을 통해 관광객에게 제공된 공시적인 공간정보라는 의미를 지닌다.[75] 따라서 이 책의 여정을 분석하면, 그 시기의 도쿄를 기점으로 하는 관광공간을 재현할 수 있으며, 나아가 발행 시기가 다른 책의 그것과 비교를 통해 관광공간의 변천을 읽을 수 있다.

먼저 1920년 판에 수록된 식민지 조선이 포함된 4개의 일정인 '조선금강산탐승(朝鮮金剛山探勝)', '2주간 만선여행일정(二週間滿鮮旅行日程)', '15일간 지나주유여정(十五日間支那周遊旅程)', '20일간 지나주유여정(二十日間支那周遊旅程)'의 식민지 조선 부분만을 발췌하여 정리하면, 표 4-9와 같다. '조선금강산탐승' 코스는 총 16일간의 여행이다. 첫날 기차로 도쿄를 출발, 다음 날 시모노세키에서 배를 타고 여행 3일 차에 부산에 도착하여 관광을 시작한다. 도쿄에서 부산까지는 일수로는 2박 3일이지만, 실제로는 약 40시간이 걸린다.[76] 오전 9시에 부산에 도착한 뒤에는 특별한 일정 없이 오전 10시 기차로 경성으로 향하며, 남대문역에는 오후 8시에 도착한다. 4일 차는 경성에 머물며 상품진열관 등 5곳을 구경하고, 5일 차에 남대문역을 오전 7시에 출발하는 기차로 강원도 평강(平康)까지 간 뒤, 자동차로 갈아타고 금강산 장안사로 향한다. 금강산에는 5일 차부터 12일 차까지 머물며 내금강·해금강·외금강의 명소들을 고루 관광한다. 금강산에서는 장안사·마하연·유점사·고성·온정리에서 숙박한다. 13일 차에 온정리에서 자동차를 타고 원산으로 가서 기차로 갈아타고 남대문역으로 돌아오며, 바로 야간열차에 올라 부산으로 향한다. 14일째 오전 5시 50분에 부산에 도착한 뒤에는 어시장·용두산·용미산을 둘러보고 동래온천에서 휴식을 취한 뒤, 오후 8시 30

....

75 荒山正彦, 2012, 앞의 논문, 2쪽.

76 첫째 날 오후 5시 20분에 도쿄를 출발, 셋째 날 오전 9시에 부산에 도착한다.

표 4-9. 1920년 『여정과 비용개산』의 식민지 조선 관광 일정

관광 일정	일차	일정	숙박지	관광 장소
조선금강산탐승 (16일)	3	→부산→남대문	경성	
	4	경성	경성	상품진열관, 미술품제작소, 경복궁, 파고다공원, 박물관
	5	경성→평강→장안사	장안사	
	6	장안사	장안사	장안사, 부봉, 명경대, 영원암, 수렴동, 망군대
	7	장안사→마하연	마하연	명연담, 삼불암, 백화암, 표훈사, 정양사, 만폭팔담, 마하연, 백운당
	8	마하연→유점사	유점사	묘길상, 내무재령, 점심편, 은선대, 구룡소, 만경동, 유점사
	9	유점사→고성	고성	개잔령, 보현동
	10	고성→온정리	온정리	입석리, 해금강, 온정리
	11	온정리	온정리	극락현, 신계사, 일정대, 금강문, 옥류동, 비봉폭, 구룡폭, 팔담
	12	온정리	온정리	한하계, 만물상, 귀면암, 금강문, 신만물상, 구만물상
	13	온정리→원산→경성→	차중	
	14	→부산→	선중	어시장, 용두산, 용미산, 시가, 동래온천
2주간 만선여행 일정	10	→평양	차중	대동문, 연광정, 모란대, 을밀대, 현무문, 부벽루, 영명사, 기자묘, 시가
	11	평양→경성	경성	남산공원, 총독부, 박물관, 경복궁, 파고다공원, 상품진열관, 미술품제작소
	12	경성→부산→	선중	인력거에서 시가지 개황 시찰
15일간 지나주유 여정	3	→부산→경성	경성	부산시가, 어시장
	4	경성→	차중	박물관, 경복궁, 파고다공원, 시가, 청량리, 독립문, 상품진열관

관광 일정	일차	일정	숙박지	관광 장소
20일간 지나주유 여정	2	시모노세키→부산→	차중	
	3	→경성	경성	박물관, 경복궁, 파고다공원, 시가, 청량리, 독립문, 상품진열관
	4	경성→안동	차중	용산시가

출처: ジャパン·ツーリスト·ビューロー, 1920,『旅程と費用概算』, ジャパン·ツーリスト·ビューロー, 88~104쪽.

분에 출발하는 배로 조선을 떠난다. 이 일정은 앞서 살펴본 1924년『선만지나여정과 비용개산』의 'ⓛ13일간 금강산탐승여정'과 비교하면, 금강산에서의 일정이 더 길며, 경성과 부산에서의 체류시간과 관광은 큰 차이가 없다. 다만 부산의 관광지로, 만철이 간행한 관광안내서에는 들어 있지 않던 어시장이 포함되었다.

'2주간 만선여행일정', '15일간 지나주유여정', '20일간 지나주유여정'은 이름 그대로 각각 14·15·20일간의 관광이지만, 이 중 식민지 조선 관광 일정은 세 일정이 전부 2박 3일에 불과하다. 먼저 '2주간 만선여행일정'은 일본에서 먼저 중국으로 가서 뤼순·다롄·펑톈 등을 둘러본 뒤, 10일 차 오후 12시 27분에 기차로 평양에 도착하여 대동문을 비롯한 8곳의 관광지를 구경한다. 평양에서는 숙박하지 않고, 11일 차 새벽 0시 25분 출발하여 오전 6시 50분 남대문역에 도착한 뒤, 남산공원 등 7곳을 둘러보고 숙박한다. 12일 차에는 오전 7시 20분 기차로 경성에서 부산으로 이동하여, 배에 오르기까지 1시간 40분 정도의 여유시간에 인력거로 부산시가의 개황을 시찰한다. 즉 '2주간 만선여행일정'은 조선에서 3일을 보내지만, 실제로는 평양을 반나절, 경성을 하루 동안 관광하는 일정이다. 추천한 경성과 평양의 관광지는 만철의 관광안내서가 제시한 것과 다르지 않았다.

'15일간 지나주유여정'은 먼저 식민지 조선을 관광하고 중국으로 가서 베이징·상하이 등을 유람하는 일정이었다. 3일 차 오전 9시에 부산에 도착하여 11시에 경성행 기차를 타기 전까지 시가와 어시장을 구경한다. 4일 차는 하루 종일 경성에서 박물관·경복궁·파고다공원·청량리·독립문·상품진열관 등 6곳을 관광한 뒤, 오후 11시에 중국행 기차를 탄다. 식민지 조선 관광은 하루 동안의 경성 관광이 거의 전부인 여정이다. '20일간 지나주유여정' 역시 식민지 조선을 거쳐 중국으로 가는 일정이었는데, '15일간 지나주유여정'에 비해 조선에 하루 더 머물지만, 관광 일정은 큰 차이가 없다. 밤에 부산에 도착하여 야간열차로 경성으로 이동한다는 점, 경성에서 하루 숙박하고 이튿날 잠시 용산 시가를 구경한다는 점이 달랐다.

1930년 판은 1920년 판에 비해 전체 분량이 7배 이상 늘어났지만, 식민지 조선이 포함된 여정은 하나밖에 늘지 않아 모두 5개였다. '11일간 도쿄-조선왕복여정(東京-朝鮮往復旅程)', '조선금강산탐승(朝鮮金剛山探勝)', '만선주유여정(滿鮮周遊旅程)', '청도 및 선만여행(靑島及鮮滿旅行)', '3주간 지나주유여정(支那周遊旅程)' 등이 그것으로, 식민지 조선 여정은 표 4-10으로 정리하였다. 새롭게 생긴 '11일간 도쿄-조선왕복여정'은 1924년 『선만지나여정과 비용개산』에 수록된 '㉠11일간 조선왕복여정'과 유사하며, 경성·인천·평양·대구·부산과 만주의 안둥을 관광하는 일정이다. '㉠11일간 조선왕복여정'과 차이는 신의주를 방문하지 않는 점, 인천을 하루 늦게 방문한다는 점 정도이다. 그러나 추천된 관광지는 상당한 차이가 있다. 경성에서는 '㉠11일간 조선왕복여정'에 있던 상품진열소와 박물관이 빠지고, 남대문·상공장려관·조선신궁·은사과학관(恩賜科學館)·보신각·창덕궁이 새로 들어갔다. 이 가운데 상공장려관·조선신궁·은사과학관은 모두 1920년대 후반에 새로 생긴 곳들이었다.

표 4-10. 1930년 『여정과 비용개산』의 식민지 조선 관광 일정

관광 일정(전체 일수)	일차	일정	숙박지	관광 장소
11일간 도쿄-조선왕복여정	3	→부산→경성	경성	
	4	경성	경성	남대문, 상공장려관, 조선신궁, 남산공원, 은사과학관, 미술품제작소, 경복궁, 보신각
	5	경성→인천→경성→	차중	파고다공원, 창덕궁, 창경원, 청량리, 월미도, 인천시가지
	6	→평양→안둥	안둥	칠중석탑, 대동문, 연광정, 모란대, 을밀대, 칠성문, 기자묘, 현무문, 부벽루
	7	안둥→	차중	진강산
	8	→대구	대구	달성공원, 동서시장, 동화사
	9	대구→부산→	선중	용두산, 용미산, 대정공원, 송도, 절영도, 동래온천
조선금강산탐승 (12일)	3	→부산→경성	경성	
	4	경성	경성	조선신궁, 남산공원, 은사과학관, 창덕궁비원, 동식물원, 경복궁
	5	경성→철원→금강구→장안사	장안사	장안사, 부봉, 명경대, 영원암, 수렴동, 망군대
	6	장안사→마하연→유점사	유점사	명연담, 삼불암, 백화암, 표훈사, 정양사, 만폭팔담, 마하연, 묘길상, 내무재령, 점심편, 은선대, 구룡소, 만경동, 유점사
	7	유점사→백천교리→입석리→온정리	온정리	개잔령, 백천교리, 입석리, 해금강
	8	온정리	온정리	극락현, 신계사, 일정대, 금강문, 옥류동, 비봉폭, 구룡폭, 팔담
	9	온정리→한하계→구만물상→신만물상→온정리→흡곡→안변→	차중	한하계, 만물상, 구만물상, 신만물상
	10	→경성→부산→	선중	

관광 일정(전체 일수)	일차	일정	숙박지	관광 장소
만선주유여정 (14일)	10	→안동→평양 →	차중	칠중석탑, 대동문, 연광정, 모란대, 을밀대, 현무문, 부벽루, 기자묘, 칠성문
	11	→경성	경성	경복궁, 박물관, 남산공원, 조선신궁, 파고다공원, 미술품제작소
	12	경성→부산→	선중	
청도 및 선만여행 (21일)	15	안동→평양→	차중	칠중석탑, 대동문, 연광정, 모란대, 을밀대, 칠성문, 기자묘, 현무문, 부벽루
	16	경성	경성	남대문, 상공장려관, 조선신궁, 남산공원, 은사과학관, 미술품제작소, 경복궁, 보신각
	17	경성→	차중	파고다공원, 창덕궁, 창경원
	18	→부산→동래온천	동래온천	부산시내, 동래온천
	19	동래온천→부산 →	선중	
3주간 지나주유여정(21일)	2	시모노세키→부산→	차중	
	3	→경성	경성	박물관, 경복궁, 파고다공원, 시가, 청량리, 독립문, 상품진열관, 남산공원, 조선신궁
	4	경성→안동→	차중	

출처: ジヤパン·ツーリスト·ビユーロー, 1930『旅程と費用概算』, ジヤパン·ツーリスト·ビユーロー, 581~631쪽.

조선신궁은 1925년 남산에 완공되었으며, 상공장려관은 1929년 남대문 부근에 새로 건립되었다. 상공장려관은 원래 상품진열관으로 1912년 에이라쿠초(永樂町)에 처음 설치되었고, 1926년에는 남산 기슭에 있던 구 조선총독부 건물로 이전하였다가, 1929년 다시 남대문 옆으로 이전하면서 그 명칭을 바꾸었다.[77] 은사과학관은 1927년에 상품진열관이 있던 남산의 구 조선총독부 건물에 은사기념과학관이란 이름으로 개관하였다. '은사기념'이란 이름은 일본 천황으로부터 받은 은사금을 기념하기 위해 붙여진 것이며, 그 속뜻은 천황이 식민지 조선에 은덕을 베풀어 과학 문명이 전파되었음을 강조하는 것이었다.[78] 평양에서도 '㉠11일간 조선왕복여정'의 5곳보다 많은 9곳이 추천되었다. 더 들어간 곳은 칠중석탑(七重石塔)·연광정·칠성문·부벽루로, 이 가운데 칠중석탑은 지금까지 검토한 관광안내서에서 한 번도 언급된 적이 없는 것으로, 『여정과 비용개산』에는 "평양 역전에 있는 고려시대 것이라고 한다."라고 짤막한 설명만 있다.[79]

'조선금강산탐승' 일정은 한반도 체류 기간이 12일인[80] 1920년 판과 비교해 8일로 4일이 줄었으나, 금강산 내의 관광 장소는 별로 변화가 없었다. 즉 같은 여정을 짧은 기간에 소화한 것으로, 1920년 판의 7·8일 차에 걸쳐 이틀간 구경하던 여정을 1930년 판에서는 6일 차에 모두 둘러본다. 또한 1920년에는 경성에서 장안사까지 하루 종일 걸리는 것이,[81] 1930년에는 금강산전철(金剛山電鐵)의 완전 개통으로 서울에서 약 6시간 만에 장안사에 도착,[82] 당일 오후에 명경대 등을 관광하게 되어 일정을 단축하는 데에 보탬이 되었다.

14일간의 '만선주유여정'은 1920년 판의 '2주간 만선여행일정'과 비슷하여, 평양과 경성의 주요 관광지를 둘러보는 일정이다. 세부 관광

....

77 三宅拓也, 2015, 『近代日本〈陳列所〉研究』, 思文閣出版, 437~442쪽.

78 정인경, 2005, 「은사기념과학관과 식민지 과학기술」, 『과학기술학연구』 5(2), 71쪽.

79 ジヤパン·ツーリスト·ビユーロー, 1930 『旅程と費用概算』, ジヤパン·ツーリスト·ビユーロー, 586쪽.

80 일정 전체는 16일이었다.

81 1920년 판에 의하면, 남대문역에서 오전 7시에 출발하여 평강역에 오전 11시 15분에 도착하고, 장안사에는 저녁 무렵 도착하였다.

82 1930년 판에 의하면, 경성역을 오전 6시 10분에 출발하여 장안사에 오전 11시 50분에 도착하였다.

지에서는 변화가 있어, 경성은 1920년에 포함되어 있던 총독부와 상품진열관이 빠지고, 대신 새로 생긴 조선신궁이 들어갔다. 그러나 두 시기에 모두 경복궁이 포함되어 있고 총독부가 1926년에 경복궁 부지로 이전하였기 때문에 경복궁을 관람하면 자연히 총독부도 같이 관람하게 된다. 상품진열관은 명칭 변경과 이전으로 제외된 것으로 추정된다. 평양은 1920년의 영명사가 빠지고, 대신 칠중석탑과 칠성문이 포함되었다.

21일간의 '청도 및 만선여행'은 칭다오·다롄·하얼빈 등을 여행하고, 15일째 안둥을 거쳐 식민지 조선으로 들어와 4박 5일 동안 머물면서 평양·경성·부산을 관광하는 일정이다. 평양의 관광지는 14일간의 '만선주유여정'과 동일하나, 경성은 하루 더 머물기 때문에 남대문을 비롯해 11곳을 구경한다. 끝으로 21일에 걸친 '3주간 지나주유여정'은 1920년 판의 '20일간 지나주유일정'과 비슷하여 식민지 조선에서의 여정은 2박 3일에 불과하였으며, 경성에서의 하루 관광을 제외하고는 기차로 이동하는 시간이 많았다.

이상과 같이 1917년의 『만선관광여정』과 1924년의 『선만지나여정과 비용개산』, 그리고 1920년과 1930년의 『여정과 비용개산』에 수록된 식민지 조선 관광 일정을 살펴본 결과, 다음과 같은 특징들이 눈에 띈다. 먼저 당시 일본인들의 식민지 조선에 대한 관광은 식민지 조선만을 대상으로 하기보다는 중국 및 만주와 묶어서 이루어졌다. 1920년·1924년·1930년의 '금강산 탐승여정'과 1924년과 1930년의 '11일간 조선왕복여정'은 식민지 조선만을 대상으로 한 것이지만, 나머지 여정은 중국으로 가거나 중국에서 돌아오는 길에 식민지 조선을 관광하도록 짜여 있다. 즉 일본인의 외지 관광의 주된 관광대상지는 중국과 만주였고, 식민지 조선은 이를 오가는 통로 또는 경유지의 역할이 강하였다.

이에 따라 식민지 조선을 포함한 관광 일정의 전체 기간은 14일부터 21일까지 차이가 있으나, 주로 중국 일정의 차이에 따른 것이며, 식민지 조선의 관광 기간은 3~5일로 별로 차이가 없었다. 이렇게 식민지 조선 여정이 3일 내외에 불과하므로 방문 도시는 경성·평양·부산 정도로 한정되었으며, 관광공급자가 추천한 관광지도 여정에 따라 별로 차이가 없었다.

또한 검토한 4종의 관광안내서가 추천한 일정과 관광지에 큰 변화가 없다는 사실은 한 번 만들어진 관광공간이 시간 흐름에 따라 큰 변화 없이 유지되었다는 것을 의미한다. 이것은 1920년 이전에 이미 식민지 조선의 관광공간이 정형화되었으며, 그 후 새롭게 개발된 관광지가 드물었음을 보여준다. 새로 추가된 관광지는 조선신궁·은사과학관과 같이 일제가 새롭게 조성한 장소이나, 관광객을 유치하기 위해 만든 것은 아니었다. 그리고 『여정과 비용개산』의 경우, 1930년 판은 1920년 판에 비해 전체 분량이 7배 이상 늘어난 데에도 불구하고,[83] 식민지 조선이 포함된 여정이 하나밖에 늘지 않은 것은 시간이 흘러도 일본인들의 식민지 조선에 관한 관심과 관광 수요가 별로 증가하지 않았음을 간접적으로 보여주는 증거이다.

4종의 관광안내서가 제안한 일정들은 철저하게 철도망을 따라 짜여 있었다. 일정에 따르면, 시모노세키에서 연락선을 타고 부산에 도착한 일본인들은 만철 또는 조선총독부 철도국이 운영하는[84] 경부선·경의선·경원선 등의 기차를 타고 이동하며, 철도와 직접 연결된 도시를 중

....

83 일본 국내의 여정 숫자가 증가하였으며, 여정에 대한 설명이 상세해져 분량이 늘어났다.

84 앞서 설명한 바와 같이, 만철은 만주와 조선의 철도를 일원화하는 것이 대륙 침략에 유리하다는 일본 정부의 판단에 따라 1917년 8월부터 1925년 3월까지 한반도의 철도를 위탁 경영하였다. 그 이전과 이후에는 조선총독부 철도국이 한반도의 철도를 운영하였다.

심으로 관광하였다. 특히 금강산 일정을 제외하면, 부산에서 경성, 평양을 거쳐 만주로 이어지는 식민지 조선을 종단하는 철도에서 벗어나는 관광지는 경인선 철도로 경성에서 1시간 남짓이면 연결되는 인천을 빼면 한 곳도 없었다. 조선총독부와 만철이 관할하는 철도망은 일본의 식민지 지배권이 직접적으로 미치는 범위로, 철도를 이용해 여행하면 안전에 대한 걱정 없이, 그리고 무엇보다 일본어가 통용되므로 한국어를 몰라도 큰 불편 없이 관광할 수 있었다. 1920년대만 하더라도 조선인의 일본어 식자율이 1%대 미만이었던 상황이므로,[85] 언어 불편 없이 여행할 수 있는 것은 관광객들에게 커다란 장점이었다.

앞서 관광 준비과정을 살펴본 결과에서 확인하였듯이, 일본인 관광객들은 계획 단계에서부터 관광안내서와 일본 내에 설치된 선만안내소(鮮滿案內所), 그리고 자판쓰리스토뷰로, 즉 일본여행협회 등에 많이 의지하였다. 일본인들이 자주적으로 일정을 계획하기보다는 안내 책자와 관광안내소가 제시한 일정에 따라 여행했다는 점은 일정 설정에 영향을 미친 기관, 즉 철도회사나 조선총독부 등의 의도가 반영된 관광을 하였다는 것으로 해석할 수 있다. 식민지 조선철도의 운영은 물론, 관광안내서 제작, 관광정책 수립, 관광지 조성 등도 모두 조선총독부, 그리고 만철이 직간접으로 관여하였기 때문이다.

한편으로, 철도를 이용하여 여행했다는 것은 방문지를 제외한 나머지 장소는 관광객의 관심에서 제외되었다는 뜻이다. 물론 차창을 통해 식민지 조선의 여러 지역을 관찰할 수 있었으나, 빠른 속도로 달리는 기차에서 스쳐 지나가며 본 풍경만으로는 피상적인 인식에 그칠 수밖에 없었다. 그리고 일제강점기 식민지 조선의 최고의 관광지는 역시 금강

....

85 서기재, 2011, 『조선여행에 떠도는 제국』, 소명출판, 129쪽.

그림 4-12. 잡초가 우거진 1925년의 경복궁 근정전.
출처: 全国中等學校地理歷史科教員協議會, 1926,『全国中等學校地理歷史科教員第七回協議會及満鮮旅行報告』.

그림 4-13. 잘 정비된 조선총독부.
출처: 신동규 외, 2020,「일제침략기 한국 관련 사진그림엽서 수집·분석·해제 및 DB 구축」.

산이었음을 확인할 수 있다. 4종의 관광안내서가 제시한 관광지 가운데 도시가 아닌 곳은 금강산이 유일하였다.

경성·평양·부산의 개별 관광지에 대해서는 이미 앞 절에서 조선총독부가 제작한 관광안내서를 이용하여 검토한 바 있다. 여기에서는 만철과 자판쓰리스토뷰로가 추천한 관광지와 그에 관한 설명을 통해 알 수 있는 내용을 살펴보자. 경성의 관광지 가운데 첫손가락으로 꼽히는 것은 역시 조선왕조의 역사와 문화를 일본인에게 소개할 수 있는 궁궐들이며, 그중에서도 경복궁은 모든 관광안내서에서 빠지지 않고 등장한다. 그런데 1930년 판 『여정과 비용개산』의 설명에 의하면, 그 역사와 건물 등에 대한 소개보다는 경복궁이 임진왜란 때 왜군 입성 전에 난민(亂民)에 의해 불탔다는 점을 강조한다. 그리고 경내에 있는 일제가 1915년 지은 조선총독부박물관과,[86] 1926년에 건립한 조선총독부를 함께 둘러볼 것을 추천하고 있다. 따라서 경복궁을 관람하는 일본인들은 자연스럽게 조선의 옛 문화와 일제에 의한 새 문화를 비교하게 되는데, 여기에 관광코스를 짠 공급자의 의도가 숨겨져 있다. 즉 경복궁 일대의 관람은 일제가 조선을 통치하면서 생긴 변화를 체험하는 과정이었다. 1920년~1930년대 경복궁 곳곳을 담은 그림엽서나[87] 당시 관광객들이 남긴 사진을 보면, 당시 상황을 엿볼 수 있다. 경복궁을 대표하는 전각인 근정전은 앞마당에 잡초가 무성하게 자란 모습의 사진이 많

....

86 조선총독부박물관은 새로 신축한 본관과 궁궐의 옛 건물을 모두 사용하였다. 본관은 1915년 시정 5년 기념 조선물산공진회 때 지었으며, 외부는 화강암, 내부는 대리석으로 꾸민 서양식 건물이었다. 조선총독부박물관은 근정전의 동서회랑, 사정전, 천추전, 만춘전, 수정전 등도 전시 공간으로 활용하였다(국성하, 2008, 「교육공간으로서의 박물관: 1909년부터 1945년을 중심으로」, 『박물관교육연구』 2, 33~56쪽.).

87 일제강점기 경복궁 일대를 담은 그림엽서는 다음의 책과 데이터베이스를 참조하였다.
우라카와 가즈야 편(최길성 감수), 2017, 『그림엽서로 보는 근대조선 2』, 민속원.
신동규 외, 2020, 「일제침략기 한국 관련 사진그림엽서의 수집·분석·해제 및 DB 구축」.

은 데 비해, 새로 지은 조선총독부 건물과 그 주변은 말끔하게 정비된 모습의 사진이 대부분이다. 경복궁을 구경한 일본인들은 황폐화한 조선 궁궐의 모습을 보고 조선 쇠퇴의 필연성과 함께, 조선을 식민지화하고 발전시킨 제국 일본의 정당성을 느꼈을 것이다.

남대문 역시 그 규모나 의미 면에서 조선시대를 상징하는 대표적인 건축물이다. 이에 따라 조선총독부가 제작한 관광안내서에는 계속 수록되지만, 만철과 자판쓰리스토뷰로가 만든 1917년『만선관광여정』, 1920년 판의『여정과 비용개산』, 1924년『선만지나여정과 비용개산』에는 수록되어 있지 않다. 그러다가 1930년 판『여정과 비용개산』에 남대문이 처음 등장하는데, 이는 1920년대 이후 주변에 경성역을 비롯한 서양식 대형건물이 속속 들어서면서 남대문이 상대적으로 초라하게 보이게 된 것과 무관하지 않을 것이다. 남대문을 본 일본인 관광객은 조선의 영화와 조선 문화의 우수함을 체득하기보다는 몰락하고 남은 조선의 흔적을 느꼈을 것이다.

이와는 반대로, 1917년의 경성 관광 일정에 빠지지 않고 추천되고, 1920년과 1924년에도 일부 일정에 포함되어 있던 독립문은 1930년의 관광안내서에서 완전히 제외되었다. 만철 등이 위치상 다른 관광지와 동떨어져 있고 1897년 건립되어 역사도 오래되지 않은 독립문을 관광지로 추천한 것은 이 문이 반청(反淸)의 상징이었기 때문이다. 일본은 조선이 발전하지 못한 이유가 중국의 지배를 받았기 때문이라고 선전하였고, 독립문은 청일전쟁 이후 조선이 중국의 압제에서 벗어난 기념으로 세운 것이므로 일본인 관광객이 관람할 가치가 있다고 판단하였으나, 시간이 흘러 조선에 대한 지배권을 확고하게 확보한 뒤로는 독립문이 지닌 선전 가치가 떨어졌다고 판단하였을 수 있다.

이에 비해 일제강점기에 일제에 의해 건설된 장소들은 일본인들의

그림 4-14. 남산공원(저자 소장 그림엽서).

식민지에서의 활약을 과시하는 공간이었다. 초라한 조선의 경복궁과 대비되는 웅장한 조선총독부와 조선총독부박물관, 서울 시내를 내려다보는 곳에 자리한 남산공원과 은사과학관, 그리고 조선신궁은 주변에 형성된 일본인 거주지와 함께 일본의 조선 지배를 상징적으로 보여주었다. 특히 신궁은 조선에서 매우 이질적인 공간이었지만, 일본 본토와 경성 재류 일본인, 그리고 일본의 전통문화와 조선을 연결하는 의미를 지니고 있었다. 조선인에게 조선신궁은 생소하고 거북한 곳이었으나, 조선신궁을 방문한 일본인들은 조선이 일본제국의 영토가 되었음을 확인할 수 있는 장소였다.

조선의 문화재를 전시한 총독부박물관은 언뜻 조선 문화의 변천을 한눈에 살필 수 있는 장소가 되나, 일제가 박물관을 만든 목적을 이해하면 일본인 관광객에게 총독부박물관 관람을 추천한 이유를 알 수 있다. 일제는 일본인과 조선인이 같은 민족임을 밝히고, 시간이 흐를수록 피폐·빈약해져 가던 조선이 일본에 의해 발전하게 되었음을 보여주기 위해 총독부박물관을 만들었다.[88] 즉 총독부박물관은 식민지 경영의 이데올로기적 장치로서 기능한 것이다. 따라서 총독부박물관을 관람한 일본인들은 조선왕조의 성스러운 공간이 일본제국의 한 공간으로 편입된 것을 확인할 수 있었다.

평양은 대개 반일 정도를 머무는 일정이었는데, 대개 8곳 내외의 관광지가 추천되었다. 경성과 마찬가지로 시간의 흐름에 따른 관광지의 변화는 크지 않았다. 평양의 관광지들은 경성의 그것과 달리 모두 일제강점기 이전부터 존재하였던 역사 유적과 명승지이다. 을밀대·부벽루·영명사는 '평양팔경(平壤八景)'에 꼽히던 곳이고, 을밀대 위쪽의 모란대, 즉 모란봉은 평양 최고의 조망 장소였으며, 대동강 변의 연광정도 조선시대 평양 유람에서 꼭 방문하던 곳이었다.[89] 평양성 내성의 남문인 대동문과 북문인 칠성문, 그리고 평양성 북성의 북문인 현무문도 평양의 대표적인 전통 건축물이다. 이렇게 평양의 관광지들은 아름다운 경치와 전통문화를 살펴볼 수 있는 장소로 구성되었다. 일제로서는 근대화된 경성을 통해 식민화의 정당성을 과시하는 한편으로, 조선의 문화가 보존된 평양을 통해 관광지로서의 조선의 매력을 보여주는 것도 필요했을 것이다. 일본인들이 일본이 아닌 조선을 관광 대상으로 선택한 데에는 일본에서는 볼 수 없는 이국적인 요소를 기대한 부분이 분명히 있으며, 일제는 이를 충족시켜야 했다.

한편으로 일제로서는 평양의 관광지를 통해 전통문화가 변하지 않는 모습으로 존속되고 있다고 보여주는 것도 중요한 가치가 있었다. 일제가 조선의 전통문화를 함부로 파괴하지 않고 보호하는 '좋은 통치자'

....

88 李成市, 2006,「朝鮮王朝の象徴空間と博物館」,『植民地近代の視座: 朝鮮と日本』(宮嶋博史 外 編), 岩波書店, 27~48쪽.

89 정치영·박정혜·김지현, 2016,『조선의 명승』, 한국학중앙연구원 출판부, 177쪽.

라는 이미지를 관광객에게 심어줄 수 있기 때문이다. 이러한 사례는 네덜란드에 의해 관광공간이 개발된 인도네시아에서도 발견된다. 네덜란드 식민정부는 인도네시아 발리섬의 전통문화를 보전하고 이를 관광자원화함으로써 통치의 정통성을 확보하려 하였다. 또한 네덜란드 식민정부는 발리섬 북부의 싱아라자와 남부의 덴파사르, 두 도시를 관광거점으로 개발하였다. 싱아라자는 행정중심지로서 근대화의 상징이었으며, 덴파사르는 발리 전통문화가 잘 남아있는 곳이었다.[90] 일제가 경성과 평양을 핵심 관광공간으로 개발한 것과 매우 유사한 전략이었다.

그러나 앞에도 언급했듯이 일제가 제안한 평양의 관광지 중 상당수는 조선 역사 속에서의 의미보다는 일본 역사 속에서의 의미 때문에 선정되었다. 여러 관광안내서는 대동문·연광정을 임진왜란과 관련 있는 유적으로, 을밀대·모란대·현무문·칠성문을 청일전쟁의 전적지로 설명하고 있다. 대동문은 고니시 유키나가의 군대가 포위되었을 때 적정을 살펴 퇴각로를 모색하던 장소, 연광정은 고니시 유키나가가 명나라 심유경(沈惟敬)과 강화 교섭을 한 장소였다. 또한 을밀대는 청일전쟁 때의 총탄 흔적을 볼 수 있는 곳이며, 모란대는 청군 포대가 설치되어 일본군을 괴롭히던 곳, 현무문은 일본군이 분전한 장소였다. 즉 평양의 주요 관광지는 조선의 역사가 아닌 일본제국의 역사와 관련된 사적이었다. 관광의 공급자들은 평양의 관광지에서 관광객들이 일본제국의 확대 과정을 기억하고 기념할 수 있도록 유도한 것이다.

관광안내서가 추천한 평양 관광지의 또 다른 특징은 대부분 모란봉을 중심으로 모여 있어 한나절의 여정에도 많은 장소를 구경할 수 있다는 점이다. 모란봉 중턱에 을밀대, 모란대와 을밀대 중간에 현무문, 을

90 山下晋司 編, 1996,『観光人類學』, 新曜社, 35~38쪽.

밀대 서쪽 언덕 위에는 기자묘가 있고, 모란봉 아래 절벽에는 부벽루, 부벽루 서쪽 위에는 영명사가 있다.

관광안내서들이 제안한 식민지 조선의 관문인 부산에서의 관광은 체류시간이 세 도시 중 가장 짧고 관광지 숫자도 제일 적었다. 대개는 1~2시간의 배와 기차의 환승 시간을 활용하여 역에서 가까운 일본인 시가지를 둘러보는 것이었다. 1917년 『만선관광여정』은 축항·용두산·용미산·초량·부산진을, 1920년 『여정과 비용개산』은 용두산·용미산·어시장(魚市場)을, 1924년 『선만지나여정과 비용개산』은 축항·용두산·시가를 부산의 관광지로 꼽고 있다. 부산에 비교적 오래 머무는 일정은 4종의 관광안내서의 식민지 조선 일정 25개 가운데, 3개에 불과하였다. 1920년의 '조선금강산탐승' 일정과 1924년의 '㉠11일간 조선왕복

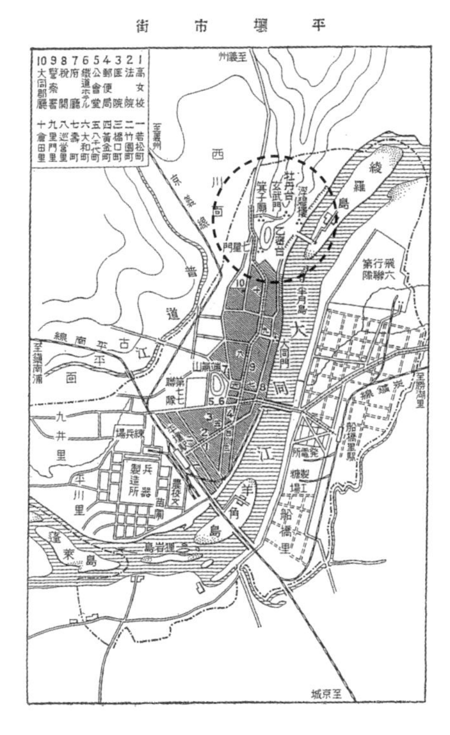

그림 4-15. 평양의 주요 관광지: 시가지 북쪽 대동강 변에 모여 있어 짧은 시간에 효율적인 관광이 가능했다.

출처: 鮮滿案內所, 1931, 朝鮮滿洲旅行案內, 19쪽.

여정'은 부산에 각각 14·12시간을 머물며 동래온천을 다녀오는 것을, 1930년의 '11일간 도쿄-조선왕복여정'은 11시간에 걸쳐 용두산·용미산·다이쇼공원·송도·절영도·동래온천 등 6곳을 구경할 것을 제안하였다. 전체적으로 경성·평양과 비교하면, 체류시간에 비하여 관광지 숫자가 적었는데, 대부분 일정에서 부산이 장기간 여행의 마지막 관광지여서 관광객의 피로도를 고려한 것으로 생각된다. 그리고 이동에 시간이 걸리고 온천욕을 하는 데도 상당한 시간이 필요한 동래온천이 포함된 것도 방문지를 줄이는 데 큰 몫을 하였을 것이다. 관광안내서들은 온천욕을 하는 데 필요한 시간을 보통 3시간으로 계산하였다.

부산의 관광지는 모두 일본인이 만들거나 일본과 직접적인 연관이 있었다. 항상 제일 먼저 꼽히는 관광지인 용두산은 조선시대 초량왜관(草梁倭館)이 설치되면서부터[91] 일본인 거류지를 상징하는 랜드마크였다. 산자락에는 재물의 신인 벤자이텐(辨才天)을 모신 벤자이신사(辨才

그림 4-16. 1905년 무라세 요네노스케가 묘사한 부산항의 모습: 용두산과 그 주위에 영사관, 상품진열소가 표시되어 있으며, 청정공(淸正公)이라고 적혀 있는 곳이 용미산이다.

출처: 村瀬米之助, 1905,『雲烟過眼録: 南日本及韓半島旅行』, 西澤書店, 95쪽.

....

91 초량왜관이 설치된 것은 1678년이었다.

그림 4-17. 부산 용두산신사(저자 소장 그림엽서).

그림 4-18. 용두산과 부산 도심(저자 촬영).

神社), 상업의 신을 모신 이나리신사(稻荷神社), 항해의 안전을 지켜준다고 뱃사람들이 많이 믿었던 고토히라신사(金刀比羅神社) 등이 건립되어 일본인의 신앙 중심지 역할을 했으며, 이 가운데 고토히라신사가 1865년 이후 여러 신을 모시면서 용두산신사로 발전하였다. 그리고 1916년에는 공원 조성공사를 하여, 진입로를 개설·정비하고, 정상부에 3단의 계단식 평지를 조성하여 용두산신사를 이전하였으며, 각종 나무를 심었다.[92] 이후 정상부의 평지는 부산의 각종 행사가 개최되는 장소이자, 관광객의 조망 장소가 되면서 부산을 찾은 일본인들이 꼭 들러야 하는 관광지로 추천되었다.

용두산이 용의 머리라면, 바다로 돌출한 작은 언덕인 용미산은 용의 꼬리에 해당한다. 초량왜관이 설치된 후, 일본인들은 이곳에 일본 8대 천황의 아들로 외정(外征)에 나섰던 다케시우치노스쿠네(武內宿禰)라는 인물을 신으로 모신 다마타레신사(玉垂神社)를 설립하였고, 1819년에는 임진왜란의 선봉장이었던 가토 기요마사를 여기에 합사(合祀)하였다. 1899년에는 용미산신사로 명칭이 바뀌었으며,[93] 1932년 간선도로 공사로 인해 용미산이 평탄화되면서 신사는 다른 곳으로 이전하였다. 1936년에는 이 일대에 부산부청(釜山府廳)이 들어섰다.

어시장은 1889년 일본인 자본가들이 만든 부산수산주식회사(釜山水産株式會社)가 일본에 대한 수산물 수출과 식민지 조선 내의 수산물 유통을 위해 설치한 시장으로, 미나미하마초1초메(南濱町1丁目)에 있었다.[94] 매일 백여 척의 어선이 입항하여 평균 400~500엔의 생선이 거래되며, 성어기에는 2,000엔 내외가 매매되는 식민지 조선 최대의 어시장이었다.[95]

다이쇼공원은 다이쇼천황의 즉위를 기념하여 조성한 운동장 및 공

....

92 김승, 2009, 「개항 이후 1910년대 용두산신사와 용미산신사의 조성과 변화과정」, 『지역과 역사』 20, 10~35쪽.

93 김승, 위의 논문, 10~21쪽.

94 釜山府, 1932, 『釜山府勢要覽』, 釜山府, 185쪽.

95 志田勝信·北原定正, 1915, 『釜山案内記: 欧亜大陸之連絡港』, 拓殖新報社, 30쪽.

그림 4-19. 부산 다이쇼공원(저자 소장 그림엽서).

원으로, 1918년 도조초(土城町)에 만들어졌다.[96] 앞쪽으로 항만과 절영도가 보여 조망이 아름다우며, 여름에는 납량객(納凉客)이 끊이지 않는 곳이었다.[97] 동래온천과 절영도, 송도도 일본인에 의해 본격적으로 개발된 곳이다. 특히 동래온천은 일본인에 의해 여관과 요정이 즐비하게 들어서고 전차나 자동차로 편리하게 연결되면서 부산을 통과하는 관광객들이 여독을 푸는 장소로 이용되었다. 1920년과 1930년의 『여정과 비용개산』을 비교해 보면, 10년 사이에 다이쇼공원·송도·절영도 등 3곳이 추가되고 어시장이 빠졌다.

한편 1930년대 이후에 만철 선만안내소가 간행한 관광안내서는 전체 일정 대신, 주요 도시별로 관광 일정, 즉 관광지의 유람순서를 제안하고 있다. 1931년의 『조선만주여행안내(朝鮮滿洲旅行案內)』, 1933년의

....

96 해방 후 충무초등학교가 들어섰으며, 현재는 부산광역시 서구청이 자리 잡고 있다.

97 釜山府, 1932, 앞의 책, 1~2쪽.

『선만중국여행수인(鮮滿中國旅行手引)』, 1938년의 『조선만주다비노시오리(朝鮮滿洲旅の栞, 이하 '조선만주여행안내서')』,[98] 1939년의 『선만지다비노시오리(鮮滿支旅の栞, 이하 '선만지여행안내서')』 등이 그러한 예이다. 이 가운데 1933년의 『선만중국여행수인』이 제시한 경성과 부산의 교통수단별 관광 일정은 앞의 교통수단에서 일부 언급한 바 있다. 여기에서는 1931년의 『조선만주여행안내』과 1939년의 『선만지여행안내서』의 도시별 추천 관광 일정을 표 4-11과 표 4-12로 정리하였다.

먼저 1931년의 『조선만주여행안내』에는 경성·평양·부산의 관광 일정이 수록되어 있으며, 모두 출발점은 역이다. 경성은 관광에 이용할

표 4-11. 1931년 『조선만주여행안내』의 도시별 관광 일정

도시	교통수단	유람순서
경성	전차	역-(도보)→상공장려관→남대문-(도보)→조선신궁-(도보)→남산공원-(도보)→은사과학관-(영락정, 전차)→창덕궁 · 창경원(점심)-(전차)→파고다공원-(전차)→총독부→경복궁-(전차)→미술품제작소-(전차)→조선은행앞-(전차)→역(석식 후 혼마치 야경)
	자동차	역-(자동차)→상공장려관→남대문-(자동차)→조선신궁-(자동차)→남산공원-(자동차)→은사과학관-(자동차)→미술품제작소-(자동차)→총독부→경복궁-(자동차)→파고다공원-(자동차)→창덕궁 · 창경원-(자동차)→중앙시험소-(자동차)→장충단-(자동차)→청량리(晋殿下陵)-임업시험소→(장충단으로 되돌아가서 석식 후 혼마치 야경)
평양	전차	역-(전차)→大神宮前-(이하 도보)→칠성문→을밀대→기자묘→현무문→모란대→영명사→お牧の茶屋→부벽루→청류벽-(대동강을 屋形船으로 下航)→대동문-(상륙 도보)→연광정-(도보)→기생학교(이하 도보 또는 전차)→박물관→상품진열관→역
부산	전차, 자동차	역-(전차)→大廳町-(도보)→용두산-(도보)→日韓市場-(도보)→長手通-(자동차)→송도-(자동차)→역-(전차)→동래온천-(자동차)→역

출처: 滿鐵鮮滿案內所, 1931, 『朝鮮滿洲旅行案內』, 鮮滿案內所, 3~21쪽.

98 '다비노시오리(旅のしおり)'는 '여행안내서'라는 의미이다.

그림 4-20. 남산공원에서 내려다본 경성 시가지(저자 소장 그림엽서).

교통수단에 따라 전차를 이용할 경우와 자동차를 이용할 경우로 나누어 제시하였는데, 자동차를 이용한 관광 일정이 전차의 그것보다 더 많은 관광지를 방문하며, 시외의 청량리까지 다녀오는 것으로 되어 있다. 전차를 이용할 때는 경성역에서 도보로 상공장려관과 바로 옆의 남대문을 구경하고, 남산으로 걸어 올라가 서로 인접해 있는 조선신궁과 남산공원, 은사과학관을 보고 에이라쿠초로 내려온다. 이곳에서 전차를 타고 가 창덕궁과 창경원을 관람하고 점심을 먹은 뒤, 다시 전차로 종로의 파고다공원으로 간다. 여기서 전차로 이동해 경복궁과 총독부를 둘러본 뒤, 태평로의 미술품제작소를 보고 조선은행을 거쳐 경성역으로 돌아온다. 자동차를 이용한 일정은 남산 일대의 관광지를 보고 내려와 인접해 있는 미술품제작소·경복궁·총독부를 구경한 뒤, 파고다공원을 거쳐 창덕궁·창경원을 관람하고, 이곳에서 멀지 않은 중앙시험소를 본다. 다시 남쪽의 장충단을 들른 후, 청량리로 가서 진전하릉(晋殿下陵),

그림 4-21. 오마키노차야에서 본 을밀대와 평양 기생.
출처: 朝鮮總督府 鐵道局, 1934,『朝鮮旅行案內記』, 朝鮮總督府 鐵道局, 88쪽.

즉 숭인원(崇仁園)과 임업시험장을 구경한 뒤 돌아오는 일정이다.

평양은 역에서 전차를 타고 평양신사 앞에 내린 뒤, 도보로 모여 있는 칠성문·을밀대·기자묘·현무문·모란대·영명사·오마키노차야(お牧の茶屋)·부벽루 등을 차례로 둘러본다. 요정인 오마키노차야는 관광 도중의 식사 및 휴식 장소로도 이용되었다. 부벽루를 구경한 뒤에는 강변으로 이동해 유람선을 타고 대동강을 내려오면서 청류벽 등을 보고 대동문 부근에서 배에서 내린다. 그리고 도보로 연광정과 기생학교를 관람한 뒤에 전차로 박물관으로 이동한다. 박물관과 상품진열관을 구경하고 역으로 돌아온다.

부산은 우선 일본인 시가지인 다이쵸마치(大廳町)·용두산·일한시장(日韓市場)·나가테도오리(長手通)[99] 등을 도보로 둘러보고, 자동차로

그림 4-22. 구 나가테도오리(長手通), 현 광복로의 모습(저자 촬영).

그림 4-23. 일한시장(日韓市場).

출처: 志田勝信·北原定正, 1915,『釜山案内記: 欧亜大陸之連絡港』, 拓殖新報社.

송도로 갔다가 다시 역으로 돌아와서 이번에는 전차로 동래온천을 다녀오는 일정을 제안하였다.

다음으로 1939년의 도시별 추천 일정을 정리한 표 4-12를 살펴보자. 이 자료에는 부산의 추천 일정은 수록되어 있지 않다. 먼저 식민지 조선 관광의 중심이었던 경성은 반일 일정과 하루 일정으로 나누고, 다시 교통수단에 따른 추천 일정을 제시하였다. 반일 일정은 4시간 내외가 소요되는 일정이었는데, 전차와 버스보다는 자동차, 자동차보다는 유람 자동차를 이용하는 것이 더 많은 관광지를 돌아볼 수 있었으나, 이동 경로는 유사하였다. 방문 장소 숫자가 제일 적은 전차와 버스를 이용한 일정에서 선정된 관광지가 경성의 가장 핵심적인 관광지일 것이다. 남대문·조선신궁·창덕궁 및 창경원·조선총독부·경복궁·덕수궁이 그것이다. 조선의 궁궐이 가장 많았고, 일제가 조성한 곳으로는 조선신궁과 조선총독부, 그리고 창경원이 꼽혔다. 북쪽의 조선총독부와 남쪽의 조선신궁은 모두 1920년대에 완성된 식민지 수도 경성을 대표하는 경관 요소이다. 실제 식민지 통치, 즉 행정을 상징하는 조선총독부와 종교와 교화, 나아가 동화(同化)를 상징하는 조선신궁은 서로 보완관계를 이루며 식민지 수도 경성의 기본 축을 형성하였으므로, 관광의 공급자가 일본인에게 가장 보여주고 싶은 관광공간이었을 것이다. 창경원은 조선의 가장 신성한 공간인 궁궐에, 일제가 동물원과 식물원을 조성하고 벚꽃을 심어 유흥 공간으로 바꾼 곳이었다. 이러한 사실을 알고 방문한 일본인들이 느끼는 감회는 특별하였을 것이다.

경성 관광에 자동차를 이용하면, 여기에 조선 침략의 일등 공신인 이토 히로부미를 추모하는 박문사가 추가되었으며, 유람 자동차를 이용

....

99 현재의 부산시 중구 광복동의 광복로이다.

표 4-12. 1939년 『선만지여행안내서』의 도시별 관광 일정

도시	일정	교통수단	유람순서
경성	반일	전차, 버스	역→남대문-(버스)→조선신궁-(버스)→남대문-(전차)→창덕궁 · 창경원-(버스)→조선총독부-(도보)→경복궁-(전차)→덕수궁-(전차)→역
		자동차	역→남대문→조선신궁→남산공원→박문사→창경원→조선총독부→경복궁→덕수궁→역
		유람자동차	역→남대문→조선신궁→남산공원→박문사→경학원→창경원→조선총독부→경복궁→덕수궁→미쓰코시→혼마치→역(소요시간 4시간)
	1일	전차	역-(도보)→남대문상공장려관-(버스)→조선신궁-(도보)→남산공원→경성신사→은사과학관-(도보)→에이라쿠조-(전차)→장충단공원→박문사-(전차)→동대문-(전차)→종로4초메-(버스)→경학원-(버스)→창경원(동물원, 식물원, 비원)-(버스)→조선총독부-(도보)→경복궁 · 박물관-(전차)→덕수궁-(도보)→미쓰코시-(도보)→혼마치-여관
		자동차(대절)	역→상공장려관→남대문→조선신궁→남산공원→은사과학관→장충단공원→박문사→동대문→경학원→창경원→파고다공원→조선총독부→경복궁→박물관→덕수궁→청량리→한강→역→여관
평양		도보, 전차	역-(전차)→평양신사-(이하 도보)→칠성문→박물관→기자묘→을밀대→현무문→부벽루→청류벽-(유람선으로 下航하여 대동문 아래에서 상륙, 도보)→대동문→연광정→기생학교-(전차)→역 또는 여관 (소요 시간 5시간)
		자동차	역→서기산공원→평양신사→칠성문→기자묘→을밀대→현무문→お牧の茶屋(휴식)→부벽루→청류벽-(유람선으로 下航하여 대동문 아래에서 상륙, 도보)→대동문→연광정→기생학교→역 또는 여관 (소요 시간 3시간)

출처: 滿鐵鮮滿案內所, 1939,『鮮滿支旅の栞』, 南滿洲鐵道株式會社東京支社, 41~50.쪽.

할 경우는 경학원과 미쓰코시백화점, 혼마치가 더해졌다. 조선 유학의 본산인 경학원과 경성 최고의 일본백화점인 미쓰코시, 그리고 일본인들이 만든 최고 번화가인 혼마치 등 여러 면에서 서로 대비되는 관광지를 배치한 의도는 더 설명이 필요 없다. 이동 경로는 경성역에서 출발하여

그림 4-24. 벚꽃이 만발한 창경원(저자 소장 그림엽서).

남대문을 거쳐 남산에 올라 조선신궁·남산공원을 보고 혼마치도오리(本町通)를[100] 통해 남산 동북쪽 기슭의 박문사를 들른 다음, 시내를 가로질러 북쪽으로 가서 창경원을 본다. 그리고 다시 돈화문통(敦化門通)을[101] 이용해 조선총독부로 이동해 경복궁을 같이 관람하고, 광화문통(光化門通)과 태평통(太平通)을 통해 덕수궁으로 갔다. 경성의 남서쪽에서 출발하여 남동쪽·북동쪽을 거쳐 북서쪽으로 가고 다시 남서쪽으로 돌아오는 타원형의 경로로 효율적인 동선이라 할 수 있다.

이같이 1930년대 후반 공급자가 제공하는 경성의 관광공간은 정형화되어 있었고, 이를 둘러볼 수 있는 교통수단까지 완비되어 있었다. 1938년 『조선만주여행안내서』에 따르면, 앞서 살펴보았듯이 경성 관광객이 많이 이용한 경성 유람 버스는 1939년 경성역 강차구(降車口)와

....

100 현재의 충무로이다.

101 현재의 율곡로이다.

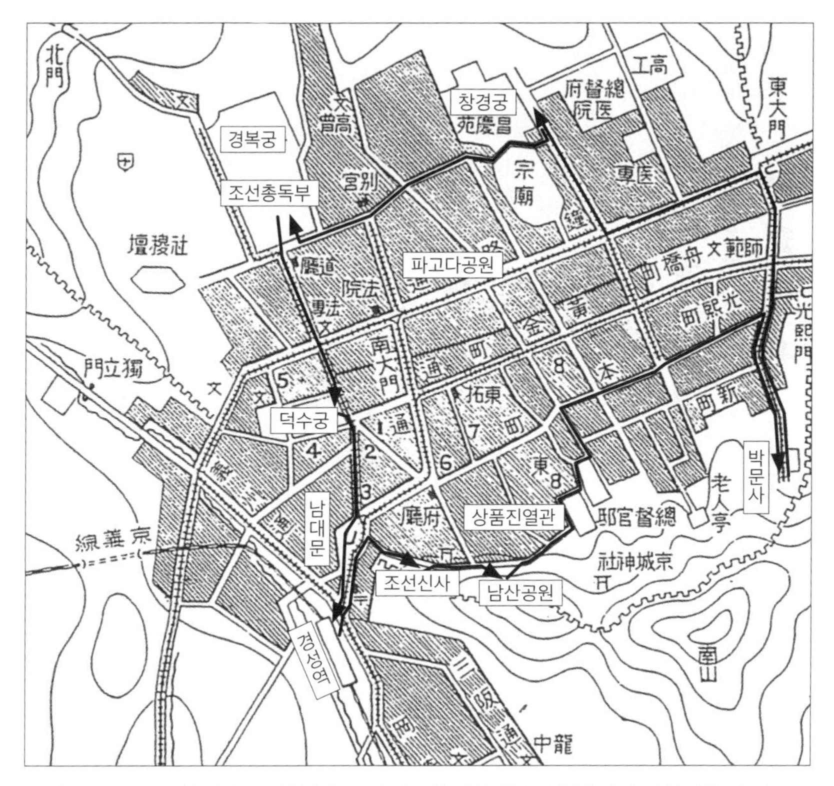

그림 4-25. 1939년 『선만지여행안내서』가 제안한 자동차를 이용한 경성 반일 관광 일정.
출처: 滿鐵鮮滿案內所, 1931, 『朝鮮滿洲旅行案內』, 鮮滿案內所, 9쪽.

하세가와마치의 경다쿠(京タク)[102] 앞에서 매일 오전 9시와 오후 2시 2차례 출발하고, 16인승 또는 20인승의 전망식고급차를 운행하며, 부인 안내인이 명쾌하고 친절하게 설명한다고 안내하고 있다. 그리고 단체 관광객은 경성전기가 운영하는 경전(京電) 버스를 대절하는 편이 경제적으로 유리하다고 추천하고 있다.[103]

1939년의 『선만지여행안내서』가 추천한 경성 1일 일정 역시 전차

102 택시회사로 추정된다.

103 滿鐵鮮滿案內所, 1938, 『朝鮮滿洲旅の栞』, 南滿洲鐵道株式會社東京支社, 41~42쪽.

그림 4-26. 은사과학관.
출처: 신동규 외, 2020, 「일제침략기 한국 관련 사진그림엽서 수집·분석·해제 및 DB 구축」.

와 자동차로 교통수단이 나누어져 있다. 반일 일정에 비해 상공장려관·경성신사·은사과학관·장충단공원·동대문·파고다공원·총독부박물관 등이 추가되었고, 대절 자동차를 이용하는 경우, 청량리와 한강까지 다녀올 것을 제안하였다. 이동 경로는 반일 일정과 유사하였는데, 대절 자동차를 이용하여 청량리에 갈 때 가까운 동대문에서 가지 않고, 덕수궁 관람을 마친 뒤에 다시 청량리로 가는 것이 비효율적으로 보인다.

평양의 추천 일정 역시 도보 및 전차를 이용하는 경우와 자동차를 이용하는 경우로 구분하여 제안하였으나, 그 내용은 큰 차이가 없다. 그 차이는 도보 및 전차 이용 일정에 박물관이 포함되어 있고, 자동차 일정에 서기산공원이 들어 있는 정도이다. 평양에서는 유람선을 타고 대동강을 내려오면서 관광하는 일정이 완전히 관행화된 것이 주목할 만한 점이다.

지금까지 살펴본 조선총독부·만철·자판쓰리스토뷰로 등은 모두 식민지 조선의 관광정책에 직간접적으로 관여한 관(官) 또는 반관(半官)의

표 4-13. 『만유안내 칠일의 여행』과 『사오일의 여행: 명소회유』의 식민지 조선 관광 일정

관광 안내서	일차	일정	숙박지	관광 장소
만유안내 칠일의 여행	1	부산→경성		부산진, 동래, 동래온천
	2	경성		경창궁, 경복궁, 창덕궁, 화성대, 공명묘, 동대문, 민비묘, 공덕리 대원군별장지, 벽제관
	3	경성→인천		
	4	인천→경성		
	5	경성→평양		대동강, 선교리, 현무문, 모란대, 대동문, 칠성문, 정해문
	6	평양→의주		압록강, 의주부
	7	의주→안둥→부산		
사오일의 여행: 명소회유	1	시모노세키→	선중	
	2	부산→경성	경성	
	3	경성	경성	경복궁, 창덕궁, 동물원, 박물관, 조선총독부, 남산공원, 파고다공원, 남대문, 서대문, 종로통, 동대문통, 鮮人街, 기생
	4	인천, 경성→	차중	인천: 시가, 축항, 월미도
	5	평양→안둥	안둥	대동문, 모란대, 현무문, 기자묘, 을밀대, 연광정
	6	안둥→	차중	
	7	수원→부산	선중	수원: 총독부 권업모범장

출처: 落合浪雄, 1915, 『漫遊案内七日の旅』, 有文堂書店, 283~288쪽.
松川二郎, 1922, 『四五日の旅: 名所回遊』, 裳文閣, 471~477쪽.

성격의 지닌 기관이었다. 이들은 시간이 흐를수록 식민지 조선의 관광 정책을 빈틈없이 장악하고 그들이 기획한 관광공간을 공고하게 조성해 나갔다. 이에 따라 시간이 흐를수록 관광안내서가 제시하는 관광지와 관광 일정은 고정되고 획일화되는 경향이 있다.

끝으로 민간의 개인이 제작한 관광안내서는 식민지 조선을 어떻

게 관광하라고 제안했는지 알아보자. 여기서 살펴볼 1915년 오치아이 나미오(落合浪雄, 1879~1938)의[104] 『만유안내 칠일의 여행(漫遊案内七日の旅)』과 1922년 마쓰카와 지로(松川二郎, 1887~1957)의[105] 『사오일의 여행: 명소회유(四五日の旅: 名所回遊)』는 모두 일본 국내와 식민지 조선·대만·만주 등의 관광지를 대상으로, 지역별로 일주일, 또는 4~5일의 여정을 제시하는 형식으로 구성된 책이다.

『만유안내 칠일의 여행』과 『사오일의 여행: 명소회유』는 모두 표 4-13과 같이 7일 일정을 제안하였다. 『만유안내 칠일의 여행』에서 추천한 관광지는 다른 관광안내서에 대부분 수록된 곳이다. 경창궁(慶昌宮)은 창경궁의 오기, 화성대(和城臺)는 왜성대를 말하는 것으로 생각된다. 경성에서는 공명묘(孔明の廟)가 있는데, 관우묘, 즉 동묘를 잘못 적은 것이 아닌가 생각된다. 평양의 정해문(靜海門)은 내성의 서문이다. 『사오일의 여행: 명소회유』는 경성의 볼 만한 것으로 관광지가 아닌 기생을 특별히 포함한 것, 돌아가는 길에 수원에 2시간가량 머물며 총독부권업모범장(總督府勸業模範場)을 구경하는 것이 특징이다.

········

104 신문기자를 거쳐 극작가, 연출가로 활약하였다.

105 요미우리신문 기자였으며, 1930년에는 료코지다이샤(旅行時代社) 사장을 역임하였다.

제5장

관광객이 이용한 경성·평양·부산의 관광지

1 식민지 조선과 세 도시의 체류 기간

4장에서 관광안내서를 분석하여 공급자가 제공한 관광지를 살펴보았다면, 이 장에서는 기행문을 통해 관광객이 이용한 관광공간을 복원하였다. 관광객의 개인적 특성과 관광 목적에 따라 여정과 관광지에 어떤 차이가 나타나는지를 중점적으로 따져보았다. 그리고 각 도시에서 어느 정도 머무는지, 무엇을 보았는지 살펴보고, 이러한 관광 일정과 관광지의 시기별 변천도 분석하였다.

앞서 살펴본 관광안내서들은 일본인 관광객들에게 식민지 조선에서 짧게는 2박 3일, 길게는 11박 12일의 일정을 제안하였다. 11박 12일의 일정은 금강산 관광을 포함한 것이며, 금강산 관광이 포함되지 않은 일정 가운데 식민지 조선에서의 체류 기간이 가장 긴 것은 6박 7일을 머무는 표 4-8의 '㉠11일간 조선왕복여정'이었다. 그리고 도시별로는 경성은 길면 2박 3일을 머물며, 부산과 평양은 길어야 1박 2일 체류하는 일정을 관광의 공급자들은 제시하였다.

그럼 일본인들은 식민지 조선에서 얼마나 체류하였을까? 일본인들의 기행문을 분석하여 시기별로 식민지 조선에 체류한 전체 기간과 경성·부산·평양의 체류 기간을 정리한 것이 표 5-1·5-2·5-3이다. 먼저 1905년과 1919년 사이에 관광한 30명 가운데 식민지 조선에 체류한 기간이 가장 긴 사람은 50박 51일을 머문 오마치 게이게쓰였고, 42박 43일을 체류한 누나미 게이온, 21박 22일의 마노 노브카즈가 그 뒤를 이었다. 작가인 오마치 게이게쓰는 유람, 국문학자인 누나미 게이온은 현지 조사, 학생인 마노 노브카즈는 여름방학을 이용한 유람 등, 직업과 목적은 차이가 있었으나, 모두 금강산을 관광했다는 공통점을 지닌다. 특히 오마치 게이게쓰는 금강산 유람이 주된 목적이어서 금강산에 2주 가까이 머물러 전체 일정이 길어졌다. 금강산 외에도 오마치 게이게쓰는 부여·경주·울산 등지를,[1] 누나미 게이온은 청주·대구·경주·울산·목포·광주·군산 등지를,[2] 마노 노브카즈는 대구·수원·진남포·겸이포 등지를 방문하였다.

이들 외에 10박 이상을 체재한 사람들은 8명이었는데, 단순한 관광이나 시찰 목적보다는 연구·전몰자 위령·포교·공무 따위의 특별한 목적으로 여행한 사람이 대부분이었다. 그리고 10박 이상을 체재한 11명은 혼자 여행한 이도 적지 않았고, 모두 많아도 5명 이내의 사람들로 일행을 꾸렸다. 즉 장기간 체류한 사람들은 모두 소규모 인원으로 여행하였다. 10박 미만의 나머지 19명 중 전체 체재 기간을 확인하기 어려운 호소이 하지메를 제외한 18명 가운데는 5박 6일을 체류한 사람이 6

....

1 大町桂月, 1919, 『満鮮遊記』, 大阪屋号書店, 277~324쪽.

2 沼波瓊音, 1920, 『鮮満風物記』, 大阪屋号書店, 7~137쪽.

명으로 가장 많았고, 3박 4일이 4명, 6박 7일이 3명 등의 순이었다. 가장 짧은 3박 4일을 체류한 사람은 히로시마고등사범학교 수학여행단·세키 와치·오쿠마 아사지로·고아제 가메타로 등이었는데, 모두 시찰을 목적으로 한 단체여행이었다. 전체적으로 1915년 이전의 이른 시기에 여행한 사람들이 체재 기간이 긴 편이었고, 1915년 이후에는 상대적으로 짧은 편이었다.

다음으로 도시별 체류 기간을 살펴보자. 도시별 체류 기간은 도시

표 5-1. 1905년~1919년 관광객의 체류 기간

번호	관광객	시기	체류 기간			
			전체	경성	부산	평양
1	村瀨米之助	1905	15박16일	3박4일	1박3일	3박4일
2	鵜飼退蔵	1905	10박11일	5박6일	1박2일	1박2일
3	広島高等師範修學旅行團	1906	5박6일	3박4일	1일	1박2일
4	日置黙仙	1907	14박15일	2박3일	2박4일	2박3일
5	京都府 實業視察團	1909	10박11일	5박6일	1박2일	4박5일
6	栃木県實業家滿韓觀光團	1909	8박9일	5박6일	1박2일	1박2일
7	赴清実業團	1910	6박7일	3박4일	1박2일	1박2일
8	広島朝鮮視察團	1912	9박10일	3박4일	2일	1박2일
9	加太邦憲	1912	9박10일	6박7일	1일	3박4일
10	鳥谷幡山	1913	15박16일	15박16일	1일	-
11	杉本正幸	1914	5박6일	2박3일	1일	-
12	広島高等師範修學旅行團	1914	3박4일	1박2일	1일	1박2일
13	原象一郎	1914	?	16박17일	3박4일	?
14	埼玉県教育會	1917	5박6일	3박4일	1일	1박2일
15	釋宗演	1917	10박11일	6박7일	2박3일	1박2일
16	德富猪一郎	1917	7박8일	6박7일	1일	-
17	內藤久寬	1917	4박5일	2박3일	1일	1박2일

번호	관광객	시기	체류 기간			
			전체	경성	부산	평양
18	山科礼蔵	1917	5박6일	3박4일	1일	1박2일
19	関和知	1917	3박4일	2박3일	1일	1일
20	植村寅	1918	18박19일	6박7일	1박2일	2박3일
21	愛媛教育協會視察團	1918	6박7일	3박4일	1박2일	1박2일
22	大町桂月	1918	50박51일	9박12일	5박7일	1박2일
23	埼玉県教育會	1918	5박6일	3박4일	1일	1박2일
24	間野暢籌	1918	21박22일	4박5일	1박2일	1일
25	松永安左衛門	1918	5박6일	4박5일	1일	1박2일
26	細井肇	1919	?	3박4일	?	-
27	大熊浅次郎	1919	3박4일	2박3일	1일	1박2일
28	小畔亀太郎	1919	3박4일	1박2일	1일	1일
29	高森良人	1919	6박7일	5박6일	1일	1일
30	沼波瓊音	1919	42박43일	9박10일	2일	2박3일

주: 체류하지 않은 경우는 '-'으로, 체류했으나 체류 기간을 확인하기 어려운 경우는 '?'로 표기하였다.

간에 중복되는 경우가 많다. 예를 들어, 1918년의 마쓰나가 야스자에몬의 사례를 보면, 전체 체류 기간은 5박 6일이지만, 경성·부산·평양의 체류 기간을 모두 더하면 5박 8일이 된다. 그 이유를 밝히기 위해 그의 여정을 따라가 보자. 마쓰나가 야스자에몬은 1918년 10월 7일 오전 10시에 부산에 도착했다. 1시간을 머문 뒤 11시 기차로 경성으로 향했고 오후 10시에 남대문역에 도착하여 1박을 하였다. 10월 8·9·10일은 경성에 머물렀고, 중간에 인천을 다녀왔다. 그리고 11일 오후 3시에 경성을 떠나 겸이포를 구경하고 오후 10시에 평양에 도착하였다. 그리고 12일에 평양을 관광하고 오후 4시 기차로 평양을 떠나 만주로 향했다.[3]

....

3 松永安左衛門, 1919,『支那我観』, 実業之日本社, 1~14쪽.

따라서 부산에서는 1시간을 머물렀지만 1일로 계산하였고, 경성은 7일 밤 10시부터 11일 오후 3시까지 4박 5일을 머문 것이며, 평양은 11일 밤 10시부터 12일 오후 4시까지 머문 것을 1박 2일로 계산하였다. 이 때문에 식민지 조선에 머문 것은 5박 6일이지만, 세 도시의 체재 기간을 합치면 5박 8일이 되는 것이다. 그리고 마쓰나가 야스자에몬의 사례와 마찬가지로, 경성에서 숙박하면서 인천을 다녀온 사람이 많은데, 이 경우도 경성의 체류 기간에 포함하였다.

1919년의 고아제 가메타로는 전체 체류 기간이 3박 4일이지만, 세 도시를 합치면 1박 4일이다. 그는 부산에서 경성으로 가면서, 그리고 경성에서 평양으로 가면서 야간열차에서 잤기 때문에 이런 결과가 나왔다.[4] 부산은 출입구 역할을 하는 도시의 특성으로 인해 일수가 많다. 예를 들어, 1905년의 무라세 요네노스케는 1박 3일, 1907년의 히오키 모쿠센은 2박 4일, 1912년의 히로시마조선시찰단과 1919년 누나미 게이온은 2일을 부산에 머물렀다. 부산을 통해 들어 오고 나간 경우로, 부산에서 숙박하지 않고 배와 기차를 갈아타기만 한 사람들이다.

표 5-1을 통해 30명의 관광객 모두가 경성을 방문했으며, 전부 1박 이상을 하였음을 확인할 수 있다. 경성에 가장 오래 머문 사람은 16박 17일을 체재한 1914년의 하라 쇼이치로이다. 관리였던 그는 경성에서 총독부를 비롯한 각종 기관을 방문해서 자료를 조사하는 등 많은 시간을 보냈다.[5] 그다음으로 15박 16일을 머문 도야 한잔은 화가로서, '만유관찰(漫遊觀察)'을 목적으로 여행한 사람이었다. 즉 한가로이 이곳저곳을 두루 다니면서 관찰을 하는 것을 목표로 삼아 대만·중국·만주를

....

4 小畔亀太郎, 1919, 『東亜游記』, 小畔亀太郎, 10~19쪽.

5 原象一郎, 1917, 『朝鮮の旅』, 巖松堂書店, 25~131쪽.

거쳐 경성에 온 그는 친지들을 방문하면서 주요 관광지를 둘러보고, 극장 구경을 하거나 쇼핑하면서 시간을 보냈다. 그는 금강산·평양·경주 등을 구경할 예정이었으나, 부인의 병환 소식을 듣고 급하게 귀국하였다.[6] 식민지 조선 여정이 길었던 오마치 게이게쓰와 누나미 게이온도 경성에 10일 이상 머물렀다.

나머지 26명은 1박 2일에서 6박 7일까지의 기간을 경성에 체류하였다. 3박 4일을 체류한 사람이 9명으로 가장 많았고, 2박 3일이 5명, 6박 7일과 5박 6일이 각각 4명, 4박 5일과 1박 2일이 2명이었다. 1박 2일과 2박 3일 등 경성에 짧게 머문 사람 7명 가운데, 전몰자 위령을 목적으로 한 히오키 모쿠센을 제외하면, 모두 시찰 목적의 관광객이었다. 3박 4일을 머문 9명도 연구 목적인 무라세 요네노스케와 수학여행인

그림 5-1. 도야 한잔: 그는 경성에서 한복을 사서 입고 사진을 찍었다.

출처: 鳥谷幡山, 1914,『支那周遊図録』, 支那周遊図録發行所.

....

6 鳥谷幡山, 1914,『支那周遊図録』, 支那周遊図録發行所, 161~168쪽.

히로시마고등사범학교를 빼면 모두 시찰 목적이었으며, 대부분 단체관광이었다.

평양은 4명을 제외하고 26명이 방문하였다. 이 가운데 1박 2일을 체재한 사람이 15명으로, 60% 가까운 비중을 차지하였다. 그다음은 1일을 머문 사람이 4명이었는데, 오전 일찍 평양에 도착하여 관광하고 오후 늦게 평양을 떠난 사람들이었다. 2박 3일은 3명, 3박 4일은 2명이었고, 가장 오랜 기간인 4박 5일을 머문 사람은 교토부 실업시찰단이었다. 이들은 관광지를 둘러보는 것 외에 평양이사청(平壤理事廳)·민역소(民役所)·상업회의소(商業會議所)·평안남도관찰도(平安南道觀察道) 등 평양의 주요 기관을 방문하였고, 하루는 진남포를 방문하였기 때문에 평양 일정이 길었다.[7]

식민지 조선의 현관이었던 부산은 30명의 관광객이 모두 방문하였다. 그러나 체류 기간은 경성과 평양에 비해 짧아 1일을 머문 사람이 15명으로 절반을 차지하였다. 1일이지만 실제로는 배와 기차를 갈아타는 2~3시간 정도를 보낸 사람이 대부분이었다. 1박 2일을 머문 사람은 7명이었으며, 부산을 통해 오가며 2일을 머문 사람이 2명이었다. 부산에 가장 오래 체재한 사람은 5박 7일을 지낸 오마치 게이게쓰이다. 그는 부산을 통해 식민지 조선에 들어왔고, 관광을 마치고 돌아가면서 동래온천에 4박 5일을 머물며 범어사·금정산(金井山)·해운대온천·고니시성지를 돌아보았고, 마지막 밤은 부산역호텔에서 친지를 만나고 숙박하였다.[8]

표 5-2는 1920년~1930년에 식민지 조선을 관광한 사람들의 체

....

7 京都府, 1909, 『滿韓實業視察復命書』, 京都府, 2~4쪽.

8 大町桂月, 1919, 앞의 책, 322~324쪽.

표 5-2. 1920년~1930년 관광객의 체류 기간

번호	관광객	시기	체류 기간			
			전체	경성	부산	평양
1	伊藤貞五郎	1920	3박4일	2박3일	1일	1일
2	渡辺巳之次郎	1920	1박2일	-	1일	-
3	石井謹吾	1921	2박3일	2박3일	1일	-
4	越佐教育團	1922	3박4일	1박2일	1일	1일
5	内田春涯	1922	7박8일	5박6일	1일	-
6	高井利五郎	1922	4박5일	3박4일	1일	1일
7	橋本文寿	1922	5박6일	3박4일	1박2일	-
8	大屋徳城	1922	55박56일	24박25일	2일	4박5일
9	石渡繁胤	1923	7박8일	3박4일	2일	1박2일
10	藤田元春	1924	4박5일	2박3일	1일	1박2일
11	地理歷史科教員協議會	1925	4박5일	2박3일	1일	1박2일
12	農業學校長協會	1925	4박5일	2박3일	1일	1일
13	森本角蔵	1925	2박3일	1박2일	1일	1일
14	伊奈松麓	1926	5박6일	2박3일	1박2일	1박2일
15	千葉県教育會	1927	3박4일	2박3일	1일	1일
16	小林福太郎	1928	1박2일	1일	1일	-
17	漆山雅喜	1929	14박15일	6박8일	2일	3박4일
18	鮮満視察團	1929	4박5일	2박3일	2일	1일
19	吉野豊次郎	1929	4박5일	2박3일	1일	1박2일
20	松本亀次郎	1930	2박3일	1박2일	1일	-

주: 체류하지 않은 경우는 '-'으로 표기하였다.

류 기간이다. 먼저 전체 체류 기간이 1905년~1919년의 관광객에 비해 상당히 짧아졌다는 특징이 눈에 띈다. 1905년~1919년에는 10일 이상 머문 관광객이 13명으로 43% 정도를 차지하였으나, 1920년~1930년에는 2명만 10일 이상 체류하여 10%에 불과하였다. 그리고 1905년~1919년에는 5박 6일을 체류한 사람이 9명으로 가장 많았으나, 1920

년~1930년에는 4박 5일을 체류한 사람이 6명으로 가장 많았다. 그리고 1905년~1919년에는 보이지 않던 2박 3일과 1박 2일의 일정으로 식민지 조선을 방문한 사람도 각각 3명과 1명이 있었다.

이러한 전반적인 체류 기간의 단축은 교통수단 및 체계의 발달과 밀접한 관련이 있다. 점차 연락선과 기차 따위의 교통수단이 진화하여 이동시간이 단축되었고, 이동 수요 증가에 따라 교통편이 늘어나고 운행 시간을 조정하여 관광 중의 유휴 시간을 줄일 수 있게 된 것이 중요한 역할을 하였다. 이와 함께 각 도시 내에 전차와 자동차 등 관광에 활용할 수 있는 교통수단이 확충되고, 관광의 공급자들이 표준 관광 일정을 제시하면서 보다 효율적으로 관광을 할 수 있게 된 것도 체류 기간을 줄이는 데 한몫하였다. 한편으로 체류 기간의 단축은 관광객이 자신의 자유로운 의지나 취향에 따라 관광하기보다는 공급자에게 더욱 의존하여 표준화된 관광공간을 소비하게 되었다는 증거이기도 하다.

이 시기에 체류 기간이 가장 긴 사람은 55박 56일의 오야 도쿠쇼였다. 오야 도쿠쇼는 불교사학자로, 식민지 조선의 불교 유적을 조사하기 위해 전국을 돌아다녔기 때문에 체류 기간이 길었다. 두 번째로 긴 14박 15일을 보낸 우루시야마 마사키는 미쓰이 재벌의 이사장을 수행하여 회사의 사업장이 있는 장산곶 등지를 방문하였으며, 경주도 구경하였다. 1920년~1930년의 관광객 중에 금강산을 방문한 이가 없다는 점도 긴 일정을 소화한 사람이 없는 것과 관련이 있다.

전체 체류 기간이 1박 2일이었던 사람은 1920년의 와타나베 미노지로와 1928년의 고바야시 후쿠타로였다. 와타나베 미노지로는 5월 13일 오전 9시를 넘어 부산항에 도착하여 용두산과 시가를 구경하고 11시 기차로 바로 만주로 향했다. 한반도를 종단하는 기차에서 하룻밤을 보내고 14일 오전 11시 10분에 국경도시인 안둥에 도착하였다.[9] 신문기자인 와타나베 미노지로는 1908년과 1915년에 이미 식민지 조선을 여행한 경험이 있었기 때문에[10] 식민지 조선을 중국으로 가기 위한 경유지로만 삼은 것으로 보인다. 포교 여행에 나섰던 승려인 고바야시 후쿠타로는 만주를 거쳐 5월 4일 오전 7시에 경성에 도착하여 주요 관광지를 순람한 뒤, 오후 9시에 남대문역을 떠나 5일 아침 부산에 안착하여 시가를 구경하고 오전 10시 10분 관부연락선에 올랐다.[11]

1920년~1930년 경성에 체재한 20명의 관광객 가운데 2박 3일을 머문 사람이 절반에 가까운 9명으로 가장 많았다. 그다음은 3박 4일과 1박 2일을 머문 사람이 각각 3명이었다. 이같이 경성의 체류 기간 역시 1905년~1919년에 비해 줄어들었다. 위에 살펴본 바와 같이 와타나베 미노지로는 경성에 아예 들르지 않았으며, 고바야시 후쿠타로도 1일, 정확하게는 14시간 정도를 머물렀다. 가장 오래 경성에 체류한 사람은 오야 도쿠쇼였다. 그는 친지 집과 사찰에 숙박하면서 경성에 24박 25일을 머물렀는데, 이왕직박물관·총독부박물관에서 탁본 등 조사 작업을 하고, 관훈동의 서점에서 고서를 열람했으며, 최남선의 집을 방문하기도 했다.[12] 6박 8일을 머문 우루시야마 마사키, 즉 미쓰이 재벌 일행은 두 번에 걸쳐 경성에 체류했으며, 관광뿐 아니라 조선 총독을 비롯한 여러 유지들의 초대를 받았고, 회사의 사업장을 방문하기도 하였다.[13]

1905년~1019년의 관광객은 30명 가운데 26명이 평양을 구경하였다. 그러나 1920년~1930년의 관광객은 20명 가운데 13명만 평양에

....

9 渡辺巳之次郎, 1921, 『老大国の山河: 余と朝鮮及支那』, 金尾文淵堂, 8~39쪽.

10 渡辺巳之次郎, 1921, 위의 책, 14쪽.

11 小林福太郎, 1928, 『北支満鮮随行日誌』, 小林福太郎, 28~29쪽.

12 大屋徳城, 1930, 『鮮支巡礼行』, 東方文献刊行會, 6~16쪽.

13 漆山雅喜, 1929, 『朝鮮巡遊雑記』, 漆山雅喜, 14~69쪽.

체류하고, 7명은 평양에 가지 않았다. 평양에 간 13명 가운데는 1일을 체류한 사람이 6명으로 가장 많았고, 그다음은 1박 2일 5명, 3박 4일과 4박 5일이 각각 1명이었다. 1일을 체류한 경우는 아침에 평양에 도착, 관광하고 저녁에 평양을 떠나는 일정이었다. 1박 2일의 경우에도 실제 관광 시간은 길지 않았다. 사례를 살펴보면, 1923년 양잠학자 이시와타리 시게타네는 10월 18일 오전 11시 55분에 평양에 와서 오후에 관광지를 둘러보고, 이튿날 오전 4시 50분 기차를 타고 신의주로 떠났다.[14] 1925년의 전국중등학교지리역사과교원협의회도 8월 7일 오후 3시 6분 평양에 도착, 관광하고 숙박한 뒤, 8일 오전 8시 10분에 경성행 기차를 탔다.[15] 1926년의 이나 쇼도쿠도 9월 3일 오후 2시 30분에 평양에 도착하고, 다음 날 오전 6시에 평양을 떠났다.[16] 모두 관광에 사용한 시간은 4~5시간에 불과하다. 이에 비해 1924년의 후지타 모토하루는 평양에 10월 6일 오후 3시에 도착하여 다음 날 오후 3시 반에 경성으로 떠났으며,[17] 1929년의 요시노 도요시지로도 10월 12일 오전 7시 평양에 도착하여 다음 날 오전 6시 24분에 떠났다.[18] 앞의 세 사람에 비해 길지만, 이 두 사람도 1박 2일의 여정에서 실제 관광에 사용할 수 있는 시간은 12시간 정도였다.

평양에서 3박 4일을 체류한 사람은 우루시야마 마사키, 4박 5일을 머문 사람은 오야 도쿠쇼였다. 경성에 가장 오래 체류한 이였던 오야 도쿠쇼는 평양에서도 일반적인 관광지뿐 아니라, 낙랑고분을 답사하고,

....

14 石渡繁胤, 1935, 『滿洲漫談』, 明文堂, 106~109쪽.

15 全国中等學校地理歴史科教員協議會, 1926, 『全国中等學校地理歴史科教員第七回協議會及満鮮旅行報告』, 全国中等學校地理歴史科教員協議會, 28쪽.

16 伊奈松麓, 1926, 『私の鮮満旅行』, 伊奈森太郎, 15쪽.

17 藤田元春, 1926, 『西湖より包頭まで』, 博多成象堂, 412~416쪽.

18 吉野豊次郎, 1930, 『鮮満旅行記』, 金洋社, 17~23쪽.

장서가와 유물 수집가의 집을 방문하였다.[19] 우루시야마 마사키도 재벌을 위한 평안도지사의 배려로 낙랑고분을 구경하고 해군무연탄광업소(海軍無煙炭鑛業所) 등지를 시찰하였다.[20]

부산 역시 앞 시기에 비해 관광객의 체류 기간이 줄었다. 1일을 머문 사람이 14명으로 가장 많았고, 부산을 출입구로 삼아 오고 가는 길에 머물러 체류 기간이 2일인 사람이 4명이었으며, 숙박을 한 사람은 2명뿐이었다. 이에 따라 부산에서의 관광 시간은 짧으면 2시간 내외, 길어야 12시간 정도였으며, 대개의 관광객은 용두산을 중심으로 한 일본인 시가지를 둘러보는 관광을 하였다. 부산의 관광과 체류 기간은 관광 목적이나 관광단의 규모 등 관광객의 개인적 특성과 별로 관계가 없었다는 사실을 알 수 있다.

표 5-3을 통해, 1931년~1945년 사이에 식민지 조선을 관광한 26명의 체류 기간을 살펴보면, 먼저 전체 체류 기간은 앞 시기에 비해 더 다양하며, 특정 기간에 편중되지 않고 고르게 나타나는 것이 특징이다. 6박 7일·4박 5일·3박 4일이 각각 4명씩이어서 가장 많았고, 그다음은 10박 11일·8박 9일·7박 8일·1박 2일이 각각 2명씩이었다. 즉 3박 4일에서 6박 7일 정도가 이 시기 식민지 조선을 관광하는 일본인의 일반적인 여정이라고 할 수 있다.

체재 기간이 가장 긴 사람은 42박 43일의 나카네 간도였다. 승려이자 불교학자인 그는 포교를 위해 전국을 순회하며 강연하였다. 두 번째로 긴 12박 13일을 머문 1940년의 이시바시 단잔은 경제적인 이유로 주목받던 함경도 시찰에 많은 시간을 들였다. 11박 12일을 체류한 스

....

19 大屋德城, 1930, 앞의 책, 16~23쪽.

20 漆山雅喜, 1929, 앞의 책, 55~65쪽.

기야마 사시치는 공업학교 교장이었는데, 단신으로 문화 연구와 산업시찰을 위해 여행하였다. 그래서 산업과 관련된 진남포·청진 등과, 경주와 금강산을 일정에 포함하였다. 이에 비해 가장 짧게 1박 2일을 체류한 사람은 1932년의 중의원의원 시노하라 요시마사와 1941년의 양잠학자 후지모토 지쓰야(藤本実也, 1875~1970)였다. 시노하라 요시마사는 만주 시찰이 주된 목적이었기 때문에 부산항에 입항한 뒤 택시를 빌려 시가를 잠시 구경하고 오전 9시 10분 기차에 몸을 실었다. 해질녘 경성에 도착하였으나 역에서 잠시 옛 친구만 만나고 바로 다시 출발해서, 다음 날 오전 6시에 신의주를 통과하여 압록강을 건넜다.[21] 후지모토 지쓰야는 안둥에서 출발한 기차로 오전 10시 15분 경성에 닿아 관광하고 숙박한 뒤, 이튿날 오후 1시에 경성에서 떠나 오후 11시 45분 부산발 관부연락선에 탑승하였다.[22]

표 5-3에는 드러나지 않으나, 전 시기와 구분되는 1931년~1945년 관광객의 여정이 지닌 특징 중 하나는 금강산을 관광한 사람이 많았다는 점이다. 1905년~1919년의 30명의 관광객 중 금강산에 다녀온 사람은 오마치 게이게쓰·마노 노브카즈·누나미 게이온 등 3명뿐이었다. 앞서 살펴본 바와 같이 이들은 체류 기간에서 각각 1·3·2위를 차지하였다. 1920년~1930년의 관광객 20명 가운데는 금강산을 찾은 사람이 한 명도 없었다. 그런데 1931년~1945년 관광객은 26명 중 10명이 금강산을 방문하였다. 40%에 가까운 사람이 금강산을 찾은 것이며, 더욱 주목할 만한 점은 금강산 방문자가 1931년부터 1935년 사이에 몰려 있다는 것이다.[23] 1936년 이후 금강산에 간 사람은 1942년의 야마

....

21 篠原義政, 1932, 『満洲縱横記』, 国政研究會, 3~8쪽.

22 藤本実也, 1943, 『満支印象記』, 七丈書院, 297~302쪽.

23 1931년의 가모 모모키·오카다 준이치로·구리하라 조지, 1932년의 전국중등학교지리역사과

표 5-3. 1931년~1945년 관광객의 체류 기간

번호	관광객	시기	체류 기간			
			전체	경성	부산	평양
1	賀茂百樹	1931	7박8일	3박5일	1일	1박2일
2	岡田潤一郎	1931	4박5일	1박3일	1일	1일
3	栗原長二	1931	7박8일	1박3일	1박2일	1일
4	篠原義政	1932	1박2일	1일	1일	-
5	地理歷史科教員協議會	1932	?	4박5일	?	1박2일
6	依田泰	1933	8박9일	1박3일	1일	1박2일
7	本多辰次郎	1933	10박11일	4박6일	1일	1박2일
8	杉山佐七	1933	11박12일	2박3일	1박2일	1일
9	東海商工會議所聯合會	1934	6박7일	1박3일	1일	1일
10	藤山雷太	1934	10박11일	5박6일	2박3일	3박4일
11	山形県教育會視察團	1935	6박7일	1박3일	1일	1일
12	中根環堂	1935	42박43일	6박7일	2박4일	2박4일
13	福徳生命海外教育視察團	1935	8박9일	1박2일	1박3일	1박2일
14	広瀬為久	1935	5박6일	2박3일	1박2일	1일
15	中島正国	1936	4박5일	1일	2일	1일
16	岐阜県聯合青年團	1937	2박3일	1박2일	1일	1일
17	中島真雄	1938	4박5일	1일	2일	-
18	日本旅行會	1938	3박4일	1박2일	1일	1박2일
19	岡山県鮮満北支視察團	1939	4박5일	1박2일	1일	1박2일
20	大陸視察旅行團	1939	6박7일	2박3일	1일	-
21	石橋湛山	1940	12박13일	2박3일	1일	-
22	石山賢吉	1940	6박7일	2박3일	1일	-
23	市村與市	1941	3박4일	2박3일	1일	1박2일
24	豊田三郎 등	1941	3박4일	2박3일	1일	1일
25	藤本実也	1941	1박2일	1박2일	1일	-
26	山形県教育會視察團	1942	3박4일	1박3일	1일	-

주 1: 1932년의 전국중등학교지리역사과교원협의회는 3개 팀으로 나누어져 관광이 이루어졌다.
주 2: 체류하지 않은 경우는 '-'으로, 체류했으나 체류 기간을 확인하기 어려운 경우는 '?'로 표기하였다.

가타현교육회 시찰단이 유일하다. 이러한 상황으로 미루어 짐작할 때, 1930년대 전반은 금강산 관광의 최성기였으며, 이는 관광공급자가 철도 교통망을 확충한 데에서 비롯되었다. 1924년 철원~김화 구간의 개통으로 시작된 금강산전기철도(金剛山電氣鐵道)가 1930년 화계~말휘리, 1931년 말휘리~내금강 구간을 끝으로 완공되면서 경성~철원~내금강이 철도로 바로 연결되었다. 이와 더불어 조선총독부 철도국은 외금강역과 연결되는 동해북부선을 부설하였다. 동해북부선은 1929년 안변~흡곡, 1931년 흡곡~통천, 1932년 통천~외금강~고성 구간이 차례로 개통되었다.[24] 이에 따라 철도를 이용하여 안변이나 고성을 경유, 외금강으로 들어갈 수 있게 되었다. 앞에서 살펴본 바와 같이 1930년 관광안내서가 그 이전의 관광안내서와 달리, 짧은 시간에 금강산을 다녀올 수 있도록 일정을 제시한 것도 이러한 관광공급자의 교통망 확충을 반영한 결과이다.

이러한 교통망의 발달로 인해 금강산을 관광하더라도 식민지 조선 전체 체류 기간이 크게 늘지 않았다. 1910년대에는 금강산을 방문한 사람들이 모두 20일 이상을 체재하였지만, 1930년대에는 10일 이하를 체류하면서도 금강산을 다녀왔다. 1931년의 오카다 준이치로는 전체 체류 기간이 4박 5일에 불과하였으나, 금강산을 관광하였다. 그는 도쿄부립제일상업학교의 중국시찰단의 일원으로 식민지 조선을 방문했다. 그 여정을 따라가 보면, 5월 24일 오전 8시 부산에 상륙하여 부산 시내를 돌아보고 오전 9시 기차로 경주로 갔으며, 불국사를 비롯한 관광지

....

교원협의회, 1933년의 요다 야스시·혼다 다쓰지로·스기야마 사시치, 1934년의 도카이상공회의소연합회, 1935년의 야마가타현교육회 시찰단이 금강산을 관광하였다.

24 김지영, 2020, 『식민지 관광공간 금강산의 사회적 구성: '일제'의 국립공원 지정 논의를 중심으로』, 한국학중앙연구원 한국학대학원 인문지리학전공 박사학위논문, 63~64쪽.

를 구경하고 경주에서 숙박하였다. 25일에는 오전 10시에 경주를 떠나 대구를 거쳐 오후 10시 30분 경성역에 도착하였고, 바로 10시 55분에 다시 경성역을 출발하였다. 기차에서 밤을 보내고 26일 오전 6시 30분 장안사(長安寺)에 도착해 표훈사(表訓寺)·만폭동(萬瀑洞)·보덕굴(普德窟) 등 내금강을 유람하였다. 오후 4시 5분 다시 금강구역(金剛口驛)을 출발하여 철원을 거쳐 오후 10시 45분 경성으로 돌아와 숙박하였다. 27일에는 종일 경성을 관광하고 오후 11시에 경성을 떠나 28일 오전 6시 10분에 평양에 닿았다. 평양을 관광한 뒤 오후 3시 18분 기차로 안동으로 향했다.[25] 오카다 준이치로는 식민지 조선에서 4박을 했는데, 2박은 경주와 경성의 여관에서, 나머지 2박은 기차에서 잤다.

한편 이 시기에 비교적 체류 기간이 길었던 관광객 중에는 청진·나

그림 5-2. 외금강에서 영업하는 자동차(저자 소장 그림엽서).

....

25 岡田潤一郎, 1932, 『僕等の見たる滿洲南支』, 東京府立第一商業學校校友會, 9~10쪽.

진 등 함경북도를 방문한 사람이 많은 것이 또 다른 특징이다. 1933년 청진·웅기를 둘러본 요다 야스시와 스기야마 사시치를 시작으로, 1934년의 도카이상공회의소연합회, 1935년의 야마가타현교육회 시찰단·나카네 간도·후쿠도쿠생명 해외교육시찰단, 1938년의 나카지마 마사오, 1939년의 오카야마현 시찰단·대륙시찰여행단, 1940년의 이시바시 단잔·이시야마 겐키치, 1942년의 야마가타현교육회 시찰단 등 12명이 이 지역을 둘러보았다. 1930년대 중반 이후부터 1940년대까지 함경북도 방문자가 늘어난 것은 일제가 자원이 풍부하고 만주와 바로 연결되는 이 지역의 전략적 중요성을 강조함에 따라 둘러보아야 할 시찰 장소로서 관심을 끌었기 때문이다.

도시별 체류 기간을 보자. 먼저 경성은 2박 3일을 머문 사람이 7명으로 가장 많았고, 그다음은 1박 3일 6명, 1박 2일 5명, 1일 3명 순이었고, 3박 5일·4박 5일·4박 6일·5박 6일·6박 7일이 각각 1명씩이었다. 1박 3일·3박 5일·4박 6일은 모두 금강산행에 따른 것이다. 금강산에 오갈 때 경성을 환승지로 이용하면서 이러한 결과가 나왔다. 따라서 이 시기 경성에서의 체류 기간은 1박 2일 또는 2박 3일을 머무는 경우가 가장 일반적이었다고 할 수 있다. 앞 시기와 유사하지만, 체류 기간이 조금 더 줄었다. 그 이유는 이 시기 관광객들이 대부분 시찰을 목적으로 하였으므로 일정이 유사하였고, 특히 개인적으로 특별한 목적이 없는 한, 관광객들이 대부분 공급자가 제안한 정형화된 일정에 따라 관광을 한 결과로 보인다.

경성 방문자 중 가장 긴 6박 7일을 머문 사람은 포교를 위해 여행한 나카네 간도로, 그는 전체 체류 기간도 가장 길었다. 두 번째로 5박 6일을 머문 후지야마 라이타는 후지야마 콘체른을 창립한 재벌로, 관광보다는 당시 조선 총독인 우가키 가즈시게(宇垣一成)를 포함한 고위 관리와 경성의 실업가들을 만나는 데 많은 시간을 보냈고, 하루는 인천을 다녀왔다.[26] 그리고 71세로 고령의 재벌 회장인 후지야마 라이타는 다른 관광객과 달리 10박 11일의 일정 중 기차에서 밤을 보낸 날이 하루도 없었다.

경성에서 1일을 머문 사람은 앞서 언급한 시노하라 요시마사 외에 1936년의 나카지마 마사쿠니와 1938년의 나카지마 마사오가 있었다. 신사의 구지인 나카지마 마사쿠니는 밤차를 이용해 오전 7시 45분에 경성역에 도착해 조선신궁·경성신사·박문사 등을 방문한 뒤 오후 11시 55분 기차로 평양으로 향했다.[27] 신문발행인인 나카지마 마사오 역시 청진으로부터 오전 8시에 경성에 도착하여 조선신궁 등을 보고 오후 4시 부산행 기차에 탔다.[28]

평양은 26명 중 7명이 방문하지 않았다. 1일을 체류한 사람이 9명으로 가장 많았고, 1박 2일이 8명, 2박 4일과 3박 4일이 각각 1명이었다. 평양 역시 앞 시기에 비해 체류 기간이 줄어들었다. 3박 4일을 머문 사람은 평양에 제당공장(製糖工場)을 가지고 있던 후지야마 라이타였다. 그는 평양에 가장 오래 체류했으나, 박물관과 을밀대만 관람하고 주로 공장에서 시간을 보냈다.[29]

부산 체류 기간은 26명 가운데 17명이 1일로 제일 많았고, 부산을 통과하는 데만 이용한 2일도 2명이어서, 이를 합치면 73%에 달한다. 그렇지만 부산을 거치지 않은 사람은 한 명도 없어, 부산은 여전히 관광지라기보다는 식민지 조선의 출입구라는 성격을 유지하였다. 가장 긴 2

....

26 藤山雷太, 1935, 『満鮮遊記』, 千倉書房, 167~169쪽.

27 中島正国, 1937, 『鮮満雑記』, 中島正国, 9~17쪽.

28 中島真雄, 1938, 『双月旅日記』, 中島真雄, 96~97쪽.

29 藤山雷太, 1935, 앞의 책, 167~169쪽.

박 4일을 머문 사람은 부산에서도 강연 등 포교 활동을 했던 나카네 간도였고, 2박 3일을 체류 한 사람은 후지야마 라이타였다. 그는 귀국하기 전 해운대온천에 머물며 휴식을 취하고 부산의 유지들을 만났다.[30]

2 관광객이 찾은 세 도시의 관광지

일본인 관광객들은 대체로 경성에서 가장 긴 시간을 체류하였고, 그다음은 평양이었으며, 부산에서는 제일 짧은 시간을 보냈다. 지금부터는 관광객들이 이 세 도시에서 체류하는 동안, 어떤 관광지를 방문했는지를 살펴보았다. 도시별로 가장 많은 관광객이 방문한 명소는 어디인지, 시간 흐름에 따라 관광지에 변화가 있는지 등을 분석하였다. 그리고 관광객의 개인적인 특성이 관광지 방문에 어떤 영향을 미쳤는지도 살펴보았다.

1) 경성

표 5-4·5-5·5-6은 기행문을 분석하여 시기별로 경성을 방문한 관광객이 구경한 관광지를 정리한 것이다. 먼저 1905년부터 1919년까지의 관광지를 정리한 표 5-4를 보면, 이 기간에 29명의 관광객이 방문한 관광지는 모두 30곳이었다. 이 가운데 가장 많은 관광객이 찾은 곳은 각각 22명을 기록한 경복궁과 창덕궁이었다. 19명의 비원, 14명의 파고다공원·남산공원·조선총독부, 13명의 이왕가박물관, 11명의 미술

....

30 藤山雷太, 1935, 위의 책, 166~167쪽.

품제작소가 그 뒤를 이었다. 즉 이 시기에는 경복궁·창덕궁·비원 등 조선왕조의 궁궐이 가장 인기 있는 관광지였다. 원각사지십층석탑을 보기 위해 방문하는 파고다공원, 삼국시대부터 조선시대까지 식민지 조선의 유물을 관람할 수 있는 이왕가박물관, 전통 예술품을 구경하고 살 수 있는 미술품제작소까지 모두 조선의 전통문화와 관련된 장소들이다. 이에 비해 왜성대라고도 부르는 남산공원과 조선총독부는 앞서 살펴본 바와 같이 일본인에게 각별한 의미를 지닌 장소이다.

한편 이 시기에 존재했으나, 관광객이 한 명도 찾지 않은 곳은 장충단이었다. 장충단은 일본인들 사이에서 남산의 동쪽 기슭 계곡 사이에 있는 풍경이 아름다운 곳으로 특히 개나리의 명소라고[31] 알려져 있었으나, 주요 관광지와 거리가 떨어져 있고 일제에 대항한 충신들을 모신 공간이라는 점 때문에 일본인에게는 별로 매력이 없는 장소였을 것이다. 그리고 1명만 찾은 곳은 창경원·동대문·경학원·보신각·우이동·대원군묘·벽제관 등이었고, 독립문·총독부의원(總督府醫院)은 2명이 방문하였다. 우이동·대원군묘·벽제관은 시내에서 거리가 먼 곳이어서 특별한 이유가 없으면 찾기 어려운 곳이다. 동대문·보신각·독립문은 단일 건물로 볼거리가 많지 않으며, 총독부의원은 관광지라 하기 어렵다. 총독부의원을 찾은 이는 실업가로 구성된 1912년의 히로시마조선시찰단과 관리인 1914년의 하라 쇼이치로였다. 히로시마시찰단은 인근의 공업전습소와 함께 방문했으며, 병원 내에 있는 영희전(永禧殿)에서[32] 병원장이 내는 점심을 먹었다.[33] 하라 쇼이치로는 공무 목적으로 방문하였

31 岡良助, 1929,『京城繁昌記』, 博文社, 92쪽.

32 원래 창경궁의 정원인 함춘원(含春苑)이었으나, 조선 후기 정조가 부친인 사도세자의 사당인 경모궁(景慕宮)을 만들었다. 고종 때인 1899년 역대 왕의 초상을 모신 영희전을 이곳으로 옮겼다.

다.[34] 그리고 경학원은 이 시기에는 아직 잘 알려지지 않았던 것으로 추정된다.

창경원도 한 명이 찾은 것으로 되어 있으나, 기행문에 '창경원'이라고 명시한 사람이 한 명일 뿐 실제로는 동물원과 식물원, 그리고 이왕가박물관을 찾은 사람도 창경원 방문자에 포함해야 한다. 창경원의 역사는 1907년 고종의 강제 퇴위로 즉위한 순종이 경운궁에서 창덕궁으로 거처를 옮기면서, 순종이 이사한 궁궐에서 "새로운 생활에 취미를 느끼도록" 창덕궁 바로 동쪽인 창경궁에 박물관·동물원·식물원을 만들면서 시작되었다. 이는 당시 궁내부 차관인 고미야 미호마쓰(小宮三保松)의 제안으로 계획되었으며, 조선왕조의 상징인 전통 궁궐을 파괴함과 동시에 일부 전각을 남겨둠으로써 조선의 왜소함과 일본의 거대한 근대문명을 대비해 보여주는 일종의 선전 기제가 되었다.[35] 왕실 소유였던 박물관·동물원·식물원은 1909년부터 일반인의 관람이 시작되었으며, 1910년 이후에는 이왕직 소유가 되었고, 1911년 이를 모두 합쳐 '창경원'이라는 이름을 얻게 되었다.

표 4-1과 4-7의 1908년과 1917년 관광안내서에서 제안한 경성의 관광지와 비교해 보면, 표 4-1·4-7에서 제시하지 않은 곳이 표 5-4에 많이 포함되었다. 남대문·동대문·한양공원·우이동·동물원·식물원·미술품제작소·공업전습소·중앙시험소·총독부의원·동아연초주식회사(東亞煙草株式會社)·뚝섬농사시험장 등이 그것이다. 반대로 표 4-1에서 제안한 관광지 가운데 동묘·북묘·남묘 등 종교시설과 북한산의 산성과 사찰들, 천연정·세검정·제천정 등의 정자는 방문한 사람이 아무도 없

....

33 広島朝鮮視察團, 1913, 『朝鮮視察概要』, 增田兄弟活版所, 73~74쪽.

34 原象一郎, 1917, 앞의 책, 52~54쪽.

35 서태정, 2016, 「1910년대 '창경원'의 운영과 그 성격」, 『한국민족운동사연구』 89, 91~103쪽.

그림 5-3. 총독부의원.
출처: 신동규 외, 2020, 「일제침략기 한국 관련 사진그림엽서 수집·분석·해제 및 DB 구축」(http://waks.aks.ac.kr/rsh/?rshID=AKS-2017-KFR-1230003).

었다.

한양공원·동물원·식물원·미술품제작소·공업전습소·중앙시험소·총독부의원·동아연초주식회사·뚝섬농사시험장 등이 관광안내서에 빠진 이유는 우선 기관의 성격과 관련이 있을 것이다. 공업전습소·중앙시험소·총독부의원·동아연초주식회사·뚝섬농사시험장은 일제의 통치 성과를 과시할 수 있는 장소이므로 일본인들의 중요한 시찰 장소였지만, 관광지로서의 성격은 약한 곳이었다. 총독부의원·동아연초주식회사·뚝섬농사시험장 등은 더욱 그러하다. 다만 총독부의원과 동아연초주식회사는 공업전습소·중앙시험소와 인접해 있고 관광객이 많이 찾은 창덕궁·창경원과도 가까워 들르기 편리하였다. 연건동에[36] 있던 총독부의원은 1907년 대한의원(大韓醫院)이라는 이름으로 설립되었고, 1910

....

36 지금의 서울대학교 부속병원 자리이다.

표 5-4. 1905년~1919년 관광객이 방문한 경성의 관광지

관광지	관광객																												
	1	2	3	4	5	6	7	8	9	10	11	12	13	14	15	16	17	18	19	20	21	22	23	24	25	26	27	28	29
경복궁	●	●	●	●	●	●		●	●			●	●	●	●				●	●	●	●	●	●		●	●	●	●
창덕궁	●	●	●	●		●	●		●	●	●	●	●	●		●		●	●	●	●	●	●	●			●		●
비원		●	●			●	●		●		●	●	●	●		●	●	●	●	●	●	●		●			●	●	●
창경원																	●												
덕수궁	●	●							●	●																			
남대문	●																											●	●
동대문		●																											
경학원																												●	
파고다공원	●	●	●	●		●		●	●	●			●	●							●	●				●			●
보신각																													●
장충단																													
독립문	●											●																	
남산공원	●	●				●		●				●		●	●						●	●	●		●	●		●	●
한양공원																						●			●	●			●
청량리	●										●			●	●			●			●								●
우이동																					●								
대원군묘	●																												
벽제관																					●								

용산	●							●								●													
조선총독부				●	●	●			●	●				●	●	●	●		●	●		●	●						●
동물원						●				●			●	●		●		●	●	●	●	●							
식물원							●							●					●	●	●	●							
이왕가박물관							●			●		●		●		●	●			●	●	●		●			●	●	●
총독부박물관															●		●		●		●					●	●		●
상품진열관												●		●			●		●		●	●				●			
미술품제작소						●			●					●		●		●		●	●	●	●			●	●		
공업전습소								●					●						●	●		●					●		●
중앙시험소													●			●	●	●	●		●		●				●		
총독부의원								●					●																
동아연초주식회사								●		●				●					●							●	●		
뚝섬농사시험장									●				●		●			●					●						
조선신궁																													
경성신사																													
은사과학관																													
박문사																													

주 1: 번호별 관광객은 다음과 같다.

1.村瀬米之助(1905), 2.鵜飼退蔵(1905), 3.広島高等師範修學旅行團(1906), 4.日置黙仙(1907), 5.京都府 實業視察團(1909), 6.栃木県實業家滿韓觀光團(1909), 7.赴清実業團(1910), 8.広島朝鮮視察團(1912), 9.加太邦憲(1912), 10.鳥谷幡山(1913), 11.杉本正幸(1914), 12.広島高等師範修學旅行團(1912), 13.原象一郎(1914), 14.埼玉県教育會(1917), 15.釋宗演(1917), 16.內藤久寬(1917), 17.山科礼蔵(1917), 18.関和知(1917), 19.植村寅(1918), 20.愛媛教育協會視察團(1918), 21.大町桂月(1918), 22.埼玉県教育會(1918), 23.間野暢籌(1918), 24.松永安左衛門(1918), 25.細井肇(1919), 26.大熊浅次郎(1919), 27.小畔亀太郎(1919), 28.高森良人(1919), 29.沼波瓊音(1919)

주 2: 표 5-1의 30명 가운데 방문한 관광지가 없는 德富猪一郎(1917)은 분석 대상에서 제외하였다.

그림 5-4. 1910년경의 공업전습소.
출처: 統監府, 1910,『大日本帝国朝鮮寫真帖:日韓併合紀念』, 小川寫眞製版所.

년 한일합병으로 총독부의원으로 이름이 바뀌었다. 동아연초주식회사 공장은 1910년 만들어졌으며, 인의동, 즉 창경원 남쪽에 있었다. 한편 뚝섬농사시험장은 아래의 설명과 같이 1906년 원예모범장(園藝模範場)이라는 이름으로 설치되었으며, 권업모범장둑도지장(勸業模範場纛島支場)이라 불리기도 했다.

> 둑도(纛島)는[37] 고가네마치(黄金町) 전차선으로 왕십리까지 가서 다시 인력거를 타고 약 2km 둑도가도상판로(纛島街道上阪路)를 내려가면 있다. 주변에는 뚝섬수원지가 있고, 살곶이다리를 건너면 동척(東拓)의 장안평개간지(長安坪開墾地)가 있다. 권업모범장둑도지장(勸業模範場纛島支場)의

....

37 뚝섬의 한자 표현이다.

전신은 원예모범장(園藝模範場)으로 구한국 정부가 설립에 관계하였으며, 합병 이후 관제 개편에 따라 조선총독부 권업모범장둑도지장이 되었다. 토질은 한강 충적양토(沖積壤土)이며 지층이 매우 깊고, 면적은 3만 8천여 평으로, 과수원(果樹園)·종묘포(種苗圃)·소채포(蔬菜圃)·화원(花園) 등으로 이루어져 있으며, 주요 과수로는 사과 44종, 포도 140종, 배 56종, 복숭아, 앵두, 오얏 등이며, 각종 소채 품종을 원산지로부터 수집하여 재배한다. 특히 겨울 동안 보관할 수 있는 양배추와 배추의 육성에 주력하고 있다. 일본과는 다른 조선의 기후조건에 맞는 품종 육성에 주력한다. 포도의 경우 양조용 포도 품종 개발에 힘쓰고 있다.[38]

이러한 기관의 성격과 함께, 이들의 설립 시기도 1908년에 간행된 관광안내서에 소개되지 못한 이유일 것이다. 공업전습소는 앞서 언급한 대로 1907년에 설립되었으나,[39] 1908년의 관광안내서에 소개될 만큼 알려지지 않았을 것이며, 동물원과 식물원은 1909년 일반에 공개되었고, 미술품제작소도 1908년 설립되었다.[40] 중앙시험소는 1912년, 남산공원 서쪽에 있는 한양공원(漢陽公園)은 아래와 같이 1910년 개원하였다.

....

38 石原留吉, 1915, 『京城案內』, 京城協贊會, 127~132쪽.

39 공업전습소는 1916년 경성공업전문학교로 이름을 바꾸었고, 1922년에는 다시 경성고등공업학교로 명칭을 변경하였다.

40 미술품제작소의 설립 시기는 자료에 따라 1908년 또는 1909년으로 표기된다. 앞에서 언급한 1915년의 『京城案內』에는 1909년에 설립되었다고 기재되어 있다. 그러나 『皇城新聞』에는 1908년에 설립되었다는 내용이 있다. 처음에는 한성미술품제작소라는 이름으로 설립되었고, 1913년 이왕직이 인수하여 이왕직미술품제작소가 되었으며, 1922년부터는 도미타 기사쿠(富田儀作) 등에 의해 매수되어 조선미술품제작소라고 불렸다. 도미타 기사쿠는 조선총독부와 결탁하여 이익을 추구한 대표적인 식민자본가로, 식민지 조선 특산품 사업의 대부분을 장악하였다(정지희, 2019, 「한성미술품제작소 설립 및 변천과정 연구」, 『미술사학연구』 30, 234~249쪽.).

> 한양공원은 남산의 중턱에 있는 남산공원에 접해 1910년 5월 28일에 개원식을 거행하였으며, 공원은 동서 2개의 구역으로 구분되는데, 동쪽은 면적 500여 평의 평탄지로서 그 일각에는 휴식 장소로 쓰이는 농염한 조선식 건물과 청쇄(淸洒)한 일본식의 작은 정자인 황조정(黃鳥亭)이 있으며, 서쪽은 구역이 좁으나 마찬가지로 조망이 매우 아름다운 곳에 작은 정자인 전관정(展觀亭)이 있고 이왕 전하의 휘호인 '한양공원'이라 새긴 석비(石碑)가 있다. 공원을 떠나 돌계단을 내려오면 바로 남대문에 도착한다.[41]

한편 접근성이 떨어지는 북한산 일대의 명승지와 사찰, 이미 없어져 터만 남은 제천정과 같은 정자, 동묘·북묘·남묘 따위의 종교시설 등은 1908년 관광안내서 『한국철도선로안내』에 수록되어 있으나, 실제로 찾은 관광객이 없었다. 그래서 1917년의 『만선관광여정』 등 이후의 다른 관광안내서에는 이들을 제외하였다.

1905년~1919년에 경성을 방문한 일본인들의 기행문에는 관광지에 관한 설명이나 감상이 적혀 있다. 가장 많은 관광객이 방문한 경복궁은 건물이 웅장하고 정교하다고 기술하고 있으나, 이들이 가장 많이 언급한 것은 대원군에 의한 경복궁 중건 사실이다. 많은 일본인은 대원군이 막대한 돈을 들여 경복궁을 중건하면서 조선 민중들의 원성을 샀다는 내용을 적었다. 경복궁 내에서 가장 인상적으로 보았고, 그래서 기록에 많이 등장한 곳은 근정전(勤政殿) 앞의 품계석(品階石)과 경회루(慶會樓)였다. 일본인들은 신하들이 계급에 맞추어 설 수 있게 설치한 품계석을 흥미로운 시선으로 바라보았고, 조선을 지배한 양반에 대해 언급하

....

41 岡良助, 1929, 앞의 책, 88~89쪽.

였다. 연못 위에 건설된 2층 누각인 경회루도 매우 크고 아름다운 건물로 묘사하였으나, 대원군의 압제와 백성에 대한 가렴주구를 상기할 수 있는 곳이라고 서술한 이도 있었다.[42]

경복궁을 방문한 일본인 중에는 명성황후 시해 사건의 현장이라는 점을 언급한 이들이 있었다. 1906년의 히로시마고등사범학교 수학여행단, 1909년의 도치기현 실업가관광단, 1917년 사이타마현교육회 등이 그들이다. 도치기현 실업가관광단은 원래 명성황후를 살해할 의도가 없었다는 안내자의 설명을 듣기도 하였다.[43] 사이타마현교육회는 시해 현장인 건청궁(乾淸宮) 자리를 찾았으나 잡초가 무성하여 길이 없을 정도였다고 했다. 사이타마현교육회 기행문에는 관리가 되지 않아 잡초가 무성한 경복궁의 모습에서 묘한 감정을 느꼈다는 기록도 있다.[44]

관광객 가운데는 경복궁에 대한 독특한 감상을 남긴 이도 있다. 1917년 경복궁을 방문한 승려 샤쿠 소엔은 일제가 1915년 조선물산공진회를 개최하면서 경복궁 경내에 지은 건물들이 남아서 고아(古雅)한 경복궁의 건물과 대립하는 데에 불쾌감을 느꼈다. 그러면서 수년간의 계획으로 경복궁과 얼마 떨어지지 않은 곳에 조선총독부의 새로운 거대한 청사를 짓는 일은 무취미(無趣味)한 관리들 탓이라고 하였다. 실로 역사 있는 궁전과 전면의 아치(雅致)가 있는 오래된 대문이[45] 버터 냄새 나는 건물로 일도양단(一刀兩斷)될 운명이라고 비판하였다.[46]

일본인 관광객들은 경복궁과 비교해 창덕궁을 바라보았다. 히로시

....

42 埼玉県教育會, 1918,『踏破六千哩』, 埼玉県教育會, 9쪽.

43 下野新聞主催栃木縣實業家滿韓觀光團, 1911,『滿韓觀光團誌』, 下野新聞株式會社印刷營業部, 84쪽.

44 埼玉県教育會, 1918, 앞의 책, 9쪽.

45 대문은 광화문을 가리키는 것으로 보인다.

46 釋宗演, 1918,『燕雲楚水』, 東慶寺, 9~10쪽.

마고등사범학교 수학여행단은 전체적으로 볼 때, 창덕궁이 경복궁만큼 볼 만한 것은 없지만, 토지의 기복이 있고 삼림이 울창하여 깊은 산의 오래된 절을 찾은 듯한 느낌이므로 이를 공원으로 개방하면 좋겠다고 제안하였다.[47] 이러한 창덕궁에 관한 감상은 비원 때문에 비롯된 것이었다. 관광객 대부분은 비원을 경성 최고의 관광지로 극찬하였다. 1909년의 도치기현 실업가관광단은 비원 관람이 관광단 일행에게 '광영(光榮)'이었다고 적었다. 비원은 심산유곡(深山幽谷)의 경치였으며, 수목이 울창하여 선경(仙境)에 들어가는 것 같다고 표현하였다. 그리고 황폐한 경복궁과 창덕궁의 장관은 대조적이라고 하였다.[48] 1910년 부청관광실업단은 비원의 경치가 교토의 어원(御苑)과 비슷하다고 하였고,[49] 1917년 사이타마현교육회는 여름 무더위를 잊을 정도로 청량한 기운이 비원에 감돈다고 하였다.[50] 1917년의 세키 와치는 비원이 '유아(幽雅)'와 '시취(詩趣)', 즉 그윽하고 품위가 있으며 시적인 정취가 있다고 하였으며,[51] 1918년의 우에무라 도라는 '유수(幽邃)', '한아(閑雅)'라는[52] 표현을 사용하였으며, 민둥산뿐인 조선에 이런 곳이 있다는 사실이 이상하다고 썼다.[53] 1918년에 오마치 게이게쓰는 "비원은 경성 유일의 선경(仙境)"이라고 상찬하였다.[54]

사실 창덕궁은 1907년 이후 순종이 기거하고 있음에도 불구하고, 일본인 관광객의 발길이 끊이지 않았다. 왕의 공간이 일본인의 관광지

....

47 広島高等師範學校, 1907, 『滿韓修學旅行記念錄』, 広島高等師範學校, 27쪽.

48 下野新聞主催栃木縣實業家滿韓觀光團, 1911, 앞의 책, 90~92쪽.

49 赴清実業團誌編纂委員會, 1914, 『赴清実業團誌』, 白岩龍平, 8쪽.

50 埼玉県教育會, 1918, 앞의 책, 13쪽.

51 関和知, 1918, 『西隣游記』, 関和知, 4쪽.

52 유수(幽邃)는 그윽하고 깊숙하다는 뜻이며, 한아(閑雅)는 한가롭고 아치가 있다는 의미이다.

53 植村寅, 1919, 『青年の滿鮮産業見物』, 大阪屋号書店, 45~46쪽.

54 大町桂月, 1919, 앞의 책, 314쪽.

로 이용된 것이다. 1918년 우에무라 도라의 기록에 의하면, 창덕궁은 왕이 살고 있어서 일반인의 관람이 허용되지 않으며, 총독부 등의 알선을 통해 관람할 수 있다고 하였다.[55] 그렇지만 표 5-4에서 확인할 수 있듯이 많은 관광객이 창덕궁과 비원을 구경하였다. 일시적으로 창덕궁과 비원의 관람이 제한된 시기도 있었다. 1918년에 마노 노브카즈는 일년 전의 화재와[56] 발진티푸스의 유행으로 비원 출입이 허가되지 않았으며,[57] 1919년에 오쿠마 아사지로는 고종의 사망으로 창덕궁 입장이 금지되어 구경하지 못했다.[58] 이에 비해 같은 해인 1919년에 고아제 가메타로는 고종 사망 후 폐원 중이던 창덕궁을 총독부의 소개로 특별히 참관하였으며,[59] 역시 1919년의 다카모리 요시토도 총독부의 알선으로 비원을 구경하였다.[60]

파고다공원을 방문한 일본인들은 원각사지십층석탑의 조각이 매우 정밀하고 아름답다고 감탄하였다. 1906년의 히로시마고등사범학교 수학여행단은 "경성 제일의 미술품"이라고 평가하였다.[61] 그렇지만 이 탑이 유독 일본인들의 호기심을 끈 이유는 탑의 상부 3층이 땅에 내려져 있는 까닭이 임진왜란 때 가토 기요마사가 탑을 일본에 가져가려고 시도한 결과라는 이야기 때문이다. 그래서 많은 기행문이 이 전설을 언급

....

55 植村寅, 1919, 앞의 책, 45쪽.

56 1917년 11월에 있었던 창덕궁의 화재를 말하는 것 같다. 대조전 서쪽 행각의 온돌에서 시작된 화재는 내전 영역 대부분을 불태웠다. 복구공사는 경복궁의 강녕전과 교태전 등의 전각을 이건하는 것이었으며, 이때의 재건공사는 창덕궁의 원래 모습을 크게 바꾸어 놓았다(한국민족문화대백과사전, 창덕궁 항목(http://encykorea.aks.ac.kr/)).

57 間野暢籌, 1919, 『満鮮の五十日』, 国民書院, 73쪽.

58 大熊浅次郎, 1919, 『支那満鮮遊記』, 大熊浅次郎, 6쪽.

59 小畔亀太郎, 1919, 앞의 책, 14쪽.

60 高森良人, 1920, 『満·鮮·支那遊行の印象』, 大阪屋号書店, 72~73쪽.

61 広島高等師範學校, 1907, 앞의 책, 27쪽.

하고 있다. 그렇지만 당시 경성의 일본인들 사이에는 조선 중종 때 성내의 불교와 관련된 것을 모두 없애면서 이 탑을 소요산 회암사(檜巖寺)로 이전하려고 위의 3층을 내렸을 때 갑자기 농무가 밀려오며 인부가 죽고 다쳐서 탑의 저주라고 생각하여 중지한 것이며, 가토 기요마사가 일본으로 가져가려다 무게를 감당하지 못해 포기했다는 것은 허설(虛說)이라는 이야기도 있었던 것으로 보인다.[62]

조선총독부에서 운영한 상품진열관은 1914년 이후 관광객이 많이 찾았다. 상품진열관을 방문한 관광객은 모두 수학여행이나 시찰을 목적으로 한 사람들이었다. 수학여행을 온 1914년의 히로시마고등사범학교 학생은 상품진열관 관람을 통해 조선의 산업을 알 수 있다고 했으며,[63] 조사를 위해 1918년 경성을 방문한 도쿄제국대학 학생인 우에무라 도라 역시 "조선의 물산이 망라되어 있어 조선의 산업 상태를 알기에 좋다."고 했다.[64] 당시 상품진열관의 전시 내용은 아래의 설명을 통해 이해할 수 있다.

> 상품진열관은 에이라쿠초(永樂町)에 있으며, 총독부가 경영에 관계한다. 부지는 약 600평, 본관은 벽돌조의 2층 건물로 모두 400평이다. 별도로 부속 매점이 있고, 정원이 300여 평이다. 현관 앞에 분수가 있고, 1912년 11월 개관하였다. 조선 산업의 현상을 한 건물 안에 축사(縮寫)하여 전시함으로써 조사연구에 편리하며, 조선의 물산을 소개하여 판로를 구하는 한편, 내지산 및 외국산 상품을 수집·진열하여 조선 상공업자가 참고할 수 있도록 하였으며, 내지 상품의 판로확장도 도모한다. 월요일, 공

....

62 藤井龜若, 1926, 『京城の光華』, 朝鮮事情調査會, 142쪽.

63 広島高等師範學校, 1915, 『大陸修學旅行記』, 広島高等師範學校, 31쪽.

64 植村寅, 1919, 앞의 책, 47쪽.

휴일의 다음 날, 그리고 연말연시에 며칠을 휴일로 하고, 매일 개관하며, 무료로 공개한다. 1914년 관람인 숫자는 약 12만 명으로, 1일 평균 400명 정도였으며, 내지인 20%, 조선인 75%, 외국인 5%의 비율이었다.

현관을 들어가면, 5개의 조선 인형이 있고, 조선 중류의 가정을 묘사한 전시물이 있는데, 조선은 병물(柄物)과[65] 능물(綾物)이 생산되지 않아 중국에서 수입하였고 백의를 입었다. 오른쪽으로 들어가면 농산물의 분포, 즉 재래종과 개량종과의 비교 등이, 왼쪽으로 꺾으면 권업모범장의 시설·농잠구(農蠶具)·농업 모형·금정련(金精煉) 모형·광산물이 진열되어 있고, 2층 좌익관(左翼館)에서는 연초·소금·인삼·삼포(蔘圃) 모형·양조품 및 음식품, 화학 제품·휴대품 및 장신구·중앙시험소와 공업전습소의 시설품과 성적품을 볼 수 있다. 중앙관은 조선지리(朝鮮地理) 모형을 중심으로 각종 직물·편물·조물(組物)·사류(絲類) 및 기타 제품을 진열하였고, 우익관(右翼館)에서는 금속제품·목죽제품·가구·칠기·도자기를 볼 수 있으며, 계단을 내려가면 도량형기·기계류·문구류·작공품 등을 볼 수 있다.

진열품은 내지 및 조선에 있어 업자가 진열을 희망하여 출품한 것, 기증한 것, 총독부가 참고상의 필요로 구입한 것 등 3가지 종류가 있다. 이를 16부로 분류하는데, 1914년 현재 약 9,000점이 진열되어 있다. 진열품에는 명칭·가격·산지·생산자 이름을 기재해 놓았다. 그리고 진열대 내외의 적절한 장소에 진열품과 관련된 각종 물품의 생산액·상황·용도·수입액 통계·도표 및 설명 등을 게시해 놓았다.[66]

한편 1905년부터 1919년 사이에 경성을 방문한 관광객 가운데 가

....

65 무늬와 그림이 들어간 천이다.

66 石原留吉, 1915, 앞의 책, 137~140쪽.

그림 5-5. 우이동의 벚꽃.
출처: 南滿洲鐵道株式會社, 1922, 『朝鮮之風光』, 青雲堂印刷所.

장 많은 관광지를 둘러본 사람은 15곳을 구경한 오마치 게이게쓰였다. 그는 경성 체류 기간도 9박 12일로 매우 길었으며, 조선시대 유적과 일제와 관련된 장소와 각종 산업시설을 고루 관람했을 뿐 아니라, 청량리·우이동·벽제관을 다녀왔다. 우이동과 벽제관은 유일한 방문자였다. 유명작가였던 오마치 게이게쓰는 하루 종일 자동차를 이용해 먼저 청량리로 가서 홍릉(洪陵)을 보고, 다시 벚꽃의 명소 우이동으로 갔다가, 파고다공원을 거쳐 벽제관을 구경하였다. 그러나 그는 청량리·우이동·벽제관에 왜 갔는지와, 관람 후의 소감은 언급하지 않았다.[67]

두 번째로 경성의 많은 장소를 방문한 사람은 각각 13곳을 방문한 1917년과 1918년의 사이타마현교육회, 1919년의 누나미 게이온이

....

67 大町桂月, 1919, 앞의 책, 314~316쪽.

다. 2년 연속으로 경성을 찾은 사이타마현교육회는 모두 3박 4일의 길지 않은 체류 기간에 거의 유사한 일정을 소화하였다. 차이점은 1917년에는 청량리와 동아연초주식회사를 방문하였고, 1918년에는 이들 대신 한양공원과 공업전습소를 방문한 것이다. 1917년 여행단은 인천에 가기 전에 오전 시간을 거의 다 사용하여 전차로 청량리로 가서 명성황후와 순헌황귀비(純獻皇貴妃)의[68] 능을 구경하였다. 능의 규모가 큰 것에 놀랐고, 건물은 허전했다고 적었다.[69] 1918년 여행단은 야간열차로 아침에 경성에 도착하자마자 한양공원을 찾았다. 경성 시내가 한눈에 내려다보이는 한양공원에서 안내자의 설명을 들으며 경성에 대해 전반적으로 이해할 수 있게 되었다. 이러한 상황으로 미루어 볼 때, 1917년의 경험을 통해 별로 볼거리가 없고 시간이 많이 소요되는 청량리를 1918년에는 제외하고, 경성을 조망할 수 있는 한양공원을 일정에 추가한 것으로 짐작된다. 1918년의 일정을 보면, 첫날은 아침에 남대문역에 도착하여 한양공원·남산공원·총독부 등 남산 일대의 구경하고 여관에 들렀다가 전차로 경복궁과 여기서 가까운 이왕가미술품제작소를 둘러보고 조선인 가옥까지 구경한 뒤 여관으로 돌아왔다. 둘째 날에는 고등보통학교와 경성공업전문학교를[70] 시찰하고 가까이에 있는 창덕궁으로 이동하여 비원·이왕가박물관·동물원·식물원을 한꺼번에 둘러본 뒤, 종로로 나와 파고다공원을 보고 숙소에 들어가기 전에 상품진열관을 구경하였다.[71] 매우 효율적으로 동선을 구성한 덕분에 많은 곳을 구경할 수 있었다. 이러한 1918년 사이타마현교육회의 이동 경로는 나중에 경성

....

68 기행문에는 엄비(嚴妃)로 표기되어 있다.

69 埼玉県教育會, 1918, 앞의 책, 10쪽.

70 공업전습소의 후신이다.

71 埼玉県教育會, 1919, 『鵬程五千哩: 第二回朝鮮滿洲支那視察録』, 埼玉県教育會, 9~15쪽.

의 일반적인 관광 코스로 정착된다.

역시 13곳을 방문한 국문학자 누나미 게이온은 혼자 연구 목적으로 여행을 하였기 때문에 9박 10일에 걸쳐 경성에 머물며 여유롭게 관광하였다. 그는 남대문에서 전차를 타고 종로로 가서 보신각을 구경하였는데, 보신각 앞의 아이스크림 노점을 보고 의외의 조합이라고 생각하였다. 또한 시내를 벗어나 교외에 가보자는 안내자인 총독부 관리의 제안으로 청량리에 가서 홍릉을 보고, 원래 청량사(淸凉寺)라는 절이었던 청량관(淸凉館)이란 조선요리점을 방문하였다.[72]

이와는 반대로, 1905년~1919년의 경성 관광객 중에 가장 적은 장소를 방문한 사람은 1909년의 교토부 실업시찰단과 1919년의 호소이 하지메였다. 교토부 실업시찰단은 5박 6일을 경성에 머물렀는데, 각각 하루는 인천과 수원에 다녀왔으며, 경성에서도 통감부·상업회의소·민역소(民役所)·시장 등 시찰 목적을 달성하기 위해 관련기관을 방문하는데 많은 시간을 들였다. 그리고 반나절의 관광 일정은 자세히 기록하지 않고, 황성(皇城)과 명소구적(名所舊蹟)을 관람하였다고만 적어서 이러한 결과가 나왔다.[73] 조선 전문가로서 "경성은 제2의 고향"이라고 했던 호소이 하지메는 이미 경성에 체류한 경험이 풍부하여 관광을 거의 하지 않았다.[74]

이들에 이어 경성에서 4곳의 관광지를 방문한 사람으로, 1906년의 히로시마고등사범학교 수학여행단과 1918년의 마쓰나가 야스자에몬이 있다. 히로시마고등사범학교 수학여행단은 경성에 3박 4일을 체류하였으나, 관광지는 경복궁·창덕궁·비원·파고다공원 등 4곳만 구경하

....

72 沼波瓊音, 1920, 앞의 책, 12~16쪽.

73 京都府, 1909, 앞의 책, 1~2쪽.

74 細井肇, 1919, 『支那を観て』, 成蹊堂, 252~260쪽.

였다. 이들은 첫날은 저녁 무렵 경성에 도착하였으며, 둘째 날은 인천에 다녀와서 오후에 경성의 학교들을 시찰하였으며, 셋째 날에 4곳의 관광지를 관람하고, 넷째 날 아침 경성을 떠났다. '전력왕(電力王)'이라고 불린 실업가인 마쓰나가 야스자에몬은 경성에 4박 5일을 머물렀는데, 역시 하루는 인천을 다녀왔고, 경성의 실업가와 관리를 만나고 동향의 기업가가 운영하는 제사공장을 방문하는 등 관광 외적인 활동에 시간을 들였다.[75]

이상과 같이, 1905년부터 1919년까지 경성 관광객이 방문한 관광지의 숫자를 살펴보면, 체재 기간과 비례한다고 보기 어렵다. 그리고 전체적으로 시간이 흐를수록 방문한 관광지의 숫자가 늘어나는 경향을 보인다. 그리고 이 시기의 관광객들은 여행 목적에 따라 방문하는 관광지에 있어 큰 차이를 보이지는 않았다. 특히 궁궐과 박물관, 역사유적과 공원과 같은 일반적인 관광지는 더욱 그러하였다. 다만 중앙시험소·동아연초주식회사·뚝섬농사시험장과 같은 기관은 실업가와 정치인 등 직접적인 관련이 있는 사람들의 방문이 많았다.

표 5-5는 1920년부터 1930년 사이에 경성을 방문한 19명의 관광지를 분석한 결과이다. 19명이 모두 25곳을 방문하였다. 1905년~1919년에 방문한 사람이 있었던 보신각·한양공원·청량리·우이동·대원군묘·벽제관·용산·뚝섬농사시험장 등 8곳은 이 시기에 방문자가 한 명도 없었다. 우이동·대원군묘·벽제관·용산·뚝섬농사시험장은 1931년 이후에도 방문자가 한 명도 없어 1920년대 이후 관광지의 기능을 상실하였다고 보아야 할 것이다. 1920년~1930년 방문자가 한 명인 총독부의원과 동아연초주식회사도 비슷한 상황이라 할 수 있다. 이

....

75 松永安左衛門, 1919, 앞의 책, 3~9쪽.

표 5-5. 1920년~1930년 관광객이 방문한 경성의 관광지

관광지	관광객																		
	1	2	3	4	5	6	7	8	9	10	11	12	13	14	15	16	17	18	19
경복궁	●	●	●	●	●	●		●	●	●	●	●	●	●	●		●	●	●
창덕궁	●	●	●	●		●		●		●	●	●	●		●	●	●	●	●
비원	●	●	●	●	●			●		●	●	●		●		●	●	●	●
창경원					●	●				●	●			●				●	
덕수궁		●																	
남대문		●						●					●	●			●		
동대문									●										
경학원						●	●		●	●		●	●						
파고다공원	●	●	●					●		●							●	●	
보신각																			
장충단																		●	
독립문								●											
남산공원		●	●	●	●		●			●	●	●	●						●
한양공원																			
청량리																			
우이동																			
대원군묘																			
벽제관																			
용산																			
조선총독부	●		●		●		●			●	●		●	●		●	●	●	●
동물원	●	●	●	●	●				●	●	●		●	●	●		●	●	●
식물원	●	●	●	●	●				●	●	●	●	●	●			●	●	●
이왕가박물관		●	●		●		●	●	●	●	●	●	●	●		●	●	●	●
총독부박물관	●		●		●		●		●	●	●	●	●		●	●			
상품진열관	●									●	●								
미술품제작소			●		●									●					
공업전습소			●		●														

관광지	관광객																		
	1	2	3	4	5	6	7	8	9	10	11	12	13	14	15	16	17	18	19
중앙시험소	●		●		●			●											
총독부의원				●															
동아연초주식회사	●																		
뚝섬농사시험장																			
조선신궁										●	●	●	●	●	●	●	●	●	●
경성신사					●														
은사과학관																			
박문사																			

주 1: 번호별 관광객은 다음과 같다.
1.伊藤貞五郎(1920), 2.石井謹吾(1921), 3.越佐教育團(1922), 4.内田春涯(1922), 5.高井利五郎(1922), 6.橋本文寿(1922), 7.大屋徳城(1923), 8.石渡繁胤(1923), 9.藤田元春(1924), 10.地理歴史科教員協議會(1925), 11.農業學校長協會(1925), 12.森本角蔵(1925), 13.伊奈松麓(1926), 14.千葉県教育會(1927), 15.小林福太郎(1928), 16.漆山雅喜(1929), 17.鮮満視察團(1929), 18.吉野豊次郎(1929), 19.松本亀次郎(1930)
주 2: 표 5-2의 20명 가운데 방문한 관광지가 없는 渡辺巳之次郎(1920)는 분석 대상에서 제외하였다.

시기에 새롭게 관광지로 추가된 곳은 조선신궁과 경성신사(京城神社)였다. 앞서 살펴본 바와 같이 조선신궁은 1925년 완공되었고, 경성신사는 일본 거류민들이 만든 것으로 일찍부터 존재했으나,[76] 이 시기에 처음 방문자가 생겼다. 경성신사를 방문한 사람은 히로시마현립공업학교 교장인 다카이 도시고로였다. 그는 총독부에 갔다가 남산에 올라 경성신사를 참배하고 조선신궁 건축 현장을 둘러보았다.[77]

25곳의 관광지 가운데 가장 많은 관광객이 방문한 곳은 17명이 찾

76 경성신사는 1892년 경성에 거류하는 일본인 유지들이 아마테라스 오미카미를 모시는 배향소를 설치한 것을 효시로 본다. 1898년 남산공원을 조성할 때, 이세신궁과 유사한 신전을 건립하여 '남산대신궁(南山大神宮)'이라 하였다. 1916년 정식으로 조선총독부에 신사 창립을 출원하여 '경성신사'의 창립을 허가받았다. 1936년에는 국폐소사(國幣小社)의 지위를 부여받았다(ウィキペディアフリー百科事典, 京城神社 항목(https://ja.wikipedia.org/wiki/京城神社)).

77 高井利五郎, 1923, 『鮮満支那之教育と産業: 最近踏査』, 広島県立広島工業學校, 7쪽.

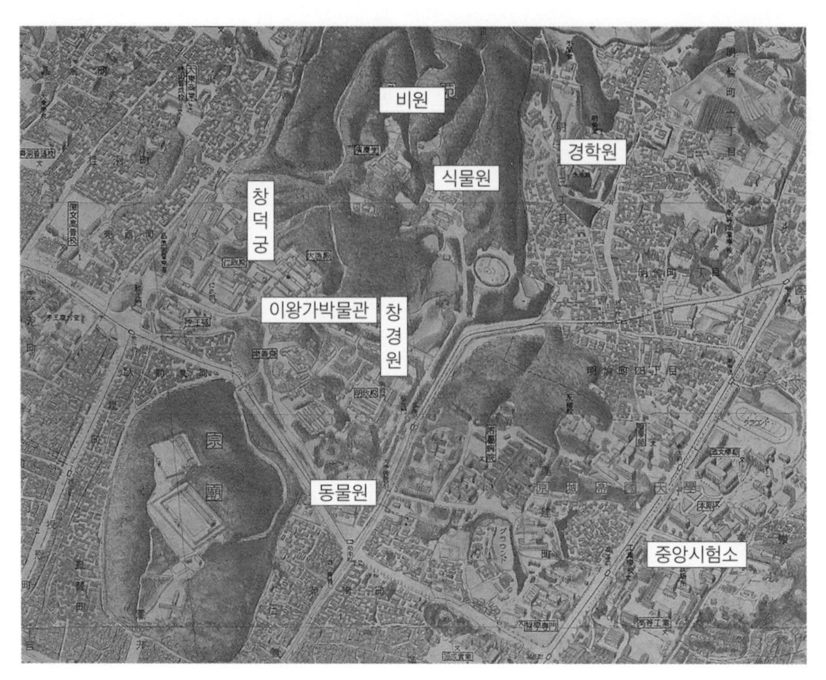

그림 5-6. 창덕궁과 창경원, 그리고 주변 관광지.
출처: 서울역사박물관, 2015, 「大京城府大觀」.

은 경복궁이었고, 각각 15명이 찾은 창덕궁과 이왕가박물관, 각각 14명이 찾은 비원·동물원·식물원이 뒤를 이었다. 1905년~1919년과 마찬가지로, 궁궐을 찾는 일본인이 가장 많았다. 창덕궁과 비원, 그리고 창경원을 구성하는 이왕가박물관·동물원·식물원이 모두 이웃해 있으므로 이들이 1920년대 경성 최고의 관광지임을 확인할 수 있다. 그 밖에 10명 이상이 방문한 곳으로는 남산공원·조선총독부·조선신궁·총독부박물관이 있다. 1915년 개관한 총독부박물관은 경복궁 경내에 있었기 때문에 경복궁을 방문한 사람들이 같이 구경하는 사례가 많았다.

관광객이 적은 곳으로는 위의 관광객이 전혀 없는 8곳과 1명 밖에 없는 덕수궁·동대문·장충단·독립문·총독부의원·동아연초주식회사·

경성신사를 꼽을 수 있다. 원래 경운궁(慶運宮)이라 불리던 덕수궁은 1907년 즉위한 순종이 창덕궁으로 옮기면서 태황제인 고종의 거처가 되었고, 고종이 덕을 누리며 오래 살라는 의미로 덕수궁으로 이름을 바꾸었다. 이후 덕수궁은 1919년 고종이 사망할 때까지 관광객의 출입이 제한된 것으로 보이며,[78] 이후 1933년 공원이 되어 일반인에게 공개될 때까지도 출입이 자유롭지 않아 방문자가 거의 없던 것으로 짐작된다.

1905년~1919년과 비교해 보면, 파고다공원과 미술품제작소 등은 관광객이 줄었고, 경학원·총독부박물관 등은 관광객이 늘었다. 1920년대 파고다공원의 방문자가 줄어든 것은 3.1운동의 여파로 보인다. 파고다공원이 3.1운동의 중심지가 되고, 이후에도 조선인들의 공간으로 계

그림 5-7. 미술품제작소.
출처: 山本三生 編, 1930, 『日本地理大系 第13卷: 朝鮮篇』, 改造社.

....

78 1909년 도치기현 실업가관광단의 기행문에 덕수궁은 허가받지 못해 바깥에서만 볼 수 있었다고 기록되어 있다(下野新聞主催栃木縣實業家滿韓觀光團, 1911, 앞의 책, 92쪽.).

속 점유되면서 일본인의 방문이 줄어든 것으로 추측된다. 1920년 파고다공원을 찾은 이토 사다고로는 정교한 대리석 탑이 먼저 눈을 놀라게 했지만, 갓을 쓰고 짚신을 신은 흰옷의 조선인들이 공원에서 유유히 한가롭게 긴 담뱃대를 물고 소요하는 것이 기관(奇觀)이라고 썼다.[79] 파고다공원은 종로의 조선요리점을 찾아갈 때 잠시 들르는 장소이기도 했다.[80] 미술품제작소는 1922년 도미타 기사쿠가 인수하여 조선미술품제작소(朝鮮美術品製作所)로 이름을 바꾼 이후에 점차 쇠퇴하기 시작하였는데,[81] 관광객이 준 것과 서로 영향이 있었을 것이다.

조선시대 최고 교육기관인 성균관은 1911년 일제에 의해 그 기능을 상실하고 석전향사(釋奠享祀)와 재산관리를 주된 임무로 하는 경학원으로 바뀌었다. 1910년대에는 경학원을 찾는 일본인이 거의 없었으나, 1920년대에는 6명이 경학원을 방문하였다. 1926년 경학원을 찾은 이나 쇼로쿠는 경학원이 과거에 유교의 최고학부였으나 이제는 '역사 참고품'에 불과하다고 표현하였고, 조선인 원장이 일본어로 설명했다고 기록하였다.[82] 경학원을 방문한 일본인들은 경학원의 역사와 그 의미보다 석전제에 사용하는 제기(祭器)와 악기(樂器)에 더 흥미를 느꼈다. 역사박물관을 지향한 총독부박물관은 쇠퇴한 조선 문화의 전시가 중심이었다. 그리고 조선사의 정체성과 타율성을 부각할 수 있는 내용과 불교유물을 중요하게 전시하였다.[83] 총독부박물관이 일본인의 관심을 끈 것은 전시물뿐 아니라 박물관 건물이었다. 1924년 경복궁을 찾은 지리학

....

79 伊藤貞五郎, 1921, 『最近の朝鮮及支那』, 伊藤貞五郎, 50~51쪽.

80 下関鮮満案内所, 1929, 『鮮満十二日: 鮮満視察團紀念誌』, 下関鮮満案内所, 102쪽.

81 정지희, 2019, 앞의 논문, 248~250쪽.

82 伊奈松麓, 1926, 앞의 책, 28쪽.

83 김인덕, 2010, 「조선총독부박물관 본관 상설 전시와 식민지 조선 문화: 전시유물을 중심으로」, 『서울과 역사』 76, 238~239쪽.

자 후지타 모토하루는 "좌측은 조선의 경복궁으로 근정전·사정전(思政殿)·경회루 등 웅대한 고건축이 당시의 영화를 말해주며, 이에 비해 우측에는 아름다운 서양풍의 박물관이 있어 신구의 대조가 재미있다."라고 술회하였다.[84]

한편 표 4-2과 4-8의 1924년 관광안내서에서 제시한 경성의 관광지와 표 5-5를 비교해 보면, 표 4-2, 즉 『조선철도여행편람』에서 제안한 관광지 가운데 보신각·청량리·우이동·북한산·벽제관은 한 명도 찾지 않았고, 덕수궁과 장충단공원의 방문자도 각각 한 명에 그쳤다. 표 4-8, 즉 『선만지나여정과 비용개산』에서는 경복궁·미술품제작소·상품진열관·창덕궁·동물원·식물원·박물관·남산공원·파고다공원·보신각·조선총독부·독립문·용산시가·한강·청량리 등 모두 15곳을 추천하였는데, 1920년대 관광객들은 보신각·용산시가·한강·청량리를 찾은 사람이 없었고, 독립문은 한 명만 구경하였다.

정리하면, 관광안내서가 추천한 관광지와 실제 관광객이 찾은 장소는 상당한 괴리가 있었다. 관광안내서가 추천했지만, 관광객이 방문하지 않은 장소들은 대체로 시내에서 떨어져 있거나 관광객의 주된 이동경로에서 벗어나 있는 곳이다. 그리고 용산 시가와 한강은 그 관광지점의 위치가 분명하지 않아 관광지에서 제외되었을 가능성이 있다. 1905년~1919년에는 많지는 않아도 이들 장소를 방문하는 관광객이 있었으나, 1920년대 들어서 줄어들었다. 시간이 흐를수록 관광객들이 짧은 시간에 많은 장소를 효율적으로 돌아보려 했기 때문에 이러한 결과가 나왔다. 예를 들어, 1922년의 에쓰사교육단은 오전 8시 남산공원에 오른 것을 시작으로, 총독부에서 내준 자동차로 경성고등공업학교, 즉 공업

....

84 藤田元春, 1926, 앞의 책, 419쪽.

전습소와 중앙시험소를 시찰하고, 파고다공원을 거쳐 창덕궁과 비원, 그리고 박물관·동물원·식물원 등 창경원 관람을 오전에 모두 마쳤다. 오후에는 여자고등보통학교를 비롯한 학교 3곳을 시찰하였다. 그리고 '오늘'의 일정은 며칠이 걸릴 것이나, 현인회·총독부·경기도청·경성부 등의 안내와 배려로 하루에 가능했다고 평가하였다.[85] 1929년 조선박람회를 찾은 관광단이 선택한 관광지와 관광 시간도 이러한 경향을 잘 보여준다. 선만시찰단은 창덕궁·비원·박물관·동물원·식물원 관람을 1시간 30분 만에 모두 마쳤으며,[86] 역시 요시노 도요시지로가 참가한 일본여행협회 주최 조선박람회 관광단도 오전 11시 인천행 기차에 타기 전에 장충단을 보고 창덕궁·비원·박물관·동물원·식물원을 거쳐 파고다공원까지 관람하였다.[87] 서로 가까이 있는 관광지들을 묶어서 관광하는 관행이 정착된 것이다.

1920년대 들어 새로운 관광지로 급부상한 곳이 있다. 바로 조선총독부와 조선신궁이다. 1905년~1919년에도 조선총독부를 방문한 사람들이 꽤 있었으나, 조선총독부를 구경하기 위한 목적보다는 여행 목적과 관련하여 조선총독부의 관련 부서를 방문하여 자료를 수집하거나 설명을 듣고 개인적인 친분이 있는 직원들을 만나기 위한 경우가 많았다. 앞에서 살펴보았듯이 정치인이나 실업가들은 총독이나 정무총감을 만나러 총독부를 찾았다. 이에 비해 1926년 경복궁 경내에 새롭게 완공된 조선총독부는 그 자체가 커다란 구경거리가 되었다. 일본에서도 보기 힘든 거대한 규모의 최신식 건물이었고, 건물 내부도 화려하여 경성에서 가장 중요한 관광지가 되었다. 경복궁·총독부박물관과 같은 곳에

....

85 越佐教育雑誌社, 1922, 『越佐教育満鮮視察記: 附·青島上海』, 越佐教育雑誌社, 4~6쪽.

86 下関鮮満案内所, 1929, 앞의 책, 102쪽.

87 吉野豊次郎, 1930, 앞의 책, 13~15쪽.

그림 5-8. 조선신궁(저자 소장 그림엽서).

있다는 점도 관광객의 발길이 끊이지 않는 이유 중 하나였으며, 무엇보다 조선의 옛 궁궐과 관련해 조선총독부 건물이 지닌 상징성도 일본인들에게는 커다란 의미가 있었다. 1926년의 이나 쇼로쿠는 조선총독부를 보고 "동양 제일의 건축물이라 하며, 실로 전도(全道)를 누르는 감이 있다. 조선인들은 일본의 황거(皇居)를 내지에서 옮겨온 것 같다고 한다. 그 뒤에는 대원군이 일세(一世)의 민력(民力)을 동원하여 완성했다는 장려(壯麗)한 경복궁이 황폐한 모습으로 보존되어 있다. 지금과 과거의 대조가 얄궂다."라고 서술하였다.[88] 앞에서도 말한 대로 일본인 관광객은 경복궁과 조선총독부의 대비를 통해 여러 가지 감정을 느꼈다. 그래서 1926년 이후의 관광객 중에 포교 여행을 온 승려 고바야시 후쿠타로를 빼고는 모두 조선총독부를 관람하였다.

조선총독부가 일제의 정치적 지배를 상징한다면, 조선신궁은 일제

88 伊奈松麓, 1926, 앞의 책, 29쪽.

의 정신적 지배를 상징하는 장소였다. 신궁과 신사는 일본의 전통문화를 상징하는 대표적인 장소이다. 일본인들이 '내지(內地)'가 아닌 '외지(外地)'에 있는 신궁을 참배한 것은 외지에서의 일본의 존재를 확인하는 경험이었다.[89] 표 5-5를 보면, 1925년 이후의 경성 관광객은 모두 조선신궁을 찾았다. 관광객들이 남산 중턱의 조선신궁을 반드시 찾은 또 다른 중요한 이유는 이곳이 경성 전체를 조망할 수 있는 지점이기 때문이다. 과거 남산공원이 했던 역할을 조선신궁이 대신하게 된 것이다. 관광객들은 조선신궁을 방문하여 자신의 신에게 참배하였을 뿐 아니라, 경성 시내를 한눈에 전망하면서 안내자의 설명을 들었다. 안내자는 북한산을 비롯한 경성 주위의 주요 지형지물과 시내의 주요 시설과 건물을 손으로 가리키며 하나하나 설명하였다. 이러한 안내자의 설명을 들으며 높은 곳에서 시야를 방해받지 않고 내려다보는 경험은 경성에 대한 전체적인 이해에 큰 도움이 되었다. 이 때문에 경성에서 제일 먼저 방문하는 관광지로 조선신궁을 택한 관광객이 많았다.

한편으로 내려다보는 시선의 경험은 보는 사람과 볼거리가 관계를 맺는 데도 관여하였다. 내려다보는 것은 '지배'와 '우월'을 의미하며, 그 볼거리에 대해 우월한 입장이 되어 그것을 전면적으로 장악할 수 있게 된다. 보는 사람이 볼거리를 올려다보는 경우, 그 볼거리에 압도되어 그것을 경외와 존경의 시선으로 상찬하게 되는 것과는 상황이 다르다.[90]

1920년대에도 계속 많은 관광객이 찾던 관광지에 관한 기행문의 인상과 평가는 전 시기와 유사하였다. 경복궁에서는 품계석과 경회루에 관한 서술이 가장 많았다. 그리고 경복궁의 위치와 구조가 교토 이궁

....

89 정치영·米家泰作, 2017, 「1925·1932년 일본 지리 및 역사교원들의 한국 여행과 한국에 대한 인식」, 『문화역사지리』 29(1), 8쪽.

90 西村孝彦, 1997, 『文明と景観』, 地人書房, 244~247쪽.

(離宮)의 정전인 시신텐(紫宸殿)과 유사하다는 평가도 등장한다.[91] 비원은 여전히 경성 최고의 관광지로 꼽히며, '고아(古雅)'·'한아유적(閑雅幽寂)'·'선경(仙境)' 등의 단어가 그대로 사용되어, 한 번 생산된 장소 이미지가 계속 재생산되고 있었다. 새로운 관광 관행으로, 비원에서 샘물을 맛보는 것이 생겨났다. 1926년의 이나 쇼로쿠는 안내인이 컵을 준비해와 자신에게 샘물을 마시게 하였다고 썼다.[92] 동물원에 관한 서술을 보면, 하마와 군학(群鶴)에 관한 내용이 유난히 많아 이들이 일본의 동물원과 차별되는 경성 동물원의 볼거리였음을 짐작할 수 있다.

1920년~1930년의 경성 관광객 가운데 가장 많은 관광지를 둘러본 사람은 1925년의 전국중등학교지리역사과교원협의회로 모두 14곳의 관광지를 구경하였다. 그다음은 각각 13곳을 방문한 1922년의 에쓰사교육단과 다카이 도시고로였으며, 12곳을 찾은 1925년의 농업학교장협회가 뒤를 이었다. 다카이 도시고로도 실업학교장 시찰단의 일원이므로, 많은 관광지를 둘러본 사람들은 모두 교원이라는 공통점이 있다. 이들은 관광지는 물론이고, 학교도 2~3곳 이상 시찰하였다. 그리고 이들은 다른 사람에 비해 경성에서의 체류 기간도 길지 않았다. 다카이 도시로는 3박 4일을 보냈지만, 전국중등학교지리역사과교원협의회와 농업학교장협회는 2박 3일을 머물렀고, 에쓰사교육단은 1박 2일밖에 체류하지 않았다. 이렇게 교원들이 경성에서 비교적 짧은 시간에 많은 관광지를 볼 수 있었던 것은 이들이 일찍부터 식민지 조선 관광에 나섰고 또 관광객 가운데 큰 비중을 차지하면서 다른 집단에 비해 풍부한 관광경험을 축적해왔기 때문에 더 효율적으로 관광계획을 수립할 수 있었

....

91 内田春涯, 1923,『鮮満北支感興ところどころ』, 内田重吉, 27쪽.

92 伊奈松麓, 1926, 앞의 책, 28쪽.

고, 이에 따라 정형화된 일정을 소화한 결과로 생각된다. 한편으로 실업가, 정치인에 비해 부족한 교원의 경제적·시간적 형편, 상대적으로 더 많은 지적인 호기심도 영향을 주었을 것이다.

반대로, 경성에서 가장 적은 관광지를 방문한 사람은 1922년의 하시모토 후미토시로, 4곳에 불과하였다. 하코다테사범학교 교장인 그는 경성에서 3박 4일을 머물렀지만, 하루는 인천에 다녀왔고, 하루는 경학원의 석전제에 참가하느라 많은 시간을 보냈다.[93] 그다음은 5곳을 방문한 1922년의 오야 도쿠쇼와 1928년의 고바야시 후쿠타로였다. 불교 유적조사가 목적이었던 오야 도쿠쇼는 경성에 24박 25일을 체류하였으나, 주로 박물관과 사찰에서 시간을 보냈다.[94] 포교 여행에 나선 승려 고바야시 후쿠타로는 경성에 14시간 정도만 머물렀다.[95] 6곳을 방문한 우루시야마 마사키는 미쓰이 재벌의 단 다쿠마 이사장을 수행한 사람으로, 고령인 단 다쿠마를 따라 여유 있게 관광하였다.[96]

1905년부터 1919년까지 경성을 방문한 29명의 관광객이 둘러본 1인당 평균 관광지 숫자는 7.5곳이었다. 이에 비해 1920년~1930년의 19명의 관광객이 둘러본 경성의 1인당 평균 관광지 숫자는 9.3곳이었다. 앞서 분석하였듯이, 1920년~1930년의 관광객 체류 기간이 1905년~1919년의 그것에 비해 줄어든 점을 감안하면, 더 짧은 시간 동안 더 많은 관광지를 관람하였다는 사실을 확인할 수 있다. 동선을 효율적으로 구성하여 시간 낭비를 줄이고, 교통수단으로 자동차를 널리 활용하였으며, 관광지를 보는 방법이 일정한 형식으로 고정된 것도 이러한

....

93 橋本文寿, 1923,『東亜のたび』, 橋本文寿, 10~13쪽.

94 大屋徳城, 1930, 앞의 책, 6~16쪽.

95 小林福太郎, 1928, 앞의 책, 28~29쪽.

96 漆山雅喜, 1929, 앞의 책, 14~35쪽.

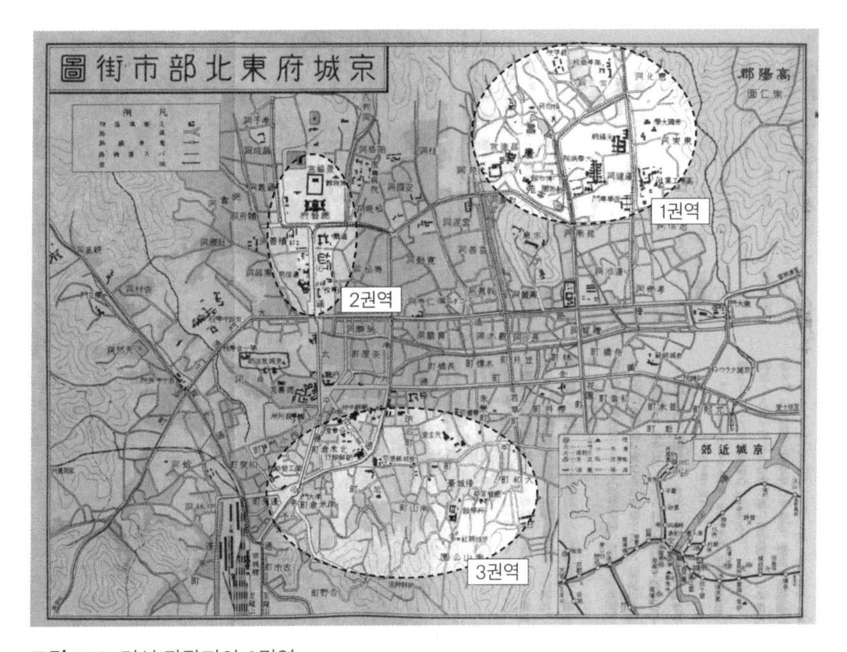

그림 5-9. 경성 관광지의 3권역.

출처: 朝鮮總督府 鐵道局, 1934,『朝鮮旅行案內記』, 朝鮮總督府 鐵道局.

그림 5-10. 박문사(저자 소장 그림엽서).

표 5-6. 1931년~1945년 관광객이 방문한 경성의 관광지

관광지	관광객																					
	1	2	3	4	5	6	7	8	9	10	11	12	13	14	15	16	17	18	19	20	21	22
경복궁	●	●	●	●			●	●			●	●		●		●	●	●			●	●
창덕궁	●	●		●	●	●	●	●		●		●		●	●					●		
비원	●	●	●	●		●	●	●			●	●		●								
창경원	●	●	●	●			●	●		●		●	●	●		●	●	●		●	●	
덕수궁						●							●			●	●	●	●	●		
남대문		●	●		●		●	●			●	●	●	●		●		●		●		●
동대문			●										●							●		
경학원	●		●			●	●						●					●		●		
파고다공원	●	●	●					●					●							●		
보신각	●							●					●									
장충단	●						●	●														
독립문																						
남산공원	●	●					●	●			●											
한양공원					●		●															
청량리					●						●											
우이동																						
대원군묘																						
벽제관																						
용산																						
조선총독부	●	●	●	●	●		●		●	●	●	●	●	●		●	●			●		●
동물원	●	●	●	●			●			●	●		●			●		●		●	●	
식물원	●	●	●	●						●	●		●			●		●		●	●	
이왕가박물관		●	●	●			●			●		●	●					●	●	●	●	
총독부박물관				●		●	●	●		●	●	●						●				●
상품진열관		●					●	●			●	●										
미술품제작소																						
공업전습소							●															

관광지	관광객																					
	1	2	3	4	5	6	7	8	9	10	11	12	13	14	15	16	17	18	19	20	21	22
중앙시험소								●														
총독부의원																						
동아연초주식회사																						
뚝섬농사시험장																						
조선신궁	●	●	●	●	●	●	●	●	●	●	●	●	●	●	●	●	●	●		●		●
경성신사	●	●	●				●			●			●							●	●	
은사과학관			●				●															
박문사						●	●	●	●	●	●	●	●	●	●	●	●	●		●		

주 1: 번호별 관광객은 다음과 같다.
1.賀茂百樹(1931), 2.岡田潤一郎(1931), 3.栗原長二(1931), 4.地理歴史科教員協議會(1932), 5.依田泰(1933), 6.本多辰次郎(1933), 7.杉山佐七(1933), 8.東海商工會議所聯合會(1934), 9.藤山雷太(1934), 10.山形県教育會視察團(1935), 11.福徳生命海外教育視察團(1935), 12.広瀬為久(1935), 13.中島正国(1936), 14.岐阜県聯合青年團(1937), 15.中島真雄(1938), 16.日本旅行會(1938), 17.岡山県鮮満北支視察團,(1939) 18.大陸視察旅行團(1939), 19.市村與市(1941), 20.豊田三郎 등(1941), 21.藤本実也(1941), 22.山形県教育會視察團(1942)
주 2: 표 5-3의 26명 가운데 방문한 관광지를 제대로 기록하지 않은 篠原義政(1932), 中根環堂(1935), 石橋湛山(1940), 石山賢吉(1940) 등 4명은 분석 대상에서 제외하였다.

현상을 촉진하였다. 시간이 흐를수록 경성 관광에 있어서 시공간 압축 현상이 나타난 것이다. 특히 관광공간에 있어 크게 3개의 권역이 형성되었다. 첫째는 창덕궁을 중심으로 인접해 있는 창경원·경학원·중앙시험소·공업전습소 등을 묶은 권역이며, 둘째는 경복궁과 조선총독부·총독부박물관·미술품제작소를 묶은 권역, 셋째는 남산공원과 조선신궁·상품진열관 등을 묶은 권역이다. 이 권역에서 벗어난 관광지는 점차 관광객의 발길이 줄어들게 되었다.

표 5-6은 1931년~1945년에 관광객이 방문한 경성의 관광지를 정리한 것이다. 모두 22명의 기행문을 분석한 결과, 26곳의 관광지를 방문했음을 확인하였다. 전시기까지 관광객이 있었던 곳 가운데 독립문·미술품제작소·총독부의원·동양연초주식회사는 찾은 사람이 한 명도

없어 관광지로서 기능을 상실한 것으로 믿어진다. 미술품제작소는 이미 1920년대 후반부터 쇠퇴하다가 1936년 공식 해체되었다.[97] 1920년대 찾는 관광객이 없었던 우이동·대원군묘·벽제관·용산도 방문자가 없어 관광지 기능을 완전히 상실하였다. 그러나 1920년대 관광객이 없었던 한양공원과 청량리는 이 시기에 각각 2명이 방문하였다. 1931년~1945년에 새로 관광지가 된 곳은 은사과학관과 박문사였다. 은사과학관은 1927년, 박문사는 1932년 처음 생겼다.

1931년~1945년 가장 많은 관광객이 방문한 곳은 20명이 찾은 조선신궁이었다. 2위는 16명인 조선총독부, 3위는 15명인 창경원, 4위는 각각 14명인 경복궁과 박문사, 5위는 13명인 남대문이었다. 1920년대 중반부터 주요 관광지로 급부상한 조선신궁과 조선총독부가 이 시기 들어 1·2위를 차지한 것이 중요한 특징이다. 앞서 살펴보았듯이 조선신궁은 식민지 조선에 대한 일본의 정신적 지배를 상징하는 공간이었다. 1935년의 실업가 히로세 다메히사는 조선신궁을 "반도(半島)를 진호(鎭護)하는 주신(主神)을 모시는 곳"이라 표현하였다.[98] 한편으로 조선신궁은 경성 최고의 전망대였기 때문에 경성을 찾은 거의 모든 일본인 관광객이 신궁을 '배관(拜觀)'한 뒤 시내를 조망하였다. 이와 비교해 1933년 요다 야스시는 조선총독부에 "대일본 반도 통치의 총본산"이라는 의미를 부여했다.[99] 공업학교장인 스기야마 사시치는 조선총독부 건물이 특히 조선산(朝鮮産)의 각종 대리석을 사용하였고 건축학적으로 참고가 되어 참관자가 날로 증가하고 있다고 설명하였다.[100] 또한 관광객의 발

....

97 정지희, 2019, 앞의 논문, 250쪽.

98 広瀬為久, 1936,『普選より非常時まで』, 広瀬為久, 52쪽.

99 依田泰, 1934,『満鮮三千里』, 中信毎日新聞社, 164쪽.

100 杉山佐七, 1935,『観て来た満鮮』, 東京市立小石川工業學校校友會, 34쪽.

길을 끈 한 요인으로 조선총독부가 관광안내소와 비슷한 역할을 한 점도 있다. 1942년 야마가타현교육회 시찰단은 조선총독부에 가서 '신흥조선(新興朝鮮)'이라는 홍보 영화를 감상하고, 여러 가지 인쇄물을 받았다.[101] 이러한 자료는 관광에 참고가 되었고, 뒤에 기행문이나 시찰 보고서를 작성하는 데도 활용되었다.

창경원과 경복궁은 전시기에 걸쳐 인기 있는 관광지였으며, 이 시기에도 여전히 중요한 위치를 차지하고 있었다. 그러나 1932년 경복궁 근정전을 구경한 전국중등학교지리역사과교원협의회는 마당에 풀이 수북하고 돌난간에도 담쟁이넝쿨이 무성하여 감개무량하다고 표현하였으며, 대조적으로 그 앞의 조선총독부는 우뚝 솟아올라 있다고 묘사하였다.[102] 경복궁은 변함없이 일본인 관광객에게 쇠락한 조선 문명을 상기시키는 오브제로 이용되고 있음을 알 수 있다. 창경원과 경복궁에 비해 창덕궁과 비원을 관광한 일본인은 상당히 줄었으며, 특히 1938년 이후는 거의 없다. 이것은 두 곳의 가치가 줄어든 것이 아니라, 일제가 관광을 제한하였기 때문으로 풀이된다. 1941년의 후지모토 지쓰야에 의하면, 창덕궁은 전에 참관하였으나 지금은 누구라도 입장이 불가능하며, 비원은 이왕직이나 총독부가 허가해야 관람 가능하다고 기록해 놓았다. 그래서 그는 창경원만 구경하였다.[103] 1930년대 중반까지 비원을 관광한 일본인들은 앞선 시기의 사람들과 같은 것을 구경하면서 비슷한 행동을 했으며, 그 평가도 유사하였다. 1932년의 전국중등학교지리역사과교원협의회는 구릉·계류·청천(淸泉)·다리·기암괴석·누정이

....

101 山形県教育會視察團, 1942, 『満鮮2600里』, 山形県教育會視察團, 119쪽.

102 全國中等學校地理歷史科教員協議會, 1932, 『全國中等學校地理歷史科教員第十回協議會及鮮滿旅行報告』, 全國中等學校地理歷史科教員協議會, 133쪽.

103 藤本実也, 1943, 『満支印象記』, 七丈書院, 300쪽.

어우러진 비원의 경치를 구경하고 샘물을 마셨으며, '별천지(別天地)'라고 평가했다.[104]

1931년~1945년의 관광지 가운데 가장 눈에 띄는 곳은 박문사이다. 박문사는 조동종(曹洞宗)의 불교사찰이나, 평범한 절이 아니다. 조선 침략에 지대한 공을 세운 이토 히로부미를 추억하는 곳이기 때문이다. 박문사에 관한 기행문의 서술 내용을 보면, 이토 히로부미의 업적을 나열하고 2층 콘크리트의 거대한 건물이라는 것 외에는 별다른 내용이 없다. 1941년 경성을 방문한 도요다 사부로는 박문사를 비롯한 경성의 건축물을 구경하면서 전부 중국과 일본의 문화를 연상케 하여 두통을 느꼈다고 적을 정도였다.[105] 이같이 큰 매력이 없는 신축 사찰인 박문사를 1933년 이후의 관광객들이 대부분 구경한 것은 관광객보다는 관광공급자들이 적극적으로 박문사를 홍보한 탓으로 추정된다. 표 4-3의 1934년 조선총독부가 만든 『조선여행안내기』에 수록된 경성 관광지를 보면, 1932년에 생긴 박문사가 포함되어 있다. 그리고 표 4-12의 1939년 만철이 제작한 『선만지여행안내서』의 경성의 추천 관광 일정 5개 중 4개에 박문사가 들어 있다. 그러나 박문사는 앞에서 본 1920년대 3개의 관광권역에서 벗어나 있다. 이러한 점들을 종합해 볼 때, 박문사는 공급자의 의도에 의해 경성의 대표적인 관광지가 되었다.

또 하나 흥미로운 점은 줄곧 큰 관심을 받지 못하던 남대문이 이 시기 들어 중요한 관광지가 된 것이다. 이 역시 관광공급자가 조성한 관광공간과 관계가 있다. 공급자는 표 4-12와 같이 남대문을 포함한 추천 일정을 만들었을 뿐 아니라, 이 시기에 관광객들이 많이 탄 유람 버스의

....

104 全國中等學校地理歷史科教員協議會, 1932, 앞의 책, 135쪽.

105 井上友一郎·豊田三郎·新田潤, 1942, 『満洲旅日記: 文学紀行』, 明石書房, 34쪽.

동선도 여기에 맞추었다. 따라서 경성역에서 출발하는 유람 버스에 오른 관광객이 가장 먼저 구경하는 곳이 남대문이었다. 남대문에 내려 기념사진을 찍고 조선신궁으로 올라가는 것이 가장 일반적인 경로였다. 이에 따라 남대문에 대한 평가도 기행문에 등장하게 되는데, "부근의 당당한 서양식 건축물 사이에서 홀로 500년의 이끼를 덮고 서서 동양 예술의 정수(精髓)를 보여주고 있다."라는 서술이 여러 기행문에서 공통으로 사용되었다.[106] 그러나 남대문에 대한 다른 평가도 있었다. 작가 도요다 사부로는 "남대문이 작은 것에 놀랐다. 베이징(北京)의 성곽과는 비교가 되지 않는다. 중국 양식보다 일본 양식에 가깝다. 경성의 모든 옛 건축에 대해 그렇게 말할 수 있었다. 그것은 베이징~경성~교토라는 문화가 연관되는 중간성(中間性)을 분명히 말하고 있다."라는[107] 새로운 견해를 남겼다.

이제 1930년대에 제작된 관광안내서에서 추천한 관광지와 실제 관광객이 관람한 관광지를 비교해 보자. 표 4-3의 1934년 『조선여행안내기』에 수록된 경성의 관광지는 모두 34곳인데, 이 가운데 경성역·혼마치·조선호텔·경성방송국·동평관지·경성제대·천연정·동구릉·금곡릉·세검정·북한산 등 11곳은 표 5-6에 없다. 경성방송국·동평관지·천연정·동구릉 등과 같이 기행문에서 기록을 전혀 발견할 수 없는 장소가 있고, 경성역·조선호텔과 같이 많은 관광객이 방문했으나, 관광지로 보기 어려워 표 5-6에 수록하지 않은 곳도 있다. 그리고 앞서 언급했듯이 미술품제작소·독립문·청량리·벽제관·우이동 등 5곳은 『조선여행안내기』에서 추천했으나, 관광객이 한 명도 없는 곳이다. 나머지 18곳은 공

....

106 依田泰, 1934, 앞의 책, 167쪽.
広瀬為久, 1936, 앞의 책, 51쪽.

107 井上友一郎·豊田三郎·新田潤, 1942, 앞의 책, 34쪽.

급자가 추천하였고, 관광객도 방문한 곳이다. 18곳은 상공장려관[108]·남대문·조선신궁·남산공원·덕수궁·경복궁·경회루·총독부박물관·조선총독부·보신각·파고다공원·창덕궁·비원·창경원·경학원·동대문·장충단공원·박문사이다.

만철이 제안한 표 4-11의 1931년 관광 일정과 표 4-12의 1939년 관광 일정은 실제 관광객의 일정과 거의 일치한다. 다만 표 4-11의 자동차를 이용한 일정에서 추천한 청량리, 역시 표 4-12의 대절 자동차를 이용한 일정에서 제시한 청량리·한강의 경우, 청량리를 방문한 사람은 2명에 불과하였고, 한강을 찾은 방문자는 기행문에서 발견하지 못했다. 한강은 대개 기차를 타고 오가는 길에 차창을 통해 구경하는 곳이었다. 차창을 통한 관광이 늘어난 것은 이 시기의 특징 가운데 하나이다. 시내관광에 유람 버스를 많이 이용하게 되면서, 경성방송국·조선은행·남산공원·경성신사 등은 차 안에서 안내원의 설명을 들으며 구경했다는 기록이 이 시기에 등장하였다.[109]

1931년부터 1945년까지 경성을 방문한 22명의 관광객이 둘러본 1인당 평균 관광지 숫자는 9.6곳으로, 1920년~1930년의 9.3곳에 비해 약간 증가하였다. 그렇지만 1920년~1930년에 비해 1931년~1945년 관광객의 경성 체류 기간이 줄었다는 점을 고려하면, 더 짧은 시간에 더 많은 관광지를 관람하는 경향이 더욱 짙어졌다고 볼 수 있다. 1931년~1945년의 경성 관광객 가운데 가장 많은 관광지를 구경한 사람은 2박 3일 동안 머물며 19곳을 둘러본 1933년의 스기야마 사시치였다. 2위는 각각 14곳을 방문한 1931년의 가모 모모키·오카다 준이치로·구리

....

108 상품진열관이 상공장려관으로 명칭이 변경되었다.

109 中島正国, 1937, 앞의 책, 9~14쪽.

日本旅行會, 1938,『鮮満北支の旅: 皇軍慰問·戦跡巡礼』, 日本旅行會, 16~17쪽.

하라 조지, 1934년의 도카이상공회의소연합회, 1936년의 나카지마 마사쿠니, 1941년의 도요다 사부로 등이었다. 이중 스기야마 사시치·오카다 준이치로·구리하라 조지[110] 등 3명은 교원이었고, 가모 모모키와 나카지마 마사쿠니는 신관(神官), 도요다 사부로 등은 작가였다. 전 시기와 마찬가지로 많은 곳을 방문한 사람 가운데 교원이 다수인 것이 특징이다.

둘러본 관광지의 숫자가 적은 사람으로는 2곳인 이치무라 요이치, 각각 3곳인 후지야마 라이타와 나카지마 마사오를 꼽을 수 있다. 긴조여자전문학교(金城女子專門學校) 교장인 이치무라 요이치는 경성에 2박 3일을 머물렀지만, 숙명여전(淑明女專)을 비롯한 학교를 참관하는 데 많은 시간을 들였다.[111] 재벌인 후지야마 라이타도 5박 6일이라는 긴 시간을 경성에서 체류했으나, 관광보다는 사람들을 만나는 데 주력하였다.[112] 나카지마 마사오는 경성에 8시간 정도만 머물렀다.[113]

2) 평양

일본인 관광객들이 남긴 기행문에서 평양의 관광지 방문 기록을 추출하여 시기별로 정리한 것이 표 5-7·5-8·5-9이다. 먼저 표 5-7을 보면, 1905년~1919년 사이에 평양 관광객 26명이[114] 방문한 관광지는 모두

....

110 구리하라 조지는 직업을 정확하게 알 수 없으나, 미에현 교육시찰단에 속해 관광한 것으로 보아 교원으로 추정할 수 있다.

111 市村與市, 1941, 『鮮·滿·北支の旅: 教育と宗教』, 一粒社, 22~28쪽.

112 藤山雷太, 1935, 앞의 책, 167~169쪽.

113 中島真雄, 1938, 앞의 책, 96~97쪽.

114 표 5-7의 29명은 표 5-4의 경성 관광객을 기준으로 작성하였다. 그래서 평양을 방문하지 않은 10.도야 한잔, 11.스기모토 마사유키, 25.호소이 하지메는 공란으로 처리하였다.

18곳이었다. 가장 많은 방문객이 찾은 곳은 22명이 구경한 현무문이었고, 그다음은 21명의 을밀대, 19명의 모란대와 기자묘, 17명의 부벽루, 13명의 칠성문, 12명의 대동문, 11명의 연광정의 순이었다.

이같이 10명 이상의 관광객이 찾은 곳은 모두 일제강점기 이전부터 존재하던 명승고적이었다. 그렇지만 앞에서 살펴본 바와 같이 관광의 공급자들은 이들 유적에 일본의 역사를 덧씌우는 작업을 하였다. 현무문·을밀대·모란대·기자묘·칠성문·대동문·연광정은 모두 임진왜란과 청일전쟁이라는 일본의 대륙 진출 시도와 관련된 유적지였다. 일본 역사와의 관련성 없이 설명되는 곳은 부벽루밖에 없었다.

이 시기 제일 많은 관광객이 현무문을 찾은 이유는 청일전쟁의 평양 전투를 승리로 이끈 가장 결정적인 전투가 벌어진 장소이기도 하지만, 평양을 대표하는 관광지인 을밀대와 모란대 사이에 있어 이 일대 관광의 출발점이면서 주요 통로 역할을 하기 때문이다. 을밀대는 '을밀상춘(乙密賞春)'이 평양팔경(平壤八景) 중 제1경으로 꼽힐 정도로, 예로부터 평양에서 가장 경치가 뛰어난 유명한 관광지였다. 그리고 높은 곳에 자리하여 사방을 조망하기에도 좋은 장소였다. 일본인 관광객들은 을밀대에 올라 경치도 감상했지만, 청일전쟁 당시 이 일대의 전황(戰況)에 대한 설명을 들었다. 전황 설명은 평양에 주둔하고 있는 현역 장교가 하는 사례가 많았다. 1906년 히로시마고등사범학교 수학여행단은 을밀대를 비롯해 평양 관광 전체를 육군 장교가 안내했고,[115] 1917년 사이타마현교육회에게는 안내를 맡은 77연대의[116] 중위가 을밀대에서 청일전쟁의 고전장을 하나하나 손으로 가리키며 2시간 반에 걸쳐 세밀하게 정

....

115 広島高等師範學校, 1907, 앞의 책, 15쪽.

116 1910년대 평양에는 보병 39여단 사령부와 보병 77연대 본부 등이 있었다(內藤久寬, 1918, 『訪鄰紀程』, 自家出版, 18쪽.).

표 5-7. 1905년~1919년 관광객이 방문한 평양의 관광지

관광지	관광객																												
	1	2	3	4	5	6	7	8	9	10	11	12	13	14	15	16	17	18	19	20	21	22	23	24	25	26	27	28	29
모란대	●	●	●	●	●			●				●	●		●	●	●	●	●	●	●	●		●		●	●		●
을밀대		●	●	●		●		●	●			●	●	●	●	●	●	●	●	●	●	●		●		●	●	●	●
칠성문	●	●	●	●		●		●				●	●		●			●	●			●				●			●
기자묘		●	●	●		●	●	●	●			●	●	●	●			●	●	●	●	●				●	●	●	●
만수대		●				●	●	●												●									
부벽루						●	●	●				●		●		●	●	●	●	●		●	●	●		●	●	●	●
영명사				●															●			●				●		●	
현무문	●	●	●	●		●	●	●	●			●	●	●	●	●		●	●	●	●	●		●		●	●	●	●
대동문	●	●		●				●				●		●			●					●				●	●	●	●
전금문																													
연광정	●											●	●			●	●	●	●			●				●	●	●	●
청류벽				●																									
대동강유람선							●	●	●					●				●		●									●
기생학교					●																								
오마키노차야													●		●	●		●	●			●		●			●	●	
서기산공원								●																			●		
상품진열관								●																					
상업회의소					●																						●		
박물관																													
낙랑고분																													
선교리																●													●
평양신사																													

주: 관광객은 표 5-4와 같다.

그림 5-11. 청일전쟁 때 현무문 전투를 그린 그림.

출처: ウィキペディアフリー百科事典, 平壌の戦い 항목(https://ja.wikipedia.org/wiki/平壌の戦い).

그림 5-12. 평양 현무문의 나이토 히사히로(중앙): 왼쪽의 제복을 입은 이는 평양부윤이다.

출처: 內藤久寛, 1918,『訪鄰紀程』, 自家出版, 20쪽.

그림 5-13. 기자묘(저자 소장 그림엽서).

성껏 설명해 주었다.[117] 이렇게 을밀대는 관광객들이 일본과 얽힌 평양의 역사를 듣고, 그 당시를 추상하는 관광지로 주로 활용되었다.

금수산의 가장 높은 봉우리인 모란대는 최승대(最勝臺)라 불리기도 했는데, 을밀대보다 더 높은 데에 위치하여 올라가기가 힘들어 찾는 사람이 을밀대보다 조금 적었다. 일본인 관광객들은 기자묘에 대해서도 기자와 관련된 역사보다는 청일전쟁 때 이곳에 청군이 주둔하여 일본군과 격렬한 전투를 벌인 곳이라는 데 더 큰 의미를 부여하였으며, 건물에 남아있는 총탄 자국을 살피는 데 관심을 가졌다. 부벽루는 평양팔경의 제2경으로 '부벽완월(浮碧玩月)', 즉 달구경으로 유명한 정자이나, 밤에 부벽루에 오른 일본인 관광객은 한 명도 없었다. 대동강 변의 절벽 위에 서 있어 역시 경치가 빼어났는데, 일본인들은 기행문에서 그 경치의 아름다움도 언급했지만, 부벽루에서 대동강 너머로 보이는 청일전쟁

....

117 埼玉県教育會, 1918, 앞의 책, 16쪽.

전적지인 선교리에 대한 설명도 빼놓지 않았다. 칠성문은 1918년 우에무라 도라의 서술처럼 규모가 크지 않고 특색도 없는 문이지만, 청일전쟁의 승전 장소이며, 러일전쟁 때 양군의 척후가 처음으로 이 문 앞에서 격돌했기 때문에 유명해졌다.[118]

지금까지 살펴본 관광객 1~6위까지의 현무문·을밀대·모란대·기자묘·부벽루·칠성문은 서로 인접해 있는 곳들이다. 여기에 더해 5명이 방문한 영명사와 8명이 찾은 오마키노차야(お牧の茶屋)도 이들과 이웃해 있다. 영명사는 평양팔경 중 제3경 '영명심승(永明尋僧)', 즉 해질녘 승려들이 찾아드는 풍경의 무대로 이름난 사찰이었으나, 청일전쟁 때 잿더미로 변했다. 영명사 경내에 있던 오마키노차야는 오마키(お牧)라는 일본 여성이 청일전쟁 이후에 개업한 요정으로, 소설가 다카하마 교시(高浜虛子) 등이 방문하여 유명해졌으며, 특히 다카하마 교시의 소설 『조선(朝鮮)』에는 오마키의 이야기가 상세하게 수록되어 있었다.[119]

이들 관광지에서 남쪽으로 2km 정도 떨어진 대동강 변에는 관광객 방문 순위 7위와 8위를 기록한 대동문과 연광정이 이웃해 자리하고 있다. 대동문은 평양성 내성(內城)의 동문(東門)으로, 평양성의 정문 역할을 했다. 연광정은 평양을 대표하는 정자로, '관서팔경(關西八景)'의[120] 하나로 꼽히며, 조선시대 평양을 방문하는 사람은 꼭 구경한 곳이다. 일본인 관광객들은 대부분 임진왜란 때 고니시 유키나가와 명나라 장수 심유경이 이곳에서 회담한 것을 언급하였다.

....

118 植村寅, 1919, 앞의 책, 99쪽.

119 石渡繁胤, 1935, 앞의 책, 108~109쪽.

120 관서팔경(關西八景)은 평안도에 있는 여덟 군데의 명승지이다. 강계의 인풍루(仁風樓), 의주의 통군정(統軍亭), 선천의 동림폭(東林瀑), 안주의 백상루(百祥樓), 평양의 연광정(練光亭), 성천의 강선루(降仙樓), 만포의 세검정(洗劍亭), 영변의 약산 동대(藥山東臺)를 말한다.

이 밖에 1905년~1919년 사이에 일본인 관광객이 방문한 장소는 만수대·청류벽·기생학교·서기산공원·상품진열관·상업회의소·선교리 등 7곳이었다. 만수대 역시 대동강 서안에 있는 언덕으로 청일전쟁의 전적지이며, 정상에 전사한 군인의 충혼비가 있었다.[121] 주요 관광지들과 조금 떨어져 있어 5명이 찾았으며, 그 가운데 4명이 1912년 이전의 관광객이었다. 대동강변의 바위 절벽인 청류벽은 1907년의 승려 히오키 모쿠센만 구경하였으며, 기생학교는 1909년 교토부 실업시찰단이 들렀는데, 기행문에 별다른 설명 없이 '관기학교(官妓學校)'라고 표기하였다.[122] 서기산공원은 2명이 방문하였는데, 1912년 실업가로 구성된 히로시마조선시찰단은 평양의 첫 일정으로 서기산에 올라 충혼비를 참배하였고,[123] 1919년 은행가인 고아제 가메타로도 상업회의소에 갔다가 그 직원의 안내로 서기산공원을 구경하였다.[124] 상품진열관은 실업가들인 히로시마조선시찰단, 상업회의소는 은행가인 고아제 가메타로만 방문하여 직업과 관련성을 보였다. 선교리에 들른 이는 1917년의 실업가 나이토 히사히로와 1919년의 국문학자 누나미 게이온이다. 두 사람 모두 청일전쟁 때 오시마여단(大島旅團)이 고전한 곳에 세워진 기념비를 보러 갔다.[125] 1910년 부청관광실업단의 기행문에서부터 발견되는 대동강 유람선은 모두 7명이 즐겼다. 이 시기에는 대개 부벽루 아래에서 배를 타서 대동문 근처에서 내렸다.

....

121 平安南道, 1940,『名所舊蹟案內』, 平安南道, 6쪽.

122 京都府, 1909, 앞의 책, 3쪽.

123 広島朝鮮視察團, 1913, 앞의 책, 124쪽.

124 小畔亀太郎, 1919, 앞의 책, 18쪽.

125 內藤久寬, 1918,『訪鄰紀程』, 自家出版, 19쪽.
沼波瓊音, 1920, 앞의 책, 132쪽.

그림 5-14. 평양 대동문과 연광정.
출처: 南滿洲鐵道株式會社, 1922,『朝鮮之風光』, 靑雲堂印刷所.

1905년~1919년 사이 관광객이 방문한 평양의 관광지를 이 시기 관광안내서가 추천한 관광지와 비교해 보자. 표 4-1의 1908년『한국철도선로안내』에 수록된 관광지 13곳 중 대동관·풍경궁·경의선창설기념비·기자 우물·만경대 등 5곳은 관광객이 한 명도 없었으며, 나머지 대동강·대동문·연광정·모란대·을밀대·부벽루·기자릉·선교리는 관광객이 많이 방문하거나 찾는 이가 있었다. 대동관은 조선시대 객사 건물이나 관광객의 발길이 닿지 않았다. 풍경궁은 고종이 짓던 이궁(離宮)이었으나, 러일전쟁으로 공사가 중단된 뒤, 다른 용도로 쓰였기 때문에 관광객이 찾지 않았을 것이다. 경의선창설기념비와 기자 우물은 평양역 바로 앞에 있었다. 기행문에 이를 언급한 이도 있으나, 스쳐 지나가는 장소였다. 만경대는 시내에서 상당히 떨어진 곳에 있어 역시 방문한 이가 없었다. 이렇게 통감부 철도국이 만든『한국철도선로안내』에서 소개한 관광지 중 방문객이 한 명도 없는 곳이 상당한 숫자를 차지하는 것은 경성도 마찬가지였다. 결과적으로 가장 일찍 만들어진 통감부 철도국의 관광안내서는 관광객의 취향을 제대로 반영하지 못했다고 평가할 수 있다. 만철이 제시한 표 4-7의 1917년 『만선관광여정』의 평양 관광지는 대동문·연광정·모란대·을밀대·현무문·부벽루·기자묘·영명사 등 8곳이었다. 모두 관광객이 많이 찾은 대표적인 관광지였다. 이 시기에 이르면, 평양은 공급자가 제공한 관광공간과 관광객이 선택한 관광공간이 서로 일치하였다.

1905년~1919년 사이 가장 많은 관광지를 둘러본 평양 관광객은 11곳을 구경한 1912년의 히로시마조선시찰단이었다. 이들은 평양에 1박 2일을 체류하면서, 다른 사람이 잘 찾지 않은 만수대·서기산·상품진열소 등지를 둘러보았다. 그다음은 각각 10곳을 둘러본 1918년의 사이타마현교육회와 1919년의 고아제 가메타로·누나미 게이온이었다. 사이타마현교육회는 1박 2일, 고아제 가메타로는 1일, 누나미 게이온은 2박 3일을 평양에 체류하였다. 사이타마현교육회와 누나미 게이온은 경성에서도 두 번째로 많은 관광지를 둘러본 사람들이었다. 고아제 가메타로는 오전 7시 반부터 오후 3시 기차를 타기 전까지 7시간 정도를 평양 관광에 썼지만, 10곳을 돌아보았다.[126]

이에 비해 1918년의 도쿄고등상업학교 학생인 마노 노브카즈는 진남포 가는 일정에 쫓겨 부벽루만 구경하였다.[127] 1909년의 교토부 실업시찰단은 가장 긴 4박 5일을 평양에 머물렀으나, 관광한 곳은 모란대·기생학교·상업회의소에 불과하였다. 이들은 경성에서도 가장 적은 관

....

126 小畔亀太郎, 1919, 앞의 책, 17~19쪽.
127 間野暢籌, 1919, 앞의 책, 173~182쪽.

광지를 방문한 관광객이었다. 경성에서와 마찬가지로, 이사청·민역소·상업회의소·평안남도관찰도·감옥서(監獄署) 등의 기관을 방문하고, 하루는 진남포에 다녀왔다.[128] 이렇게 체류 기간과 방문한 관광지 숫자가 비례하는 것은 아니었다. 이 시기 26명이 방문한 1인당 평균 관광지는 6.4곳이었다.

표 5-8은 1920년~1930년 사이의 평양 관광객이[129] 방문한 관광지를 정리한 것이다. 14명이 모두 20곳의 관광지를 방문하였다. 앞 시기와 비교해 2곳이 늘었는데, 앞 시기의 만수대·상업회의소는 관광객이 끊겼고, 대신 전금문(轉錦門)·박물관·낙랑고분·평양신사가 추가되었다. 전금문은 평양성 북성(北城) 남문(南門)으로, 대동강 청류벽에서 영명사를 올라가는 입구에 있다. 1920년대 들어 전금문을 방문하는 관광객이는 것은 이 부근이 대동강 유람선이 출발하는 기점 역할을 하였기 때문이다. 즉 금수산의 여러 관광지를 둘러보고, 전금문으로 내려와 배를 타고 대동강을 내려가는 사람이 많았다. 평양박물관은 1928년 아사이마치(旭町)에 설립되었고, 243평의 3층 벽돌 건물에 주로 낙랑고분의 발굴품을 전시하였다. 낙랑고분은 평양 시내에서 자동차로 15분 정도 걸리는 토성리(土城里)[130] 일대에 산재해 있는 약 1,300기의 고분으로, 다양한 유물이 발굴되었다.[131] 평양신사는 금수산 남쪽의 광풍정(光風亭) 자리에 1913년 건립되었으며,[132] 칠성문과 가까웠다.

....

128 京都府, 1909, 앞의 책, 2~4쪽.

129 표 5-8의 19명은 표 5-5의 경성 관광객을 기준으로 작성하였다. 그래서 평양을 방문하지 않은 2.이시이 긴고(1921), 4.우치다 슌가이(1922), 6.하시모토 후미토시(1922), 15.고바야시 후쿠타로(1928), 19.마쓰모토 가메지로(1930)는 공란으로 처리하였다.

130 당시 행정구역으로 대동군 대동강면 토성리였다.

131 平安南道, 1940, 앞의 책, 8~14쪽.

132 平壤商業會議所, 1927, 『平壤全誌』, 梶道夫印刷所, 167쪽.

표 5-8. 1920년~1930년 관광객이 방문한 평양의 관광지

관광지	관광객																		
	1	2	3	4	5	6	7	8	9	10	11	12	13	14	15	16	17	18	19
모란대			●		●		●			●	●		●			●		●	
을밀대	●		●		●		●	●	●	●	●	●	●	●		●	●	●	
칠성문	●				●		●			●		●	●	●				●	
기자묘	●		●		●		●	●		●	●	●	●	●			●	●	
만수대																			
부벽루	●		●		●		●	●	●	●	●	●	●	●			●		
영명사	●				●		●		●		●			●				●	
현무문	●		●		●			●	●	●	●	●	●	●				●	
대동문			●				●		●	●	●	●	●					●	
전금문									●	●	●		●	●				●	
연광정			●				●			●	●	●	●	●			●	●	
청류벽	●								●					●					
대동강유람선	●		●						●	●			●	●			●	●	
기생학교					●											●	●	●	
오마키노차야	●				●			●			●		●					●	
서기산공원	●		●								●		●						
상품진열관										●	●	●					●		
상업회의소																			
박물관																		●	
낙랑고분							●									●			
선교리											●								
평양신사													●						

주: 관광객은 표 5-5와 같다.

20곳의 관광지 가운데 관광객 숫자가 가장 많은 곳은 14명 모두가 방문한 을밀대였다. 2위는 12명인 기자묘와 부벽루, 4위는 11명인 현

무문, 5위는 9명인 연광정, 6위는 8명인 모란대·칠성문·대동문·대동강 유람선, 10위는 7명인 영명사였다. 앞 시기에 1위였던 현무문의 순위가 내려가고 2위였던 을밀대가 1위를 하는 등의 순위 변화는 있으나, 앞 시기에 인기 관광지가 그대로 유지되었다. 이 시기의 뚜렷하게 드러나는 특징은 절반 이상의 관광객이 탄 대동강 유람선의 부상이다.

최고의 관광지 을밀대는 앞 시기와 마찬가지로 평양 일대를 부감하고, 일본군의 활약상을 추앙하는 장소였다. 1926년 이나 쇼로쿠의 기록을 보면, 여전히 을밀대에서는 현역 군인을 동원하여 임진왜란과 청일전쟁의 전황을 상세하게 복기하였다.[133] 1925년 모리모토 가쿠조는 을밀대·현무문·기자묘가 모두 규모가 작고 고색창연하여 아치(雅致)가 풍부한 골동품을 대하는 기분이라고 썼다.[134] 이 시기의 관광객 중에는 점차 관행화되기 시작한 대동강 유람선을 탄 경험을 기행문에 적은 사람이 적지 않다. 모리모토 가쿠조는 배를 타고 내려오면서 본 대동강 변에 앉아 빨래하는 흰옷 입은 여성들의 모습을 흥미롭게 기록하였다.[135] 1927년의 지바현교육회 역시 대동강 변은 입욕장(入浴場)이자 세탁장(洗濯場)으로 이용되는데, 흰옷의 여성들이 돌 위에 빨래를 올리고 방망이로 두드리는 소리에 깊은 인상을 받았다고 회고하였다.[136] 배를 탄 시간은 대부분 1시간 내외였다.

이제 1920년~1930년의 평양 관광지를 1924년 간행된 2종의 관광안내서가 제안한 표 4-2과 4-8의 그것과 비교해 보자. 먼저 『조선철도여행편람』이 추천한 관광지는 대동문·연광정을 비롯한 11곳이었다.

....

133 伊奈松麓, 1926, 앞의 책, 34쪽.

134 森本角蔵, 1926, 『雲烟過眼日記: 鮮満支那ところどころ』, 目黒書店, 21쪽.

135 森本角蔵, 1926, 위의 책, 22쪽.

136 千葉県教育會, 1928, 『満鮮の旅』, 千葉県教育會, 134쪽.

이 가운데 1920년대 관광객이 찾지 않은 곳은 만수대와 보통문이었다. 만수대는 주요 관광지와 떨어져 있고 별다른 볼거리가 없어서, 보통문도 주요 관광지가 모여 있는 대동강 변이 아닌 서쪽의 보통강(普通江) 옆에 외따로 있어서 관광객의 외면을 받았다. 『선만지나여정과 비용개산』이 제시한 평양의 관광지는 대동문·을밀대·모란대·현무문·기자묘·연광정·부벽루 등 7곳으로, 모두 1920년대 관광객에게 인기를 끈 관광지였다. 1905년~1919년과 마찬가지로, 1920년대에도 공급자가 추천한 관광공간과 관광객이 선택한 관광공간이 서로 들어맞았다.

1920년~1930년에 14명의 평양 관광객이 방문한 1인당 평균 관광지는 9.2곳이었다. 1905년~1919년의 6.5곳에 비해 3곳 가까이가 늘어났다. 1920년~1930년 평양 관광객의 체재 시간은 1905년~1919년에 비해 단축되었으므로, 시간을 더 효율적으로 활용해서 더 많은 곳을 구경한 사실이 증명된다. 경성과 똑같은 경향이 나타났다.

1920년~1930년에 가장 많은 13곳의 관광지를 관람한 사람은 1925년의 농업학교장협회와 1926년의 이나 쇼로쿠, 1929년의 요시노 도요시지로였다. 이나 쇼로쿠는 아이치현(愛知県)의 심상고등학교 교장으로 소학교 교장들의 단체관광단에 참가했고, 요시노 도요시지로는 일본 여행협회가 모집한 관광단 소속이었다. 그다음은 11곳을 방문한 1925년의 전국중등학교지리역사과교원협의회였고, 각각 10곳을 방문한 1920년 고베시회시찰단의 이토 사다고로와 1927년 지바현교육회가 뒤를 이었다. 모두 단체관광이었고, 대부분 교원단체라는 특징이 있다. 이들의 평양 체류 기간은 1일 또는 1박 2일이었다.

이 시기에 가장 적은 관광지를 관람한 사람은 4곳의 우루시야마 마사키였고, 5곳의 이시와타리 시게타네가 뒤를 이었다. 우루시야마 마사키는 평양에 3박 4일을 체류하였으나, 모란대·을밀대·기생학교·낙랑

표 5-9. 1931년~1945년 관광객이 방문한 평양의 관광지

관광지	관광객																					
	1	2	3	4	5	6	7	8	9	10	11	12	13	14	15	16	17	18	19	20	21	22
모란대		●	●			●	●	●		●	●			●			●		●	●		
을밀대	●	●	●	●	●		●	●	●	●	●	●	●	●		●	●					
칠성문		●	●				●	●						●		●						
기자묘	●	●	●		●	●	●	●			●	●		●		●						
만수대								●														
부벽루		●	●	●	●		●	●	●			●				●	●					
영명사					●		●	●						●								
현무문		●	●	●	●	●	●	●				●		●		●	●		●			
대동문		●	●	●	●	●	●	●			●	●										
전금문		●					●															
연광정		●	●		●	●	●	●			●											
청류벽							●							●		●						
대동강유람선		●	●	●				●		●	●			●		●	●			●		
기생학교			●	●	●		●			●		●		●		●				●		
오마키노차야	●						●		●			●				●	●					
서기산공원		●	●		●			●														
상품진열관																						
상업회의소																						
박물관	●	●	●	●	●	●	●	●	●	●	●			●		●	●		●	●		
낙랑고분	●			●			●										●					
선교리	●								●													
평양신사	●	●	●				●						●	●					●			

주: 관광객은 표 5-6과 같다.

고분만 구경하였다. 그가 수행한 단 다쿠마가 고령이어서 하루에 2~3곳의 장소만 구경하였고, 관광지 대신 제사공장, 무연탄광업소 등을 시찰하였다.[137] 양잠학자인 이시와타리 시게타네는 1박 2일을 머물렀지만, 관광에는 2~3시간 정도밖에 쓸 수 없었다. 오전 11시 55분에 도착하여 업무와 관련해 도청·평양농업학교·종묘장 등을 방문한 뒤, 주요 관광지를 돌고, 이튿날 새벽에 평양을 떠났기 때문이다.[138]

한편 관광객의 특성에 따른 관광지 선택의 차이는 눈에 띄지 않았다. 모든 관광객이 유사한 장소를 방문하였다. 방문객이 적은 관광지를 찾은 사람으로, 평양박물관은 1929년의 요시노 도요시지로만 방문했는데, 이는 관광객의 특성보다는 평양박물관이 1928년 개관하였기 때문이다. 선교리는 1925년의 농업학교장협회가 방문했는데, 전적지가 아니라 선교리에 있는 일본제당회사(日本製糖會社) 농장 및 공장을 찾았다.[139] 농업학교 교장들이 사탕무 재배와 가공을 견학하기 위해 간 것이다. 평양신사를 찾은 유일한 사람은 이나 쇼로쿠였다.

다음으로, 1931년~1945년에 평양 관광객이 방문한 관광지를 정리한 표 5-9를 보면, 모두 18명의 관광객이 20곳의 관광지를 방문하였다. 1920년~1930년과 관광지 숫자는 같으나, 내용에는 변화가 있어 1920년~1930년에 관광객이 없었던 만수대에 1명이 방문하였고, 상품진열관은 1931년~1945년에 관광객이 한 명도 없었다.

가장 관광객이 많은 곳은 16명이 방문한 평양박물관이었다. 그다음은 15명인 을밀대, 12명인 현무문, 11명인 모란대와 기자묘, 10명인 부벽루와 대동강 유람선, 9명인 대동문과 기생학교의 순이었다. 평양박물

....

137 漆山雅喜, 1929, 앞의 책, 49~65쪽.

138 石渡繁胤, 1935, 앞의 책, 106~109쪽

139 農業學校長協會, 1926, 『滿鮮行: 附·北支紀行』, 農業學校長協會, 39쪽.

관이 새로운 관광지로 각광받았고, 평양신사를 참배한 사람이 늘었으며, 대동강 유람선과 기생학교에 관광객의 발길이 꾸준히 이어진 것이 주목할 만한 점이다.

낙랑고분 출토품이 전시품 대부분을 차지하는[140] 평양박물관은 칠성문과 을밀대 사이에 위치해 기존의 주요 관광지를 방문하는 사람이 들르기 좋았다. 1941년 이곳을 찾은 이치무라 요이치는 진열된 낙랑군 유물이 일품(逸品)이고, 고분벽화도 훌륭하며, 야외에는 고분을 원형 그대로 옮겨놓아 며칠 머물며 조사하면 재미있을 것 같다고 감상을 적었다.[141] 평양신사는 7명이 방문하였는데, 그 직업을 보면, 직접적인 관련이 있는 신관이 2명, 교원이 4명, 그리고 기후현 연합청년단이 방문하였다. 평양신사도 상당히 높은 곳에 자리 잡아 평양 시내를 내려다보는 조망 장소가 되었으며,[142] 이 무렵[143] 새롭게 참도(參道)가 완성되어 더욱 장엄해졌다고 한다.[144] 신관인 나카지마 마사쿠니의 기행문에는 참도 건설에 연인원 3만 명의 죄수가 동원되었다는 설명이 있다.[145]

이 시기에 대동강 유람선 탑승은 평양 관광의 하이라이트가 되었다. 많은 관광객이 유람선 탑승을 매우 즐겁고 흥미로운 경험이었다고 기록하였다. 유람선에서 준비한 도시락으로 식사한 사례도 있고, 맥주와 사이다, 그리고 평양밤과 같은 다과를 즐겼으며, 기생이 동승하여 흥을 북돋운 예도 있었다.[146] 배에서 바라본 풍경도 인상적이었다. 먼저 청

....

140 依田泰, 1934, 앞의 책, 155쪽.

141 市村與市, 1941, 앞의 책, 31쪽.

142 岡田潤一郎, 1932, 앞의 책, 25쪽.

143 1931년 가모 모모키의 기행문에 최근 참도가 완성되었다는 기록이 있다.

144 賀茂百樹, 1931, 『滿鮮紀行』, 賀茂百樹, 54쪽.

145 中島正国, 1937, 앞의 책, 19쪽.

146 日本旅行會, 1938, 앞의 책, 18쪽.

그림 5-15. 대동강의 빨래.
출처: 統監府, 1910,『大日本帝国朝鮮寫真帖:日韓併合紀念』, 小川寫眞製版所.

류벽에 새겨져 있는 유명 인사의 이름·시 따위의 각자(刻字)는 내지에서는 볼 수 없는 풍경이라고 서술하였다.[147] 그렇지만 많은 관광객이 대동강 유람선을 타고 언급한 것은 역시 강변에서 빨래하는 광경이었다.

전 시기에 걸쳐 평양 관광의 중심이었던 을밀대와 모란대는 이 시기 들어 관광 편의시설이 확충되었음을 알 수 있는 기록들이 기행문에 등장한다. 우선 주로 도보로 이동하던 주요 관광지를 자동차로 순회하였다. 1933년의 스기야마 사시치는 자동차로 언덕길을 올라 을밀대에 갔고 다시 자동차로 기자묘로 이동했으며, 현무문을 구경하고 다시 차로 모란대로 갔다. 모란대 근처에는 노천 찻집이 생겨 차와 사과를 사 먹고 갈증을 달랠 수 있었다.[148] 1933년의 요다 야스시에 의하면, 을밀

147 岐阜県社會教育課, 1937,『鮮滿視察輯録』, 共栄印刷所, 17쪽.

대에는 사진을 파는 노인이 있었으며, 기념사진을 찍어주는 사진사가 있었다. 그래서 사진사에게 부탁해 기념사진을 찍었으며, 노인에게 '모란대 금수산 전경' 사진을[149] 사서 기념이 되도록 날짜 스탬프를 찍었다.[150] 조망처로서의 을밀대와 모란대의 명성은 그대로 유지되었으며, 일률적으로 과거의 전황을 회상하는 데에서 벗어나 다양한 시각이 생겼다. 1935년 히로세 다메히사는 아래와 같이 평양 경치의 아름다움을 있는 그대로 표현하였다.

> 을밀대에 서서 사방을 조망하니, 모란대의 천험(天險)은 눈앞에 있고, 부감하면 현무문·부벽루가 푸른 나무 사이로 보이며, 대동강의 청류(淸流)는 구불구불 옥야(沃野)를 누비고, 작은 배는 노를 젓고 흰 돛단배는 바람을 품고 아래위로 운항한다. 시가는 멀리 정연하게 펼쳐져 있다. 풍광명미(風光明媚)하여 마치 남화(南畫)를 보는 것 같다. 산과 물의 조화, 누각, 수림(樹林)의 대조 등이 정말로 그림 속에 있는 것 같은 느낌이다. 그 아름다운 경치에 잠시 황홀했다.[151]

이와는 대조적으로 1937년 기후현 연합청년단은 모란대에서 평양에 주둔하는 비행대대의 모습을 내려다보고 호장(豪壯)한 은빛 날개가 하늘에 난무하는 모습을 올려다보니, 군국(軍國) 일본의 강한 힘을 느꼈다고 밝혔다.[152] 한편 1939년 오카야마현 시찰단에 의하면, 평양에도 유

....

148 杉山佐七, 1935, 앞의 책, 53~56쪽.
149 이 사진은 요다 야스시의 기행문 책에 수록되어 있다.
150 依田泰, 1934, 앞의 책, 155쪽.
151 広瀬為久, 1936, 앞의 책, 48쪽.
152 岐阜県社會教育課, 1937, 앞의 책, 11쪽.

람 버스가 생겨서 안내원의 설명을 들으며 빠르고 편리하게 관광할 수 있게 되었다.[153]

다음으로 1930년대에 제작된 관광안내서의 평양 관광지와 1931년~1945년에 관광객이 방문한 관광지를 비교해 보면, 먼저 표 4-3의 1934년 『조선여행안내기』가 추천한 평양의 관광지는 모두 16곳이었다. 이 가운데 표 5-9에 없는 곳은 보통문·숭인전 및 숭령전·골프 링크 등 3곳이었다. 거꾸로 표 5-9에는 있으나, 표 4-3에 없는 곳은 전금문·청류벽·대동강 유람선·오마키노차야·박물관·선교리·평양신사 등이었다. 한편 만철이 만든 1931년 『조선만주여행안내』와 1939년 『선만지

그림 5-16. 모란대(저자 소장 그림엽서).

....

153 岡山県鮮満北支視察團, 1939, 『鮮満北支視察概要』, 岡山県教育會, 22쪽.

그림 5-17. 평양 선교리의 청일전쟁충혼비(저자 소장 그림엽서).

여행안내서』에서 제안한 표 4-11과 표 4-12의 여정과 거의 동일한 코스로 관광한 사람들이 1931년~1945년 사이에 적지 않았다. 만철이 실제 평양 관광에 상당한 영향력을 미쳤음을 읽을 수 있는 대목이다.

1931년~1945년 18명의 관광객 중 가장 많은 관광지를 방문한 사람은 16곳의 스기야마 사시치였다. 그리고 각각 13곳을 찾은 오카다 준이치로·구리하라 조지·도카이상공회의소연합회가 뒤를 이었다. 도카이상공회의소연합회를 빼고 모두 교원이었으며, 이들의 체재 기간은 모두 1일이었다. 방문한 관광지 숫자가 적은 사람은 2곳인 신관 나카지마 마사쿠니, 각각 4곳인 교원 이치무라 요이치와 작가 도요다 사부로 등이었다. 체류 기간은 이치무라 요이치가 1박 2일, 나머지 두 사람은 1일이었다. 18명이 방문한 1인당 평균 관광지 숫자는 8.3곳으로, 1920년~1930년에 비해 0.9곳 줄었다. 특히 시기적으로 1935년 이후에 방문한 관광지 숫자가 줄어드는 경향이 나타났다.

3) 부산

1905년~1919년에 부산을 방문한 관광객은 표 5-10과 같이 모두 29명이었으나, 이 가운데 1912년의 가부토 구니노리를 비롯한 8명은 부산의 관광지를 한 곳도 방문하지 않았다. 이들은 시모노세키에서 부관연락선으로 부산에 도착하여 바로 경부선 기차에 탔거나, 거꾸로 기차에서 내려 바로 귀국하는 배에 올랐다. 즉 부산을 관광지가 아닌 경유지로만 이용한 것이다. 나머지 21명이 방문한 관광지는 모두 13곳이었다. 이 가운데 12명이 찾은 용두산과 상업회의소가 가장 많은 관광객이 들른 곳이었다. 그다음은 7명의 동래온천, 6명의 상품진열관, 5명의 어시장, 4명의 용미산이 뒤를 이었다. 3명이 방문한 곳은 고니시성지와 고요엔(向陽園), 2명이 찾은 곳은 일한시장과 부산진성이었고, 해운대온천·범어사·금정산은 각각 한 명이 찾았다.

정상에 한국 최초의 신사가 있고, 부산항과 부산 시가지를 한눈에 조망할 수 있는 용두산은 부산 최고의 관광지였다. 상업회의소는 개항 이후에 일본인들이 각 거류지에 설립하였으며, 각 지역에 있어 관청에의 건의, 조선 상인과의 교섭, 일본인 내부의 이해 조정, 상업·무역에 관한 조사·보고·답신, 상품진열관의 관리 등을 업무로 하였다.[154] 부산의 상업회의소는 한국에서 가장 빠른 1879년에 만들어졌고, 1905년 이후에는 용두산의 서쪽인 니시마치(西町)에[155] 벽돌 3층 건물을 새로 지어 상품진열관과 같이 사용하였다. 관광객들이 상업회의소를 방문한 것은 부산의 개황(概況) 및 산업 현황에 관한 설명을 듣고 여러 가지 자료를

....

154 木村健二, 1989,『在朝日本人の社會史』, 未來社, 81~82쪽.
155 현재의 중구 신창동 1가 새부산타운 자리에 있었다.

표 5-10. 1905년~1919년 관광객이 방문한 부산의 관광지

관광지	관광객																												
	1	2	3	4	5	6	7	8	9	10	11	12	13	14	15	16	17	18	19	20	21	22	23	24	25	26	27	28	29
용두산	●		●	●		●						●	●	●	●				●			●	●				●		
용미산	●					●		●						●															
송도																													
어시장	●					●		●						●													●		
일한시장																				●		●							
상업회의소	●				●	●	●	●						●				●	●	●		●		●			●		
상품진열관	●	●					●	●				●						●											
다이쇼공원																													
고니시성지		●												●							●								
부산진성														●								●							
동래온천				●									●	●		●					●	●					●		
해운대온천																					●								
범어사				●																	●								
금정산																					●								
향양원						●	●	●																					
수산시험장																													

주: 관광객은 표 5-4와 같다.

얻기 위해서였으며, 상품진열관을 함께 구경한 사람이 많았다. 그래서 상업회의소를 방문한 이들 중에는 교토부 실업시찰단·도치기현 실업가 관광단·부청관광실업단·히로시마 조선시찰단과 같이 실업가로 이루어진 단체관광객이 많았다. 나머지 관광지들의 성격은 이미 앞에서 살펴보았으며, 처음 등장한 곳은 고요엔 뿐이다. 고요엔은 1870년대 부산으로 이주하여 성공한 쓰시마 출신 사업가 후쿠다 소베(福田增兵衛)가 만든 큰 정원을 가진 별장이었다.[156] 고요엔이란 이름은 부산에 머물 때 이곳을 이용한 이토 히로부미가 붙인 것이라고 한다.[157] 1909년의 도치기현 실업가관광단, 1910년의 부청관광실업단, 1912년의 히로시마 조선시찰단이 이곳에 초청되어 다과나 식사를 대접받았다.

전체적으로 부산항 및 부산역과 가까운 일본인 시가지에 위치한 상업회의소·용두산·용미산을 찾는 관광객이 많았고, 이와 반대로 부산역과 멀리 떨어져 있는 해운대온천·범어사·금정산·부산진성 등지는 관광객이 적었다. 동래온천은 이 시기에 부산역에서 한 시간 정도 걸렸지만,

그림 5-18. 용두산과 용미산.

출처: 志田勝信·北原定正, 1915,『釜山案内記: 欧亜大陸之連絡港』, 拓殖新報社.

....

156 현재의 중구 대청동 3-81에 있었다.

157 赴清実業團誌編纂委員會, 1914, 앞의 책, 2쪽.

그림 5-19. 부산항과 부산역.

출처: 志田勝信·北原定正, 1915, 『釜山案内記: 欧亜大陸之連絡港』, 拓殖新報社.

그림 5-20. 일제강점기 부관연락선이 닿던 부산항 제 1부두와 세관(저자 촬영).

7명이 방문하였다. 1914년의 하라 쇼이치로와 1918년의 오마치 게이게쓰는 동래온천에서 숙박했고, 1907년의 히오키 모쿠센은 범어사에서 동래온천으로 가서 휴식을 취한 뒤 귀국 길에 올랐으며,[158] '석유왕' 나이토 히사히로는 1917년 부산항에 도착해 후쿠다 소베를 비롯한 부산 유지들과 동래온천에 가서 목욕하고 점심을 먹은 뒤 다시 부산항으로 돌아왔다.[159] 1917년과 1918년의 사이타마현교육회는 동래온천 호

....

158 田中霊鑑·奥村洞麟, 1907, 『日置黙仙老師満韓巡錫録』, 香野蔵治, 94~95쪽.

그림 5-21. 부산어시장.
출처: 統監府, 1910, 『大日本帝国朝鮮寫真帖: 日韓併合紀念』, 小川寫眞製版所.

라이칸(蓬萊館)에서 목욕과 저녁 식사를 하고 경성행 밤차에 몸을 실었다.[160] 그리고 1919년 고아제 가메타로도 도착 첫날 동래온천 호라이칸을 찾았다.[161] 어시장도 5명이 구경하였다. 어시장은 오전 8시와 오후 2시, 매일 2회 개장하여 항상 성황을 이루는데, 1912년 히로시마조선시찰단은 어시장을 방문했으나, 이미 폐장하여 참관하지 못했다.[162]

1905년~1919년 관광객이 방문한 부산의 관광지와 이 시기 관광안내서가 추천한 부산의 관광지를 비교해 보자. 표 4-1의 1908년 『한국

....

159 内藤久寛, 1918, 앞의 책, 3~4쪽.
160 埼玉県教育會, 1918, 앞의 책, 5~6쪽.
埼玉県教育會, 1919, 앞의 책, 7~8쪽.
161 小畔亀太郎, 1919, 앞의 책, 11쪽.
162 広島朝鮮視察團, 1913, 앞의 책, 24쪽.

철도선로안내』에 수록된 부산 관광지는 용두산·용미산·절영도·동래·쓰에 나리타 초혼비·진성·고니시성지·영가대·동래부·범어사·부산수원지 등 11곳이었다. 이 가운데 관광객이 한 명도 없는 곳은 절영도·쓰에 나리타 초혼비·영가대·부산수원지였다. 지금은 영도(影島)라 불리는 절영도는 직접 찾아가기보다는 용두산이나 배에서 조망하는 곳이었다. 고관에 있던 쓰에 나리타 초혼비와 그 동북쪽에 있는 영가대는 부산역과 거리가 있고 관광지로서의 매력이 떨어져 시간에 쫓긴 관광객이 찾지 않았던 것으로 생각된다. 만철이 제작한 표 4-7의 1917년『만선관광여정』은 2시간 정도 부산에 머무는 것을 가정하여, 축항·시가·용두산·용미산·초량·부산진을 관광지로 추천하였다. 모두 1905년~1919년 관광객들이 방문한 곳이다.

이 시기 관광객 가운데 부산에서 가장 많은 관광지를 방문한 사람은 1917년의 사이타마현교육회로 모두 7곳을 찾았다. 그다음으로 5곳을 찾은 사람은 무라세 요네노스케(1905년)·도치기현 실업가만한관광단(1909년)·히로시마조선시찰단(1912년)·오마치 게이게쓰(1918년)·사이타마현교육회(1918년) 등이었다. 13시간 30분을 머문 사이타마현교육회를 제외하고는 모두 2일 이상 부산에 체류한 사람들이다. 부산에서 한 곳만 방문한 사람은 히로시마고등사범학교 수학여행단(1906년)·교토부 실업시찰단(1909년)·샤쿠 소엔(1917년)·나이토 히사히로(1917년)·마노 노브카즈(1918년)·마쓰나가 야스자에몬(1918년) 등 6명이다. 이 중에는 2박 3일을 머문 샤쿠 소엔, 1박 2일을 머문 교토부 실업시찰단·마노 노브카즈도 있어 체류 기간과 방문한 관광지 숫자가 절대적인 관계가 있는 것은 아니었다. 1905년~1919년 관광객 21명이 구경한 부산의 관광지 숫자는 평균 2.9곳으로, 경성이나 평양에 비해 현저하게 적었다.

표 5-11. 1920년~1930년 관광객이 방문한 부산의 관광지

관광지	관광객																		
	1	2	3	4	5	6	7	8	9	10	11	12	13	14	15	16	17	18	19
용두산			●		●	●				●	●	●	●				●	●	
용미산										●									
송도										●	●								
어시장					●						●								
일한시장																			
상업회의소																			
상품진열관										●	●		●					●	
다이쇼공원					●														
고니시성지																			
부산진성																			
동래온천						●										●			
해운대온천																			
범어사																			
금정산																			
향양원																			
수산시험장										●	●								

주: 관광객은 표 5-5와 같다.

표 5-11은 1920년~1930년의 관광객이 방문한 부산 관광지를 정리한 것이다. 이 시기의 19명 모두가 부산을 방문했으나, 관광지를 찾은 사람은 10명에 불과하였다. 거의 절반에 해당하는 9명은 부산을 통과하기만 했으며, 이러한 경향은 전 시기보다 더욱 짙어졌다. 관광객이 방문한 관광지도 13곳에서 8곳으로 크게 줄었다. 전 시기에 방문자가 있었던 일한시장·상업회의소·고니시성지·부산진성·해운대온천·범어사·금정산·고요엔 등은 구경한 사람이 없었으며, 대신 송도·다이쇼공

원·수산시험장을 방문한 사람이 생겼다. 고니시성지와 부산진성은 이 시기의 기행문에도 언급되긴 하나, 직접 가보지 않고 동래온천을 가는 전차 안에서 구경하는 곳이 되었다.

이 시기에도 9명이 오른 용두산이 가장 많은 관광객이 찾은 곳이었다. 관광객들은 신사에서 여행 중의 안전을 기원하고, 부산항과 절영도, 그리고 시가지를 내려다보며 휴식을 취했다. 2위는 4명이 찾은 상품진열관이었으며, 송도·어시장·동래온천·수산시험장을 2명이 방문하였다. 송도와 수산시험장을 방문한 사람은 1925년 전국중등학교지리역사과교원협의회와 농업학교장협회였다. 두 단체 모두 부산교육회의 안내로 배를 타고 우선 절영도로 건너가 수산시험장을 시찰하고, 다시 배로 송도로 가서 요정에서 식사를 대접받았다.[163] 당시 송도에는 음식점이 많아 식사 장소로 이용하였다. 조선총독부 수산시험장은 1921년 설치되었으며,[164] 당시 표본류를 비롯한 볼거리가 많았다고 한다.[165]

다이쇼공원은 1918년 건립되었으며 주로 체육시설로 활용되었고, 1923년에는 조선수산공진회장(朝鮮水産共進會場)의 일부로 사용되기도 했다.[166] 다이쇼공원을 방문한 사람은 1922년의 다카이 도시고로였다. 그는 어시장을 본 뒤 다이쇼공원에 갔고, 공원에 각종 운동을 하기에 적당한 넓은 운동장이 설치되어 있으며, 이곳에서 부산항의 서쪽 입구를 바라보면, 절영도가 부르면 대답할 정도로 가깝게 있다고 서술하였다.[167] 동래온천을 방문한 사람은 1922년의 하시모토 후미토시와 1929

....

163 全國中等學校地理歷史科教員協議會, 1926, 앞의 책, 29쪽.
農業學校長協會, 1926, 앞의 책, 14~16쪽.

164 현재의 영도구 남항동 2가에 있었다.

165 農業學校長協會, 1926, 앞의 책, 14~15쪽.

166 부산역사문화대전, 대정공원 항목(http://busan.grandculture.net).

167 高井利五郎, 1923, 앞의 책, 2쪽.

그림 5-22. 송도유원지(저자 소장 그림엽서).

그림 5-23. 부산 해안도로와 용두산.

출처: 全国中等學校地理歷史科教員協議會, 1926,『全国中等學校地理歷史科教員第七回協議會及滿鮮旅行報告』, 全国中等學校地理歷史科教員協議會.

년 우루시야마 마사키였다. 하시모토 후미토시는 동래온천에서 숙박했고,[168] 우루시야마 마사키는 귀국길에 온천욕을 했다.[169]

1924년 간행된 『조선철도여행편람』과 『선만지나여정과 비용개산』이 추천한 표 4-2와 4-8의 부산 관광지와 표 5-11을 비교해 보자. 먼저 『조선철도여행편람』이 추천한 관광지는 용두산·다이쇼공원·송도유원·부산진성지·고니시성지·고관 및 쓰에 효고묘(津江兵庫墓)·동래·동래온천·해운대온천·범어사 등 10곳이었다. 그러나 이 가운데 1920년~1930년의 관광객이 실제로 찾은 곳은 용두산·다이쇼공원·송도유원·동래온천 등 4곳이다. 관광의 공급자인 조선총독부는 1908년 통감부에 이어 일본의 한반도 침략사와 관련된 부산진성지·고니시성지·고관 및 쓰에 효고묘(津江兵庫墓)·동래 등지를 계속 추천했지만, 관광객은 도외시한 것이다. 이에 비해 같은 관광의 공급자이나 철도를 운영한 만철이 만든 『선만지나여정과 비용개산』은 12시간을 체류할 때는 용두산·시가·상품진열소·동래온천을, 2시간 정도를 머물 경우는 용두산·시가·축항 정도만을 구경하기를 권한다. 관부연락선과 기차 시간의 맞추어 관광했던 대다수의 부산 관광객들은 만철이 제안한 관광지가 더 현실적이었다.

1920년~1930년에 가장 많은 부산의 관광지를 방문한 사람은 1925년의 전국중등학교지리역사과교원협의회와 농업학교장협회였다. 이들은 부산교육회 관계자의 안내를 받으며, 배를 이용해 수산시험장과 송도유원지를 들르는 등 모두 5곳씩을 방문하였다. 그 밖에 1922년의 다카이 도시고로가 용두산·어시장·다이쇼공원 등 3곳을 구경하였으며,

....

168 橋本文寿, 1923, 앞의 책, 5~6쪽.

169 漆山雅喜, 1929, 앞의 책, 98쪽.

표 5-12. 1931년~1945년 관광객이 방문한 부산의 관광지

관광지	관광지																					
	1	2	3	4	5	6	7	8	9	10	11	12	13	14	15	16	17	18	19	20	21	22
용두산	●	●	●				●	●	●	●	●	●	●	●				●				
용미산																		●				
송도					●				●													
어시장																						
일한시장								●			●	●										
상업회의소																						
상품진열관		●									●	●										
다이쇼공원																						
고니시성지																						
부산진성																						
동래온천				●		●	●				●					●						
해운대온천									●			●										
범어사																						
금정산							●															
향양원																						
수산시험장																						

주: 관광객은 표 5-6과 같다.

나머지 사람들은 1~2곳을 둘러보았다.

이 시기 관광객 10명이 구경한 부산의 관광지 숫자는 평균 2.3곳으로, 전 시기보다 더 적어졌다. 경부선 기차로 부산에 도착하여 관부연락선 출발까지 1시간밖에 여유가 없고 또 탑승 전 세관검사를 받아야 해서 그림엽서 구입으로 관광을 대신했다는 1927년 지바현교육회의 기록이[170] 관광지 부산의 성격을 잘 보여주는 사례이다.

끝으로, 1931년~1945년 부산 관광객의 관광지를 표 5-12로 정리

하였다. 이 책에서 다룬 이 시기 부산을 거쳐 간 관광객은 모두 26명이었다.[171] 이 가운데 부산에서 한 군데 이상의 관광지를 들른 사람은 16명이었다. 그리고 16명이 방문한 관광지는 모두 8곳에 그쳤다. 1920년~1930년과 같은 숫자이나, 그 내용에 변동이 있어 1920년~1930년에 있던 어시장·다이쇼공원·수산시험장이 빠지고, 일한시장·해운대온천·금정산이 다시 추가되었다.

일한시장은 1910년 도미히라마치(富平町)에 개설되었는데, 1915년 부산부가 경영하는 공설시장으로 재편되었다.[172] 그래서 1934년 이곳을 방문한 도카이상공회의소연합회는 일한시장 대신 '공설시장(公設市場)'이란 명칭을 썼으며, 건물이 500평이며, 가게 수가 500여 개가 되는 광대한 일용품 시장이라고 기록하였다.[173] 공설시장에는 도카이상공회의소연합회 외에도 후쿠도쿠생명 해외교육시찰단과 실업가인 히로세 다메히사가 방문하였다. 해운대온천을 찾은 사람은 1934년의 후지야마 라이타와 1935년의 히로세 다메히사였다. 두 사람 모두 시간적 경제적 여유가 있는 실업가로 귀국 전에 여행의 피로를 풀기 위해 해운대온천에 묵었으며, 후지야마 라이타는 이곳에서 2박을 했다.[174] 금정산에 오른 사람은 1933년 단신으로 여행한 스기야마 사시치로, 동래온천에서 숙박하고 금정산의 금강원(金剛園)을 구경하였다.[175]

....

170 千葉県教育會, 1928, 앞의 책, 165쪽.

171 표에서 정리한 22명은 방문한 관광지를 제대로 기록하지 않은 4명을 제외한 것이다(표 5-6의 주 참고).

172 '부평동 시장'이란 명칭을 거쳐 지금은 깡통시장으로 남아있다. 당시 도미히라마치 공설시장의 위치는 부평동 부평아파트 일대였다(부산역사문화대전, 부평동시장 항목(http://busan.grandculture.net).

173 東海商工會議所聯合會, 1936, 『満鮮旅の思ひ出』, 名古屋商工會議所, 85쪽.

174 広瀬為久, 1936, 앞의 책, 61쪽.

藤山雷太, 1935, 앞의 책, 170쪽.

그림 5-24. 동래온천(저자 소장 그림엽서).

그림 5-25. 동래온천의 하자마(迫間) 별장(저자 촬영).

한편 이 시기에 관광객이 가장 많이 찾은 곳은 역시 용두산이었다. 용두산은 부산역에서 걸어서 10분 정도밖에 걸리지 않아,[176] 환승 시간을

175 杉山佐七, 1935, 앞의 책, 15쪽.
176 中島正国, 1937, 앞의 책, 8쪽.

이용해 부담 없이 구경할 수 있는 곳이었다. 그렇지만 이 시기에는 차를 이용해 용두산에 올라간 사람도 적지 않았다.[177] 12명이 방문한 용두산에 이어 두 번째로 관광객이 많았던 곳은 5명이 찾은 동래온천이었다. 이 가운데 전국중등학교지리역사과교원협의회(1932년)·스기야마 사시치(1933년)·후쿠도쿠생명 해외교육시찰단(1935년)은 동래온천에서 하룻밤을 잤고, 일본여행회(1938년)는 목욕과 저녁 식사를 한 뒤 부산역에서 기차를 탔다.[178] 동래온천에 갔지만, 온천욕을 하지 못한 이도 있다. 1933년의 혼다 다쓰지로는 울산성을 보고 동래온천으로 갔으나, 시간이 없어 바로 부산항으로 이동하였다.[179]

지금까지 살펴본 1931년~1945년의 부산 관광지를 1930년대 관광안내서와 견주어 보면, 먼저 조선총독부 철도국이 만든 1934년 『조선여행안내기』의 부산 관광지는 표 4-3과 같이 모두 9곳이었다. 이 중 1931년~1945년에 관광객이 찾지 않은 관광지는 절영도·부산포성지·쓰에 효고비·부산가축시장·범어사 등 5곳으로, 반이 넘었다. 만철이 1931년 『조선만주여행안내』에서 제안한 표 4-11의 여정은 송도·동래온천이 포함되어 있어 짧은 시간 동안 부산에 머무는 사람이 따라 하기에 어려운 일정이었으나, 이 일정에 포함된 용두산·일한시장·송도·동래온천 등 개별 관광지는 모두 1931년~1945년 사이에 관광객들이 찾은 장소였다. 평양에서도 그러하였지만, 조선총독부보다 만철이 제안한 관광지가 관광객들에게 더 호응을 얻었다.

1931년~1945년에 가장 많은 부산 관광지를 방문한 사람은 1935년의 후쿠도쿠생명 해외교육시찰단과 히로세 다메히사로 각각 4곳을

....

177 岐阜県社會教育課, 1937, 앞의 책, 16쪽.

178 日本旅行會, 1938, 앞의 책, 16쪽.

179 本多辰次郎, 1936, 『北支満鮮旅行記 第2輯』, 日満仏教協會本部, 68쪽.

찾았다. 그리고 1933년의 스기야마 사시치와 1934년의 후지야마 라이타가 3곳을 들렀다. 이들 4명은 표 5-3에서 확인할 수 있듯이 부산에서의 체류 기간이 가장 긴 축에 속하는 사람들이었다. 나머지 12명은 2곳을 들른 사람이 3명이며, 1곳만 방문한 사람이 9명이나 되었다. 부산은 시간이 흐를수록 관광지라기보다 지나가는 경유지의 성격이 강해졌음을 재확인할 수 있다.

제6장

숙박과 식사 그리고 관광 중의 활동

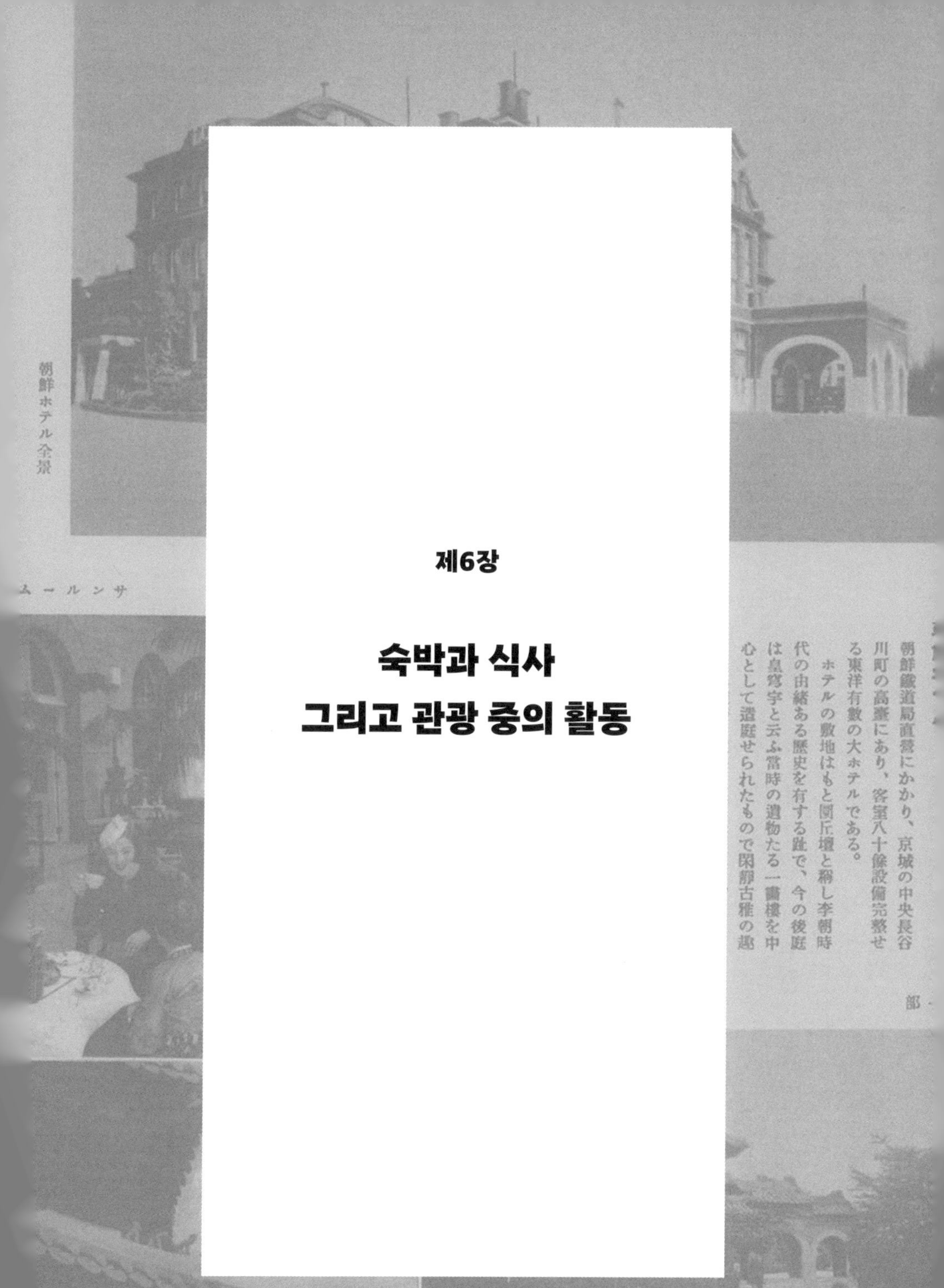

1 숙박

숙박시설은 관광객에게 잠자리와 식사, 나아가 안전과 휴식을 제공하는 곳이기 때문에 관광에 있어 가장 필수적인 기반 시설이다. 숙박시설이 제대로 갖추어져 있지 않으면 관광은 고행이 되며, 반대로 숙박시설이 잘 마련되어 있으면 편안하고 안전하게 여행할 수 있어 관광객을 유인할 수 있다.

19세기 말까지 한국에는 외국인이 숙박할 만한 시설이 거의 없었다. 근대개화기에 한국을 찾아온 외국인들이 한결같이 불편함과 어려움을 호소한 대상은 주로 숙박시설과 관련이 있었다.[1] 이 절에서는 일본인 관광객을 위한 경성·평양·부산의 숙박시설 상황과 그 변화를 관광안내서 등을 통해 살펴보고, 실제로 일본인 관광객들이 숙박시설을 어

....

1 이순우, 2012, 『손탁호텔』, 하늘재, 6쪽.

떻게 이용하였는지 기행문을 통해 분석하였다. 특히 숙박시설 이용에 있어, 체재 기간·교통수단과 함께, 관광객의 직업·경제적 수준 등이 어떠한 영향을 미치는지 중점적으로 검토하였다.

일본인들이 식민지 조선을 관광하면서 주된 잠자리로 삼은 것은 여관(旅館)이었다. 여관이란 숙박료를 받고 투숙객을 숙박시키는 전문적인 시설이다. 여기에는 여관보다 고급이라 인식되는 서양식 호텔도 포함된다. 전근대 숙박업소와 구분되어 근대여관이 갖는 가장 큰 특징은 숙박료를 받는다는 것이다. 이러한 근대여관이 한국에 처음 등장한 것은 개항 이후라고 할 수 있다. 개항 이후 부산·인천·원산 등 개항장에서 일본인들이 일본인 여행자를 상대로 영업하는 근대여관인 일본식 여관을 설립하였다.

개항장인 부산에서는 1885년 오이케 다다스케(大池忠助)가 객실 27개를 갖춘 일본식 건물에 오이케여관(大池旅館)을 개업하였다.[2] 그리고 1912년의 자료에 의하면, 표 6-1과 같이 모두 18곳의 일본식 여관

표 6-1. 1912년 부산의 일본식 여관

지역	여관 이름
辨天町	大池旅館, 守谷旅館
琴平町	岡野旅館, 荒井旅館
岸本町	鳴戶旅館, 岡本旅館
埋立新町	難波旅館, 松井旅館
本町	松本旅館, 中上旅館, 尾張屋旅館, 筑後屋旅館
埋立新町	大市旅館, 辻屋旅館
南濱町	富士屋旅館, 柳井旅館
草梁3區	灘光旅館
池ノ町	吾妻旅館

출처: 森田福太郎, 1912, 『釜山要覽』, 釜山商業會議所, 46~47쪽.

이 부산에서 영업하고 있었다. 이들 여관은 부산이사청(釜山理事廳)의 인가를 얻은 조직인 부산여인숙조합(釜山旅人宿組合)에 속해 있어, 엄격한 조합규약에 따라 영업하며 철도 및 선편의 발착에 따른 영송(迎送), 수하물 취급 등에 있어 여객에게 편의를 제공하였다.[3]

서울에서도 1887년 일본영사관이 일본 거류민을 대상으로 '여관·요리점·음식점 단속 규칙(宿屋及料理屋並飮食店取結規則)'을 발포하고, 또 같은 해 발포한 '위경죄목(違警罪目)', 즉 경찰의 단속 대상에 해당하는 죄목에 "신분이 불분명한 사람을 숙박시킨 자"와 "허가 없이 음식점·여인숙·목욕탕·유기장·기타 유흥 관련 영업을 한 자"가 들어 있어, 이미 이 시기에 일본인에 의해 여관이 운영되고 있었다는 사실과 함께 일본 정부가 한국에서의 일본인 여관의 관리를 위해 법령을 만들고 행정력을 행사하였음을 알 수 있다. 그리고 1888년 서울의 일본 거류민의 영업상태를 정리한 자료에 여관업 및 요리업이 4곳 포함되어 있었다.[4] 1907년에 이르면, 서울에는 표 6-2와 같이 1등 여관 9곳, 2등 여관 13곳, 3등 여관 10곳 등 32곳의 일본식 여관이 영업하고 있었다.[5] 같은 시기에 서울에서는 조선인이 운영하는 조선식 여관도 생겨나 시간이 흐를수록 점차 증가하였다. 1915년경에는 조선식 여관이 경성 전역에 50곳 영업하고 있었다. 특히 1915년 조선물산공진회가 개최되면서 경성에서 조선식 여관의 신설이나 서비스 개선이 이루어졌다.[6]

그럼 관광안내서를 통해 시기별 여관의 현황을 살펴보자. 표 6-3

....

2 조성운, 2014, 「개항기 근대여관의 형성과 확산」, 『역사와 경계』 92, 138~141쪽.

3 森田福太郎, 1912, 『釜山要覽』, 釜山商業會議所, 46~48쪽.

4 서울역사편찬원 편, 2016, 『국역 경성발달사』, 역사공간, 62~65쪽.

5 阿部辰之助, 1918, 『大陸之京城』, 京城調査會, 687쪽.

6 이채원, 2010, 「일제시기 경성지역 여관업의 변화와 성격」, 『역사민속학』 33, 333~335쪽.

표 6-2. 1907년 서울의 일본식 여관

등급	여관 숫자	여관 이름
1등	9	巴城館, 山本旅館, 牧野旅館, 天眞樓, 浦尾旅館, 旭旅館, 不知火旅館, 三日月旅館, 原金旅館
2등	13	佐藤旅館, 九州館, 紅京旅館, 藤隈旅館, 東海旅館, 佐伯旅館, 橋本旅館, 日の丸旅館, 山陽旅館, 櫻家旅館, 金澤旅館, 長州館, 東洋旅館
3등	10	東雲旅館, 國分旅館, 村岡旅館, 沖野旅館, 瀨戸旅館, 丸一旅館, 村松旅館, 梅田旅館, 薩摩旅館, 壽旅館

출처: 阿部辰之助, 1918, 『大陸之京城』, 京城調査會, 687쪽.

은 1908년 『한국철도선로 안내』에 실려 있는 서울·평양·부산의 여관 정보이다. 먼저 서울에는 모두 20개의 여관이 수록되어 있으며, 대부분이 당시 일본인이 많이 거주하던 남산 북쪽 기슭의 미나미야마초(南山町)[7]·아사이마치(旭町)[8]·고토부키초(壽町)[9] 등과 일본인이 서울로 들어오는 관문인 남대문역 주변에 들어서 있었다. 여기에서 벗어나 있는 여관은 대한문(大漢門) 앞의 팰리스호텔과[10] 시노노메여관(東雲旅館), 서대문 부근의 애스터하우스였다.[11] 이 가운데 팰리스호텔과 애스터하우스는 서양식 호텔이었다. 팰리스호텔은 팔레호텔·프렌치호텔·법국여관(法國旅館)·센트럴호텔 등으로 불렸으며, 1901년 개업하였다가 1909년 폐업하였다. 덕수궁 옆에 있어 '팰리스'라는 이름이 붙었으며, 프랑스인이 경영하였다. 애스터하우스(Astor House)는 1901년 개업하였으며, 경인선의 종착역인 서대문역 옆에 있어 스테이션호

....

7 현재의 서울시 중구 남산동이다.

8 현재의 서울시 중구 회현동이다.

9 현재의 서울시 중구 주자동이다.

10 『한국철도선로안내』에는 파라스호텔(パラスホテル)이라고 표기되어 있다.

11 『한국철도선로안내』에는 아스토후하우스(アストフハウス)라고 표기되어 있다.

텔이라 불렸으며, 그랜드호텔·마전여관(馬田旅館) 등의 별칭도 가지고 있다. 영국인 엠벌리(Emberley)가 처음 경영하였으나, 주인이 과거 팰리스호텔을 경영했던 프랑스인 마르텡(Martin, 馬田)으로 바뀐 뒤 영화 상영장으로 사용되기도 하였으며, 1910년 이후 호텔은 폐업한 것으로 추정된다.[12]

부산의 여관들은 혼마치(本町)[13]·이리에마치(入江町)[14]·벤텐초(辨天町)[15] 등 일본인 거류지를 중심으로 분포하고 있었다. 이리에마치에 있는 오이케여관은 부산에서 가장 오래되고 가장 규모가 큰 여관이었으며, 1901년 설립된 이시이여관(石井旅館)도 이리에마치에 있었다. 1904년과 1905년에 각각 설립된 마츠모토여관(松本旅館)과 아라이여관(荒井旅館)은 혼마치에, 1906년 설립된 오카노여관(岡野旅館)은 벤텐쵸에 있

표 6-3. 1908년『한국철도선로안내』에 수록된 여관

지역	여관 이름
서울	애스터하우스(西大門 근린), 팰리스호텔(大漢門前), 東雲旅館(大漢門前), 橋本旅館(南大門通), 不知火旅館(旭町), 三ヶ月旅館(旭町), 巴城館(南山町), 牧野旅館(壽町), 九州旅館(三好町), 櫻家旅館(南大門內), 天眞樓旅館(南山町), 原金旅館(南山町), 旭館(本町), 浦尾旅館(壽町), 山本旅館(曙町), 紅葉館(南大門驛 부근), 日の丸旅館(南大門通), 梅田旅館(南大門驛前), 京城日本人俱樂部(南山町), 藤隈旅館(理事廳前)
평양	三根旅館, 櫻屋旅館, 臨江호텔, 松岡旅館, 明治旅館, 二見旅館, 中津旅館, 후랑스호텔, 北辰館
부산	大池旅館, 守谷旅館, 岡野旅館, 松井旅館, 松本旅館, 히시야(ひしや)旅館, 石井旅館, 尾張屋旅館, 荒井旅館, 旭屋旅館, 土肥旅館, 筑後旅館, 釜山호텔

출처: 統監府 鐵道管理局, 1908,『韓國鐵道線路案內』, 統監府鐵道管理局, 5·105~106·28쪽.

12 이순우, 2012, 앞의 책, 27~64쪽.

13 현재의 부산시 중구 동광동이다.

14 이리에마치는 나중에 미나미하마초(南濱町)가 되었으며, 현재의 부산시 중구 남포동이다.

15 현재의 부산시 중구 광복동의 일부이다.

었다.[16] 평양의 여관들도 평양역 인근과 평양의 일본인 시가지인 야마토마치를 중심으로 모여 있었다.

1924년 만철도쿄선만안내소가 만든『선만지나여정과 비용개산』에는 세 도시 주요 숙박시설의 가격표가 수록되어 있으며, 이를 정리한 것이 표 6-4이다. 우선 '호텔'이라는 이름이 붙은 서양식 숙박시설과 '여관'이라는 이름이 붙은 일본식 숙박시설은 요금 계산 방법에 있어 차이가 있었다. 경성의 조선(朝鮮)호텔, 부산의 스테이션호텔, 평양의 야나기야(柳屋)호텔은 숙박 요금, 즉 객실 요금만이며, 일본식 여관은 기본적으로 1박 2식, 즉 숙박하는 날 석식과 다음날 조식 요금까지 포함된 금액이었다. 서양식 호텔 가운데 숙박 요금이 가장 비싼 곳은 부산의 스테이션호텔이었다. 일본식 여관 중에는 특등으로 분류되어 있던 경성의 텐신로(天眞樓)와 하조칸(巴城館)이 가장 비쌌으며, 도시 별로는 경성이 가장 비쌌고, 그다음은 부산·평양의 순이었다. 흥미로운 것은 중식료(中食料), 즉 점심 식사 요금은 평양이 가장 비싸다는 점이다. 그리고『선만지나여정과 비용개산』의 숙박요금표에는 표 6-4의 숙박시설 중 평양의 미쓰네여관(三根旅館)·마쓰오카여관(松岡旅館)을 빼고는 모두 자다이(茶代)를 폐지하였다고 적혀 있다. 자다이는 숙박객이 내는 팁을 말한다. 한편으로 만철이 발행한 관광안내서에 수록된 여관은 만철이 관광객에게 숙박을 추천한다는 뜻이다. 표 6-4의 숙박시설은 모두 조선총독부와 일본인이 경영하는 곳이었으며, 조선인이나 외국인이 운영하는 곳은 한 곳도 없었다.

특히 조선호텔·야나기야호텔·스테이션호텔 등 서양식의 세 호텔은 조선총독부 철도국이 직영하는 호텔이었다.[17] 철도국이 호텔을 경영한

....

16 조성운, 2014, 앞의 논문, 141쪽.

표 6-4. 1924년 경성·평양·부산의 주요 숙박시설 요금

지역	주요 숙박시설	宿泊料(엔)			中食料(엔)		
		1등	2등	3등	1등	2등	3등
경성	朝鮮호텔		2.00 이상			1.75 이상	
	天眞樓, 巴城館	8.50	6.50	5.50	2.00	1.50	1.00
	京城호텔, 浦尾旅館, 山本旅館, 不知火旅館, 淸光館, 原金旅館	6.50	5.50	4.50	2.00	1.50	1.00
평양	柳屋호텔		3.00 이상			1.50 이상	
	三根旅館, 松岡旅館	5.00	4.00	3.50	2.50	2.00	1.50
부산	스테이션호텔		3.50 이상			1.50 이상	
	大池旅館, 荒井旅館, 鳴戶旅館, 松井旅館	6.00	5.00	3.00	2.00	1.50	1.00

출처: 滿鐵東京鮮滿案內所, 1924, 『鮮滿支那旅程と費用概算』, 滿鐵東京鮮滿案內所, 24~25쪽.

이유는 1915년 조선총독부 철도국이 발간한 『조선철도사(朝鮮鐵道史)』에 다음과 같은 설명이 있다.

> 여관 경영은 철도 본연의 업무는 아니다. 그렇지만 선만연락(鮮滿連絡)의 완성 이후 각국인이 조선을 통과하는 사례가 점차 많아지고, 이들 여행객을 맞이하는 데 있어 가장 필요하다고 느끼는 것이 여관의 설비이다. 그런데 조선에서 여관업자 중 양식 설비를 가진 경우가 드물고, 빠르게 그 정비를 기대하기도 어려워 철도가 스스로 이를 경영할 필요를 인식하였

....

17 1930년의 『여정과 비용개산』에는 스테이션호텔은 철도성이, 조선호텔과 야나기야호텔은 철도국이 직영한다고 기재되어 있다(ジャパン·ツーリスト·ビューロー, 1930, 『旅程と費用概算』, ジャパン·ツーリスト·ビューロー, 582~585쪽.). 그러나 1938년의 『여정과 비용개산』에는 부산 스테이션호텔을 철도국이 경영한다고 기재되어 있다(ジャパン·ツーリスト·ビューロー, 1938, 『旅程と費用概算』, 博文館, 934쪽.).

朝鮮ホテル全景

サンルーム

鐵道局直營
朝鮮ホテル

朝鮮鐵道局直營にかかり、京城の中央長谷川町の高臺にあり、客室八十餘設備完整せる東洋有數の大ホテルである。

ホテルの敷地はもと圜丘壇と稱し李朝時代の由緒ある歷史を有する趾で、今の後庭は皇穹宇と云ふ當時の遺物たる一齋樓を中心として造庭せられたもので閑靜古雅の趣をなし旅情を慰むるに充分である。

後庭ノ一部

皇穹宇

그림 6-1. 조선호텔.

출처: 朝鮮總督府鐵道局, 1937,『半島の近影』, 日本版画印刷合資會社, 30쪽.

그림 6-2. 부산역 2층의 스테이션호텔(저자 소장 그림엽서).

다. 이에 먼저 부산과 신의주 양 정거장 누상(樓上)에 양식여관(洋式旅館)의 설비를 했으며, 전자는 1912년 7월 15일, 후자는 1912년 8월 15일에 영업을 개시하였다. 종래 외국인 여행자가 느꼈던 불편을 어느 정도 줄이는 효과가 있었음이 분명하다. 1914년 10월부터 개업한 조선호텔(京城府長谷川町)은 84만여 엔의 경비를 들여 지은 것으로, 구조는 방화건축(防火建築)의 5층이며, 양식의 법에 따라 설비를 갖춤과 함께, 동양 고유의 풍취를 가미하였다. 특히 환구단(圜丘壇)의 유서 있는 장소로, 외국인 숙박객이 불편을 느끼지 않고 동양 취미를 즐기는 기회를 얻을 수 있다.[18]

즉 외국인의 숙박시설 수요에 부응하기 위해 철도국이 직접 호텔을 지어 운영한 것이다. 부산과 신의주의 호텔은 역 건물에 같이 있었고, 경성의 조선호텔은 1897년 고종이 대한제국 황제 즉위식을 올린 신성

....

18 朝鮮總督府鐵道局, 1915,『朝鮮鐵道史』, 朝鮮總督府鐵道局, 400~410쪽.

한 공간인 환구단(圜丘壇)을 차지하여 지었다. 일본인들은 경성역에서 가깝고 임진왜란 때 우키다 히데이에(宇喜多秀家) 진지가 이곳에 있었다는 점을 고려해 입지를 선정했다고 한다. 독일인 건축가의 설계로 지은 조선호텔은 지상 4층과 지하 1층이었고, 식민지 조선에서 처음으로 엘리베이터가 설치된 건물이었다.[19]

그리고 표 6-4에 수록된 경성의 일본식 여관들은 나름의 특징을 가지고 있었다. 일제강점기 경성에서 발행되던 『조선과 만주(朝鮮及滿洲)』라는 월간 종합 잡지는 1915년 10월호(통권 99호)를 조선물산공진회 기념호로 구성하였는데, 여기에 '경성의 여관 평판기(京城の旅館評判記)'라는 기사가 실려 있다. 그 내용을 요약하면 다음과 같다.

• 텐신로: 건물이 그렇게 큰 편이 아니지만 아담하고 세련된 편이고 방이 따로따로 나누어져 있어 묵기에 아주 쾌적하다. 게다가 요리도 상당히 맛있고 대접도 훌륭하다. 여주인이 부지런해 손님을 접대하는 데에 마음을 쓰고 있는 것 같다. 원체 이곳에 머무는 손님들은 유명한 사람이거나 돈이 많은 사람들이라 미리 통지하고 오는 손님들이 대부분이기 때문에 오다가다 들른 뜨내기손님은 문전박대를 당하는 곳이다. 고 이토 히로부미(伊藤博文)가 특별히 편애했기 때문에 자연스레 손님의 질도 높아졌다. 그러나 시절이 변함에 따라 질 좋은 손님의 수도 줄어들고 이곳에 머무는 손님의 수도 줄어들었다. 이 숙소에 머무는 사람은 하룻밤 3~5엔, 일주일을 머물면 여종업원에게 20~30엔의 팁을 주는 것이 관례라고 한다. 그 대신 오카미가[20] 일부러 남대문역까지 손님을 모시러 가

....

19 ウィキペディアフリー百科事典, ウェスティン朝鮮ホテル 항목(https://ja.wikipedia.org/wiki/ウェスティン朝鮮ホテル).

20 오카미(女将)는 여관의 여주인을 말한다.

는데, 이곳의 여종업원들은 일단 이 손님이 팁을 얼마나 줄 것인지 판단하여 대우를 달리한다.

• 하조칸: 일본식과 서양식을 혼합한 화양절충(和洋折衷)식 건물이다. … 일본식 방이 19개, 서양식 방이 3개이며, 커다란 홀의 식당이 있어 언제든 연회 준비도 가능하지만, 양식은 별로이다. 방이 넓고 방의 상태도 좋으며 요리도 꽤 맛있다. 젊은 여종업원이 14명이나 있으므로 분명 팁으로 쓰는 돈이 늘어날 것이라는 생각이 든다. … 손님들은 주로 관리와 사업가로, 라벨이 닥지닥지 붙어 있는 트렁크가 현관에 늘어서 있다. 경성에서 일류로 손꼽히는 가장 오래된 숙소이다. … 텐신로와는 달리 이 숙소는 안내가 정중하고 모든 방문객에게 친절한 점이 좋다.

• 경성호텔: 정면에 빨간 벽돌 건물이 식당이고, 언제든지 200~300명 규모의 입식(立式) 연회를 열 수 있다. … 여관은 왼쪽 깊숙한 곳에 위치하며, 정면에 일본식 현관이 있어 식당과는 완전히 다른 모습이다. 누군가가 경성호텔은 혼혈아라고 말했던 기억이 나는데 정말 그러고 보니 일본식과 서양식을 혼합했다. 식사는 일식과 양식이 있고 따라서 손님도 혼혈이 많다. 조선호텔에 머무는 것이 너무 비싸니 일단 싼값에 이용하고자 하는 것이다. 딱히 보통 여관과 다른 점이 없지만 이름이 호텔이기 때문에 버터 냄새 나는 식사를 좋아하는 사람들이 많이 찾는다. 여관으로서 경성 일류이긴 하지만 설비는 그다지 좋지 않다. 그 대신 텐신로처럼 잘난 척하지 않고 팁도 비싸지 않아 가볍게 묵을 수 있다. 말하자면 깔끔하고 간편한 숙소이다.

• 우라오여관(浦尾旅館): 화양절충식 건물이다. 경성에서 3대 과부 중 한 명으로 손꼽혔던 유명한 할머니는 너무나 성실한 사람으로 손님에게 참으로 친절하다. … 주인이 이러하니 종업원들도 자연스럽게 친절하다. … 손님은 중류계급, 상인이 많고 따라서 단골이 많다.

• 야마모토여관(山本旅館): 딱 봐도 여관 같은 모습이고, 손님은 실업가 60%에 관리 40%의 비율이다. 이 집의 자랑거리는 손님에 대한 대접보다 먼저 목욕탕에 1,200엔의 돈을 투자한 것이다. 객실 수는 전부 24개이다. 새 건물이라서 방에도 밝은 빛이 들어와 투명한 느낌을 주지만, 실내는 아무런 멋도 분위기도 없다. 아무튼 경성 일류 여관으로서는 비교적 콧대가 높지 않은 편이지만, 차분하지 못하고 멋이 없는 곳이다.

• 시라누이여관(不知火旅館): 이게 1등 여관인가라는 생각이 들 정도로 외관이 소탈하다. 손님은 주로 은행원, 회사원이다. 건물의 구조와 배치에 주의를 기울이지 않은 것을 보면 아주 실용적인 느낌을 준다. 이 때문에 여행의 정취를 느끼며 여유로운 마음으로 '델리케이트'라던가 '센티멘털'을 이야기하는 사람들에게는 적합하지 않다. 업무 출장으로 바쁜 임무를 띤 사람들이 대부분이기 때문에 정중함과 친절함은 오히려 손님들 쪽에서 전혀 신경을 쓰지 않는 듯하다.[21]

글쓴이의 주관적인 평가가 많이 포함되어 있으나, 각 여관의 특징과 분위기를 짐작할 수 있다. 눈여겨볼 만한 점은 여관 평가에 있어 팁이 상당히 중요한 요소로 다루어지고 있다는 것이다. 이 기사가 사실이라면, 텐신로는 팁이 숙박료의 절반 가까이 되는 셈이다. 이러한 과도한 팁 때문에 위의 1924년 『선만지나여정과 비용개산』에는 팁이 폐지되었다는 것을 특별히 강조한 것으로 보인다. 그리고 시설 못지않게 주인과 종업원의 친절도가 여관 평가의 중요한 잣대였음을 알 수 있다. 이 가운데 역사가 오래된 하조칸은 1895년 일본 낭인들이 명성황후(明成

....

21 朝鮮雜誌社, 1915, 『朝鮮及滿洲』 1915年 10月号(通巻99号), 127~129쪽("채숙향·이선윤·신주혜 편역, 2012, 『조선 속 일본인의 에로경성 조감도(공간편)』, 문, 207~211쪽."에서 재인용).

표 6-5. 1938년 『여정과 비용개산』의 여관 정보

지역	이름	위치	역과 거리(m)	객실 수	숙박료(엔)	식사료(엔)	기타
경성	朝鮮호텔	長谷川町	1,200	양80	3.0 이상(室代)	조1.5/중2.0/석2.5	#12.0(3식)
	備前屋	長谷川町	1,100	화49/양6	화4.0~10/양4.5~7.0	-	#6.0
	本町호텔	本町	2,000	39	3.0~7.0	화 조0.5/중1.0/석1.5 양 조1.0/중1.5/석2.0	#5.5
	天眞樓	南山町2丁目	1,400	화18	5.0~9.0	-	#6.0
	山本	本町2丁目	1,300	24	4.0~7.0	-	#5.0
	不知火	旭町2丁目	1,500	22	3.5~7.5	-	#5.0
	笑福	御成町	200	25	4.0~7.0	-	#5.0
	御成	南大門通5丁目	150	25	4.0~7.0	-	#5.0
	大東館	南大門通5丁目	100	20	4.0~7.0	-	#4.0
	二見	古市町	50	20	4.0~6.0	-	#5.0
	三重	蓬莱町1丁目	50	30	4.0~6.0	-	#4.0
	大塚	御成町	300	14	4.0~7.5	-	#5.0
	浦尾	本町2丁目	-	-	-	-	#4.0
	京城호텔	南山町	-	-	4.0~7.0	-	-
평양	平壤鐵道호텔	山手町25	1,000	화13/양13	화4.5~10.5(1박2식) 양3.0~8.0(室代)	조1.5/중2.0/석2.5	양실3식 8.0~13.00
	三根	壽町	1,500	화34	3.5~8.0	-	#5.0
	쓰바메(つばめ)	東町	200	6	2.7~4.0	-	#3.0
	朝日	幸町	1,000	23	3.5~8.0	-	#5.0
	櫻館	旭町	1,500	29	3.5~8.0	-	#3.5
	靑靑館	南町	-	-	-	-	#3.0
	大同館	紅梅町, 驛直前	-	18	3.5~8.0	-	-
부산	鳴戶	大倉町4	30	16	3.5~8.0	-	#4.5
	花屋	大倉町4	100	26	3.0~7.0	-	#4.0

松井	大倉町2	500	26	3.0~5.5	-	#4.0
釜山호텔	辨天町1	800	양7/화양6	2.0~4.0(室代)	-	-
釜山鐵道호텔	釜山驛樓上	-	1인실4/2인실1	1인실 5.0(室代) 2인실 30.0	조1.5/중2.0/석2.5	-
荒井	榮町1	100	24	3.0~7.0	-	-
松島호텔	岩南里	4,000	14	3.0~7.0	-	-
岡本	大倉町4	30	6	3.0~5.5	-	-
岡野	辨天町1	-	12	3.0~5.5	-	-
港호텔	大倉町3	200	27	1.0~4.0	-	-
防長館	大倉町3	150	14	3.0~5.5	-	-
森山	大倉町	-	9	3.0~4.5	-	-
望月	大倉町	-	8	3.0~4.5	-	-
櫻屋	大倉町	-	10	3.0~4.5	-	-
近藤	本町	-	8	3.0~4.5	-	-
近江屋	大倉町	-	15	3.0~4.5	-	-
花月	大倉町	-	6	3.0~4.5	-	-
松屋	大倉町	-	11	3.0~4.5	-	-
岩井	大倉町	-	13	3.0~4.5	-	-
松本	榮町	-	13	3.0~4.5	-	-
岡山	大倉町	-	9	3.0~4.5	-	-
濱屋	大倉町	-	12	3.0~4.5	-	-
月森	大倉町	-	9	3.0~4.5	-	-
泉	大倉町	-	16	3.0~4.5	-	-

주 1: '화'는 일본식, '양'은 양식을 의미한다.
주 2: #는 일본여행협회의 각지 안내소에서 발매하는 '여관권(旅館券)'의 지정에 의한 1박 2식의 요금이다.
출처: ジヤパン·ツーリスト·ビユーロー, 1938,『旅程と費用概算』, 博文館, 934~953쪽.

皇后)의 암살을 모의한 장소로도 유명하다.[22]

팁, 즉 자다이의 폐지에 대해서는 1933년 만철 도쿄지사의 관광안내서인 『선만중국여행수인』에도 언급되어 있다. 식민지 조선과 만주의 일본식 여관은 자다이 폐지 협정이 성립되어 숙박료 이외에 여관에 내는 돈은 단순히 사용인의 마음뿐이므로, 안심하고 부담 없이 숙박할 수 있다고 설명하였다. 그리고 단체숙박은 더 간단하여 미리 선만안내소에서 소정의 할인 숙박 요금으로 계약함으로써 여관 예약이 가능하다고 홍보하였다.[23]

표 6-5는 1938년 『여정과 비용개산』에 소개된 세 도시의 주요 여관이다. 일부 서양식 호텔이 섞여 있으나 대부분이 일본식 여관이라는 점은 전 시기와 변함이 없다. 경성은 여관이 모두 경성역에서 2km 이내의

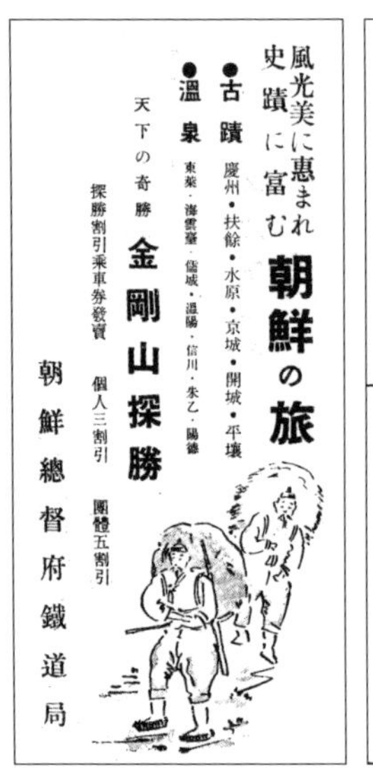

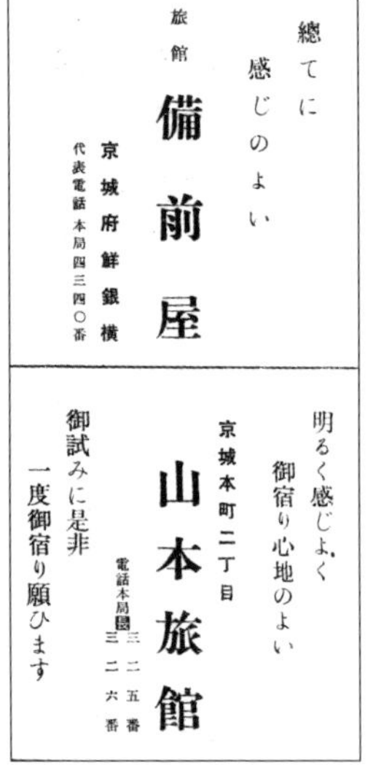

그림 6-3. 『여정과 비용개산』에 수록된 조선총독부 철도국의 조선 관광 광고(왼쪽)와 경성의 여관 광고(오른쪽).

출처: ジャパン·ツーリスト·ビューロー, 1932, 『旅程と費用概算』, 博文館.

....

22 나종우, 1979, 「전통 숙박시설의 변천: 한말 서울을 중심으로」, 『향토 서울』 37, 125쪽.

23 南滿洲鐵道株式會社 東京支社, 1933, 『鮮滿中國旅行手引』, 南滿洲鐵道株式會社 東京支社, 20쪽.

거리에 있으며, 모두 전통적인 일본인 거주지에 자리 잡고 있다. 조선인의 중심지였던 종로를 비롯한 북쪽 지역에도 여관들이 있었으나, 한 곳도 소개되지 않았다. 부산은 여관이 더 좁은 지역에 집중되어 있다. 특히 부산항과도 가까운 부산역 앞의 오쿠라초(大倉町)에 여관들이 밀집해 있었다. 평양의 여관은 부산에 비해 분산되어 있었으나, 역시 평양역에서 멀지 않지 않은 여관을 관광안내서가 추천하고 있다. 평균적인 숙박비는 경성이 비싸고 상대적으로 부산이 저렴하였다. 이 시기에는 일본여행협회가 여관과의 계약을 통해 만든 '여관권(旅館券)'을 이용하면, 관광객들이 경성에서는 5엔 내외, 부산에서는 4엔 정도의 돈으로 1박 2식을 해결할 수 있었다.

이제 일본인 관광객들이 실제로 어떤 곳에 숙박했는지 알아보자. 표 6-6은 기행문을 분석하여 1905년부터 1919년까지 경성·부산·평양을 방문한 관광객들이 묵은 장소를 정리한 것이다. 먼저 경성에서는 숙박 장소를 확인할 수 없는 2명을[24] 뺀 28명 가운데, 친지의 집에서 잔 5명을 제외하고는 모두 숙박시설을 이용하였다. 친지의 집을 이용한 사람 중에 히오키 모쿠센과 샤쿠 소엔 등 불교 승려 2명이 포함되어 있어 눈에 띄는데, 이들은 다른 도시에서도 친지 집을 숙소로 이용하였다. 화가인 도야 한잔은 친지의 집인 조선은행 사택에서 잤다.

1905년~1915년 사이에 경성의 숙박시설로는 하조칸을 이용한 사람이 4명으로 가장 많고 텐신로·하라가네여관(原金旅館) 등이 그 뒤를 이었다. 실업가·정치가와 같이 경제적·사회적 지위가 높은 사람들은 특등여관인 하조칸·텐신로를 많이 이용하였다. 도치기현 실업가관광단·부청관광실업단·히로시마조선시찰단 등 인원이 많은 단체관광객은

....

24 이 가운데는 개인뿐만 아니라 단체도 포함되어 있으나, 편의상 '명'으로 표기하였다.

표 6-6. 1905년~1919년 관광객의 숙박 장소

번호	관광객	시기	숙박 장소		
			경성	부산	평양
1	村瀬米之助	1905	旭館	松本旅館	櫻屋
2	鵜飼退蔵	1905	大同館	大池旅館	松岡旅館
3	広島高等師範修學旅行團	1906	?	-	?
4	日置黙仙	1907	혼마치 일본인 집	일본인 사업가 집	일본인 약제사 집
5	京都府 實業視察團	1909	巴城館	大池旅館	柳屋旅館
6	栃木県實業家滿韓觀光團	1909	不知火旅館, 原金旅館(분)	大池旅館, 荒井旅館(분)	柳屋旅館, 三根旅館(분)
7	赴清実業團	1910	天眞樓, 巴城館(분)	大池旅館	柳屋旅館
8	広島朝鮮視察團	1912	巴城館, 山本旅館(분)	-	柳屋旅館, 三根旅館(분)
9	加太邦憲	1912	天眞樓, 친지 집	-	사위 집
10	鳥谷幡山	1913	朝鮮銀行 社宅	-	-
11	杉本正幸	1914	京城호텔	-	-
12	広島高等師範修學旅行團	1914	原金旅館	-	松岡旅館
13	原象一郎	1914	巴城館	東萊溫川	-
14	埼玉県教育會	1917	原金旅館	-	柳屋旅館
15	釋宗演	1917	일본인 집	大廳町의 일본인 집	-
16	德富猪一郎	1917	白雲洞 집	-	-
17	內藤久寬	1917	朝鮮호텔	-	柳屋旅館
18	山科礼蔵	1917	朝鮮호텔	?	-
19	関和知	1917	朝鮮호텔	-	柳屋旅館
20	植村寅	1918	도아루宿屋	鳴戶旅館	일본인 집, 大同館
21	愛媛教育協會視察團	1918	?	大池旅館	大日旅館
22	大町桂月	1918	朝鮮호텔	蓬萊館, 스테이션호텔	柳屋旅館

번호	관광객	시기	숙박 장소		
			경성	부산	평양
23	埼玉県教育會	1918	原金旅館	-	柳屋旅館
24	間野暢籌	1918	九州館	?	-
25	松永安左衛門	1918	朝鮮호텔	-	柳屋旅館
26	細井肇	1919	朝鮮호텔	-	-
27	大熊浅次郎	1919	不知火旅館	-	-
28	小畔亀太郎	1919	朝鮮호텔	-	-
29	高森良人	1919	친구 집	-	-
30	沼波瓊音	1919	不知火旅館	-	柳屋旅館

주 1: '-'는 숙박을 하지 않은 것이며, '?'는 숙박을 했으나 어디에서 잤는지 기록이 없는 것이다.
주 2: '(분)'은 나누어 숙박한 경우이다.

한 곳에 투숙하기 어려워 두 군데 여관에 나누어 숙박하였다. 1915년 이후에는 1914년 개관한 조선호텔을 가장 많이 이용하였다. 그러나 단체 관광인 사이타마현교육회와 오쿠마 아사지로는 각각 하라카네여관과 시라누이여관에 숙박하였다. 조선호텔에 숙박하지 않은 우에무라 도라와 마노 노부카즈는 모두 학생이었다. 이들은 조선호텔에 묵을 형편이 되지 못하였다. 우에무라 도라는 자신이 묵은 도아루야도야(とある宿屋)가 혼마치(本町)에 있는 이류 정도의 여관으로 여주인은 훌륭하나 여종업원들은 훈련이 되어 있지 않다고 평가하였다.[25] 마노 노부카즈는 남대문역에 내려 저녁을 먹은 음식점에서 학생이 숙박하기에 좋은 저렴한 여관을 문의하여 규슈칸(九州館)에 숙박하였다.[26]

평양에서는 철도국에서 직영하는 야나기야여관에 숙박한 사람이

....

25 植村寅, 1919,『青年の満鮮産業見物』, 大阪屋号書店, 41쪽.

26 間野暢籌, 1919,『満鮮の五十日』, 国民書院, 69쪽.

압도적으로 많았다. 1920년 야나기야여관에는 육군의 지정여관이라는 큰 간판이 붙어 있었고, 아치형의 문이 설치되어 있었으며, 군인의 환영회, 초혼제(招魂祭) 등이 열리기도 했다.[27] 부산은 도착한 뒤 곧 기차나 연락선을 타서 숙박하지 않는 관광객이 많았다. 부산에서 숙박한 사람이 가장 많이 이용한 곳은 제일 규모가 큰 오이케여관이었고, 동래온천에서 잔 사람이 두 명 있었는데, 하라 쇼이치로와 오마치 게이게쓰이다. 하라 쇼이치로는 부산과 같이 속악(俗惡)한 일본인 거리에서 자는 것은 어리석은 일이라며,[28] 부산에서 머무는 동안 동래온천에서 숙박하였다. 앞서 언급한 바와 같이 두 불교 승려는 부산에서도 친지 집을 이용하였다.

표 6-7은 1920년~1930년의 일본인 관광객의 숙박 장소를 분석한 것이다. 표 6-6과 비교해 두드러지는 점은 부산에서 숙박한 사람이 더욱 줄었다는 것이다. 시간이 흐를수록 연락선과 철도의 연결이 촘촘해지면서 부산은 머무는 곳이 아니라 거쳐 가는 곳의 성격이 강해졌다. 평양도 전체 관광객의 반 이하만 숙박하였으며, 전 시기부터 많이 이용되어 온 야나기야여관과 미쓰네여관(三根旅館)에 집중적으로 투숙하였다. 경성도 하조칸·텐신로·조선호텔 등이 여전히 투숙객이 많았으며, 관광객이 이용한 나머지 숙소들도 모두 일본식 여관이었다.

1920년의 이토 사다고로는 "조선의 민정을 시찰하고 풍속의 진상(眞相)에 접촉하려면 탈것은 3등, 여관은 조선숙(朝鮮宿)에 여보(ヨボ)와[29] 합숙하는 것을 각오하지 않으면 안된다."라고[30] 하였지만, 조선의 실상을

....

27 伊藤貞五郎, 1921, 『最近の朝鮮及支那』, 伊藤貞五郎, 60쪽.

28 原象一郎, 1917, 『朝鮮の旅』, 巖松堂書店, 369쪽.

29 여보(ヨボ)는 조선인을 뜻하는 말로 일본에서 사용되었으며, 모멸적인 의미를 담고 있었다(ウィキペディアフリー百科事典, ヨボ 항목(https://ja.wikipedia.org/wiki/ヨボ)).

표 6-7. 1920년~1930년 관광객의 숙박 장소

번호	관광객	시기	숙박 장소		
			경성	부산	평양
1	伊藤貞五郎	1920	巴城館	-	-
2	渡辺巳之次郎	1920	-	-	-
3	石井謹吾	1921	天眞樓, 巴城館, 조선호텔(분)	-	-
4	越佐教育團	1922	原金旅館, 山本旅館	-	-
5	内田春涯	1922	조선호텔	-	-
6	高井利五郎	1922	조선호텔	-	-
7	橋本文寿	1922	?	동래온천	-
8	大屋徳城	1922	궁정동 친지 집, 妙心寺別院	-	妙心寺別院
9	石渡繁胤	1923	巴城館	-	柳屋旅館
10	藤田元春	1924	경성호텔	-	柳屋旅館
11	地理歴史科教員協議會	1925	조선호텔, 御成旅館(분)	-	三根旅館, 朝日旅館(분)
12	農業學校長協會	1925	天眞樓, 清光館, 山本旅館, 不知火旅館, 浦屋旅館(분)	-	-
13	森本角蔵	1925	不知火旅館, 櫻家旅館	-	-
14	伊奈松麓	1926	大東館	花菱旅館	三根旅館
15	千葉県教育會	1927	御成旅館	-	三根旅館
16	小林福太郎	1928	-	-	-
17	漆山雅喜	1929	조선호텔	-	柳屋旅館
18	鮮満視察團	1929	大東館(본부), 天眞樓 등	-	-
19	吉野豊次郎	1929	廣澤旅館, 備前屋	-	三根旅館
20	松本亀次郎	1930	村上旅館	-	-

주 1: '-'는 숙박을 하지 않은 것이며, '?'는 숙박을 했으나 어디에서 잤는지 기록이 없는 것이다.
주 2: '(분)'은 나누어 숙박한 경우이다.

파악하기 위해 조선식 여관이나 민가에 숙박한 일본인은 한 명도 없었다. 일본인에게는 일본과 다름없는 운영 방식과 시설을 갖춘 일본식 여관이 편하고 익숙하였기 때문이다. 식민지 조선의 일본식 여관이 일본의 그것과 유사한 방식으로 운영된 점은 기행문에서 종종 발견할 수 있다. 1929년 199명이 참가한 선만시찰단은 많은 인원 때문에 여러 곳에 나누어 숙박할 수밖에 없었는데, 경성역에 도착하자 플랫폼에 각 여관의 직원이 깃발을 들고 마중을 나왔으며, 이들을 따라 여관으로 향했다.[31] 1929년은 조선박람회가 열려 여관이 성황을 이루었던 것 같다. 일본여행협회가 모집한 선만시찰단의 일원으로 15명의 일행과 함께 조선박람회 관람을 위해 경성에 온 요시노 도요시지로는 원래 비젠야(備前屋)라는 여관에 예약했으나, 도착 직후 만원이라는 이유로 거절하여 화가 났다고 적었다. 첫날은 비젠야에서 소개해 준 히로사와여관(廣澤旅館)이라는 곳에 숙박하였으며, 다음 날은 비젠야에 머물렀다.[32]

여관이 아닌 곳에 숙박한 사람은 불교사학자인 오야 도쿠쇼가 유일했다. 불교 유적 조사를 위해 여행한 그는 친지의 집과 사찰을 이용하였다. 그리고 개인이나 소수로 이루어진 관광단에 비해 인원이 많은 단체 관광객들이 상대적으로 저렴한 여관을 이용하는 경향을 보였다.

표 6-8은 1931년~1945년에 세 도시를 관광한 사람들의 숙박 장소이다. 전시기와 마찬가지로, 부산에서 숙박한 이는 적으며, 평양에서 숙박한 관광객도 많지 않았다. 1936년의 나카지마 마사쿠니와 같이 세 도시를 모두 관광하였으나, 한 곳에서도 숙박하지 않은 사람도 있었다. 그는 부산~서울, 서울~평양을 밤차로 이동하면서 기차에서 잤고, 평양

....

30 伊藤貞五郎, 1921, 앞의 책, 22~23쪽.

31 下関鮮満案内所, 1929, 『鮮満十二日: 鮮満視察團紀念誌』, 下関鮮満案内所, 100쪽.

32 吉野豊次郎, 1930, 『鮮滿旅行記』, 金洋社, 7~8쪽.

구경을 마친 뒤 바로 기차를 타고 만주로 이동하였다.[33]

이 시기에 이목을 끄는 특징은 부산에서 숙박한 사람들이 모두 시내의 여관에 머물지 않고 동래온천이나 해운대온천에 숙박한 점이다. 부산에 숙박한 사람들은 일본으로부터 이동하면서 기차와 배에서 쌓인 피로를 풀거나, 일본으로 건너가기 전에 오랜 여행으로 지친 몸을 달래기 위해 온천욕을 겸할 수 있는 온천을 숙박지로 선호한 것이다. 시간이 흐를수록 부산의 온천은 교통이 편리해져 부산역이나 항구와 빠르게 연결되었고, 다양한 기반 시설을 갖추면서 매력적인 관광지이자 숙박지로 발전하게 되었다. 1933년 단신으로 부산을 방문한 스기야마 사시치의 기행문을 통해 이러한 상황을 엿볼 수 있다. 그는 원래 계획이 없었으나 관광을 위해 탄 택시 운전사의 권유로 동래온천을 찾았다. 동래온천에 관한 정보가 없었던 스기야마 사시치는 운전사에게 "일류는 아니라도 좋으니 조용한 방이 있는 여관으로 안내"를 부탁했고, 운전사는 와키여관(脇旅館)에 데려다주었다. 스기야마 사시치는 처음 묵는 식민지 조선의 온천에서 도난 등을 걱정했으나, 설비가 잘 갖추어진 욕탕에서 피로를 풀고 기분이 좋아졌다. 그는 여관 종업원으로부터 당시 동래온천이 부산과의 사이의 전차 개선과 도로포장 공사는 물론이고, 시가 계획·상수도 및 온천 각호(各戶) 배급, 유원지(遊園地)·운동장·금강원(金剛園)·회유도로(回遊道路)·주택조합 등 각종 문화시설이 설립되면서 욕객(浴客)과 거주자가 증가하고 있고, 토지 가격도 상승하고 있다는 사실을 들었다. 스기야마 사시치는 조용한 객실을 원했으나, 인근 여관으로부터 흘러나오는 악기와 노랫소리 때문에 자정까지 잠을 이루지 못하다가 미리 준비한 수면제를 먹고 잤다.[34] 1930년대 동래온천과 해운대온

....

33 中島正国, 1937, 『鮮満雑記』, 中島正国, 8~19쪽.

표 6-8. 1931년~1945년 관광객의 숙박 장소

번호	관광객	시기	숙박 장소		
			경성	부산	평양
1	賀茂百樹	1931	御成旅館	-	?
2	岡田潤一郎	1931	大東館	-	-
3	栗原長二	1931	?	?	-
4	篠原義政	1932	-	-	-
5	地理歷史科教員協議會	1932	?	東萊館(동래)	三根旅館, 쓰바메여관(분)
6	依田泰	1933	?	-	富士屋旅館
7	本多辰次郎	1933	친지 집	-	철도호텔
8	杉山佐七	1933	常盤旅館	脇旅館(동래)	?
9	東海商工會議所聯合會	1934	備前屋, 山本旅館(분)	-	-
10	藤山雷太	1934	天眞樓	해운대호텔	철도호텔
11	山形県教育會視察團	1935	?	-	-
12	中根環堂	1935	曹洞宗京城別院	松濤閣(해운대)	?
13	福徳生命海外教育視察團	1935	山本旅館	동래온천	三根旅館
14	広瀬為久	1935	조선호텔	松濤閣(해운대)	-
15	中島正国	1936	-	-	-
16	岐阜県聯合青年團	1937	大東館	-	-
17	中島真雄	1938	-	-	-
18	日本旅行會	1938	반도호텔, 山本旅館(분)	-	三根旅館, 櫻旅館(분)
19	岡山県鮮満北支視察團	1939	御成旅館	-	青青館
20	大陸視察旅行團	1939	大東館	-	-
21	石橋湛山	1940	?	-	-
22	石山賢吉	1940	?	-	-
23	市村與市	1941	조선호텔	-	철도호텔
24	豊田三郎 등	1941	조선호텔	-	-
25	藤本実也	1941	大塚旅館	-	-
26	山形県教育會視察團	1942	大塚旅館	-	-

주 1: '-'는 숙박을 하지 않은 것이며, '?'는 숙박을 했으나 어디에서 잤는지 기록이 없는 것이다.
주 2: '(분)'은 나누어 숙박한 경우이다.

그림 6-4. 해운대 송도각의 온천욕장.
출처: 신동규 외, 2020, 「일제침략기 한국 관련 사진그림엽서 수집·분석·해제 및 DB 구축」(http://waks.aks.ac.kr/rsh/?rshID=AKS-2017-KFR-1230003).

천에는 표 6-9와 같은 여관들이 있었다.

평양의 관광객은 1910년대부터 많은 관광객이 투숙한 철도호텔과[35] 미쓰네여관을 여전히 많이 이용하였고, 전시기에 보이지 않던 후지야여관(富士屋旅館)·쓰바메여관·사쿠라여관(櫻旅館)·세이세이칸(靑靑館)에 숙박한 사람이 있었다. 이 중 후지야여관은 표 6-5에도 없는 여관이다. 이곳에 숙박한 요다 야스시는 이 여관이 평양역 앞에 있으며, 요금이 2엔 50센으로 만주보다 저렴하여 안심하였다고 술회하였다.[36]

경성은 전시기와 마찬가지로, 단체관광객은 다이토칸(大東館)을 이용하는 사례가 많았다. 80명으로 구성된 오카다 준이치로의 도쿄부립제일상업학교 시찰단, 18명의 기후현 연합청년단, 43명의 도쿄여자고

....

34 杉山佐七, 1935,『観て来た満鮮』, 東京市立小石川工業學校校友會, 12~15쪽.

35 야나기야여관이 철도호텔로 바뀐 것으로 보인다.

36 依田泰, 1934,『満鮮三千里』, 中信每日新聞社, 153쪽.

표 6-9. 1938년 동래온천과 해운대온천의 여관

지역	이름	객실 수	숙박료(엔)	기타
동래온천	蓬莱館	41	2.0~6.0	#4.5
	東莱館	24	2.0~7.0	#4.5
	鳴戶	18 (별관 15)	2.8~7.0 (3.0~4.5)	#4.5
	荒井	13	2.5~6.0	#4.0
	脇	-	-	-
	靜乃家	-	-	-
해운대온천	海雲臺食鹽泉호텔	양3/화41	3.0~8.0	#5.0
	松濤閣	양3/화12	3.0~7.0	#5.0
	海雲閣	14	2.5~4.5	#4.0

주 1: #는 일본여행협회의 각지 안내소에서 발매하는 '여관권(旅館券)'의 지정에 의한 1박 2식의 요금이다.
출처: ジャパン·ツーリスト·ビユーロー, 1938, 『旅程と費用概算』, 博文館, 935쪽.

등사범학교 수학여행단이 모두 다이토칸에 숙박하였다. 다이토칸은 당시 관광단에는 없으면 안 되는 숙박시설로 알려져 있었다.[37] 야마모토여관(山本旅館)도 단체관광객이 많아 도카이상공회의소연합회·후쿠도쿠생명 해외교육시찰단·일본여행회 등이 숙박하였다. 단체의 성격으로 볼 때, 학생이나 젊은 층이 주로 숙박한 다이토칸보다 야마모토여관이 더 고급이고 더 비쌌을 것이다. 실제로 야마모토여관은 일류 여관으로 분류되었다.[38] 텐신로·오나리여관(御成旅館)도 여전히 이용되고 있었는데, 특히 텐신로에는 재벌인 후지야마 라이타가 묵어 과거와 변함없이 실업가들이 선호하는 여관이었음을 보여준다. 1920년대까지 텐신로와 함께 명성을 날렸던 하조칸은 1930년대에는 이용객이 없다. 1936년의

37 矢野干城·森川清人 編, 1936, 『新版大京城案內』, 京城都市文化研究所出版部, 198쪽.
38 矢野干城·森川清人 編, 1936, 위의 책, 197쪽.

『신판대경성안내(新版大京城案內)』에 의하면, 하조칸은 폐업하고 그 건물을 병원으로 사용하고 있었다.[39] 1941년 양잠학자인 후지모토 지쓰야, 1942년 야마가타현교육회 시찰단이 묵은 오쓰카여관(大塚旅館)은 조선신궁 입구에 있는 일류 여관이었다.

1930년대에도 서양식 호텔인 조선호텔에 묵는 사람이 많았으며, 조선호텔은 경성에서 가장 훌륭한 숙박시설로 인정받았다. 1941년 이 호텔에 숙박한 이치무라 요이치는 당시 일본 최고의 호텔이었던 도쿄 데이코쿠호텔(帝国ホテル)에 밀리지 않을 정도라고 평가하였다.[40] 1941년 경성을 찾은 소설가 도요다 사부로와 닛타 준은 박람회로 관광객이 많아 여관을 구하지 못해 어려움을 겪다가 신문사 지국에[41] 부탁하여 조선호텔에 투숙하였다. 도요다 사부로는 "조선호텔에 가보니 실로 당당한 북유럽식의 건축으로, 개척지 시찰여행자에게 너무 좋은 곳이라 털럭대는 구두로 붉은 주단 위를 걷는 것도 부끄러웠지만, 묵을 곳이 생겨서 안심했다."라고[42] 술회하였고, 닛타 준은 다음과 같이 조선호텔 숙박기를 기록하였다.

> 경성지국(京城支局) 사람들이 여기저기 전화로 알아봐 준 끝에 겨우 조선호텔에 방 하나를 찾았다. 막상 가보니 그곳은 우리에게 너무 사치스러웠지만, 어쩔 수 없었다. 여관이라는 여관은 모두 박람회에 온 사람들로 만원이었다. 카운터에서 이름을 썼다. 도요다는 전투모에 군화를 신은

....

39 矢野干城·森川清人 編, 1936, 위의 책, 197쪽.

40 市村與市, 1941, 『鮮·満·北支の旅: 教育と宗教』, 一粒社, 22쪽.

41 도요다 사부로는 도쿄니치니치신문(東京日日新聞) 지국이라고 기록하였고, 닛타 준은 오사카마이니치신문(大阪毎日新聞)이라고 기록하였다.

42 井上友一郎·豊田三郎·新田潤, 1942, 『満洲旅日記: 文学紀行』, 明石書房, 35쪽.

모습으로, 배낭을 지고 트렁크를 들었다. 어쩐지 호텔에서 특이한 모습이었다. 나는 짐 세 개를 그곳에 놓고, 벨보이 쪽으로 돌아보자 그가 꾸벅 머리를 숙이며 재빨리 내 트렁크와 배낭을 들었다. 그리고 도요다의 뒷모습을 보며 작게 말했다. "방은 동료와 함께 쓰시나요?" 방은 제법 넓고 욕조도 있었다. 창밖으로 호텔의 아름다운 정원과 팔각의 고풍스러운 누각 등이 보였다. 이곳은 이전 왕실의 별장이었다고 한다. 그 자취를 정원 여기저기에서 느낄 수 있었다. 방에 들어서서, 두 사람 모두 잠시 조금도 움직이지 않고 그저 멍하니 있었다. 그런 호사스러운 곳의 방값이 놀랄 정도는 아닐까 잠시 걱정했다. 하루 일인 당 20엔 정도이지 않을까, 기껏해야 14~15엔 정도일 거야 등 우리는 한바탕 논의하였다.[43]

정리하면, 1931년~1945년의 관광객들도 모두 일본인이 일본식으로 경영하는 숙박시설에 잤으며, 조선식 숙박시설을 이용한 사람은 한 명도 없었다. 해외 관광이었으나, 국내 관광과 다를 바가 없는 곳에서 잤으며, 숙박을 통해 식민지 조선의 주거문화를 경험할 기회는 없었다.

2 식사

관광객에게 있어 익숙하지 않은 장소에서 자고 처음 먹는 음식을 경험하는 것은 새로운 것을 보고 듣는 것과 마찬가지로 중요한 '이문화(異文化)'의 체험이며, 관광을 구성하는 중요한 요소이다. 그러나 지금까지 살펴본 바와 같이 식민지 조선을 관광한 일본인들은 익숙한 환경에

....

43 井上友一郎·豊田三郎·新田潤, 1942, 위의 책, 42~43쪽.

표 6-10. 1908년『한국철도선로안내』에 수록된 요리점

지역	요리점 이름
서울	花月樓(南山町), 非門樓(壽町), 巴州亭(南山町), 清華亭(永樂町), 江戶川亭(本町), 松葉亭(南山町), 梅月亭(本町), 韓洋亭(本町), 에테(南大門驛前)
평양	七星館, 大同館, 日進館, 平壤館, 壽樓
부산	鳴戶, 守谷, 待合亭, 京阪亭, 三笠, 千歲, 朝日, 一福樓, 小倉庵, 養雞舍

출처: 統監府 鐵道管理局, 1908,『韓國鐵道線路案內』, 統監府鐵道管理局, 5·37·106쪽.

서 숙박하였다. 그럼 먹는 것은 어떠했을까? 전근대의 여행과 달리, 근대관광에서는 기반 시설이 갖추어지지 않은 오지를 여행하지 않는 한 여행자가 직접 취사한 음식을 먹는 사례는 드물었다. 이 책에서 분석한 식민지 조선을 관광한 일본인 중에서도 직접 음식을 만들어 먹은 경우는 찾을 수 없었다. 그리고 장기간에 걸친 장거리 여행이었기 때문에 미리 음식을 준비하여 휴대한 사례도 없었다. 직접 현지에서 사 먹거나, 친지 등으로부터 대접받았는데, 그 장소는 다양한 편이었다.

먼저 관광안내서에 수록된 경성·평양·부산의 음식점 정보부터 정리해 보자. 표 6-10은 1908년『한국철도선로안내』의 세 도시 음식점 목록이다. 이 책에는 '요리점(料理店)'으로[44] 표기되어 있으며, 서울의 9곳, 평양의 5곳, 부산의 10곳의 이름이 적혀 있다. 서울의 요리점은 위치가 적혀 있는데, 모두 일본인 시가지에 있었다.

1911년의『조선철도선로안내』에도 경성과 부산의 요리점이 표 6-11과 같이 기재되어 있다. 이 책에는 경성의 요리점 가운데 하슈테이(巴州亭)와 경성호텔은 양식 요리점이며, 명월관은 한식 요리점이라고

....

44 요리점은 조리한 음식물을 파는 음식점뿐 아니라, 음식과 유흥을 겸하는 요정(料亭)의 의미로도 사용되었다. 일제강점기 관광안내서에 언급된 요리점들도 후자의 경우가 많았다.

명시되어 있다. 따라서 나머지 요리점은 모두 일식이었을 것이다. 요리점의 위치는 명월관을 빼고 모두 일본인 시가지에 있었으며, 규모는 가게쓰테이(花月亭)가 가장 컸다. 부산의 요리점 역시 일본인 시가지에 모여 있었다.

관광안내서에 수록된 음식점 정보는 여관의 그것에 비해 많지 않으며, 대부분의 관광안내서는 음식점 정보를 수록하지 않았다. 대표적인 관광안내서인 『여정과 비용개산』도 1938년 판에만 경성의 요리점을 다음과 같이 일본요리점과 조선요리점으로 나누어 열거하였으며, 평양과 부산의 요리점 정보는 수록하지 않았다. 일본요리점은 남산 기슭의 아사히마치(旭町), 즉 지금의 중구 회현동에 밀집해 있었으며, 조선요리점은 주로 종로 쪽에 위치하였는데, 수록한 숫자는 일본요리점이 훨씬 많았다.

> 일본요리점: 花月本店(本町), 咲良喜(旭町), 幾羅具(旭町), 千代本(旭町), 千代新(旭町), 岸の寮(旭町), 喜久屋(旭町), 白水(旭町), 南山莊(西四軒町), 群島(旭町), 花月別莊(南山町), 白雲莊(淸雲町), 京和亭(旭町), 京喜久(旭町), 銀月莊(南山町)
> 조선요리점: 明月館(敦義町), 天香亭(仁寺町), 食道園(南大門通), 松竹園(樂園町)[45]

1930년대 부산과 평양의 요리점 정보는 조선총독부 철도국이 제작한 각 도시의 관광안내서에서 찾을 수 있었다. 1932년의 『부산: 대구·경주·마산·진해(釜山: 大邱·慶州·馬山·鎭海)』에는 부산의 음식점으로, 간초카쿠(觀潮閣)·미토하(美都巴)·가게쓰(花月)·가모가와(加茂川) 등 일본

....

45 ジヤパン·ツーリスト·ビユーロー, 1938, 앞의 책, 940쪽.

표 6-11. 1911년『조선철도선로안내』에 수록된 요리점

지역	이름	위치	간수(間數) 및 객실 수
경성	花月亭	南山町	26
	掬翠樓	南山町	16
	清華亭	永樂町	11
	萬千閣	旭町	12
	井門樓	壽町	16
	松葉亭	南山町	5
	蝶蝶	旭町	7
	巴州亭(서양요리)	南山町	3
	明月館(조선요리)	光化門前通	7
	京城호텔(서양요리)	南山町	160명
부산	鳴戶樓	幸町	7
	待合亭	幸町	7
	春日亭	南濱町	9
	三笠亭	南濱町	6
	京阪亭	琴平町	7

주 1: 경성은 간수로, 부산은 객실 수가 기재되어 있다.
출처: 朝鮮總督府 鐵道局, 1911,『朝鮮鐵道線路案內』, 朝鮮總督府鐵道局, 5·111쪽.

요리점과 미카도·고요켄(好養軒)·세이요켄(精養軒) 등 서양요리점을 소개하였다. 일본요리점은 모두 미나미하마초(南濱町), 즉 지금의 중구 남포동에 있었으며, 서양요리점도 미카도는 사이와이마치(幸町), 고요켄은 혼마치, 세이요켄은 다이쵸마치(大廳町) 등 모두 일본인 시가지에 있었다.[46] 평양의 음식점은 1936년의『평양: 진남포·겸이포·신의주·안동(平壤: 鎭南浦·兼二浦·新義州·安東)』이라는 관광 안내 팸플릿에 '요정(料亭)'이라는 제목으로 다음과 같이 소개되어 있다. 일본요리점은 사쿠라

46 朝鮮總督府 鐵道局, 1932,『釜山: 大邱·慶州·馬山·鎭海』, 朝鮮總督府 鐵道局, 10쪽.

마치(櫻町)에 많으며, 평양의 주요 명승이자 관광지인 모란대(牡丹臺)와 을밀대(乙密臺)에도 있었다. 조선요리점은 모두 신창리(新倉里)에 있었다.[47]

일본요리: 玉屋(黃金町), 喜樂(櫻町), 七星館(櫻町), 歌扇(濱町), お牧の茶屋(牡丹臺), 大翠亭(櫻町), 乙密茶屋(乙密臺)

조선요리: 長春館(新倉里), 大成館(新倉里), 又春館(新倉里)[48]

그림 6-5. 조선총독부 철도국이 1936년 제작한『平壤: 鎭南浦·兼二浦·新義州·安東』팸플릿의 표지.

출처: 山口大学 貴重資料デジタルコレクション (http://rar.lib.yamaguchi-u.ac.jp/rb/detail/67920190808093714).

....

47 신창리는 현재의 평양시 경상동에 해당하며, 만수대거리와 승리거리가 교차하는 동북쪽 지역이다.

48 朝鮮總督府 鐵道局, 1936,『平壤: 鎭南浦·兼二浦·新義州·安東』, 朝鮮總督府 鐵道局, 2쪽.

이렇게 관광안내서에 음식점 정보가 여관의 그것에 비해 적은 것은 앞서 살펴본 바와 같이, 대부분의 일본식 여관이 숙박과 저녁 및 아침 식사를 묶어 제공하고, 일본인 관광객이 이를 이용하는 경우가 많았기 때문으로 풀이된다. 따라서 관광안내서에 수록된 음식점은 향응을 위한, 즉 유흥을 겸한 일본식 고급 요리점과 역시 식민지 조선의 음식과 함께 기생의 접대를 받을 수 있는 곳들을 위주로 언급한 것으로 보인다.

관광안내서는 아니지만, 1929년 오카 료스케(岡良助)가 쓴 『경성번창기(京城繁昌記)』에는 경성의 요리점에 대한 설명이 등장한다. 그에 따르면, 지요모토(千代本)는 기쿠스이(掬翠)라는 요정 자리에 1914년 개업한 요리점으로, 음식이 청결하고 정원도 아름다운 곳이다. 1895년 개업한 가게쓰(花月)는[49] 경성의 요리점 중 가장 먼저 언급되는 곳으로, 무대를 갖춘 수백 명을 수용하는 넓은 방이 있었다. 수십 명의 게이코(藝妓)를 두고 있었으며, 일본에서 새로운 수완을 갖춘 요리사를 초빙하였다. 그리고 교기쿠(京喜久)는[50] 남산공원 근처에 있어 경치와 조망이 훌륭하며, 정원에 있는 우물의 물이 약수로 알려져 있었다. 쇼스이(松翠)는 경성 굴지의 요리점으로 알려져 있던 이몬(井門)이 이름을 바꾼 곳으로, 2층 누각이 특징이다. 하쿠스이(白水)는 오사카의 대부호였다가 사업이 망한 뒤 경성으로 건너온 사람이 경영하는 고상하고 한정(閑靜)한 분위기의 요리점이었다.[51] 1931년경 교기쿠가 가장 매출이 많았고, 하쿠스이와 가게쓰가 그 뒤를 이었다.[52]

....

49 1930년에 간행된 이마무라 도모(今村鞆)의 『歷史民俗朝鮮漫談』에는 가게쓰가 1890년 개업했다고 기록되어 있다(今村鞆, 1930, 『歷史民俗朝鮮漫談』, 南山吟社, 426쪽.).

50 『京城繁昌記』에는 喜久家로 기록되어 있다.

51 岡良助, 1929, 『京城繁昌記』, 博文社, 458~468쪽.

52 채숙향·이선윤·신주혜 편역, 2012, 앞의 책, 250쪽.

그리고 1936년의 『신판대경성안내(新版大京城案內)』는 조선요리점을 소개하고 있다. 경성을 관광할 때, 하룻저녁은 조선 요리를 먹고 장구 소리에 맞춰 흘러나오는 기생의 '수심가(愁心歌)'를 들어볼 것을 권하였다.

> 오색의 긴 소매를 흔들며 추는 고아(古雅)한 춤을 주문하면, 이향(異鄕)을 떠올릴 수 있다. 게이샤(藝者)들은 처음 만난 손님에게 뾰로통하고 새침하지만, 기생은 처음 만나도 조용조용하고 친밀함을 보이는데, 기생도 가짜가 있으므로 반드시 일본어가 능통한 일류를 불러야 한다. 기생을 보려면 요리점에 가야 하며, 깨끗한 방, 빈틈없는 설비, 청결한 음식 등이 있는 곳을 가지 않으면 안 된다. 삼류·사류의 엽기적인 요리점 탐험은 나중에 하는 것이 좋으며, 일본에서 온 사람이 바로 들어가서 불쾌하게 느끼지 않을 곳으로는 명월관(明月館)·천향원(天香園)·국일관(國一館)·조선관(朝鮮館)·대서관(大西館)·송죽원(松竹園)·식도원(食道園) 등이 있다. 이들은 봄가을의 관광 철에 만석이 되는 경우가 있으므로 먼저 전화로 예약하는 것이 편리하며, 일본인끼리만 처음 가더라도 절대 걱정할 필요가 없다. 잘 알지 못하더라도 기탄없이 보이에게 이야기하면, 상대는 일본어를 알기 때문에 별로 불편하지 않다. 그리고 대부분이 종로 부근에 모여 있으므로 교통이 편리하고 찾기도 어렵지 않으며, 특히 명월관·식도원·천향원은 일본인의 연회가 자주 열린다.[53]

이어 『신판대경성안내』는 조선요리점의 내부와 음식, 그리고 주문 방법에 관해서도 설명을 이어간다. "보이의 안내를 받아 방에 들어간다.

....

53 矢野干城·森川清人 編, 1936, 앞의 책, 169~170쪽.

방은 물론 온돌방이며, 벽은 그림으로 장식되어 있다. 주빈 자리에는 완초(莞草), 즉 왕골로 만든 등받이가 있으며, 왕골로 만든 방석, 금속제의 커다란 재떨이가 있다. 주빈이 정면을 보고 앉고 그 나머지 사람은 그 양쪽으로 마주 앉은 다음 요리를 주문한다. 주문은 전화로 미리 해 놓으면 좋지만, 그렇지 않아도 괜찮다. 대부분 가격은 한 상에 7~8엔부터 30엔까지 있으며, 한 상으로 6~7인이 충분히 먹을 수 있다. 요리는 10엔과 30엔짜리가 큰 차이가 없다. 10엔짜리도 3~4개의 사발이 나오므로, 요리를 견학하는 데는 4~5인이 10엔 상이면 충분하다. 더 좋은 음식을 싸게 먹으려면, 1인분에 3엔씩 하는 것을 주문한다. 각자 따로 음식이 나오는데, 신선로(神仙爐) 외에 4~5개의 접시가 나온다. 돈을 뿌리고 싶은 사람은 1인분에 4엔 또는 5엔 하는 것을 주문하면 더 고급의 음식이 나오지만, 혼자서 다 먹기 어렵다. 3엔짜리가 가장 좋다. 보통은 한 상 방식이 편리하며, 10엔짜리 상에는 먼저 신선로가 나오고 야채·고기·생선·과일·해태(海苔)·생율(生栗)·김치 등 20~23개의 접시가 나온다. 그중에 마늘, 고추가 들어 있는 것이 있어 일본인은 먹기 어렵다. 어떤 사람은 완두콩 찜이라고 생각하고 먹었는데 풋고추 찜이어서 큰 괴로움을 겪었다는 일화가 있다. 처음이면 보이나 기생에게 요령을 배우는 것이 좋지만, 실패해 보는 것도 여행의 한 재미이다. 마늘을 먹으면 여관에 돌아온 후에도 냄새가 나서 같이 숙박하는 사람이 괴로울 수 있다. 가장 안 좋은 방법은 음식을 한 가지씩 주문하는 것이다. 한 상에 나오는 음식은 한 접시당 20~30센 꼴이지만, 한 접시씩 주문하면 80센 이상이 되기 때문이다. 술은 조선주인 약주(藥酒)와 일본주, 맥주가 있으며 가격은 보통이다. 한 가지 잊어버리면 안 되는 것은 요리점에 들어간 즉시, 담당 보이에게 팁을 1엔 정도 주는 것으로, 무슨 일이든 편하게 도모할 수 있다."라는 내용이다.[54] 이러한 설명으로 미루어 보아, 경성을 관광한 일본인들은 조선요리점을 많이 방문하였고, 이것을 이국적인 문화를 체험하는 중요한 관광 방법으로 여겼음이 확실하다.

이제 실제로 일본 관광객들이 어디에서 무엇을 먹었는지 기행문을 통해 알아보자. 기행문에는 식사에 관한 기록이 소략하며, 대부분 단편적인 내용이나, 이를 분석하여 도시 별로 식사 장소 등을 기준으로 몇 가지 유형으로 분류해 살펴보았다. 먼저 부산은 경성과 평양에 비해 상대적으로 식사에 관한 기록이 적은 도시이다. 관부연락선에서 내려서 바로 북행 기차에 오르거나, 거꾸로 기차로 부산에 도착한 뒤 곧 관부연락선을 타는 관광객이 많았으며, 이러한 경향은 앞에서 살펴본 교통편의 확충과 발전, 그리고 연결 시간표의 조정으로 시간이 흐를수록 더 확고하게 자리 잡았다. 그래서 숙박과 마찬가지로, 1910년대까지의 기행문에는 부산에서의 식사 기록이 적지 않으나, 1920년대에는 줄어들고, 1930년대에는 찾기 어렵다.

1910년대 부산에서의 식사 기록은 1910년의 부청관광실업단, 1912년의 히로시마조선시찰단, 1917년의 사이타마현교육회와 나이토 히사히로, 1918년의 에히메교육협회 시찰단과 오마치 게이게쓰, 1919년의 고아제 가메타로의 기행문에서 발견된다. 이 가운데 사이타마현교육회와 오마치 게이게쓰를 제외하고는 모두 부산의 일본인 단체나 관리의 초대로 식사를 대접받았다. 사이타마현교육회는 아침에 부산항에 도착한 뒤, 점심을 난바여관(灘波旅館)에서 먹었고, 저녁은 동래온천의 호라이칸(蓬莱館)에서 목욕 후에 맥주와 함께 먹은 뒤, 부산역에서 야간 열차를 탔다.[55] 오마치 게이게쓰는 만주와 식민지 조선을 관광하고 돌아

....

54 矢野干城·森川清人 編, 1936, 위의 책, 171~172쪽.

55 埼玉県教育會, 1918, 『踏破六千哩』, 埼玉県教育會, 3~6쪽.

가는 길에 부산에 5일이나 머물렀다. 식사한 기록은 해운대온천에 가서 해운루(海雲樓)라는 곳에서 점심 먹은 것과, 스테이션호텔에서 저녁 먹은 것을 남겼다.[56]

부산에서 식사 접대를 받은 사례를 살펴보면, 부청관광실업단은 도착한 날 부산상업회의소(釜山商業會議所)가 쓰시마 출신 기업인의 별장인 고요엔(向陽園)에서 주최한 오찬회에 참석하였으며, 저녁에는 부산번영회(釜山繁榮會)가 만찬에 초대하였는데, 장소는 부산이사청(釜山理事廳)이었다. 이 자리에는 게이코 수십 명이 배석하여 술 시중을 들었다.[57] 히로시마조선시찰단·에히메교육협회 시찰단과 고아제 가메타로가 참여한 나가오카상업회의소 여행단 등 지역을 기반으로 조직된 단체들은 각각 출신 현의 부산현인회(釜山県人會)가 식사 접대를 하였다. 히로시마조선시찰단은 모리야여관(守谷旅館)에서 점심을,[58] 에히메교육협회 시찰단과 나가오카상업회의소 여행단은 양식음식점인 오구라안(小倉庵)에서 저녁을 먹었다.[59] 실업가인 나이토 히사히로는 도착한 날 점심에 부산의 실업가들과 동래온천에 가서 목욕 후, 호라이칸 2층의 일본실에서 일본요리를 대접받았는데, 게이코 수 명이 와서 시중을 들어 본국에 있는 것과 다를 바 없는 느낌이었다고 한다. 그리고 같은 날 저녁에는 부산부윤(釜山府尹)이 만찬에 초대하여 일본인 시가지의 모 음식점에서 식사하고 야간열차에 몸을 실었다.[60]

1920년대 기행문에 등장하는 부산에서의 식사 기록은 3건에 불과

....

56 大町桂月, 1919,『滿鮮遊記』, 大阪屋号書店, 323~324쪽.

57 赴清実業團誌編纂委員會, 1914,『赴清実業團誌』, 白岩龍平, 2~3쪽.

58 広島朝鮮視察團, 1913,『朝鮮視察概要』, 增田兄弟活版所, 24쪽.

59 愛媛教育協會視察團, 1919,『支那滿鮮視察記録』, 愛媛教育協會視察團, 1쪽.
小畔亀太郎, 1919,『東亜游記』, 小畔亀太郎, 11쪽.

60 內藤久寬, 1918,『訪鄰紀程』, 自家出版, 3~6쪽.

한데, 1925년의 전국중등학교지리역사과교원협의회와 농업학교장협회, 1929년의 우루시야마 마사키이다. 전국중등학교지리역사과교원협의회는 귀국길에 부산을 관광하는 과정에서 소증기선을 타고 송도공원(松島公園)에 이르러 도키와요정(常盤料亭)이라는 곳에서 부산교육회(釜山教育會)가 제공한 점심을 먹었다.[61] 농업학교장협회도 기선을 타고 송도에 가서 훌륭한 여관의 넓은 연회장에서[62] 경상남도 및 부산부(釜山府)의 교육회가 주최한 주찬회(晝餐會)에 참석하였다.[63] 교원 단체관광객을 위해 부산교육회가 접대한 식사가 모두 시내가 아닌 송도에서 제공되었다는 점이 흥미롭다. 미쓰이 재벌 회장을 수행한 우루시야마 마사키는 부산항에 내린 뒤 부산역의 철도호텔에서 아침을 먹고 바로 기차에 탔다.[64]

1931년~1945년의 기행문에 부산에서 식사한 기록을 남긴 사람은 1934년의 후지야마 라이타와 1941년의 도요다 사부로이다. 재벌인 후지야마 라이타는 귀국 전에 여독을 풀기 위해 해운대온천에 이틀을 머물렀다. 이때 오쿠라마치(大倉町)의 이코마(生駒)라는 요정에서 점심을 먹었고, 저녁은 세키미즈 다케시(関水武) 경남지사(慶南知事)를 비롯한 부산지역 관민을 동래온천의 나루토여관(鳴戶旅館)으로 초대하여 밥을 샀다.[65] 도요다 사부로는 닛타 준과 함께 기차를 타기 전에 시내 구경을 나섰다가 아래와 같이 술을 마신 경험을 기행문에 기록하였다.

....

61 全国中等學校地理歷史科教員協議會, 1926, 『全国中等學校地理歷史科教員第七回協議會及滿鮮旅行報告』, 全国中等學校地理歷史科教員協議會, 29쪽.

62 일본에서는 깔린 다다미(畳)의 숫자로 방의 크기를 측정하는데, 송도여관의 연회장은 백수십 개의 규모였다고 한다. 일반적인 다다미의 크기는 91×182cm이다.

63 農業學校長協會, 1926, 『滿鮮行: 附·北支紀行』, 農業學校長協會, 15~16쪽.

64 漆山雅喜, 1929, 『朝鮮巡遊雜記』, 漆山雅喜, 3쪽.

65 藤山雷太, 1935, 『滿鮮遊記』, 千倉書房, 170쪽.

가게가 이어지고 말린 복어와 기타 해산물이 많이 내걸려 있었다. 도시는 마침 용두산(龍頭山) 마쓰리(祭り)로 처마에 등이 걸리고, 조선풍의 금장식을 한 미코시(神輿)가 진열되어 사람들이 북적였다. 우리는 저녁을 먹을 만한 집을 찾으며 벤텐도오리(辨天通り)를 돌아다녔다. 내지의 도시와 그렇게 다르지는 않았다. 우리는 기요우메(喜代梅)라는 오뎅 가게로 들어갔다. 닛타 군은 주석 술병부터 주문해 맛있게 마셨다. 내지의 수주(水酒)보다는 지주(地酒)에 가까운 괜찮은 맛이다. 나는 손님들 접시에 놓인 생선을 주문했다. 복어라는 말을 듣고 꽤 놀랐지만, 모두 이렇게 먹으니 괜찮다는 말에 정신을 차리고 우적우적 먹었는데 역시 맛있다. 고급의 맛은 아니지만, 친숙한 대중의 맛이다. 미나리·해파리·송이버섯·말린 학꽁치·명란·닭곱창 등을 게걸스럽게 포식한다. 아무래도 나는 술보다는 안주다.[66]

지금까지 살펴본 바와 같이 부산에서의 일본인 관광객의 식사는 모두 일식이나 양식의 음식점에서 이루어졌으며, 조선 음식점에서 식사한 사람은 찾을 수 없었다. 장소별로는 여관과 호텔에서 먹은 사례가 가장 많았으며, 요정이나 양식 요리점도 이용하였다. 단체 관광객들은 단체와 관련이 있는 부산의 현인회·교육회가 밥을 샀고, 실업가는 부산의 실업가와 관리의 접대를 받았다. 후지야마 라이타는 거꾸로 자신이 부산 관민을 식사에 초대하였다.

다음으로 평양에서의 식사 기록을 검토해 보면, 부산과는 달리 전 시기에 걸쳐 식사 기록이 비교적 고르게 나타난다. 1910년대의 기행문 중에는 도치기현 실업가관광단·가부토 구니노리·히로시마고등사범학

66 井上友一郎·豊田三郎·新田潤, 1942, 앞의 책, 15쪽.

교 등이 평양에서 식사한 기록을 남겼다. 1909년의 도치기현 실업가관광단은 평양의 유지들로부터 평양구락부(平壤俱樂部)에서 저녁 접대를 받았고,[67] 재판소장을 역임한 귀족원의원인 가부토 구니노리는 1912년 대동강을 내려오는 배에서 평양재판소 직원으로부터 점심을 얻어먹었고, 다음날은 역시 재판소 직원의 초대를 받아 기테이(旗亭)에서[68] 식사하였다.[69] 1914년의 히로시마고등사범학교 조선시찰단은 평양에 도착하자마자 마쓰오카여관(松岡旅館)에 들어가 점심을 먹었으며, 다음 날 점심은 여관에서 보내온 도시락을 견학 장소인 고등보통학교에서 먹었다.[70]

1920년대에는 에쓰사교육단·다카이 도시고로·이시와타리 시게타네·후지타 모토하루·전국중등학교지리역사과교원협의회·농업학교장협회·우루시야마 마사키·선만시찰단 등이 평양에서의 식사 기록을 남겼다. 1922년 에쓰사교육단은 평양역 도착 후에 역 앞에 있는 여관인 다이도칸(大同館)에서 아침 식사를 하고, 점심은 부벽루(浮碧樓)에서 먹었다.[71] 같은 해 평양을 방문한 다카이 도시고로가 속한 실업학교장 관광단은 새벽 6시에 도착하여 같은 날 오후 5시 30분에 떠나는 일정이었다. 당시 평양에는 전염병이 창궐하였기 때문에 도착 후 휴식한 여관에서 준비한 도시락 2회분과 음료를 휴대하고 관광에 나섰다.[72] 양잠학자인 이시와타리 시게타네는 관광을 마치고 모란대에 있는 오마키노차야

....

67 下野新聞主催栃木縣實業家滿韓觀光團, 1911, 『滿韓觀光團誌』, 下野新聞株式會社印刷營業部, 118쪽.

68 旗亭은 기테이라고 하며, 요릿집·술집·여관 등을 의미한다.

69 加太邦憲, 1931, 『加太邦憲自歷譜』, 加太重邦, 224쪽.

70 広島高等師範學校, 1915, 『大陸修學旅行記』, 広島高等師範學校, 30쪽.

71 越佐教育雜誌社, 1922, 『越佐教育滿鮮視察記: 附·青島上海』, 越佐教育雜誌社, 6쪽.

72 高井利五郎, 1923, 『鮮滿支那之教育と産業: 最近踏査』, 広島県立広島工業學校, 8쪽.

에서 저녁 식사를 했다. 1924년의 지리학자 후지타 모토하루는 대동문(大同門) 바깥에 있는 조선요리점에서 평양의 지인으로부터 저녁 대접을 받았는데, 일본화된 요리가 나와 너무 재미가 없었다고 술회하였다.[73]

1925년의 전국중등학교지리역사과교원협의회와 농업학교장협회는 모두 여관에서 식사했다. 전국중등학교지리역사과교원협의회는 오전 3시에 평양에 도착하여 미쓰네여관과 아사히여관(朝日旅館)에 투숙해 휴식한 뒤, 아침을 먹고 관광에 나섰다가 오후 2시에 여관에 돌아와 점심을 먹고 경성으로 이동하기 위해 평양역으로 나갔다.[74] 농업학교장협회도 평양에서 숙박하지 않았다. 오전 5시 20분에 도착하여 바로 야나기야여관으로 가 아침을 먹었고, 관광 후에 미쓰네여관에서 점심을 먹고 펑톈으로 출발하였다.[75] 1929년 우루시야마 마사키는 미쓰이 재벌의 이사장인 단 다쿠마를 수행하였는데, 평안남도지사가 단 다쿠마를 주빈(主賓)으로 하여 평양의 유지들을 초대하여 개최한 파티에 참석하였다.[76] 1929년의 선만시찰단은 배를 타고 대동강을 유람하면서 도시락으로 점심을 해결하였다.[77]

1931년~1945년의 평양 식사 기록은 가모 모모키·후지야마 라이타·야마가타현교육회 시찰단·후쿠도쿠생명 해외교육시찰단·이치무라 요이치·도요다 사부로·닛타 준 등의 기행문에서 찾을 수 있었다. 1931년 야스쿠니신사의 구지인 가모 모모키는 평양 주둔군 여단장·평양부윤·평양마이니치신문사(平壤每日新聞社) 사장·평양신사(平壤神社)

....

73 藤田元春, 1926, 『西湖より包頭まで』, 博多成象堂, 415쪽.
74 全国中等學校地理歷史科教員協議會, 1926, 앞의 책, 31쪽.
75 農業學校長協會, 1926, 앞의 책, 8~40쪽.
76 漆山雅喜, 1929, 앞의 책, 55쪽.
77 下関鮮満案内所, 1929, 앞의 책, 103쪽.

샤시(社司)[78] 등이 참석하여 을밀대 근처 요정에서 열린 연회에 초대받았다. 요정은 경치가 빼어났으며, 산해진미(山海珍味)가 나왔고, 기생이 노래를 부르고 부채에 대나무 그림도 그려주었다.[79] 평양에 제당공장(製糖工場)을[80] 경영하였던 재벌 후지야마 라이타는 1934년 평양에 3박 4일을 체류하였는데, 첫날 저녁은 도착 뒤 바로 투숙한 철도호텔에서 친지들과 먹었다. 이튿날 점심은 제당공장에서 업무보고를 받고 임원들과 먹었으며, 저녁은 가센(歌扇)이란 일본요리점에서 평안남도지사와 평양 부윤, 그리고 관민 유지 20여 명을 초대하여 식사했다. 셋째 날 점심은 을밀대를 구경하고 오마키노차야에서 이 요정의 명물인 천어요리(川魚料理)를 즐겼으며, 저녁은 다마야(玉屋)라는 음식점에 사원들을 초대하였다. 그리고 마지막 날 점심은 공장장 사택에서 먹었다.[81]

1935년 야마가타현교육회 시찰단과 후쿠도쿠생명 해외교육시찰단은 모두 배로 대동강을 유람하면서 점심을 먹었는데,[82] 후쿠도쿠생명 해외교육시찰단의 식사는 평안남도교육회에서 제공하였다.[83] 1941년 이치무라 요이치는 평양에서 한 끼만 먹었는데, 숙박한 철도호텔에서 친지와 저녁을 먹었다.[84] 다른 관광객과 다르게 안내자 없이 자유롭게 관광한 1941년의 도요다 사부로와 닛타 준은 경성에서 평양으로 가는 기차 안에서 만난 조선인으로부터 불고기가 평양의 명물이라는 이야기

....

78 신사의 최고책임자이다.

79 賀茂百樹, 1931, 『満鮮紀行』, 賀茂百樹, 56~57쪽.

80 처음 설립될 1916년에는 조선제당주식회사(朝鮮製糖株式會社)였으나, 1918년에 대일본제당주식회사 조선지점공장(大日本製糖株式會社 朝鮮支店工場)이 되었다(間城益次, 1920, 『平壤案內』, 平壤商業會議所, 134~135쪽.).

81 藤山雷太, 1935, 앞의 책, 166~167쪽.

82 山形県教育會視察團, 1935, 『満鮮の旅: 視察報告』, 山形県教育會視察團, 10쪽.

83 福徳生命保険株式會社, 1936, 『文部省推選派遣教育家の見たる満鮮事情』, 福徳生命保険, 18쪽.

84 市村與市, 1941, 앞의 책, 36쪽.

를 듣고, 관광을 마치고 불고기를 먹었다. 온돌방에서 고기를 구워 먹은 체험을 다음과 같이 남겼는데, 둘 다 평양 불고기에 대해 좋지 못한 평가를 했다.

(도요다 사부로) 어수선하고 어두운 길을 걷다가 삼광루(三光樓)라는 불고깃집 앞으로 왔다. 우연히도 그곳이 평양 제일의 불고깃집이었다. 안뜰로 들어가니 만원이었는데, 거절했지만 특별히 조용한 방으로 안내되었다. 온돌방으로 천장이 매우 낮았다. 연기가 대단했다. 그렇게 고기를 먹은 적은 없었다. 석쇠 위에 고기를 올리고 숯불로 구웠다. 구운 고기를 간장과 뭔지 알지 못하는 맑은 액체에 찍어 먹는데, 빈말로도 맛있다고 할 수 없었다. 마늘이 딸려 나왔다. 힘들게 마늘을 씹었다. 뱉고 싶은 묘한 기분이었다. 조선인들은 소주를 마시고 의기충천하였다. 2인분에 6엔 정도 내고 나왔다. 평양의 사과는 잊을 수 없다. 큰 것이 단돈 5센이었다.[85]

(닛타 준) 불고깃집에 들어갔다. 마침 지나가는 3~4명의 일행에게 물으니, 삼광루가 대표적인 곳이라고 했다. 조리장과 계산대가 있는 좁은 입구에서 안뜰로 들어가니, 와하며 성난 파도와 같이 사람들의 목소리가 먼저 들렸다. 안뜰도 그리 넓지 않았고 중앙에 자전거가 여러 대 있었으며, 방이 나기를 기다리는 이들도 많이 모여 있었다. 모두가 우리를 빤히 바라보았다. 우리는 어쩐지 엉뚱한 곳에 들어온 이단자와 같았다. 하지만 사정을 잘 모르는 우리가 물어보니, 우리를 둘러싼 이들 중 한 명이 친절하게 능숙한 일본어로 이것저것 설명해 주었다. 어쨌든 방 하나를 얻었다. 다다미 3장 정도의 좁은 방으로, 바닥에 기름종이가 깔려 있

85 井上友一郎·豊田三郎·新田潤, 1942, 앞의 책, 60쪽.

었다. 벌써 온돌이 절절 끓어, 엉덩이 아래가 따끈따끈 조금 데일 정도로 따뜻했다. 고기는 3인분, 술은 4홉이 최저로 정해져 있어 그 이하의 주문은 안 된다고 했다. 그런 만큼 음식이 한 번에 나왔다. 나는 4홉의 술을 혼자서 열심히 마셨다. 사각의 큰 테이블 중앙에 화로가 있고, 그 위에 놓인 석쇠에 고기를 구워서 간장에 찍어 먹었다. 화로 위에 연통이 있었다. 그리고 생마늘을 아작아작 씹었다. 고기가 엄청 많아서 결국 우리는 상당히 공복이었지만 다 먹지 못했다. 나는 데일 정도로 따뜻한 곳에서 취기가 빨리 돌았고, 오랜만에 과음과식을 했다. 하지만 평양 명물이라는 불고기도 별로 맛있지는 않았다. 지나는 길에 사과를 샀다. 정말 크고 맛있는 사과가 1개 5센, 그것을 베어 물고 걸었다.[86]

이상과 같이 평양에서의 관광객의 식사 기록을 살펴보았다. 부산과 마찬가지로, 조선 음식을 먹은 사람은 거의 없었다. 조선 음식을 먹은 사람은 후지타 모토하루, 도요다 사부로와 일행인 닛타 준뿐이었는데, 후지타 모토하루는 일본화된 맛에, 거꾸로 도요다 사부로와 닛타 준은 생소한 맛에 거부감을 보였다. 다만 음식을 칭찬한 가모 모모키도 회식자리에 기생이 나온 것으로 보아 조선 요리를 먹었을 가능성이 있다. 나머지 사람들은 일본인 스스로가 식민지 조선에서 가장 전통이 잘 남아있는 도시로 평가한 평양에서도 일본식 여관과 요리점에서 일본 음식을 먹었다. 역시 식사 장소로는 여관이 가장 많았으며, 여관에서 준비한 도시락을 이용하는 사례도 적지 않았다. 학생이나 교원단체들은 특히 여관에서 식사하는 사례가 많았으며, 실업가·귀족원의원·구지 등 신분이 높은 사람은 현지 관리나 유지들이 초대한 식사 자리에 참석한 경우

....

86 井上友一郎·豊田三郎·新田潤, 1942, 위의 책, 65~66쪽

가 많았다. 평양에 공장을 경영한 후지야마 라이타는 부산에서와 마찬가지로, 자신이 밥을 산 경우가 대부분이었다. 한 가지 눈길을 끄는 것은 대동강 유람선에서 식사한 사람들이 적지 않다는 점이며, 1910년대부터 전 시기에 걸쳐 나타나므로 평양 관광의 한 관행으로 굳어진 것으로 생각된다.

거의 모든 일본인 관광객이 방문하였고, 또 부산과 평양에 비해 오래 체재한 경성의 식사 기록은 훨씬 많고 다양하다. 우선 전 시기에 걸쳐 단체관광객은 여관에서 식사한 사례가 많았다. 특히 학생과 교원들의 단체가 많아, 1914년의 히로시마고등사범학교와 1922년의 에쓰사교육단은 각각 숙박한 여관이 아닌 오카모토여관(岡本旅館)과 우라타여관(浦田旅館)에서 아침 식사를 했으며, 1939년의 도쿄여자고등사범학교 대륙시찰여행단은 경성에서의 3끼를 모두 여관에서 먹었다.[87] 그리고 히로시마고등사범학교 학생은 점심을 견학 장소인 고등보통학교에서 먹기도 했다.[88] 그리고 지역을 기반으로 한 교원단체는 현인회나 교육회 등 관련 단체의 초청을 받은 사례가 경성에서도 많이 발견된다. 1918년의 에히메교육협회 시찰단은 경성호텔의 현인회 환영 만찬에 참석하였고,[89] 1922년 에쓰사교육단도 경성에서의 첫날은 조선요리점인 해동관(海東館)의 니가타현인회 초청 만찬, 이튿날은 경성호텔의 조선교육회(朝鮮教育會) 초청 점심에 참석하였다.[90] 1925년의 전국중등학교지리역사과교원협의회는 종로 명월관에서[91] 조선교육회·경기도교

....

87 大陸視察旅行團, 1940, 『大陸視察旅行所感集』, 大陸視察旅行團, 28~30쪽.

88 広島高等師範學校, 1915, 앞의 책, 31쪽.

89 愛媛教育協會視察團, 1919, 앞의 책, 2쪽.

90 越佐教育雜誌社, 1922, 앞의 책, 4~5쪽.

91 기록에는 명월루(明月樓)로 기재되어 있다.

육회(京畿道教育會)·경성부교육회(京城府教育會)가 연합으로 개최한 환영회에 초대되어 조선 요리와 함께 기생의 춤을 구경하고, 식사를 마친 뒤에는 조선명승구적(朝鮮名勝舊蹟)에 대한 영화를 관람하였다.[92] 같은 해의 모리모토 가쿠조가 참가한 교원시찰단도 경성부교육회가 주최한 점심을 가게쓰식당(花月食堂)에서[93] 먹었으며,[94] 1927년의 지바현교육회는 역시 가게쓰로(花月樓)에서 열린 지바현인회의 환영연에 초대되었다.[95] 1942년의 야마가타현교육회는 현인회는 아니었지만, 현 출신 인사인 신문사 사장이 초대하여 저녁을 사주었다.[96]

관광객의 직업에 따라 경성의 관련 단체나 개인이 식사에 초대하는 사례는 교원에만 국한된 것이 아니었다. 1919년 기자인 호소이 하지메는 경성기자단(京城記者團)의 초청을 받아 조선호텔 후원의 장미원에서 식사했다.[97] 1921년의 변호사 이시이 긴고는 조선호텔에서 열린 내선변호사간담회(內鮮辯護士懇談會) 및 만찬회에 참가하였다. 간담회에는 조선총독부 정무총감(政務總監)[98]·고등법원장·식산은행(殖産銀行) 두취(頭取) 등이 참석하였으며, 식당에 마련되어 있는 무대에서 기생 공연이 있었다.[99] 1923년 양잠학자 이시와타리 시게타네는 농회(農會)와 잠사회연합(蠶絲會聯合)이 아사히마치의 교기쿠(京菊)라는 일본요리점에서 개최한 연회에 참석하였다.[100] 1931년 야스쿠니신사의 구지인 가모 모

....

92 全国中等學校地理歷史科教員協議會, 1926, 앞의 책, 28쪽.

93 가게쓰(花月)는 기행문에 따라 가게쓰로(花月樓), 가게쓰테이(花月亭), 가게쓰쇼쿠도(花月食堂) 등으로 기재되어 있다.

94 森本角蔵, 1926, 『雲烟過眼日記: 鮮満支那ところどころ』, 目黒書店, 18쪽.

95 千葉県教育會, 1928, 『満鮮の旅』, 千葉県教育會, 155쪽.

96 山形県教育會視察團, 1942, 『満鮮2600里』, 山形県教育會視察團, 119쪽.

97 細井肇, 1919, 『支那を観て』, 成蹊堂, 255~256쪽.

98 정무총감은 조선총독부의 총독 바로 아래의 지위로, 행정을 총괄하던 직책이다.

99 石井謹吾, 1923, 『外遊叢書 第4編 (満鮮支那游記)』, 日比谷書房, 36~37쪽.

모키는 조선신궁 관계자로부터 조선호텔에서 저녁 접대를 받았으며,[101] 역시 신사의 구지인 나카지마 마사쿠니는 1936년 조선신궁 구지의 초대로 난잔쇼(南山莊)라는 곳에서 저녁을 먹었다.[102]

다양한 단체와 개인의 초청을 받아 여러 종류의 장소에서 식사한 사람들로 정치가와 실업가들을 빼놓을 수 없다. 시기별로 살펴보면, 1909년 도치기현 실업가관광단은 경성에서의 첫날 저녁은 경성의 도치기현인회 초대로 가게쓰로에서 먹었으며, 게이코들을 동원하여 흥을 돋우었다. 둘째 날 점심에는 한성부민회(漢城府民會)와 경성상업회의소(京城商業會議所)의 초청으로 경복궁 경회루(慶會樓)에서 연회를 가졌다. 당시 한성부민회 회장인 유길준(俞吉濬), 경성상업회의소 회두 조병택(趙秉澤) 등이 서양식 예복을 갖추어 입고 참석하였고, 경회루는 한일 양국 국기와 만국기로 장식하였다. 관광단은 먼저 커피를 마시며 잠시 휴식하다가 유길준의 환영사를 듣고 한·일·서양의 세 가지 절충요리를 즐겼다. 한국 악대가 연주했으며, 기생들의 무용 공연도 이루어졌다. 그리고 10여 명의 기생이 시중을 들었다.[103]

1910년대에는 이렇게 궁궐에서 식사 접대를 받은 이가 있었다. 1912년 가부토 구니노리가 참가한 귀족원의원 시찰단은 창덕궁에서 순종(純宗)이[104] 하사한 점심을 먹었으며,[105] '일본의 석유왕'으로 불렸던 실업가 나이토 히사히로도 1917년 이왕직차장(李王職次長)의 초대로 비원(祕苑)에서 점심을 했다.[106] 후대에는 1932년 전국중등학교지리역사

....

100 石渡繁胤, 1935,『滿洲漫談』, 明文堂, 102쪽.

101 賀茂百樹, 1931, 앞의 책, 65쪽.

102 中島正国, 1937, 앞의 책, 17쪽.

103 下野新聞主催栃木縣實業家滿韓觀光團, 1911, 앞의 책, 80~89쪽.

104 기행문에는 '이왕전하(李王殿下)'로 표기하였다.

105 加太邦憲, 1931, 앞의 책, 224쪽.

그림 6-6. 1932년 전국중등학교지리역사과교원협의회의 경회루에서의 식사.
출처: 全國中等學校地理歷史科敎員協議會, 1932, 『全國中等學校地理歷史科敎員第十回協議會及鮮滿旅行報告』, 全國中等學校地理歷史科敎員協議會, 4쪽.

과교원협의회가 경성에서 협의회를 개최했을 때, 총독이 주최하는 연회가 경회루에서 열렸다.[107] 이렇게 1910년대에는 신분이 높은 일본인이 오면, 궁궐에서 순종을 만나고 식사를 대접받는 일이 종종 있었으며, 조선의 궁궐이 일본인들의 식사와 연회 장소로 이용되었다. 특히 경회루는 대규모 연회 장소로 활용되었다.

정치가와 실업가가 총독부 관계자의 식사 초대를 받는 일도 흔하였다. 1912년의 히로시마조선시찰단은 총독의 초대로 경성호텔에서 양식 저녁을 먹었고,[108] 1912년의 귀족원의원 가부토 구니노리와 1914

....

106 內藤久寬, 1918, 앞의 책, 7쪽.

107 全國中等學校地理歷史科敎員協議會, 1932, 『全國中等學校地理歷史科敎員第十回協議會及鮮滿旅行報告』, 全國中等學校地理歷史科敎員協議會, 1쪽.

108 広島朝鮮視察團, 1913, 앞의 책, 78쪽.

년의 고위 관리인 하라 쇼이치로는 총독관저의 만찬에 초대받았다.[109] 1917년 중의원의원인 세키 와치는 총독부 정무총감의 초대로 명월관에서 오찬회를 가졌다.[110] 1929년의 미쓰이 재벌 총수 단 다쿠마 일행도 야마나시 한조(山梨半造) 총독의 초청으로 저녁 식사를 총독관저에서 했다.[111] 1934년의 후지야마 라이타는 총독을 대리한 정무총감의 초대를 받고 일본요리점 지요모토에서 이왕직장관(李王職長官)·총독부 식산국장(殖産局長) 등과 함께 만찬을 하였다.[112]

조선총독부는 경성을 방문한 주요 단체관광객에게도 식사 자리를 제공하였다. 1921년 이시이 긴고가 포함된 일본 변호사 단체는 정무총감이 조선호텔에서,[113] 1922년 조선의학회(朝鮮醫學會)에 참가한 우치다 슌가이는 총독이 조선호텔에서 연회를 베풀었고,[114] 1922년의 지쓰교노니혼샤가 파견한 실업학교교장단도 정무총감의 초대로 조선호텔에서 저녁 식사를 하였다.[115] 1925년의 전국중등학교지리역사과교원협의회는 견학차 방문한 수송공립보통학교(壽松公立普通學校)에서 총독이 제공한 점심을 먹었다.[116] 같은 해 모리모토 가쿠조가 포함된 외무성이 파견한 교원시찰단도 조선호텔에서 조선총독부가 제공한 만찬을 즐겼다.[117] 이같이 일본인 관광객을 위해 조선총독부에서 제공한 식사의 주

....

109 加太邦憲, 1931, 앞의 책, 224쪽.
原象一郎, 1917, 앞의 책, 97~101쪽.

110 関和知, 1918,『西隣游記』, 関和知, 5쪽.

111 漆山雅喜, 1929, 앞의 책, 55쪽.

112 藤山雷太, 1935, 앞의 책, 166~167쪽.

113 石井謹吾, 1923, 앞의 책, 36~37쪽.

114 内田春涯, 1923,『鮮満北支感興どころどころ』, 内田重吉, 22~23쪽.

115 高井利五郎, 1923, 앞의 책, 7쪽.

116 全国中等學校地理歴史科教員協議會, 1926, 앞의 책, 28쪽.

117 森本角蔵, 1926, 앞의 책, 21쪽.

최자는 대개 총독이나 정무총감이었다. 총독과 정무총감은 식사 자리에 참석하여 조선총독부의 식민지 정책을 홍보하고, 식민 통치로 인한 식민지 조선의 발전상을 선전하는 기회로 활용하였다. 유력한 정치가와 실업가를 위해서는 총독관저에 식사 자리를 만들었으며, 단체는 호텔이나 일본요리점, 조선요리점, 학교 등 다양한 장소에서 연회를 가졌는데, 특히 조선호텔이 많이 이용되었다.

당시 조선호텔은 식민지 조선을 총괄하는 경성의 관청이나 회사들과 관련된 연회 대부분이 열리는 곳으로 유명하였다. 한 달의 3분의 2 이상 이러한 연회가 개최되었으며, 약 300명을 수용할 수 있는 대형 홀이 연회장으로 주로 이용되었다. 만찬회는 연회의 백미였으며, 초대한 쪽은 인당 5~7엔을 내야 했다. 조선호텔에는 대형 홀 외에도 보통 식당, 특별 식당이 있었다. 보통 식당은 90명까지 수용할 수 있었고, 정식의 경우, 점심은 2엔, 만찬은 2엔 50센이고, 따로 일품요리도 있었다. 특별 식당은 약 30명을 수용하며, 주로 귀빈에게 제공되었다.[118] 양식을 파는 경성호텔 식당도 일본인 관광객이 많이 찾는 곳이었다. 앞서 언급한 1912년 히로시마 조선시찰단, 1918년 에히메교육협회시찰단, 1922년 에쓰사교육단 외에도, 1910년 부청관광실업단은 경성 유지들의 초대로,[119] 1917년 승려 샤쿠 소엔은 조선은행의 초대로 경성호텔에서 식사하였다.[120]

한편 기행문에 일본인이 이용했다고 언급한 일본요리점으로는 가게쓰로(花月樓)·교기쿠(京菊)·지요모토(千代本)·교키쿠(京喜久)·기시노료(岸の寮)·난잔쇼(南山莊) 등이 있다. 이 가운데 이용자가 특히 많은 곳

....

118 채숙향·이선윤·신주혜 편역, 2012, 앞의 책, 277~279쪽.

119 赴清実業團誌編纂委員會, 1914, 앞의 책, 8쪽.

120 釋宗演, 1918, 『燕雲楚水』, 東慶寺, 17쪽.

은 가게쓰로와 지요모토였다. 가게쓰로는 1909년 도치기현 실업가만한관광단을 시작으로, 1917년 세키 와치, 1922년 우치다 슌가이, 1925년 모리모토 가쿠조 등이 식사했고, 지요모토는 1917년 나이토 히사히로를 비롯해, 1917년 세키 와치, 1918년 오마치 게이게쓰, 1934년 후지야마 라이타 등이 식사했다. 방문자로 보아 지요모토가 가게쓰로보다 더 고급이었을 것으로 추정된다. 우치타 슌가이의 기행문에 의하면, 가게쓰로는 순 일본식 요리점으로 2층의 오히로마(大廣間), 즉 넓고 큰 방은 다다미 200개를 깐 직사각형으로, 한쪽은 도코노마(床の間)였고,[121] 다른 한쪽은 무대였다. 음식은 경성 최고였으며, 여흥을 위해 나가우타(長唄)[122] 등의 공연이 이루어졌다. 게이샤들은 도쿄 출신은 없고, 지리적으로 가까운 규슈(九州)·주고쿠(中国)·오사카·나고야 출신의 순서로 숫자가 많았다.[123] 그리고 1920년대 가게쓰로에는 엘리베이터가 설치되어 있었다.[124]

일본인 관광객이 경성에서 먹은 음식과 관련해 앞서 살펴본 부산·평양과 가장 차별되는 점은 조선요리점을 찾은 사람이 많았다는 것이다. 이 책에서 분석한 1905년~1919년의 관광객 31명 가운데 경성에서 식사한 기록을 남긴 이는 16명이었고, 이 중 절반이 넘는 9명이 조선요리를 먹었다. 1920년~1930년의 관광객 20명 중 경성에서 식사한 기록을 남긴 사람은 13명이며, 이중 역시 8명이 조선요리점에 갔다고 기록하였다. 1931년~1945년의 관광객 29명 중에는 경성 식사 기록을

....

121 도코노마는 일본식 방에 바닥을 한층 높게 만든 곳으로, 벽에는 족자를 걸고, 바닥에는 꽃이나 장식물을 꾸며 놓는 곳이다.

122 일본 근세 음악의 한 장르로, 샤미센 등으로 반주로 한다.

123 内田春涯, 1923, 앞의 책, 24쪽.

124 千葉県教育會, 1928, 앞의 책, 155쪽.

8명만 남겼고, 이 중 2명이 조선요리를 먹었다고 썼다. 즉 1920년대까지 경성을 방문한 관광객은 반 이상이 조선요리를 체험하였으며, 단언하기 어렵지만, 1930년대 이후에는 이러한 경향이 줄었다고 정리할 수 있다. 이렇게 경성 관광객이 상대적으로 조선요리점을 많이 찾은 이유는 부산·평양보다 경성에서의 체류 기간이 길어 음식을 선택할 수 있는 폭이 넓었다는 점, 그리고 일본인 관광객을 수용할 수 있는 대규모의 전문화된 조선요리점이 경성에 여럿 있었다는 점 등을 꼽을 수 있다.

그리고 무엇보다 흥미로운 점은, 일본요리점은 경성의 일본인이 초대하여 가는 경우가 대부분이었으나, 조선요리점은 초대받지 않아도 관광객 스스로가 찾아가는 사례가 적지 않았다는 점이다. 그 예로, 1910년 부청관광실업단은 경성 도착 첫날 일본인 집에 초대받아 저녁 식사를 마치고 돌아오는 길에, 일부 인원이 명월관에 가서 놀았으며, 기생 수 명이 악기 연주로 흥을 도왔다고 기록하였다.[125] 1929년 일본여행협회가 주최한 선만시찰단에 참여한 요시노 도요시지로는 일행이 만장일치로 경성의 기생을 보러 가기로 했다. 그래서 여관에서 저녁 식사를 한 뒤, 명월관으로 갔다. 명월관은 점토에 종이를 바른 온돌방으로 따뜻했으나 앉기에 딱딱하여 방석에 의지해야 했다. 요리의 주문은 한 상·두 상으로 칭하였고, 큰 상은 8~9인이 먹을 수 있었다. 음식은 상당히 맛있었으며, 붕어조림·무절임·신선로·생밤 등 십수 종이 나왔다. 기생들은 17~19세의 나이로 일본어를 말하며, 5엔씩을 주었다. 기생의 노래는 들어본 노래가 적었으나, 아리랑을 비롯해 근래 유행하는 오룟코부시(鴨綠江節)[126]·도쿄행진곡(東京行進曲) 등 일본 노래도 불렀으며, 악기

....

125 赴清実業團誌編纂委員會, 1914, 앞의 책, 5~6쪽.

126 오룟코부시(鴨綠江節)는 1920~1939년대 일본과 식민지 조선, 만주 일대에서 인기를 끌던 유행가 또는 신민요로, 백두산 일대에서 벌목한 나무를 뗏목으로 엮어 압록강 하구까지 운송할

는 장구를 사용하였다.[127]

1941년의 도요다 사부로와 닛타 준도 아래와 같이 스스로 식도원(食道園)을 찾아가 조선요리를 먹고 기생 공연을 보았다. 이들은 호텔의 안내 책자를 보고 식도원을 찾았으나, 가격 등이 걱정되어 잠시 망설이다가 들어갔다. 보이의 도움을 받아 음식을 주문했으나, 마늘 등 양념이 들어간 음식은 입에 맞지 않았다. 원래 의도와 달리 기생을 불러 노래를 들었다.

> (도요다 사부로) 조선요리를 먹으러 식도원(食道園)이라는 요정에 갔다. 이곳은 천향원(天香園), 명월관(明月館) 등과 함께 일류의 요리점이다. 간단히 저녁을 먹으러 갔는데, 구두를 벗고 복도를 통해 안쪽 깊이 들어가는 집으로 술과 기생도 따라 나오는 곳이었다. 시국(時局) 때문에 3엔 이상의 요리는 금지되어서, 오히려 우리 지갑 사정으로는 다행이었다. 요리는 모두 차가운 것으로 한꺼번에 접시에 담겨서 식탁에 놓였다. 일본화, 서양화한 것도 있지만 오징어 숙회, 육포·마른오징어·잣 등의 모둠(마른오징어는 뭔가 식물 형태로 잘게 세공되어 있다), 생물의 조개와 고래고기 초무침, 베이컨 같은 것은 조선요리라 할 수 있다. 이것만 보면 일본요리는 조선요리와 형제 관계로, 다만 쇼유(醬油) 대신에 전부 고춧가루를 뿌리는 것이 우리 입에는 맞지 않았다. 무와 배추절임도 고춧가루 때문에 먹을 수 없다. 매운 것보다 마늘 때문에 냄새가 났다. 일본요리와 조선요리가 왜 이렇게 중국의 영향을 받지 않았는지 이상할 정도다. 조

……..

때 겪는 벌부(筏夫)의 고통과 즐거움, 이들을 기다리는 가족과 연인, 기생과 게이샤의 애타는 마음을 노래하였다(최현식, 2018, 「압록강절·제국 노동요·식민지 유행가: 그림엽서와 유행가 『압록강절』을 중심으로」, 『현대문학의 연구』 65, 165쪽.).

127 吉野豊次郎, 1930, 앞의 책, 11~13쪽.

선 풍속이 어딘가 일본 고대를 떠오르게 하듯, 이런 조선요리에도 헤이안(平安) 시대의 향기가 났다. 말하자면 원시적이다. 기생은 비교적 나이가 들고 아름답지도 않았지만, 말을 잘 알아듣고 시원시원했다. 기생들은 이 요정에 인력거를 타고 와서, 부랴부랴 그녀들의 화장실(化粧室)로 들어가 얼굴을 매만졌다. 옅은 분홍과 푸른색 저고리와 낙낙한 치마는 말쑥하고, 역시 마음 설레게 했다. 기생은 익숙한 대로 아리랑을 불렀다. 이날 저녁은 모두 15엔이었다.[128]

(닛타 준) 저녁밥은 조선 요리를 먹기로 한 번에 결정하고 저녁 무렵부터 외출하였다. 호텔 방에 있는 책자로 대강 예상하고, 남대문로(南大門通り)의 식당원(食堂園)이라는[129] 곳으로 곧장 향했다. 그곳은 큰 도로에서 조금 들어간 곳에 있어서 바로 찾았다. 그런데 현관의 느낌 등으로 보아서, 그곳도 간단히 밥을 먹는 데는 아니었다. 도요다와 나는 넓은 현관 입구에서 들어갈지를 정하지 못한 채 서 있었다. 현관에 앉아있던 흰색 상의의 조선인 보이도 이상한 눈으로 우리를 본 후, 손님을 대하듯 "어서 오세요."라고 말하지도 않았다. 노래하며 떠들썩한 소리 등이 밖으로 흘러나왔고, 복도에는 아름답게 치장한 조선 여자 등도 지나갔다. 그때 밖에서 신사 한 명이 지팡이를 짚고 걸어왔다. 도요다는 재빨리 전투모에 손을 대고 인사하며, "저 잠시 여쭙겠습니다."라고 작게 물었다. "이곳은 어떻습니까?" "글쎄요. 실은 저도 처음이라…" "간단히 밥을 먹을 수 있나요?" "글쎄요, 나는 오늘 초대받은 연회에 와서…" 그 신사에 이어 우리도 결심하고 위세 좋게 들어가 보기로 했다. 그러자 보이가 어쩐지 히쭉였다. 복

128 井上友一郎·豊田三郎·新田潤, 1942, 앞의 책, 35~37쪽.
129 식도원의 오기로 보인다.

도를 쭉 걸어가 안쪽에 있는 방으로 안내받았다. 사정을 전혀 알 수 없어 모든 것을 보이에게 물어보기로 했다. 그는 조선요리의 정식(定食)이 이전에 1인당 15~20엔이었지만, 지금은 3엔 이상 허락되지 않아서 그렇게 대단하지 않다고 했다. 그건 우리에게 다행이었다. 하지만 그는 기생을 부르지 않고 요리만 주문하는 것은 곤란하다고 했다. 그래서 기생은 1시간에 얼마인가 물은 뒤 부르기로 하자, 보이는 "그럼 기생 3명"이라며 멋대로 정하고 가려 했다. 도요다는 당황해 "저기"라며 일어서 그를 불러 세웠다. "한 명으로 충분해, 한 명으로 충분해." "한 명이면 노래는 부르지 않아." "노래는 부르지 않아도 돼, 한 명으로 충분해." 기생 한 명이 잠시 후 나타났다. 얼굴도 몸도 가냘프고, 계속 미소 짓고 있어 느낌이 나쁘지 않았다. 술병과 요리도 들어왔다. 내가 술을 마시는 중에, 도요다는 수첩을 꺼내 기생에게 요리를 하나하나 물어서 기록했다. 그리고 그는 웃지도 않고 꽤나 학구적인 얼굴로, 기생의 복장 등도 일일이 묻고 기록하였다. "치마 아래는 단고이, 그 아래 바지와 잠방이 등과 같이." 기생은 보통 조선 부인이 앉는 방식대로, 책상다리를 하고 무릎 한쪽을 세워 앉았다. 도요다가 학구적인 얼굴로 발 앞으로 다가가는데도, 웃는 얼굴로 대답하였다. 요리는 어쩐지 익숙하지 않고 입에 맞지 않았으며, 뒷맛이 너무 불쾌했다. 한 명으로는 노래하지 않는다고 했는데, 기생이 아리랑 등을 불러주었다. 쩨쩨하게 신경 써서 1시간 반 정도로 끝냈다고 생각했는데, 계산서에 3시간분 요금이 적혀 있었다. 전부 계산하니 15~6엔.[130]

이들이 이렇게 자발적으로 조선요리점을 찾은 것은 이국적인 음식에 관한 관심과 함께, 무엇보다 기생에 대한 호기심이 중요하게 작용하

....

130 井上友一郎·豊田三郎·新田潤, 1942, 앞의 책, 43~46쪽.

였을 것이다. 1941년의 두 사람의 기록으로 확인할 수 있는 또 하나의 사실은 일본이 전쟁에 본격적으로 뛰어들면서 음식점에서도 호화로운 음식을 먹지 못하게 하는 규제가 이루어지고 있었다는 점이다. 당시 음식점에서 "1인당 3엔"이라는 상한 규정이 있었음을 짐작할 수 있다. 그러나 두 사람은 기생을 불러 1시간 30분 정도를 즐기고 15엔을 내 결과적으로 비싼 요금을 치렀다.

전시기에 걸쳐 조선요리점에 간 19명 가운데 기생에 관한 언급이 없는 사람은 1912년 가부토 구니노리, 1914년 스기모토 마사유키, 1917년의 샤쿠 소엔, 1922년 에쓰사교육단뿐이었으며, 나머지 15명은 모두 조선요리점에서 본 기생에 관해 기록하였다. 이로 미루어 보아 일본인 관광객의 조선요리점 방문은 기생 구경이 중요한 동기였다. 그런데 일본인 관광객들도 경성이 아닌 평양이 기생의 본고장이라는 사실을 널리 알고 있었다. 그럼에도 불구하고, 기생 체험은 평양이 아닌 경성에서 주로 이루어졌다. 그것은 앞서 언급한 바와 같이 관광객 대부분이 평양에 비해 경성에서 오래 머문 점, 경성에 일본인 접객에 전문화된 대형 조선요리점이 많았던 점 등 때문일 것이다. 일본인 관광객이 가장 많이 방문한 조선요리점은 18명 가운데 9명이 찾은 명월관이었고, 다음은 3명이 찾은 식도원이었다. 1914년의 스기모토 마사유키와 1919년의 누나미 게이온은 청량리에 있는 조선요리점을 방문하였다. 누나미 게이온은 요리점 이름이 청량관(淸涼館)이라고 기록하였다.[131]

명월관에 대해서는 1922년의 우치다 슌가이가 자세히 묘사하였다. 그는 총독부의원장(總督府醫院長)의 안내로 명월관에 갔는데, 그가 들어간 방은 다다미 20개 크기였으며, 방바닥은 전부 리놀륨을 깐 것처럼

....

131 沼波瓊音, 1920, 『鮮滿風物記』, 大阪屋号書店, 16쪽.

그림 6-7. 명월관에서의 기생의 공연 모습.
출처: 신동규 외, 2020, 「일제침략기 한국 관련 사진그림엽서 수집·분석·해제 및 DB 구축」(http://waks.aks.ac.kr/rsh/?rshID=AKS-2017-KFR-1230003).

황색이며 광택이 있었고 온돌이 설치되어 있었다. 방에 들어가니 오른쪽에는 한 기생이 무릎을 세우고 앉아, 그 앞에 벼루를 놓고 부채에 그림을 그리고 있었다. 손님이 원하면 바로 서명하여 주었다. 일본의 게이샤보다 매우 고상하였다. 신선로가 인상적이었으며, 추운 나라에 맞는 도구라고 생각했다. 그리고 식사하면서 음악 연주와 기생의 무용을 관람하였다.[132] 승려인 샤쿠 소엔도 1917년 명월관에서 맛본 신선로 요리에 관해 언급하며, 잣과 도라지 등을 먹게 되어 의외의 재미가 있었다고 술회하였다.[133] 1919년의 고아제 가메타로는 명월관에서 무산향(舞山香)[134]·미인전목단(美人剪牧丹)[135]·무고(舞鼓)·승무(僧舞)·검무(劍舞)의

....

132 内田春涯, 1923, 앞의 책, 17~20쪽.

133 釋宗演, 1918, 앞의 책, 17쪽.

134 조선 순조 때 창작된 향악(鄕樂) 반주곡에 맞추어 추던 궁중무용으로, 한 사람이 추는 독무(獨

순으로 춤 공연을 구경했으며, 구복(口福)과 안복(眼福)을 함께 누렸다고 회고하였다.[136]

식도원은 앞의 도요다 사부로와 닛타 준의 기록에서 그 모습을 살필 수 있으며, 1930년대 객실이 28실이며, 800명의 연회를 할 수 있는 설비를 갖추고 있었다고 한다.[137] 1929년 식도원에서 식사한 선만시찰단은 "상에 가득 찬 조선요리의 숫자에 모두 눈이 커졌으나, 그 특유의 냉미(冷味)와 기름기, 그리고 냄새에 마음껏 젓가락이 움직이지 않아서 유감이었으며, 그중에 신선로가 잘 팔렸다. 그리고 무대에 기생이 나타나자 모두 젓가락을 던지고 눈을 빼앗겼는데, 의자에서 벗어난 사람, 의자에 올라선 사람이 있었으며, 기생에 대한 동경(憧憬)은 남녀노소 모두 같았다. 관광객들은 기생의 춤에 갈채를 보냈으며, 유창한 일본어로 부른 노래에 환호하였다. 그리고 공연이 끝나자 기생에게 사인을 부탁하는 사람들이 쇄도하였다."라고 기록하였다.[138] 1941년 식도원을 방문한 이치무라 요이치는 장식기구와 요리 모두 순수한 조선식이었으며, 역시 2명의 기생이 부채에 국화와 대나무를 그려주었다. 그리고 기생들이 북을 두드리면서 노래를 불렀는데 한국어와 일본어를 섞어서 불렀다고 한다.[139]

간추리면, 경성을 찾은 일본인 관광객들은 조선요리점을 많이 방문했으나, 명월관·식도원과 같이 일본인들에게 잘 알려져 있고 또 일본인

....

舞)였다(한국민족문화대백과사전, 무산향 항목(http://encykorea.aks.ac.kr).).

135 가인전목단(佳人剪牧丹)을 잘못 적은 것으로 생각된다. 가인전목단 역시 순조 때 창작된 궁중무용이었다(한국민족문화대백과사전, 가인전목단 항목(http://encykorea.aks.ac.kr).).

136 小畔亀太郎, 1919, 앞의 책, 13쪽.

137 나종우, 1979, 앞의 논문, 127쪽.

138 下関鮮満案内所, 1929, 앞의 책, 102쪽.

139 市村興市, 1941, 앞의 책, 26쪽.

들이 즐겨 찾는 몇 곳의 한정된 조선요리점에만 갔다. 이들 음식점은 일본인들이 언어 문제 등의 아무런 불편 없이 이용할 수 있었으며, 거의 규격화되어 있는 음식을 먹고 기생의 공연을 구경할 수 있었다. 그리고 입에 맞지 않는 조선 음식에 대해 부정적으로 평가하는 사람들이 적지 않았으며, 음식보다는 기생을 구경하는 데 더 치중하는 사람들이 많았다.

실제로 조선인들이 즐겨 먹는 음식을 맛보고자 한 일본인은 거의 없었다. 일본인이 찾지 않는 음식점을 체험한 사람은 1919년 연구목적으로 방문한 누나미 게이온 정도이다. 그가 방문한 청량리의 청량관이라는 요리점은 일본인이 거의 오지 않는 곳이었다. 그래서 그곳에서 먹은 음식도 냉면·잡채·닭백숙 등 일본인이 가는 조선요리점에서 잘 제공되지 않는 것들이었다. 그는 파고다공원을 구경한 다음에도 근처의 순 조선식 식당에서 점심 식사를 시도하였다. 어방반옥(魚房飯屋)이라는 곳이었으며, 이곳에서 비빔밥을 맛보고 맑은 약주, 그리고 탁주인 막걸리를 마셨다.[140]

식사에 관한 기록 중에 이채로운 것들이 있다. 1918년 유명 작가인 오마치 게이게쓰는 조선인 윤치오(尹致旿)의[141] 집을 방문하여 조선요리를 대접받았는데, 이 자리에 기생이 와 시중을 들면서 노래를 부르고 그림을 그려주었다.[142] 그리고 식사와 2차 술자리를 기록한 사람들이 있다. 1922년의 우치다 슌가이는 오후 6시에 조선호텔에서 총독 주최의 만찬을 가진 뒤, 오후 8시에 가게쓰로에서 경성의학회 주최의 제2차회

....

140 沼波瓊音, 1920, 앞의 책, 16~23쪽.

141 윤치오(1869~1950)는 일본 게이오의숙을 졸업하고, 일제강점기 중추원 참의, 조선전기공업주식회사 감사, 조선유도연합회 평의원 등으로 활동한 친일 인물이다(한국민족문화대백과사전, 윤치오 항목(http://encykorea.aks.ac.kr).).

142 大町桂月, 1919, 앞의 책, 317~318쪽.

(第2次會)를 가졌다. 그는 일본인 관광객 중 유일하게 중국요리점에서의 식사 기록도 남겼다. 메이지초(明治町)의[143] 백화루(百花樓)라는 곳이었다.[144] 1927년의 주로 소학교 교장들로 이루어진 지바현교육회도 오후 6시에 가게쓰로에서 열린 현인회 주최 환영연에 참석한 뒤, 바로 식도원으로 가서 조선요리와 기생 공연을 즐겼다.[145] 별다른 언급이 없지만, 이들도 기생을 보러 일부러 식도원에 간 것으로 생각된다. 앞서 다루었듯이, 요시노 도요시지로가 참가한 선만시찰단도 비젠야여관에서 저녁 식사를 마친 뒤 명월관으로 갔다.[146] 2차를 간 곳은 모두 유흥을 즐길 수 있는 장소였다.

그림 6-8. 미쓰이(三井) 재벌의 총수인 단 다쿠마(團琢磨).

출처: ウィキペディアフリー百科事典, 團琢磨 항목(https://ja.wikipedia.org/wiki/團琢磨).

....

143 현재의 중구 명동이다.

144 内田春涯, 1923, 앞의 책, 22~26쪽.

145 千葉県教育會, 1928, 앞의 책, 155~157쪽.

146 吉野豊次郎, 1930, 앞의 책, 11쪽.

한편 1928년의 승려 고바야시 후쿠타로는 주로 절에서 식사를 해결했으며,[147] 1929년 재벌 단 다쿠마는 조선호텔에 경성의 유력자 70여 명을 초대하여 당시 미쓰이 재벌의 사업장이 있던 장산곶에서 사냥한 멧돼지 고기로 연회를 베풀었다.[148]

3 관광 중의 활동

식민지 조선을 방문한 일본인 관광객은 명승고적을 관람하고 산업 시설을 시찰하는 등의 관광 외에도 여러 활동을 하였다. 이러한 활동은 개인의 특성이나 여행 목적에 따라 차이가 있었다. 기행문은 관광과 그를 통해 보고 들은 내용을 위주로 기술하였기 때문에 이러한 부수적인 활동에 관한 기록은 대체로 소략한 편이다. 여기에서는 단편적인 기록에 의지하여 일본인 관광객들이 관광 중간중간에 어떠한 활동을 했는지 살펴보았다.

일본인 관광객들이 관광 외에 가장 많은 시간을 할애한 활동은 여행 목적과 관련하여 일반적인 관광지가 아닌 장소를 방문하고 사람들을 만나는 것이었다. 이들이 방문한 장소는 왕궁과 조선총독부에서부터 조선인 민가에 이르기까지 다양하였고, 만난 사람도 조선의 마지막 왕인 순종에서부터 조선 총독을 비롯한 총독부와 여러 행정기관의 관리, 실업가, 친지 등 여러 계층에 걸쳐 폭넓은 스펙트럼을 보였다. 앞서도 언급했지만, 창덕궁을 방문하여 순종을 알현한 사람은 1910년의 부청

....

147 小林福太郎, 1928,『北支満鮮随行日誌』, 小林福太郎, 29쪽.

148 漆山雅喜, 1929, 앞의 책, 67쪽.

관광실업단과 1917년의 나이토 히사히로이다. 일본 전국의 상업회의소 우두머리들로 구성된 부청관광실업단을 접견한 순종은 이들과 일일이 악수하며 건강을 기원해주었고, 별실에서 다과와 양주(洋酒)를 하사했다. 이들이 어떤 목적과 누구의 주선으로 순종을 알현했는지는 밝히지 않았으나, 순종을 알현한 일과 다과와 음료를 접대받은 데 대해 감격하였다.[149] 니혼석유(日本石油)를 설립하여 '일본의 석유왕'으로 불렸던 실업가 나이토 히사히로도 1917년 이왕직차장(李王職次長)의 초대로 창덕궁에서 점심을 대접받고, 박물관·동물원을 구경하고 순종을 인정전(仁政殿)에서 알현하였다. 알현 자리에는 신하 10여 명이 같이하였다.[150] 조선총독부를 찾아가 총독을 만난 관광객도 많았다. 1912년 히로시마조선시찰단은 총독관저에서 데라우치 마사타케(寺内正毅) 총독을 만났다. 이 자리에서 데라우치 총독은 히로시마조선시찰단의 방한 목적에 찬동을 표하고, 조선인의 '동화(同化)'에 노력하는 총독부의 시정방침에 관해 설명하였다. 데라우치 총독은 자신의 설명뿐 아니라 총독부 농상공부장관(農商工部長官)에게 조선의 산업 상황을 브리핑하도록 했다.[151] 1914년 공무 목적으로 여행했던 관리인 하라 쇼이치로는 거의 매일 총독부로 출근하다시피 하여 각 부서의 업무를 파악했고, 데라우치 총독의 만찬에도 초대받았다.[152] 1912년 귀족원의원인 가부토 구니노리는 데라우치 총독이 부재중이어서 대신 야마가타 이사부로(山縣伊三郎) 정무총감을 만났다.[153]

....

149 赴清実業團誌編纂委員會, 1914, 앞의 책, 8쪽.

150 内藤久寛, 1918, 앞의 책, 7쪽.

151 広島朝鮮視察團, 1913, 앞의 책, 77~78쪽.

152 原象一郎, 1917, 앞의 책, 97~101쪽.

153 加太邦憲, 1931, 앞의 책, 223~224쪽.

1916년 10월부터 1919년 8월까지 총독을 역임한 하세가와 요시미치(長谷川好道)를 만난 사람은 더 많았다. 1917년 나이토 히사히로는 경성의 첫 일정으로 총독부를 방문하여 하세가와 총독, 야마가타 정무총감을 면담하였다.[154] 1917년 중의원의원이자 실업가인 야마시나 레이조(山科禮藏)와[155] 승려 샤쿠 소엔,[156] 도쿄전력(東京電力) 취체역을 역임하여 '전력왕(電力王)'이라 불렸던 실업가인 1918년의 마쓰나가 야스자에몬 등도 하세가와 총독을 만났다.[157] 한편 1917년 총독부를 방문한 정치가 세키 와치는 하세가와 총독이 지방 출장 중이어서 야마가타 정무총감을 대면하였다.[158]

1919년 8월부터 1927년 4월까지 총독을 지낸 사이토 마코토(斎藤実)를 만난 사람 가운데 특이한 기록을 남긴 이로, 1920년 고베시회 시찰단의 일원인 이토 사다고로가 있다. 기자인 그는 총독과의 만남보다도 총독부 복도 앞뒤에서 경관(警官)이 출입자를 수상쩍다는 눈초리로 엄하게 감시하고 있는 데에 더 강한 인상을 받았고, 문치정책(文治政策)·문화주의(文化主義)를 제창하는 사이토 총독의 전략을 생각할 때 묘한 기분이 들었다는 감상을 남겼다.[159]

이 밖에 1929년 우루시야마 마사키가 수행한 단 다쿠마 미쓰이 재벌 이사장은 야마나시 한조(山梨半造) 총독을 방문하였는데, 야마나시 총독은 식민지 조선의 산업에 관해 열심히 설명하면서 내지 자본가들의 투자를 권유하였다. 야마나시 총독은 또한 일본인 대부분이 관리든

....

154 内藤久寛, 1918, 앞의 책, 7쪽.
155 山科礼蔵, 1919, 앞의 책, 4쪽.
156 釋宗演, 1918, 앞의 책, 9쪽.
157 松永安左衛門, 1919, 『支那我観』, 実業之日本社, 7쪽.
158 関和知, 1918, 앞의 책, 3쪽.
159 伊藤貞五郎, 1921, 앞의 책, 42쪽.

실업가든 조선에 가는 것을 모두 좌천의 의미로 이해하는 데에 대해 유감을 표했다.[160] 1934년 후지야마 콘체른 총수 후지야마 라이타도 경성의 첫 일정으로 우가키 가즈시게(宇垣一成) 총독을 면담했는데, 우가키 총독은 '내선융화(內鮮融和)'의 의미와 중요성을 강조하였다.[161]

이상과 같이 조선 총독을 만난 사람들은 대부분 실업가와 정치가들이었다. 이들은 인사차 조선 총독을 방문한 경우가 많지만, 총독이 식민지 조선의 상황을 설명하고 총독부의 업적을 선전하기 위해 적극적으로 이들을 초대한 사례도 적지 않았다. 일본에서도 중요한 위치를 차지하고 있는 기업가와 정치가들이 조선총독부에 대해 우호적인 관점을 가지게 하는 것은 여러 측면에서 매우 중요한 일이었기 때문이다.

총독을 직접 만나지 않더라도 일본인 관광객이 총독부를 방문하거나, 총독부 관리를 만나는 일은 매우 흔하였다. 일본인 관광객 중 다수가 '시찰'을 목적으로 하였기 때문에 총독부를 찾아 시찰 목적과 관련된 부서를 방문해 설명을 듣고, 자료를 얻는 일이 관행처럼 이루어졌다. 그리고 총독부 직원이 직접 경성의 관광지나 주요 시설을 안내하는 사례도 적지 않았다. 총독부에서도 '내지인'에게 식민지 조선과 총독부에 관한 이해를 넓히는 것이 중요한 업무였으므로 일본인 관광객을 환대하였다. 총독부 관리들은 관광객들에게 친절하고 자세하게 업무를 설명하고 많은 자료를 제공하였다. 1940년대에는 직접 홍보 영화를 만들어 방문객에게 상영하기도 했다.[162]

일본인 관광객들은 총독부뿐 아니라 각 도시의 관공서와 상업회의소, 기업체를 방문하여 그 구성원을 만나고, 지역 상황을 청취하였다.

....

160 漆山雅喜, 1929, 앞의 책, 15~16쪽.

161 藤山雷太, 1935, 앞의 책, 139~140쪽.

162 山形県教育會視察團, 1942, 앞의 책. 119쪽.

그리고 앞서 살펴보았듯이 관광객은 이들이 제공한 다과나 식사 자리에 초대받기도 하였는데, 역시 실업가와 정치가 중에 이러한 활동을 한 이가 많았다. 몇 가지 사례를 들면, 1910년 순종을 알현했던 부청실업단은 먼저 부산에서 부산이사청(釜山理事廳)의 이사관(理事官)[163]·세관장(稅關長)·민단장(民團長)·민회회장(民會會長)·상업회의소 회두 등 주요 기관장과 유지들을 만났다. 경성에서는 통감부 총무장관(總務長官)·동양척식회사(東洋拓殖會社) 부총재·경성경제회(京城經濟會) 회원을 만났고, 평양에서는 평안남도관찰사(平安南道觀察使)·민단장·이사관·경찰부장 등과 회동하였다. 이렇게 세 도시에서 많은 사람을 만났으나, 조선인은 평안남도관찰사뿐이었다.[164] 1934년 후지야마 라이타는 먼저 평양에서 자신의 제당공장을 찾아 업무보고를 받고 임직원을 격려한 것은 물론이고, 평안남도지사·평양부윤(平壤府尹)·평양세무감독국장(平壤稅務監督局長) 등을 방문하였다. 경성에서는 총독 외에도 동양척식회사·조선철도·미쓰코시물산(三越物産)·미쓰이농장(三井農場) 등의 임원과 경성상공회의소 회두를 만나 식사를 같이했다. 부산에서도 세키미즈 다케시(関水武) 경상남도지사(慶尙南道知事)를 만났다.[165]

7선의 중의원의원을 지낸 정치가 세키 와치가 1917년 식민지 조선에서 관광 외에 방문했거나 만난 사람을 보면, 부산에서는 미쓰이물산(三井物産) 출장원을 만나 그의 안내로 상업회의소 등을 방문했으며, 경성에서는 첫날 총독부를 방문하여 정무총감을 만났고, 미쓰이물산 지

....

163 이사관은 이사청(理事廳)의 우두머리이다. 이사청은 1905년 일제가 한국을 실질적으로 통치하기 시작하면서 각 지방에 설치한 통감부의 지방행정기관이다. 처음에는 경성·부산·평양·인천 등 10개 도시에 설치하였다. 이사청은 한국의 지방행정을 장악하여 거류 일본인의 이익을 보장하고, 한반도 전역에서 지배권을 확보하기 위해 설치되었다.

164 赴清実業團誌編纂委員會, 1914, 앞의 책, 2~11쪽.

165 藤山雷太, 1935, 앞의 책, 166~170쪽.

그림 6-9. 부청실업단의 기념사진.
출처: 赴清実業團誌編纂委員會, 1914, 『赴清実業團誌』, 白岩龍平.

점장의 초대로 명월관에서 식사했다. 그리고 가게쓰로에서 열린 와세다 교우회(早稻田校友會)와, 이시카와현(石川県)과 사가현(佐賀県)의 현인회(県人會) 연합의 환영연에 참석하였다. 둘째 날에는 고등여자보통학교와 소학교를 참관하여 학생들의 수업을 지켜보았다. 점심은 정무총감의 초대로 명월관에서 먹었고, 저녁에는 미쓰이물산이 지요모토에서 주최한 만찬회에 참석하였다. 평양에서는 오마키노차야에서 열린 환영회에서 평양상업회의소 회두를 비롯한 평양 관민 유지 30여 명을 만났다.[166]

이상과 같이 관광객들은 각 도시의 관공서와 상업회의소 따위를 방문해 관리와 실업가를 만났으며, 기업체, 동창회, 현인회가 마련한 환영연에서 많은 사람과 대면하였다. 이렇게 식민지 조선에 거주하는 지연(地緣)으로 연결된 현인회를 비롯한 고향 사람들, 학연(學緣)으로 연결

....

166 関和知, 1918, 앞의 책, 2~8쪽.

된 학교 동창, 그리고 혈연(血緣)으로 연결된 친척 등을 방문하고 만나는 것은 직업이나 나이, 사회적·경제적 지위와 관계없이 공통된 현상이었다. 세키 와치가 방문한 장소 중 흥미를 끄는 것은 학교이다. 그는 학교에서 일본어로 학생을 가르치는 조선인 여교사를 만나고, 생도의 언어·동작, 학교의 설비 등이 내지와 다를 바 없다는 것을 확인하였으며, 한편으로 조선인 아동들이 일본무존(日本武尊), 러일전쟁을 이야기하고, 니노미야 긴지로(二宮金次郎)의[167] 노래를 부르는 것에 비애감을 느꼈다고 했다.[168]

일본인 관광객 가운데는 이렇게 관광지라 할 수 없는 학교를 방문한 사람이 많았다. 학교를 가장 많이 방문한 사람들은 직접적인 관련이 있는 교원시찰단과 사범학교 학생들의 수학여행단이었다. 그 첫 기록은 1906년 히로시마고등사범학교 수학여행단인데, 이들은 경성에서 2~3곳의 학교를 참관하였고, 일본의 교육제도가 적용되기 시작한 상황을 기행문에 언급하였다.[169] 1914년의 히로시마고등사범학교 수학여행단도 평양에서 공립고등학교·고등여학교·공립여자보통학교·여자기예학교(女子技藝學校)·고등보통학교와 미국인이 경영하는 학교까지 참관하였고, 고등보통학교에서 점심을 먹었다. 경성에서도 고등보통학교에서 점심을 먹고 학교를 참관하였으며, 경성중학교(京城中學校)에 들러 견학하고 다과를 먹었다. 그리고 부산에서는 중학교·보통학교·상업학교를

....

167 니노미야 긴지로(二宮金次郎)는 니노미야 손토쿠(二宮尊德)라고도 한다. 그는 19세기의 농정가(農政家)였는데, 근대 일본에서 국민적 모범 인물로 제시되어 소학교 교과서에서 교육되었고, 노래도 만들어졌으며, 일본의 전국 소학교에 동상이 건립되었다(김우봉, 2009, 「二宮尊德의 동상건립에 대한 연구: 일본 小田原市 소학교의 二宮金次郎 설치현황을 중심으로」, 『일본어문학』 40, 276~277쪽.).

168 関和知, 1918, 앞의 책, 5쪽.

169 広島高等師範學校, 1907, 『滿韓修學旅行記念錄』, 広島高等師範學校, 21~25쪽.

둘러보았다. 이렇게 식민지 조선을 관광하는 동안, 학교만 10곳 이상을 참관하였으며, 각지에 근무하는 학교 선배가 안내하거나 시학관(視學官)이 직접 설명하였다.[170]

교원들의 사례를 보면, 1917년 사이타마현교육회는 부산에 도착하자마자 조선인들이 다니는 보통학교를 방문하여 조선인에 대한 일본어 교육의 진보에 기뻐했으며, 다시 일본인들이 다니는 부산공립제일심상소학교(釜山公立第一尋常小學校)에 가서 훌륭한 학교 시설에 놀랐다. 경성에서는 히노데소학교(日の出小學校)·여자고등보통학교·보통학교·고등공업학교를, 평양에서도 고등보통학교를 시찰하였다.[171] 1918년의 에히메현교육협회시찰단 역시 부산에서 보통학교·상업학교·제일심상소학교, 경성에서 고등보통학교부속소학교·여자고등보통학교, 평양에서 소학교·고등여학교·고등보통학교를 참관하였다.[172]

이러한 학교 방문이 사범학교 학생이나 교원에게만 국한된 것은 아니었다. 실업가로 구성된 나가오카상업회의소 여행단에 참가한 고아제 가메타로는 1919년 조선인의 교육 상황을 살피기 위해 어의동공립보통학교(於義洞公立普通學校) 병립 어의동공립간이공업학교(於義洞公立簡易工業學校)와 숙명여자고등보통학교를 방문하였다.[173] 이렇게 교원이 아닌 사람까지 학교를 참관한 까닭은 일본인들이 식민지 경영에 있어 교육이 매우 중요하다고 인식했기 때문이다. 1920년 고베시회시찰단과 동행한 기자 이토 사다고로는 교육이 '일선동화(日鮮同化)'의 근본을 확립하는 일이라고 주장하였다. 그에 의하면, 학교 참관은 관광객의 필

....

170 広島高等師範學校, 1915, 앞의 책, 30~32쪽.

171 埼玉県教育會, 1918, 앞의 책, 3~15쪽.

172 愛媛教育協會視察團, 1919, 앞의 책, 1~2쪽.

173 小畔亀太郎, 1919, 앞의 책, 15쪽.

요로 이루어지기도 하지만, 조선총독부가 식민지에서의 교육 발전을 내지인에게 홍보하기 위해 기획하기도 하였다. 이토 사다고로는 조선총독부 학무국(學務局)을 방문하여 조선인 교육에 관한 시학관의 자세한 설명을 듣고, 그의 안내로 조선인이 다니는 경성고등보통학교(京城高等普通學校)와 일본인이 다니는 종로공립소학교(鐘路公立小學校)를 구경하였다. 두 학교 모두 모범학교로 학생들의 성적이 우수하고 설비도 훌륭하였다. 그런데 이토 사다고로는 사실 모범학교와 비 모범학교를 동시에 참관하고 싶었다. 즉 빈민의 자제를 수용하고 성적도 보통 이하의 소학교를 시찰하고 싶었으나, 조선총독부가 결점보다 장점을 소개하려 했기 때문에 그러지 못했다고 아쉬워했다.[174]

관광객들이 방문한 학교는 학생들이 우수하고 시설이 좋은 곳이었으며, 서로 비교할 수 있도록 조선인 학교와 일본인 학교를 모두 참관하는 것이 일반적이었다. 그리고 조선총독부의 의도대로 학교를 방문한 관광객들은 학교 시설 따위가 내지에 비해 더 좋다고 평가할 정도로 식민지 교육 상황에 대해 대체로 좋은 인상을 받았다. 1922년 에쓰사교육단은 부산에서 일본인의 제6심상소학교와 조선인의 공립보통학교를 시찰하고, 조선인 아동이 예상외로 쾌활하고 내지인 아동과 큰 차이가 없다는 데 주목하고, 지도와 교육, 환경에 따라 조선인을 어떻게 변화시킬 수 있는지를 깨닫는 기회가 되었다고 했다. 경성에서는 여자고등보통학교·공립보통학교·숙명여학교 등을 시찰했는데, 공립보통학교의 1·2학년 아동이 일본어를 활기차고 천진난만하게 학습하는 것을 보고 망국의 비애를 몸으로 느끼고 가련하게 생각하는 한편, 국가의 은혜가 크고 군은(君恩)이 지대함을 절감하였다.[175] 이러한 학교 방문은 1940년

....

174 伊藤貞五郎, 1921, 앞의 책, 44~50쪽.

대까지 계속 유지되었다. 예를 들어, 여성 교육에 관심이 많았던 여자전문학교장인 이치무라 요이치는 1941년 숙명여자전문학교와 일본인의 경성제일고등여학교(京城第一高等女學校), 조선인의 경기제일고등여학교(京畿第一高等女學校) 등을 참관하였다.[176]

이러한 학교 방문 외에 관광객들은 자신의 여행 목적을 달성하기 위해 여러 장소를 방문하고 다양한 사람을 만났다. 몇 가지 사례를 들면, 불교 유적조사가 주된 목적이었던 1922년의 오야 도쿠쇼는 경성에서 규장각(奎章閣)을 방문해 고서적을 열람하였으며, 고서점과 골동품점을 방문하여 구경하기도 했다. 그리고 최남선(崔南善, 1890~1957)의 집을 방문하여 『조선불교통사(朝鮮佛教通史)』를 저술한 이능화(李能和, 1869~1943)를 만나 대각국사(大覺國師) 등에 관하여 의견을 나누었다. 오야 도쿠쇼는 평양에서도 개인 수집가의 집을 방문하여 낙랑고분에서 출토된 유물을 살펴보고 강서고분(江西古墳)의 벽화(壁畫)와 진지동고분(眞池洞古墳)을 보러 갔으며, 평양의 장서가(藏書家)·수집가의 집을 방문하였다.[177] 양잠업 조사를 위해 여행하였던 양잠학자 이시와타리 시게타네는 경성에서 제사장(製絲場)·경기도원잠종제조소(京畿道原蠶種製造所) 등을 둘러보았고, 평양에서도 도청·평양농업학교·종묘장 등을 방문하고 관계자들을 만났다.[178] 1924년 지리학자 후지타 모토하루는 규장각에 있는 고지도와 지리서를 조사하였다.[179] 1925년의 농업학교장협회는 경성으로 가는 도중, 일부러 수원에 들러 다른 사람들이 찾지 않는

....

175 越佐教育雜誌社, 1922, 앞의 책, 3~5쪽.
176 市村與市, 1941, 앞의 책, 23~24쪽.
177 大屋德城, 1930, 『鮮支巡礼行』, 東方文献刊行會, 6~23쪽.
178 石渡繁胤, 1935, 앞의 책, 100~109쪽.
179 藤田元春, 1926, 앞의 책, 421~423쪽.

권업모범장(勸業模範場)과 수원고등농림학교(水原高等農林學校)를 참관하였다.[180] 야스쿠니신사의 구지인 가모 모모키는 1931년 역시 일본인들이 거의 가지 않았던 사직단을 보고, 숭신인조합(崇神人組合)의 치성당(致誠堂)을 방문해 무당의 도무(禱舞)를 구경하였으며, 그들의 경문(經文)을 얻었다. 그리고 총독부로 가서 지방과장과 종교과장을 만나 식민지 조선의 종교 현황을 청취하였다.[181]

이렇게 일본인 관광객들은 식민지 조선을 관광하는 동안, 많은 곳을 방문하고 다양한 사람을 만났지만, 정작 조선인의 실생활을 살펴볼

그림 6-10. 파고다공원의 원각사지 십층석탑 앞에 선 후지타 모토하루. 출처: 藤田元春, 1926, 『西湖より包頭まで』, 博多成象堂.

180 農業學校長協會, 1926, 앞의 책, 18~30쪽.

181 賀茂百樹, 1931, 앞의 책, 63쪽.

수 있는 곳을 방문하거나, 조선인을 직접 접촉하여 대화를 나눈 경우는 드물었다. 물론 최남선 등을 만난 오야 도쿠쇼, 그리고 박영효(朴泳孝, 1861~1939)와 조병택(趙秉澤, 1832~1924)의 집을 방문한 샤쿠 소엔과 같은 사람도 있으나,[182] 예외적인 사례이다. 일본인들이 직접 만난 조선인은 관리이거나 교사, 아니면 기생이나 유람 버스의 안내인이었다. 나머지 조선인은 일정한 거리를 두거나 차창 너머로 본 사람들이었다.

조선인의 생활에 호기심을 가졌던 일부 관광객들은 조선총독부나 친지의 주선으로 조선인의 집을 방문하였다. 1917년 사이타마현교육회는 여자고등보통학교 조선인 여교사의 안내로 조선은행(朝鮮銀行) 두취(頭取)인 한상룡(韓相龍, 1880~1947)의[183] 집을 구경하였다. 사랑방과 여주인의 방을 훑어보고 일본식으로 꾸며진 별관도 둘러보았는데, 순종의 사진과 함께 이토 히로부미의 사진이 걸려 있는 것으로 보고 친일파라는 주인의 면모를 떠올렸다고 한다.[184] 1919년 은행가인 고아제 가메타로도 숙명여학교에 근무하는 일본인 친지의 소개로 남작(男爵) 조동윤(趙東潤, 1871~1923)의[185] 집을 방문하여 귀족의 거주상태를 관찰하였다. 1926년에 이나 쇼로쿠는 수하동(水下洞) 김사철(金思徹, 1847~1935)

....

182 샤쿠 소엔은 박영효가 일본에서 망명 생활을 할 때부터 알고 지냈던 것으로 보인다. 샤쿠 소엔이 방문한 박영효의 집은 동대문 밖에 있었다고 한다. 조병택은 조선인 일류 실업가라고 기록하였다(釋宗演, 1918, 앞의 책, 16~17쪽). 조병택은 1906년 한일은행 설립 등에 참여한 대부호였다.

183 한상룡은 동양척식회사 고문, 조선총독부 중추원 참의 등을 역임한 친일파 인물이다(한국민족문화대백과사전, 한상룡 항목(http://encykorea.aks.ac.kr)).

184 埼玉県教育會, 1918, 앞의 책, 12~13쪽.

185 조동윤은 1894년 병조참판을 역임하였고, 대한제국 시기에는 군사 관련 요직에 두루 임명되었다. 황태자 이은을 수행하여 도쿄에 머물렀다. 일제 강점 직후 남작 작위를 받았으며, 일본군에 소속되어 중장에 오른 친일파 인물이다(한국민족문화대백과사전, 조동윤 항목(http://encykorea.aks.ac.kr)).

의[186] 집을 방문하여 남녀 구분이 명확한 가옥구조, 20여 개의 커다란 항아리가 있는 장독대 등을 흥미롭게 구경하고, 술대접까지 받았다. 이같이 일본인들이 방문한 집은 대부분 고관을 역임한 친일파와 대부호의 저택으로, 이를 통해 일반적인 조선인의 주거생활을 이해하기는 어려운 곳이었다. 이에 비해 1925년의 농업학교장협회는 경성 시내 자유견학 일정의 하나로, 총독부 시학관의 안내 하에 중류 가정을 방문하고, 온돌과 방 안의 가구, 그리고 김치를 담은 장독대의 모습을 기행문에 자세하게 기록하였다.[187] 1933년의 혼다 다쓰지로도 식산은행의 조선인 직원의 안내로 중산계급의 민가 3곳을 방문하여 가옥구조와 살림살이를 살펴보았다. 그도 온돌과 옷장, 장독 따위에 관심을 표명하였다.[188] 고아제 가메타로를 제외하면, 조선의 민가를 둘러본 사람들은 모두 교원이라는 공통점이 있다.

오늘날의 관광에서 쇼핑은 중요한 관광 활동이다. 쇼핑은 관광객 스스로가 할 수 있는 몇 안 되는 활동 중 하나이며, 관광객이 현지인을 직접 만날 수 있는 기회이다.[189] 일본인들이 남긴 기행문에는 쇼핑과 관련된 기록이 종종 등장한다. 그리고 일부 관광안내서에는 각지의 토산품과 토산품을 구입할 때 주의사항 등이 안내되어 있다. 표 6-12는 만철이 제작한 1933년의 『선만중국여행수인』에서 추천한 식민지 조선 각 도시의 토산품을 정리한 것이다. 경성과 평양은 과자와 각종 수공예품, 부산은 김을 비롯한 해산물을 토산품으로 추천하고 있다. 그리고 토산

....

186 이조참판 등을 역임하였고, 대한제국 시기에는 궁내부에서 고종황제를 보좌하였다. 일제 강점에 기여한 공로로 일제로부터 남작 직위를 받았다(한국민족문화대백과사전, 김사철 항목 (http://encykorea.aks.ac.kr)).

187 農業學校長協會, 1926, 앞의 책, 33~34쪽.

188 本多辰次郎, 1936, 앞의 책, 66쪽.

189 다니엘 부어스틴(정태철 옮김), 2004, 『이미지와 환상』, 사계절, 139쪽.

품을 살 때 주의사항으로는 현지 안내인에게 충분히 물어보고 사고, 세관의 과세 여부도 확인해야 하며, 일본의 수출품을 현지에서 되사오는 잘못을 하지 않도록 해야 한다는 등을 안내하고 있다.

기행문의 단편적인 기록을 통해, 일본인 관광객들이 식민지 조선에서 언제 무엇을 어디에서 샀는지 살펴보자. 단체 관광객들은 보통 관광 중에 주어지는 자유시간을 이용해 쇼핑했다. 1909년 도치기현 실업가 관광단은 경성에서의 둘째 날 오후에 자유시간을 가졌는데, 고려도자기와 담뱃대를 사는 사람이 있었고, 담배가 저렴하다며 토산품으로 준비하려고 여러 상자를 사는 사람도 있었다.[190] 1929년의 선만시찰단도 인천을 다녀와 평양으로 출발하기 전의 시간 여유를 이용해 경성 야경 감상과 쇼핑을 했다.[191] 1938년의 일본여행회는 경성에서 마지막 밤에 자

표 6-12. 식민지 조선의 토산품

지역	토산품
경성	인삼을 원료로 하는 각종 제제(製劑), 과자, 잣이 든 과자, 한양고려소도기(漢陽高麗燒陶器), 나전칠기(螺鈿漆器), 완초제편물(莞草製編物), 석기(石器), 모피(특히 호피(虎皮), 표피(豹皮) 종류), 조선잡화(朝鮮雜貨)
평양	밤, 과자, 수공품
부산	해태(海苔), 기타 해산물
대구	사과, 기류제품(杞柳製品), 감, 완초제품(莞草製品), 도자기
대전	감
인천	햄, 조선엿(朝鮮飴), 기타 해산물
개성	인삼, 고려소도기(高麗燒陶器)

주: 기류제품은 고리버들로 만든 공예품이다.
출처: 南滿洲鐵道株式會社 東京支社, 1933,『鮮滿中國旅行手引』, 南滿洲鐵道株式會社 東京支社, 47~48쪽.

....

190 下野新聞主催栃木縣實業家滿韓觀光團, 1911, 앞의 책, 78쪽.
191 下関鮮満案内所, 1929, 앞의 책, 103쪽.

유행동이 있었고, 시내를 구경하면서 '조선관(朝鮮館)'이란 곳에서 토산품을 구매하였다.[192] 1939년 도쿄여자고등사범학교 대륙시찰여행단 또한 경성 일정의 마지막 날 오후에 자유행동을 허락받았는데, 낮잠으로 피로를 씻는 자칭 '에너지 축적반'도 있었지만, 한강까지 견학을 나가 연구에 열중한 학생들과 시내에 토산품을 사러 나간 학생들이 있었다고 기록하였다.[193]

경성에서 토산물 구입처로 많이 이용된 곳은 미술품제작소였다. 이곳에서 물건을 산 기록으로, 1917년 나이토 히사히로는 기념품으로 정묵(精墨)을 구입했다.[194] 1918년의 사이타마현교육회는 "정교한 나전 세공과 호박 등의 장식, 그리고 은제품(銀製品) 등이 특히 관광객의 눈길을 끌었고, 많은 사람이 선물을 하기 위해 물건을 샀다."라고 기록했다.[195] 1919년 고아제 가메타로와 1922년의 니가타현 시찰단도 미술품제작소에서 토산품을 샀다고 기록하였는데,[196] 그 내용은 밝히지 않았다.

경성에서 특이한 물건을 산 사람으로는 도야 한잔과 오마치 게이게쓰를 꼽을 수 있다. 두 사람 모두 한복을 샀다. 1913년의 도야 한잔은 조선인 순사를 통역으로 앞세워 직접 상인과 흥정하여 한복을 샀고, 종로의 골동품점을 찾아 고려자기를 눈요기하였다.[197] 1918년의 오마치 게이게쓰도 가을 양복으로 겨울을 감당하기 어렵다며 한복을 사서 양복 위에 입고서 "한복 안에는 양복, 양복 안에는 야마토(大和) 남자의

....

192 日本旅行會, 1938,『鮮満北支の旅: 皇軍慰問·戦跡巡礼』, 日本旅行會, 17쪽.

193 大陸視察旅行團, 1940, 앞의 책, 30쪽.

194 內藤久寬, 1918, 앞의 책, 9쪽.

195 埼玉県教育會, 1919,『鵬程五千哩: 第二回朝鮮満洲支那視察録』, 埼玉県教育會, 11쪽

196 小畔亀太郎, 1919, 앞의 책, 15쪽.
越佐教育雜誌社, 1922, 앞의 책, 4쪽.

197 鳥谷幡山, 1914,『支那周遊図録』, 支那周遊図録發行所, 165쪽.

그림 6-11. 한복을 입은 오마치 게이게쓰.
출처: 大町桂月, 1919, 『満鮮遊記』, 大阪屋号書店.

'야마토다마시이(大和魂)'"라는 말을 남겼다.[198] 두 사람은 모두 자신의 기행문에 한복을 입은 사진을 실었다.

고려자기에 관심을 보인 사람이 많았지만, 실제로 구매했다는 기록은 없다. 1935년 히로세 다메히사는 고기물점(古器物店)을 찾아다녔으나, 물건을 사지는 못했다. 그는 '경성의 긴자(銀座)'라 불리는 상점가를 산책하다가, 도미타상점(富田商店)이란 곳에서 조선 물산을 정리하여 내지에 발송을 의뢰하였다.[199] 그림엽서도 관광객들에게 인기 상품이었다. 그림엽서를 샀다는 기록을 남긴 관광객이 적지 않다. 1933년 스기야마

....

198 大町桂月, 1919, 앞의 책, 276쪽.

199 広瀬為久, 1936, 『普選より非常時まで』, 広瀬為久, 57~58쪽.

그림 6-12. 평양기생학교의 서화 실습.
출처: 신동규 외, 2020, 「일제침략기 한국 관련 사진그림엽서 수집·분석·해제 및 DB 구축」(http://waks.aks.ac.kr/rsh/?rshID=AKS-2017-KFR-1230003).

사시치는 박문사에 일본풍의 찻집이 있어 휴식을 취하다가 그곳에서 그림엽서를 구매했다.[200] 1931년 도쿄부립제일상업학교의 기행문에는 조선의 그림엽서를 수집하는 데 여념이 없는 학생의 모습이 그려져 있다.[201] 그림엽서는 관광기념품일 뿐 아니라, 일본의 친지에게 소식을 전하는 데에도 많이 사용되었다. 1923년 이시와타리 시게타네는 부산에 도착 직후, 매점에서 그림엽서를 사서 식민지 조선에서의 첫 번째 소식을 각지에 보냈다.[202]

평양의 특산물로 많이 언급된 것은 밤이다. 평양밤은 원래 평원군 함종면에서 생산된 것을 지칭하는데, 껍질을 까기 쉽고 단맛이 풍부한

....

200 杉山佐七, 1935, 앞의 책, 46쪽.

201 岡田潤一郎, 1932, 『僕等の見たる滿洲南支』, 東京府立第一商業學校校友會, 22쪽.

202 石渡繁胤, 1935, 앞의 책, 92쪽.

것으로 유명했으며, 1930년대 일본에도 많이 수출되었다.[203] 그렇지만 기행문에 대동강 유람선 등에서 평양밤을 먹었다는 기록은 있으나, 이를 구매했다는 기록은 찾을 수 없었다. 스기야마 사시치는 기행문에 안내인에게 들은 평양 명물을 기록해 놓았는데, 불고기·냉면·소시지·햄·밤·사과·견직물·낙랑석세공품 등이었다.[204] 평양의 쇼핑 기록 가운데 흥미로운 것은 기생학교에서 기생이 쓰고 그린 글씨와 그림을 구매한 것이다. 기생이 접대한 손님에게 직접 그림을 그린 부채를 기념품으로 선물하는 일은 1910년의 부청관광실업단의 기록에서[205] 볼 수 있듯이 일찍부터 관행이었다. 경성에서도 조선요리점에서 기생의 공연을 보고 직접 그린 그림을 받아왔다는 기록이 많다. 그런데 1929년 요시노 도요시지로는 평양 기생학교에서 다른 단체와 함께 약 30명이 20분간의 춤과 노래 공연을 관람하였다. 공연이 끝난 뒤 기생이 그린 글씨와 그림 구매를 요청받았다.[206] 이로 미루어 보아 평양 기생학교에서는 관광객을 위해 공연하고 입장료 대신 그림과 글씨를 판매한 것으로 보인다.

부산은 일본인 관광객들이 귀국하기 전에 조선 토산품을 구매하는 곳이었다. 스기야마 사시치에 의하면, 부산역 주변에는 조선 토산을 파는 상점이 줄지어 있었다.[207] 1933년의 혼다 다쓰지로는 관부연락선에 오르기 전에 토산물을 구매하였다.[208]

관광에는 오락이 빠질 수 없다. 관광은 여행과 달리 '즐거움'을 추구하기 때문이다. 식민지 조선을 방문한 일본인 관광객의 오락 가운데 널

....

203 朝鮮總督府 鐵道局, 1934, 『朝鮮旅行案內記』, 朝鮮總督府 鐵道局, 83쪽.
204 杉山佐七, 1935, 앞의 책, 59~60쪽.
205 赴清実業團誌編纂委員會, 1914, 앞의 책, 10쪽.
206 吉野豊次郎, 1930, 앞의 책, 21쪽.
207 杉山佐七, 1935, 앞의 책, 8쪽.
208 本多辰次郎, 1936, 앞의 책, 68쪽.

리 이루어졌고, 또 관광객들이 기행문에 인상 깊게 기록한 것으로 기생의 공연 관람을 빼놓을 수 없다. 기생 체험은 1910년대부터 이루어졌고, 시간이 흐를수록 성행하였다. 이러한 흐름은 관광객 유치에 기생을 이용한 조선총독부의 정책과 맞물려 있었다. 조선총독부 철도국이 발행한 조선안내 그림엽서에는 인물을 소재로 한 것도 있었는데 그 대부분이 기생이었으며, 관광안내서에도 기생을 적극적으로 소개하였다. 남성을 타겟으로 하여 기생이라는 성을 이용한 관광전략은 개인 관광객은 물론, 단체 관광객에게도 인기가 있었다.[209]

그림 6-13은 조선총독부 철도국이 제작한 1934년 『조선여행안내기』의 기생 사진과 그 소개 기사이다. 기생의 사진을 한 페이지 전체에 걸쳐 싣고 "내지에서 관광 등으로 오는 사람은 대부분 술자리에 기생을 부른다."라고 하며, "연석(宴席)을 도는 것은 내지의 게이샤와 다를 바가 없지만, 청초한 모습은 오히려 게이샤보다 우월하다."라고 소개하여 관광객의 호기심을 끌고 있다. 기생을 관광 상품으로 적극적으로 이용한 기관은 조선총독부만이 아니었다. 그림 6-14는 만철이 제작한 조선 사진집 『조선지풍광(朝鮮之風光)』의 일부인데, 여기에서도 기생의 춤을 소개하고 있다.

일본의 주요한 관광공급자 가운데 하나인 자판쓰리스토뷰로도 마찬가지였다. 그들이 제작한 1938년의 『여정과 비용개산』에는 아래와 같이 경성의 야간 관광에 관한 안내가 있는데, 그 내용 대부분이 기생에 관한 것이며, 기생을 경성의 '로컬 어트랙션(local attraction)'으로 자리매김하였다.

....

209 李良姬, 2007, 「植民地朝鮮における朝鮮總督府の観光政策」, 『北東アジア研究』 46, 159~160쪽.

저녁 식사 후 밤의 경성 만보(漫步)에는 혼마치와 종로의 토산품 가게를 아이 쇼핑하는 것이 좋다. 눈요기만 하는 것이 좋다. 남산공원이나 한강을 드라이브해 보는 것도 좋다. 또한 조선요리점에 가서 기생의 춤을 보는 것도 한 가지 재미이다. 로컬 어트랙션으로 명물(名物)인 기생은 원래 관기(官妓)라고 하는 위치로 궁중의 연회와 양반의 술자리에 시중을 들어, 가마쿠라시대의 시라뵤시(白拍子)와[210] 유사하지만, 지금은 기생의 대부분이 일본어를 잘하고, 유창한 사람도 적지 않다. 기생은 장구라는 큰 북을 두드리며 연회의 흥을 돋우며 그녀들이 부르는 아리랑은 세계적

字だけ字訓で讀んでゐる。
讀み難いものでは
勿禁（ふつきん）　倭館（わくわん）
新灘津（しんなんしん）　裵山店（はいざんてん）
夢灘（むなん）　葛麻（かつま）
欽谷（きうこく）　箭灘（せんなん）
川內里（せんないり）　槃樹（がうじゆ）
大場（おほば）
面白い驛名では
極樂江（ごくらくかう）　吾夢里（ごむり）
讀方の變つたものでは
長箭（ちゃんぜん）
等がある。

妓生

朝鮮名物の一として、「キーサン」がある。內地より見物などに來る人は、大抵酒席に「キーサン」を招く。「キーサン」と云ふ稱呼を文字にすれば「妓生」と書き、「キーセング」と讀むのが本當である。其の宴席を斡旋することは何等內地の藝妓に異なるなく、淸楚なる風姿は寧ろ彼れに優つてゐる。

妓生の濫觴は新羅時代との說もあり又平安道の成川を右敎坊、宣川を左敎坊と稱し、これが妓生の居た初めだとも傳へてゐる。

그림 6-13.『조선여행안내기』에 실린 기생의 이미지와 기사.
출처: 朝鮮總督府 鐵道局, 1934,『朝鮮旅行案內記』, 朝鮮總督府 鐵道局.

....

210 헤이안(平安)시대 말기부터 가마쿠라시대에 걸쳐 유행했던 가무의 일종이자, 이것을 공연하는 예인(藝人)을 말한다.

으로 유명하다. 기생 화대는 1본(本, 30분)에 65센이다.[211]

기행문을 분석해 보면, 실제로 개인 관광객이나 단체 관광객을 가리지 않고 관광객 대부분이 조선요리점에 가서 기생 공연을 보았다. 기생 체험을 하지 않은 관광객은 수학여행을 온 학생들 정도이다. 교원들의 단체 관광에서도 기생 체험이 널리 이루어졌다. 예를 들어, 전국중등학교지리역사과교원협의회는 1925년에 조선교육회의 초대로 명월관에서 열린 환영회에서 기생들의 공연을 구경하였고,[212] 1932년에는 한 팀이 평양의 기생학교를 방문해 검무(劍舞)·승무(僧舞)·조선 노래·오룟코부시(鴨綠江節) 등의 공연을 보았다. 춤은 우아하고 고색(古色)을 보였으며, 노래는 애조(哀調)를 지녔다고 평가하였다.[213] 다른 팀은 부여에서 군청의 주선으로 배 2척에 분승하여 백마강을 항해하면서 조선 요리와 기생의 공연을 즐겼다. 기생이 장구를 두드리며 노래했는데, 기생의 미성(美聲)에 모두 도연히 취하였다.[214] 1926년 전국 소학교 교장으로 이루어진 관광단의 일원이었던 이나 쇼로쿠는 180여 명의 교원이 조선교육회의 초대로 명월관에서 기생의 공연을 본 모습을 묘사하였다.[215] 그리고 기생을 보러 스스로 조선요리점에 찾아간 1929년의 선만시찰단, 1941년의 도요다 사부로 등의 사례와 명월관·식도원 등지에서의 기생 공연의 모습은 앞에서 상세하게 살펴본 바 있다. 흥미로운 사례로, 1929년 요시노 도요시지로가 참가한 15명의 선만시찰단은 경성에서

....

211 ジヤパン·ツーリスト·ビユーロー, 1938, 앞의 책, 939~940쪽.
212 全国中等學校地理歷史科教員協議會, 1926, 앞의 책, 154쪽.
213 全國中等學校地理歷史科教員協議會, 1932, 앞의 책, 185쪽.
214 全國中等學校地理歷史科教員協議會, 1932, 위의 책, 200쪽.
215 伊奈松麓, 1926, 『私の鮮満旅行』, 伊奈森太郎, 30쪽.

그림 6-14. 기생의 춤과 주악.
출처: 南滿洲鐵道株式會社, 1922,『朝鮮之風光』, 青雲堂印刷所.

명월관을 찾았고, 평양에서는 기생학교를 구경한 다음, 그날 저녁에 다시 가센(歌扇)이란 일본 요정에 가서 기생 5명을 불렀다. 이들은 요정 방문과 기생 체험을 인정풍속과 정조(情調)를 탐사하기 위한 것이라고 기록하였으며, 기생과 함께 단체 사진을 찍어 기행문에 실었다. 전체 50엔의 요금이 나왔는데, 분담하니 1인당 3엔 정도밖에 되지 않아 실로 "단체적 유흥(遊興)"이라 할만하다고 썼다.[216]

이렇게 조선총독부의 관광전략 중 하나였던 기생은 남성 위주였던 일본인 관광객의 수요와 맞아떨어지면서 점차 중요한 관광 상품이 되었고, 관광객의 필요와 요구를 만족시키기 위해서 그 내용이 발전해 나

216 吉野豊次郎, 1930, 앞의 책, 11~22쪽.

그림 6-15. 평양 기생학교.
출처: 신동규 외, 2020, 「일제침략기 한국 관련 사진그림엽서 수집·분석·해제 및 DB 구축」(http://waks.aks.ac.kr/rsh/?rshID=AKS-2017-KFR-1230003).

갔다. 관광객들이 본 공연의 내용을 검토해 보면, 공연의 레퍼토리가 정형화되어 있었고, 동원된 악기나 공연 후 부채에 그림이나 글씨를 그려 주는 것도 관행이 되었다. 기생학교에서는 일본인 관광객의 접대를 위해 일본어를 필수로 가르쳤다. 1934년의 후지야마 라이타는 연회에 동석한 평양 기생들의 유창한 일본어를 듣고, 기생학교에서 가장 정확한 표준어를 가르치기 때문에 그 발음이 분명하고 정확하다며, 내지의 지방 출신 게이샤보다 낫다고 평가하였다.[217]

기생 체험 외에 극장을 찾아 공연을 본 관광객도 있었다. 1918년 혼자 여행한 도쿄고등상업학교 학생인 마노 노부카즈는 저녁을 먹고 숙소를 나와 근처에 있는 극장에[218] 갔다. 그는 15센의 요금을 내고 몇

....

217 藤山雷太, 1935, 앞의 책, 138쪽.

진 옷을 입는 소녀들의 노래와 춤, 그리고 남자들의 악기 연주 등을 관람하였다.[219] 1919년의 누나미 게이온은 고가네마치(黄金町)에 있는 광무대(光武臺)라는 극장에 갔다. 광무대는 오로지 조선극(朝鮮劇)만을 공연하고 거의 연중무휴로 개장하여 입장객이 많은 경성의 대표적인 극장이었다.[220] 그래서인지 누나미 게이온은 표 파는 노인이 일본어를 하지 못해 어려움을 겪었다. 노인은 이곳의 공연이 순조선(純朝鮮)의 가무이므로 일본인이 보면 재미없다고 하며, 가까운 곳에 있는 일본의 연예를 공연하는 극장을 추천하였다. 그렇지만 국문학자 누나미 게이온은 2명의 일본인과 함께 공연을 보고 이역(異域)의 기분으로 기쁨을 느꼈다. 극장은 도쿄 아사쿠사(淺草)의 이류 영화관 넓이였으며, 좌석은 남녀가 구분되어 있었다. 피리·북 등 전통악기의 합주, 승무와 소녀의 2인무, 영변가(寧邊歌) 등을 시청하고, 조선인은 아무리 생각해도 품격이 있는 민족이며, 재능 면에서 내지인에 뒤지지 않으므로, 이러한 민족을 새로운 동포로 가지게 된 것이 기쁘다고 소감을 밝혔다.[221]

1941년의 작가 도요다 사부로도 동양극장(東洋劇場)이란 곳에서 연극을 보았다. 그는 여행 중의 연극 관람은 가장 쉽게 그 나라의 문화를 아는 방법이라고 생각하였다. 극장은 만원이었으나 안내원의 배려로 구경할 수 있었으며, 춘향전과 같은 고전극을 기대했지만 현대극이었다. 기생을 주인공으로 한 신파극(新派劇)이었으며, 박옥초(朴玉草)라는 여배우의 연기는 훌륭하였다. 도요다 사부로는 조선 민족의 예술적

....

218 기행문에는 '시바이(芝居)'라고 기록되어 있다. 시바이는 일본 고유의 연극 또는 그것을 공연하는 극장을 말한다.

219 間野暢籌, 1919, 앞의 책, 173~174쪽.

220 青柳綱太郎, 1925, 『大京城』, 朝鮮研究會, 209쪽.

221 沼波瓊音, 1920, 앞의 책, 23~27쪽.

그림 6-16. 경성에서 촬영한 교토부 만한시찰단 기념사진.
출처: 京都府, 1909,『満韓實業視察復命書』, 京都府.

소질이 상당히 뛰어나다고 생각했으며, 아름답고 슬프며 로맨틱한 무대에 매혹되어 끝까지 보고 싶었으나, 일행과의 약속 때문에 극장을 나왔다.[222]

마지막으로 여러 기행문에는 관광 중에 직접 촬영한 사진이 수록되어 있다. 사진기의 보급에 따라 관광 중에 사진 촬영이 일반화되었으며, 사진은 관광 기록의 중요한 수단으로 사용되었다. 그래서 단체 관광객은 여행 준비물로 사진기를 휴대하는 경우가 많았다. 앞서 살펴본 바와 같이 1941년 닛타 준은 친구에게 사진기를 빌려왔다가 도난과 제대로 찍을 수 있을지가 걱정되어 사진기를 두고 여행에 나섰다. 사진기를 휴대하지 않았을 때는 현지의 사진관에서 기념사진을 찍은 사례도 있다.

222 井上友一郎·豊田三郎·新田潤, 1942, 앞의 책, 49~52쪽.

그림 6-16은 1909년 교토부 만한실업시찰단이 경성에서 기념 촬영한 사진이다.

경성과 평양에는 관광객들이 주로 사진을 찍는 지점들이 있었다. 경성에서는 그림 6-17과 같이 남대문이 가장 대표적이고, 평양에서는 을밀대가 으뜸이었다. 그래서 경성역에서 유람 버스를 타면, 가장 먼저 남대문에 내려 기념사진을 촬영하고 다시 버스에 올라 다음 관광지를 방문하는 것이 관례였다. 그래서 남대문, 을밀대와 같은 주요 관광지에는 기념사진을 찍어주는 사진사들이 있었다. 아래의 1941년 닛타 준의 기록에 의하면, 오늘날과 유사하게 사진사가 기념사진을 찍어 몇 시간 후에 인화하여 관광객에게 판매하였음을 알 수 있다. 그 가격은 30센이었다.

그림 6-17. 남대문에서의 도쿄부립제일상업학교 수학여행단.

출처: 岡田潤一郎, 1932,『僕等の見たる滿洲南支』, 東京府立第一商業學校校友會.

유람 버스는 약 20명의 손님을 태우고 출발하였다. 먼저 근대화한 시가 한가운데 홀로 남겨진 고풍스러운 남대문. 그곳 비탈길 근처에서 버스 승객은 모두 내려, 남대문을 배경으로 기념 촬영을 했다. … 덕수궁으로 들어가서, 앞서 남대문을 배경으로 찍은 사진이 벌써 나와서 받았다. 두꺼운 로이드안경을 쓴 뚱뚱한 조선 남자가 나를 보고 "당신이 제일 잘 나왔습니다."라며 조금 불평하는 듯 말을 했다. 그러고 보니, 과연 내가 20여 명 중 가장 앞줄의 중앙에, 지팡이를 짚고 혼자 뽐내듯 있었다. 마치 일행을 인솔하는 것 같은 모습이었다. 내 옆에 도요다가 양복에 전투모를 쓰고, 얌전히 양손을 모은 채 서 있었다. 아무리 보아도 도요다는 나를 모시는 운전수로 보인다. 내게 불만스럽게 말한 로이드안경의 남자는 끄트머리 뒤쪽에 있었다. 이래서는 똑같이 1장에 30센을 냈는데, 다른 사람들이 유쾌하지 않을 것이다.[223]

그림 6-16, 6-17을 비롯해 기행문에 수록된 일본인 관광객들의 사진에서는 당시 '관광객의 얼굴'을 발견할 수 있다. 많은 단체 관광객들은 격식을 갖추어 전시되는 하나의 사회적 몸을 공동 제작하였다. 모든 사람이 몸을 곧게 펴고 손을 양옆에 붙이는 등 위엄있는 방식으로 자세를 취하여 사진을 촬영하는 사건에 경의를 표한다. 누구도 장난을 치거나 튀지 않는다. 이것은 사회적 관계와 볼거리를 모두 기념하는 '엄숙한 시선'이라 할 수 있다.[224]

....

223 井上友一郎·豊田三郎·新田潤, 1942, 위의 책, 39~42쪽.

224 존 어리·요나스 라슨(도재학·이정훈 옮김), 2021, 『관광의 시선』, 소명출판, 372쪽.

北漢山
北岳山
仁王山
第一高普
別宮
女子高普
普信閣
パゴダ公園
東拓支店
中央館
フランス教會
京城電氣株式會社
第一高女
女子公普
高等法院
中樞院
朝鮮新聞
南大門
南廟
龍山中学
工兵隊
西氷庫
京城神社

제7장

종장

지금까지 기행문·관광안내서·사진 따위의 자료를 활용하여, 1905년부터 1945년까지 한국과 식민지 조선을 관광한 일본인들의 면모와 함께, 이들의 관광 목적과 여행 준비과정을 살펴보았다. 이어서 근대 관광의 전제조건이었던 배·기차·자동차 등의 교통수단을 일본과 식민지 조선 간, 도시 간, 도시 내로 나누어 관광객들이 어떻게 이용하였는지 알아보았다. 그리고 일본인 관광객들이 주로 방문한 경성·평양·부산, 세 도시의 관광지를 생산자와 소비자의 측면에서 분석하였다. 생산자, 즉 공급자인 조선총독부 등이 추천하고 편성한 관광지와 일정, 그리고 그것이 지닌 의미를 들여다보고, 소비자인 일본인 관광객이 방문하고 즐긴 관광지와 시간 흐름에 따른 그것의 변화를 엿보았다. 끝으로 관광을 구성하는 중요 부분들인, 일본인들이 세 도시를 관광하며 어디에서 자고, 무엇을 먹었는지, 또 어떤 활동을 했는지도 정리해 보았다. 그 결과를 간추려보면, 다음과 같다.

이 책에서 주로 분석한 80편의 기행문 가운데 23편, 즉 약 30%의 저자가 교원이었다. 이는 식민지 조선을 관광한 일본인 중에 교원이 차지하는 비중이 매우 높았다는 사실을 보여준다. 교원들의 관광은 주로 '시찰'을 목적으로 한 단체관광이었으며, 지방행정기관·교육회·언론·기업 등의 후원으로 이루어진 사례가 많았다. 교원들을 관리하는 문부성은 물론, 조선총독부·만철 등 식민지 정부도 교통편의 무료 지원이나 할인, 관광 일정의 편성과 관광지 안내 등을 통해 교원들의 관광을 적극적으로 지원하였다. 이렇게 정부와 민간의 전폭적인 장려와 후원이 있었기 때문에 많은 교원이 식민지 조선을 관광할 수 있었으며, 후원자들은 '시찰'을 통해 얻은 교원들의 식민지에 대한 이해와 제국에 대한 자긍심이 제국 일본을 이어 나갈 후속세대의 교육 현장에 환원되기를 기대하였다. 이 때문에 교원들의 식민지 조선 관광은 1905년부터 일제가 태평양전쟁을 일으켜 해외 관광이 어려워진 1941년까지 꾸준히 이어졌다.

러일전쟁의 승리로 국제사회에서 자신감을 얻은 일본은 교원과 마찬가지로 젊은이들도 해외 사정을 아는 것이 중요하다고 인식하였기 때문에 식민지 조선과 만주 등에 대한 학생들의 단체 수학여행을 적극적으로 장려하였다. 이에 따라 식민지 조선을 관광한 일본인 가운데 학생들이 차지하는 비중도 상당하였다. 식민지 조선 관광에 나선 학생들은 미래의 교원을 양성하는 사범학교와 식민지 경영과 직접적인 관련이 있는 실업학교 등 중등 및 고등교육기관에 재학 중인 이들이 특히 많았으며, 이러한 경향은 교원의 경우와 유사했다.

관광객 가운데 교원 다음의 비중을 차지한 실업가들도 업계 단체나 상업회의소, 언론 등에서 조직한 시찰단의 형태로 관광에 나선 사례가 많았다. 이들의 관광은 새로운 식민지에 대한 호기심 충족과 사업 검토 등을 위해 1910년대에 집중된 점이 특징이다. 이 밖에도 학자·언론인·

종교인·정치가·예술인 등 다양한 직업을 가진 일본인들이 식민지 조선을 관광하였는데, 직업에 따라 관광 이외의 여행 목적에서 차이가 나타났다. 학자들은 학술조사, 언론인과 정치인은 경제 및 정치적 상황의 시찰, 종교인은 포교와 청일전쟁·러일전쟁의 전몰자 추모 등이 주된 목적이었으며, 이 때문에 관광지 이외의 다양한 장소를 방문한 사람이 많았다. 학자와 종교인은 관광 시기가 비교적 고른 분포를 보이나, 언론인과 정치인은 1910년대와 1930년대에 편중되어 있다. 1910년대와 1930년대는 일본 국내에서 식민지 조선과 만주에 관한 관심이 고조되던 시기이다. 전시기에 걸친 일본인 관광객의 또 다른 특징으로는 남성들이 지배적이었다는 점으로, 이는 관광지 선택이나 관광행태 등에 영향을 미쳤다.

일본인 관광객이 남긴 기행문의 맨 앞에는 대부분 서문이 있으며, 여기에 여행 동기를 밝힌 경우가 많은데, '시찰'을 그 동기로 꼽은 사람이 가장 많았다. 당시 일본인들의 '시찰'은 방문한 지역의 지리와 풍속, 경제산업과 교통, 민정을 살피고, 색다른 자연과 풍물, 명소와 고적을 돌아보는 것까지 포함하므로, 오늘날의 동기에 따른 관광 유형 분류로는 '문화적 관광', '경제적 관광', '사회적 관광' 등 여러 유형에 걸쳐 있는 관광이었다. 그리고 '시찰'의 궁극적인 목표는 개인의 지식과 견문을 넓히는 데에 더하여, 지역과 국가 발전에 필요한 정보를 획득하는 것이었다. 한편으로 '시찰'은 제국 일본의 팽창을 직접 눈으로 확인하고, 나아가 '대동아 건설'을 실현하는 하나의 수단이기도 했다.

'시찰' 이외에 식민지 조선과 만주에서 열리는 각종 회의에 참석하기 위해 여행에 나선 이도 적지 않았는데, 이러한 회의의 후원자 역할을 한 것은 조선총독부와 만철이었다. 조선총독부와 만철은 교원을 비롯한 각종 단체의 회의를 식민지 조선과 만주에서 주선함으로써 자신들의 사업 성과를 널리 선전하는 기회로 삼았다. 시찰과 회의, 업무 등의 이면에는 일반적으로 관광의 중요한 동기인 유흥과 친목도 자리 잡고 있었다.

관광의 준비는 관광단의 규모와 성격에 따라 차이가 있었으나, 단체 관광의 경우, 여행 정보의 수집, 일정 편성과 관광단의 조직, 여행용품의 준비와 점검, 사전 설명회 등의 과정으로 이루어졌으며, 오늘날에 비해 상대적으로 많은 시간과 노력을 투여하였다. 단체 관광단의 준비 과정에서 몇 가지 시선을 끄는 것이 있다. 우선 관광단의 조직을 군대의 그것과 유사하게 편성한 것으로, 당시 교육 분야를 비롯한 일본 사회 전반에 군사문화가 널리 적용되고 있었고, 일본을 대표하여 해외로 나가는 단체 관광단은 군대에 후속하는 제국 일본의 첨병이라는 의식이 있었기 때문이다. 준비물 가운데는 복장과 위생에 특히 신경을 썼는데, 격식 있고 청결한 복장을 강조한 것은 식민지 주민의 시선을 의식하여 제국 국민의 문화적 수준을 드러내려는 의도였다. 위생에 주의한 것은 당시 식민지가 일본에 비해 불결하고 비위생적인 공간이라고 간주한 일본인들의 인식에서 비롯하였으나, 기행문 내용 중에 만주와 식민지 조선의 전염병 유행에 대한 기록도 발견되므로 막연한 두려움 때문만은 아니었다.

일본인들의 식민지 조선 관광을 촉발한 가장 큰 요인은 기선과 기차로 대표되는 근대 교통수단의 발달이다. 1905년 경부선철도가 개통되고 바로 뒤이어 관부연락선이 운행하면서 본격적인 관광의 시대가 열렸다. 1905년부터 1945년까지 전시기에 걸쳐 식민지 조선과 만주, 중국을 관광한 일본인들이 출입국에 주로 이용한 교통편은 기선이었으며, 가장 많이 활용한 뱃길은 부산~시모노세키 항로였다. 이 항로는 일본과 대륙을 잇는 가장 짧은 바닷길이며, 부산에서 철도를 이용해 만주나 중국으로 가장 편안하고 빠르게 이동할 수 있었다. 부산~시모노세키 항로를 운항한 배는 일본의 간선철도와 한국의 경부선을 연락한다고 하여 '관부연락선'이라 이름하였으며, 선박회사가 아니라 철도가 운영하였다. 일본 철도는 1906년 이후 줄곧 국가가 운영하였으므로, 일제의 기획과 정책에 따라 일본 국내 철도와 관부연락선, 그리고 식민지 조선철도가 서로 긴밀하게 연결되었다. 즉 관광의 공급자인 일제는 관부연락선의 운행 시간을 일본 국내와 식민지 조선, 그리고 만주 철도의 운행 시간과 맞추고 요금 할인 등 각종 편의를 제공함으로써, 관광객들이 일본과 식민지 조선 간의 이동에 있어 관부연락선 이외의 교통편을 선택할 수 있는 여지를 없앴다.

부산과 시모노세키를 오고 간 관부연락선은 거의 10년 주기로 새로운 배가 투입되면서 배의 크기가 커지고 속도가 빨라졌다. 1905년 처음 취항한 이키마루(壱岐丸)는 300여 명을 싣고 11시간 30분이 걸려 대한해협을 건넌 데에 비해, 각각 1936년과 1937년에 운행을 시작한 곤고마루(金剛丸)와 고안마루(興安丸)는 1,700여 명을 태우고 7시간 만에 두 도시를 연결하였다. 관부연락선은 1908년 이후 주간과 야간 하루 두 번 운행하였는데, 관광객들은 야간 편을 더 선호하였다. 1930년대 들어서는 관광객들이 청진~쓰루가, 청진~니가타 항로를 이용하기 시작하였다. '북선항로'라 불렀던 이 항로는 일본 중심부에서 1932년 일제가 세운 만주국의 수도 신징(新京)까지를 가장 빠르게 연결하는 지름길이어서 식민지 조선보다는 만주 관광에 방점을 둔 일본인들이 많이 이용하였다. 관광객들이 입출국 시에 주로 이용한 배는 뱃멀미 등으로 유쾌하지 않은 경험도 주었으나, 외국 관광에 처음 나선 설렘과 귀국길의 안도감을 경험하는 공간이었다.

한반도나 중국으로 건너온 일본인들이 도시 간을 이동할 때는 대부분 기차를 탔다. 자동차를 비롯해 철도 이외에 교통수단을 이용한 사례가 종종 발견되지만, 이는 대부분 아직 철도가 부설되지 않아 기차 이용이 불가능하거나 짧은 거리의 이동에서였다. 일본인 관광객이 식민지 조선 관광에 많이 이용한 철도는 각각 1905년과 1906년에 개통된 경부선과 경의선, 그리고 1900년 개통된 경인선으로, 경부선과 경의선의 연이은 개통은 일본인들의 한반도 관광을 견인하는 가장 중요한 요인이 되었다. 그리고 1911년 압록강 철교가 건설되어 부산과 만주가 직통으로 연결되면서 일본인 관광객의 철도에 대한 의존도는 더욱 커졌다. 한반도와 만주의 철도를 경영한 조선총독부와 만철은 이 지역의 관광정책을 수립하고 운영한 주체이기도 했다. 이들은 일본에서 출입하는 승객의 편의를 최우선으로 하여 철도와 연락선의 시간표를 만들고, 이를 한꺼번에 탈 수 있는 '순유권'·'주유권'을 개발하였으며, 관광객을 위한 각종 할인권을 제공하였다. 또한 조선총독부와 만철은 철도노선에 따라 관광지를 개발하였으며, 이를 수록한 관광안내서를 제작하여 일본인 관광객을 유인하였다.

일본은 제국주의 확장에 발맞추어 더욱 많은 사람과 물자를 더 빠르게 대륙으로 실어 나르기 위해서 관부연락선과 마찬가지로 철도시설을 개량하고 성능이 향상된 기관차를 투입하였다. 이에 따라 시간이 흐를수록 일본인 관광객들은 더욱 빠르고 안락한 기차를 이용할 수 있게 되었다. 또한 도시 간 이동시간이 단축되고 열차에서 밤을 보내는 관광객이 많아지면서 관광 일정에도 여러 변화가 생겼으며, 관광객의 시각에도 영향을 미쳤다. 빠른 속도로 달리는 기차의 차창을 통해 파노라마와 같이 펼쳐졌다가 멀어지는 풍경을 보는 눈은 그 대상과 거리감을 늘리고 결국 격리되고 만다. 다시 말해, 철도는 관광객이 관광 현장과 멀어지거나 단절되도록 하는 매개체로 작용하였다. 도시 간 이동에 철도를 주로 이용하면서, 방문지의 기차역이 여정의 출발점이었고, 한 도시의 관광을 모두 마치는 종착점도 기차역이었다. 일본인 관광객들은 조선총독부와 만철이 직할하므로 일본의 식민지 지배권이 직접적으로 미치는 범위인 철도를 이용함으로써, 안전에 대한 걱정 없이, 그리고 무엇보다 일본어가 통용되므로 한국어를 몰라도 큰 불편 없이 관광할 수 있었다.

도시 내의 이동에서는 도보·인력거·마차·전차·자동차 등의 다양한 교통수단이 이용되었다. 부산의 일본인 시가지와 평양의 평양성 일대와 같이 관광지가 좁은 지역에 모여 있는 곳에서는 도보로 관광하는 사람이 적지 않았다. 인력거는 사람이 끌므로 날씨 등 운행조건에 따라 요금이 달랐는데, 1920년대 후반을 기점으로 자동차가 널리 보급되면서 점차 이용자가 줄어들었다. 그 후 인력거는 관광보다는 개인적인 용무나, 다른 교통수단을 이용하기 어려운 심야나 새벽 등의 시간대에 주로 활용되었다. 마차는 인력거나 자동차에 비해 경쟁력이 떨어져 전시기에 걸쳐 별로 이용되지 않았다.

전차는 서울에서 1899년부터, 부산과 평양은 각각 1910년과 1923년부터 운행을 시작하였으며, 관광안내서에 전차를 이용한 관광 일정을 제안할 정도로 관광 당국은 전차 이용을 권장하였다. 경성에서는 자동차가 본격적으로 보급되기 전인 1920년대까지 단체 관광객이 전차를 많이 활용하였으며, 평양도 단체의 이용이 많았다. 부산에서는 시내에서 동래온천을 오고 갈 때 전차를 많이 탔다. 전차는 같이 타는 현지인과 직접 접촉할 수 있는 교통수단이라는 점에서 관광객에게 특별한 의미가 있었다.

자동차는 1920년대 이후 도시 내의 관광에서 가장 많이 탄 교통수단이었다. 대부분의 관광안내서도 각 도시의 자동차에 관한 정보를 수록하고, 자동차를 이용한 관광 일정도 제안하고 있다. 관광객이 대중적으로 이용할 수 있는 자동차는 택시·버스·유람 자동차 등이 있었다. 1930년경에 등장한 유람 자동차, 즉 유람 버스는 여성 가이드의 안내 아래 주요 관광지를 효율적으로 관람할 수 있어 인기를 끌었는데, 경성뿐 아니라 평양에서도 운행하였다. 시내 관광에 자동차를 이용하면서 관광객들은 더 많은 장소를 더 짧은 시간에 관광할 수 있게 되었다.

관광안내서를 통해 관광의 공급자인 조선총독부와 만철 등이 추천한 경성·평양·부산의 관광지를 분석해 보면, 먼저 경성과 평양은 문화역사와 관련된 유적지, 즉 문화적 관광자원의 비중이 매우 높았으며, 이에 비해 부산은 상대적으로 자연적 관광자원의 비중이 높았다. 또 다른 특징으로 당연한 귀결이라 할 수도 있으나, 관광지들은 철저하게 일본인의 이목을 끌 수 있도록 개발되었으며, 이 때문에 일본과 직접적으로 관련이 있는 장소가 많았다.

경성·평양·부산의 관광지는 그 조성 시기로도 구분할 수 있다. 조선시대까지 조성되거나 조선시대에 이미 명승지로 이름이 난 곳과 일제강점기 이후에 조성되거나 유명해진 곳으로 분류하는데, 시간이 흐를수록 후자의 비중이 증가하였다. 그런데 중요한 사실은 조선시대까지 조성되거나 이미 명성이 있던 관광지들도 조선의 역사보다는 일본의 역사와 관련하여 관광지의 의미와 가치를 부여한 경우가 많았다는 점이다. 예컨대 경성의 궁궐들과 평양의 유적들은 모두 일제강점기 이전에 만들어진 장소이지만, 관광안내서에서는 일본과 관련된 역사가 있으면 사소한 사건까지 끌어와 그 장소의 의미를 설명하고 있다. 예를 들어, 경복궁은 임진왜란 때 일본군이 아니라 조선 민중에 의해 파괴된 곳, 일본인에 의한 명성황후 시해가 벌어진 곳으로 그 의미를 부여하고 있다. 평양의 거의 모든 관광지는 그 경치나 고구려·조선의 역사보다 임

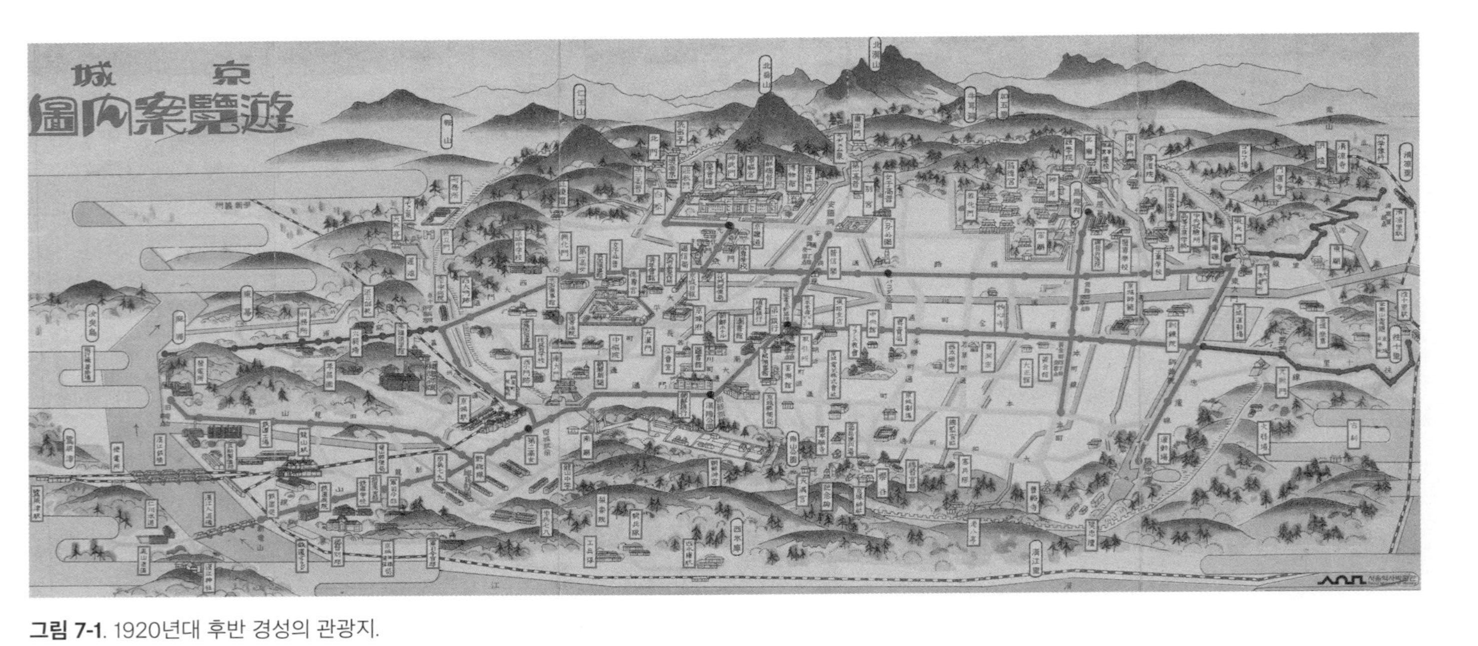

그림 7-1. 1920년대 후반 경성의 관광지.

출처: 「경성유람안내도(京城遊覽案內圖)」(서울역사박물관, 서울역사아카이브).

진왜란·청일전쟁·러일전쟁과 관련된 일본의 역사와 사건으로 설명되고 추천되었다. 이러한 관광지의 추천은 식민당국의 전국에 걸친 일본과 관련된 사적에 대한 종합적이고 치밀한 조사가 뒷받침된 결과였다. 이에 비해 일제강점기 이후에 조성된 관광지는 일제의 식민지 통치 성과를 과시할 수 있는 장소가 많았다. 각종 산업시설과 근대적 문화시설인 공원 등을 주요 관광지로 추천한 데에서 일제의 의도를 확인할 수 있다.

관광의 공급자가 일본인 관광객을 위해 편성한 관광 일정을 통해 먼저 확인할 수 있는 사실은 당시 관광 일정이 식민지 조선만을 대상으로 하기보다는 중국 및 만주와 묶어서 편성되었으며, 대부분의 일정이 중국으로 가거나 중국에서 돌아오는 길에 식민지 조선을 관광하도록 짜여있다는 점이다. 바꾸어 말하면, 당시 일본인의 외지 관광의 주된 대상이 중국 및 만주였고, 식민지 조선은 이를 오가는 통로 또는 경유지였다. 이에 따라 식민지 조선이 포함된 관광 일정의 전체 기간은 14일부터 21일까지 차이가 있으나, 이는 중국 일정의 차이에 따른 것이며 식민지 조선 관광 기간은 3~5일로 별로 차이가 없었다. 대부분 3일 내외의 짧은 기간에 철도를 이용해 경성·평양·부산 정도를 관광하는 일정이었다.

1910년대부터 1930년대까지 간행된 관광안내서의 관광 일정 검토를 통해 파악한 또 다른 사실은 시간이 흘러도 관광 일정과 관광지에 큰 변화가 없다는 점이다. 즉 조선총독부가 주도하여 조성한 경성·평양·부산의 관광공간은 1920년 이전에 이미 정형화·고착화되었고, 새롭게 개발된 관광지는 찾기 어려웠다. 조선신궁의 사례와 같이 1930년대 추가된 관광지는 관광객 유치를 위해 개발한 것이 아니었다. 또 다른 사례로, 당시 대표적인 관광안내서 『여정과 비용개산』은 10년 사이에 전체 분량이 7배 이상 증가했으나, 식민지 조선이 포함된 일정이 하나밖에 늘지 않았다. 1920년대 이후 일본인들의 식민지 조선에 관한 관심과 관광 수요는 별로 증가하지 않았다는 사실을 엿볼 수 있다. 시간이 지날수록 식민지 조선은 일제에 의해 또 다른 일본으로 만들어져 '내지', 즉 일본 본토와 별반 다를 바가 없는 공간이 되었기 때문에, 일본인은 식민지 조선을 중국이나 만주에 비하면 볼거리가 없고 이국적인 요소나 개성이 없는, 매력 없는 관광지로 인식한 것이다.

한편 관광의 공급자가 제안한 경성·평양·부산의 세부 관광 일정과 관광지를 살펴보면, 조선의 역사 유적 및 명승지와 일제가 만든 새로운 시설을 고루 둘러보도록 제안하였으나, 조선의 역사 유적 및 명승지는 조선의 역사와 전통문화를 보여주기보다 조선 쇠퇴의 필연성과 함께 식민지화의 정당성을 선전하고 좋은 통치자로서의 이미지를 홍보하기 위해 관광지를 선정하고 관광 일정을 짰다. 예를 들어, 경성에서는 경복궁과 함께 조선총독부와 조선총독부박물관을 함께 둘러보도록 추천하였다. 이를 구경하는 일본인들은 자연스럽게 조선의 옛 문화와 일제에 의한 새 문화를 비교하게 되고, 이를 통해 일제가 조선을 통치하면서 생긴 변화를 체험하도록 하는 관광공급자의 숨은 의도가 실현되었다. 평양의 관광 일정은 더 노골적이었다. 거의 모두가 조선의 유적과 명승지로 구성되었으나, 조선의 역사보다는 일본의 역사, 특히 일본의 대륙 진출 역사를 상기하고 추념할 수 장소로 탈바꿈시켜 일본인의 자부심과 제국 일본의 확장 의지를 고취하는 공간으로 만들었다.

일본인 관광객들의 식민지 조선 체류 기간은 여행 목적이나 개인적 특성에 따라 편차가 심하나 대체로 3박 4일에서 6박 7일 사이가 일반적이었으며, 시간이 흐를수록 점차 짧아지는 경향을 보였다. 1905년~1919년의 관광객들 가운데는 5박 6일을 머문 사람이 가장 많았으나, 1920년~1930년의 관광객 중에는 4박 5일을 체류한 사람이 가장 많았다. 이러한 관광객의 체재 기간 단축은 교통수단 및 체계의 발달과 밀접한 관련이 있다. 점차 주요 교통수단인 연락선과 기차의 속도가 빨라져 이동시간이 단축되었고, 이동 수요의 증가에 따라 교통편이 늘어나고 시간표 등을 조정하여 유휴 시간을 줄일 수 있게 되었다. 이와 함께 각 도시 내에 전차와 자동차 등 관광에 활용할 수 있는 교통수단이 확충되고, 관광공급자들이 표준 관광 일정을 제시하면서 보다 효율적인 관광을 할 수 있게 된 것도 체류 기간을 줄이는 데 큰 몫을 하였다. 한편으로 체류 기간의 단축은 관광객이 자신의 자유로운 의지나 취향에 따라 관광하기보다는 공급자에게 더욱 의존하여 표준화된 관광 공간을 소비하게 되었다는 증거이기도 하다.

관광객의 도시 별 체류 기간은 경성·평양·부산의 순으로 길었다. 경성에서는 2박 3일을 머문 사람이 가장 많았으며, 평양은 1박 2일, 부산은 1일이 가장 많았다. 그러나 관광에 실제로 사용한 시간은 이보다 훨씬 적어 경성은 15시간 내외, 평양은 6시간 내외, 부산은 2~3시간 내외를 쓴 관광객이 많았다. 특히 부산은 기차와 연락선을 갈아타는 시간을 이용해 관광하는 사람이 대부분이었다. 한편 세 도시 모두 시간이 흐를수록 체류 기간이 짧아졌다.

관광객이 세 도시에서 찾은 관광지를 분석한 결과, 1910년대에 비해 1930년대로 갈수록 공급자가 추천한 관광지와 관광객이 방문한 관광지가 일치해가는 경향이 나타났다. 이는 관광객이 공급자가 유도한 대로 관광지를 소비함으로써, 점차 공급자의 의도와 계획이 실현되었음을 말해준다. 도시 별 관광지의 특성을 살펴보면, 다른 도시에 비해 경성은 시기에 따른 관광지의 변화가 있었다. 초기에는 관광지가 공간적으로 넓은 지역에 걸쳐 분산되어 있었으나, 후기로 갈수록 좁은 지역으로 집중되었으며, 특히 창덕궁·경복궁·남산을 중심으로 한 3개의 권역으로 압축되는 현상이 벌어졌다. 이와 함께, 관광객들이 갈수록 더 짧은 시간에 더 많은 관광지를 관람하는 현상도 드러났다. 이러한 현상들은 동선을 효율적으로 구성하여 시간 낭비를 줄이고, 교통수단으로 자동차를 널리 활용하였으며, 관광지를 보는 방법이 점차 일정한 형식으로 고정되어 간 데 따른 것이다. 이에 따라 주요 관광 경로에서 벗어난 관광지는 점차 소외되어 갔고, 관광에 있어 시공간 압축 현상이 발생하였다. 개별 관광지의 시기별 동향을 살펴보면, 경복궁·창덕궁 등 궁궐은 전 시기에 걸쳐 경성에서 가장 인기 있는 관광지였으며, 일제가 조성한 창경원도 일본인이 선호하는 곳이었다. 일본인 관광객이 가장 강렬한 인상을 받은 곳은 창덕궁 후원인 비원이었다. 조선신궁과 조선총독부는 관광지로서의 성격이 약하지만, 1920년대 건립 직후부터 급부상하여 1931년~1945년에는 가장 방문객이 많은 관광지가 되었다.

평양은 경성에 비해 시기에 따른 관광지의 변화가 별로 눈에 띄지 않는다. 관광 경로도 일찍부터 고정되어 먼저 평양을 전체적으로 조망할 수 있는 을밀대·모란대에 올라 청일전쟁을 회상하고 인접한 평양성의 고적들을 살펴본 뒤, 유람선을 타고 대동강을 내려오는 것이 주요한 일정이었으며, 1920년대 후반부터는 기생학교를 방문하는 관광객이 늘어났다. 경성과 마찬가지로, 평양에서도 시간이 흐를수록 더 짧은 시간에 더 많은 관광지를 관람하는 추세가 나타났다. 부산은 관광객의 체류 기간이 짧아 부산항과 부산역에 가까운 관광지가 선호되었다. 전시기에 걸쳐 부산역에서 걸어갈 수 있는 용두산을 찾는 관광객이 가장 많았으며, 후기로 갈수록 교통이 편리해진 동래온천을 방문하는 사람이 증가하였다. 흥미로운 점은 평양과 부산 모두 조선총독부보다 만철이 추천한 관광지가 더 관광객들의 호응을 얻었다는 것이다. 일본 각지에 관광안내소를 운영하는 등 관광에 대한 경험이 더 많은 만철이 식민지 통치를 위한 정책적인 판단이 우선인 조선총독부보다 관광객의 수요와 선호를 반영하는 현실성 있는 관광 일정과 관광지를 제시한 것으로 보인다.

관광객의 특성은 관광지 선정에 그리 큰 영향을 미치지 않은 것으로 밝혀졌다. 다만 주목할 만한 점은 단체관광객이 개인이나 소수로 구성된 관광단에 비해 짧은 시간에 더 많은 장소를 방문하는 추세를 보였다. 단체관광객일수록 미리 치밀하게 준비하여 관광에 나선 경우가 많고, 또 관광공급자가 제안한 표준 일정에 따르는 사례가 많기 때문으로 추정된다. 단체관광객 중에도 교원단체의 관광에서 이러한 경향이 두드러지는데, 이렇게 교원들이 짧은 시간에 많은 관광지를 볼 수 있었던 이유는 다른 집단보다 일찍부터, 그리고 더 많이 식민지 조선 관광에 나서서 풍부한 경험을 축적해왔기 때문이다. 그래서 교원들은 더 효율적으로 관광계획을 수립할 수 있었고, 이에 맞추어 정형화된 일정을 소화할 수 있었다. 한편으로 실업가나 정치인에 비해 여유가 부족한 교원의 경제적·시간적 형편, 상대적으로 강한 지적 호기심 등도 일조하였다.

6장에서는 일본인 관광객의 숙박과 식사, 그리고 관광 중의 활동을 살펴보았다. 일본인 관광객이 이용한 숙박시설은 일본인 친지의 집을 제외하면 모두 일본식 여관이나 호텔이었다. 경성에서는 하조칸(巴城館)·텐신로(天眞樓)·다이토칸(大東館)·조선호텔 등에 많이 묵었는데, 모두 경성역 인근의 일본인 거주지에 위치하였다. 평양에서는 철도국에서 직영한 야나기야여관(柳屋旅館)과 그 후신인 철도호텔, 그리고 미쓰네여관(三根旅館)에서 주로 잤다. 부산은 전 시기에 걸쳐 숙박한 사람이 적었으며, 초기에는 일본인 시가지의 오이케여관(大池旅館)에 자는 사람이 많았으나, 후기로 갈수록 동래온천 이용자가 늘었다. 전 시기에 걸쳐 관광의 공급자가 추천한 숙박시설은 모두 일본식 여관이었으며, 조선인이나 외국인이 운영하는 여관이나 호텔은 한 곳도 없었다. 이같이 일본인 관광객들은 전부 일본인이 일본식으로 경영하는 숙박시설에 잤으며, 조선식 숙박시설을 이용한 사람은 한 명도 없었다. 관광객들은 일본과 다름없는 운영 방식과 시설을 갖춘 일본식 여관이 편하고 익숙했기 때문이다. 따라서 숙박을 통해 식민지 조선의 주거문화를 경험할 기회는 없었다.

이러한 경향은 식사도 크게 다르지 않았다. 일본인 관광객의 식사 유형을 살펴보면, 가장 흔한 방법은 숙박한 여관에서 식사를 해결하는 것이었다. 일본식 여관은 대개 저녁과 아침을 제공하므로 이를 이용하였으며, 점심도 여관에서 보내온 도시락으로 해결한 사례가 적지 않았다. 특히 교원단체나 학생들이 여관에서 식사한 경우가 많았다. 일본식 여관에서 준비한 식사와 도시락은 간편하고 저렴하며, 위생상으로도 문제를 일으킬 우려가 적었기 때문으로 풀이된다.

두 번째 방법은 식사 접대를 받는 것으로, 실업가·정치가·종교인 등 신분이 높은 사람은 순종과 조선 총독부터 현지 관리나 유지들이, 그리고 일반 관광객들은 관련된 단체나 친지가 초대한 식사 자리에 참석하였다. 이러한 식사는 일본식 요정이나 호텔에서 일본식 또는 양식으로 하는 경우가 대부분이었으나, 경성에서는 창덕궁과 경회루에서 식사한 사람이 있고, 조선요리점을 찾은 사례도 적지 않았다. 관광안내서들도 일본식 여관만 수록한 숙박시설과 달리, 조선요리점을 소개하고 이국적인 문화 체험을 권유하였다. 경성의 명월관(明月館)은 일본인 관광객이 가장 많이 방문한 조선요리점으로, 식사와 함께 기생의 공연을 관람할 수 있었다. 평양에서는 모란대 인근의 오마키노차야(お牧の茶屋)라는 요정을 접대 장소로 많이 이용했으며, 대동강 유람선에서 도시락으로 점심을 먹은 경우도 종종 있었다.

일본인 관광객들의 조선 음식에 대한 평가는 대체로 낮은 편이었다. 맵고 기름지며 또 냄새나는 음식에 거부감을 보이는 사람이 적지 않았다. 조선요리점을 찾은 관광객 중 상당수는 조선 음식을 체험하기보다 기생에 대한 호기심으로 방문하였다. 기생 공연을 포함하여 일본인 관광객의 접객에 전문화된 대규모의 조선요리점이 아닌, 일반인들이 이용하는 음식만을 파는 조선음식점을 찾은 일본인은 극소수였다.

일본인들은 식민지 조선 관광의 일정을 소화하는 틈틈이 관광 목적 이외의 장소와 사람을 방문하고, 쇼핑, 공연 관람 등의 활동을 하였다. 이들이 방문한 장소는 왕궁과 조선총독부에서부터 각 도시의 관공서와 상업회의소, 기업체, 조선인 민가에 이르기까지 다양하였고, 만난 사람도 조선의 마지막 왕인 순종에서부터 총독을 비롯한 조선총독부와 각종 행정기관의 관리, 실업가, 학자 등 여러 계층에 걸쳐 폭넓은 스펙트럼을 보였다. 일본인들이 관광지가 아닌 장소 가운데 가장 많이 방문한 장소는 학교였다. 직접적인 관련이 있는 교원이나 학생은 물론, 실업가·정치가들도 학교를 견학하였는데, 그 이유는 식민지 경영에 있어 교육이 매우 중요하다고 인식하였고, 따라서 학교는 식민지 '시찰'의 필수 코스였기 때문이다. 관광 중에 주어지는 자유시간을 이용하여 쇼핑을 한 사람도 있었는데, 경성에서는 미술품제작소가 주요한 쇼핑 장소였으며, 관광지에서 판매하는 그림엽서는 여행을 기념할 수 있는 인기 상품이었다. 관광객의 오락 중 빼놓을 수 없는 것은 관광안내서가 경성의 '로컬 어트랙션'으로까지 꼽은 기생 체험이었다. 기생은 일본인 관광객을 유인하는 조선총독부의 관광전략 중 하나였고, 남성 위주인 관광객들의 수요와 일치하면서 중요한 관광 상품으로 자리매김하였다.

지금까지 정리하였듯이, 일본인들의 식민지 조선 관광은 대체로 철도망으로 연결되는 도시를 중심으로 짧은 기간에 이루어지는 피상적인 여행이었다. 관광객들이 경성·평양·부산의 세 도시에서 방문한 관광지들은 대부분 관광공급자에 의해 의미가 덧씌워지거나 변성된 장소였으며, 숙박과 식사도 일본에서와 거의 같은 방식과 내용을 소비하였고, 개인적인 시간은 드물고 단체행동이 위주였으며, 만난 사람은 대부분 일본인이었고 조선인과 직접 접촉할 기회는 거의 없었다. 현장과 일정한 거리를 유지하며 현지인과 만날 기회가 배제된 오늘날의 단체 패키지 해외 관광과 매우 닮은 여행이었다. 이런 형태의 관광이 이루어진 데에는 이러한 관광환경을 조성한 관광공급자 못지않게, 진정한 낯선 문화의 체험을 별로 선호하지 않았던 관광객도 중요하게 작용하였을 것이다. 관광객들은 일반적으로 어려움과 위험을 감수하면서 남들이 겪지 못한 날 것의 순수한 면면을 경험하기보다는, 편안하고 안전한 환경에서 남들이 본, 그래서 이미 유명해진 가공되고 꾸며진 면면을 경험하는 것을 좋아하는데, 근대의 일본인 관광객들도 여기에서 별로 벗어나지 못했다.

이러한 관광을 통해 일본인들은 식민지 조선을 어떻게 인식하게 되었을까? 이 책에서는 이 문제를 본격적으로 다루지 않고, 추후의 과제로 남겨둔다. 다만 이 책이 일본인 관광객들의 경성·평양·부산의 관광 행태에 천착하였기 때문에, 마지막으로 당시 일본인 관광객들의 세 도시에 관한 보편적인 인식을 담은 기행문의 구절들을 소개하며 책을 마무리하고자 한다. 이러한 인식은 세 도시에 대한 시선이 관광객에게 수용되고 다시 다른 관광객에게 전달되는 과정에서 스테레오타입화된 인식으로 굳어진 것들이라 할 수 있다. 먼저 경성의 인상을 담은 대표적인 글들을 시대순으로 열거한다.

조선 500년의 수도라고 한다. 그 불결하고 좁고 낮은 집은 결코 대도회의 모습은 아니라고 할 수 있다. 그러나 지금 완전히 새로 태어나고 있다. 면목이 매일 바뀌고 있다. 시구(市區)는 개정되고 도로는 확장되며, 가옥은 개축되고, 공원·박물관·동식물원은 공개된다. 교통기관은 확장되고 수도 설비도 이루어지고 전기의 응용 또한 이루어져 시가의 광경이 완전히 일신되어 문명적 도시가 되었다(埼玉県教育會, 1918).[1]

왜성대에 올라 경성 전체를 내려다보았다. … 경성은 전체적으로 보면, 그 지형이 천년의 구도(舊都) 교토(京都)와 유사하다. 매일 발전하는 모습으로 보면, 어쩐지 삿포로(札幌)를 방불하게 하는 모습을 느낄 수 있다. 경성은 실로 구도(舊都)이면서 신도(新都)이다, 매일매일 구도로서는 없어지고, 신개(新開)의 도(都)로 흥융(興隆)하고 있는 모습이다(越佐教育團, 1922).[2]

경성은 십수 년까지 순연(純然)한 조선인의 거리였을 것이다. 그런데 지금은 대부분 내지인의 도회로 변하였다. 그것이 확실히 내지의 연장이다. … 남산에 올라 경성부를 바라보니 역시 분지에 넘치는 벽돌조, 석조 일본풍의 크고 높은 건물이 늘어서 있다. 전혀 격세의 상이(相異)에 놀랐다. 조선인은 이것을 두고 무엇이라 하겠는가. 황화(皇化)의 은택(恩澤)이라 환호할까, 이문화(異文化)의 침입, 고유문화의 파괴라고 저주할까(全国中等學校地理歴史科教員協議會, 1925).[3]

....

1 埼玉県教育會, 1919, 『鵬程五千哩: 第二回朝鮮満洲支那視察録』, 埼玉県教育會, 14~15쪽.

2 越佐教育雑誌社, 1922, 『越佐教育満鮮視察記: 附·青島上海』, 越佐教育雑誌社, 5쪽.

3 全国中等學校地理歴史科教員協議會, 1926, 『全国中等學校地理歴史科教員第七回協議會及満鮮旅行報告』, 全国中等學校地理歴史科教員協議會, 251~260쪽.

밤이 되어 친구와 함께 혼마치(本町)·남대문통·고가네마치(黃金町) 등을 산책하였다. 길은 좁고 양측에는 상점들이 늘어서 활기 있는 번성을 보여주고 있다. 네온사인과 재즈 음악에 이끌려서 걸으면 마치 긴자(銀座)와 같은 풍경이 전개된다. 도쿄의 대상점의 지점도 많다. … 내지의 웬만한 도시와는 비교되지 않을 정도이다(杉山佐七, 1933).[4]

경성은 전차가 다니는 길 양측에는 고층건축이 늘어서 있는 바로 근대 도시의 모습이다. 밤에 혼마치의 야경을 보러 나간 우리는 조선인과 일본인이 섞여 있는 혼잡한 길을 갔다. 어떤 사람을 내지인으로 생각하고 길을 물었을 때, 그는 조선인이었으나 유창한 일본어로 가르쳐주어 기뻤던 일도 있었다. 양복 등을 입어 거의 구분할 수 없는 사람이 많았다. 조선인의 대부분은 복장이 청결하여 호감을 가지게 된 한 원인이 되었다. 오히려 내지인 학생이 뭔가 알 수 없는 같잖은 모습으로 걷고 있어 반감과 불쾌감을 느꼈다. … 하룻저녁은 조선인만의 뒷골목을 걸었다. 의외로 불결한 생활상태이다. 이러한 상태이지만 마늘·고추 등을 먹는 그들은 저항력이 강해 전염병이 거의 발생하지 않는다고 한다. 야시장이 선 번화가, 이곳의 조선인은 긴 담뱃대를 물고 느긋하다(岐阜県聯合青年團, 1937).[5]

위 기록을 살펴보면, 일본인 관광객들은 경성이 낡고 더러운 조선의 수도였으나, 한일합병 이후 일제가 추진한 시구의 개정과 도로의 확장, 전기·수도·전차 등 도시기반시설의 건설로 근대적인 도시로 변모하였다고 생각하였다. 관광객들은 불과 10여 년 사이에 경성이 거대한

....

4 杉山佐七, 1935, 『観て来た満鮮』, 東京市立小石川工業學校校友會, 48쪽.

5 岐阜県社會教育課, 1937, 『鮮満視察輯録』, 共栄印刷所, 33~34쪽.

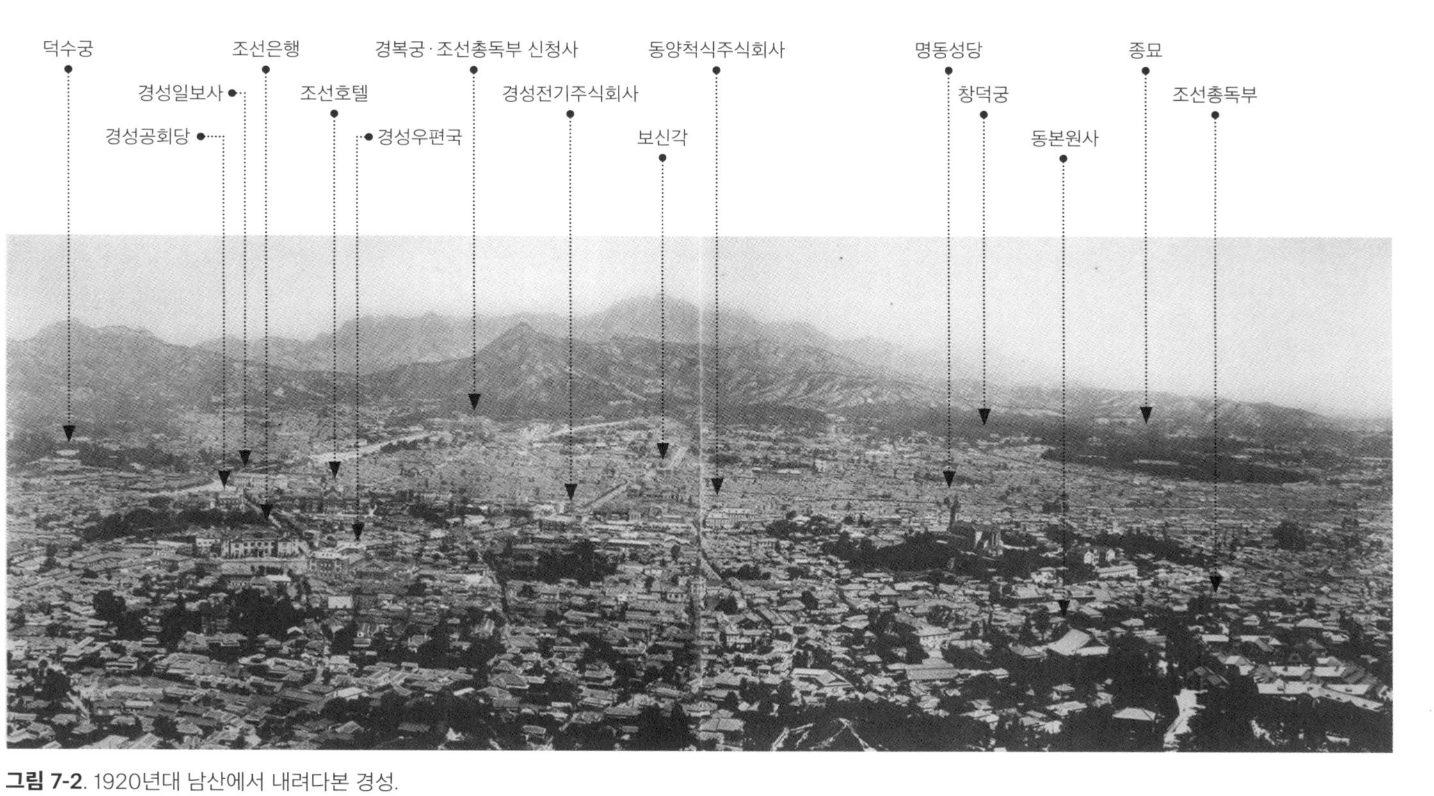

그림 7-2. 1920년대 남산에서 내려다본 경성.

출처: 朝鮮總督府, 1921, 『朝鮮: 寫眞帖』, 市田オフセット印刷株式会社.

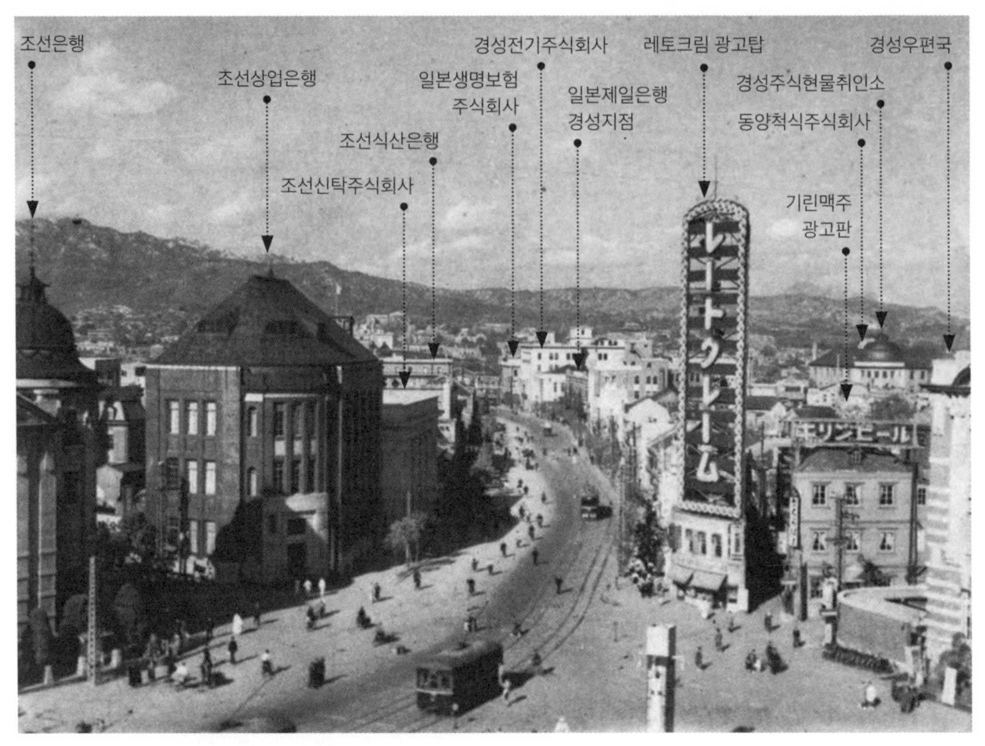

그림 7-3. 1930년대 남대문통의 모습.
출처: 朝鮮總督府鐵道局, 1937, 『半島の近影』, 日本版画印刷合資会社.

근대적 건축물로 채워지고 일본인이 활보하는, 도쿄를 비롯한 내지의 대도시에 버금가는 도시가 되었다고 인식하였다. 이렇게 경성은 일본이 그 힘을 유감없이 발휘하는, 다시 말하면 일본제국의 '황위(皇威)'를 실현하는 땅이었다. 관광객이 느낀 경성의 장소 이미지는 역동적으로 발전하고 있는 도시, 세련되고 근대화된 도시, 그러면서도 일본화된 도시였다. 특히 혼마치를 중심으로 한 일본인 거리는 도쿄의 최고 번화가인 긴자와 다를 바 없을 정도라고 생각하였다. 한편으로 여전히 일본인과 조선인을 구분하는, 즉 조선인을 타자화하는 시선도 확인할 수 있으며, 경성의 뒷골목은 1930년대에도 계속 '불결함'으로 묘사되고 있다. 특히

1937년 기후현연합청년단의 기록이 관심을 끈다. 청결한 양복 차림의 일본어가 능통한 조선인에게 호감을 느끼는 한편, 조선인은 마늘과 고추를 즐겨 먹어 전염병에 걸리지 않는다는 생각은 한일합병이 된 지 한 세대가 지났으나, 일본인과 조선인을 구별 지으려는 의식이 젊은이들에게도 강하게 남아 있다는 증거일 것이다.

다음으로 평양을 묘사한 글들은 다음과 같다. 관광객들의 평양에 대한 공통적인 인식은 오래된 건축물과 전통문화가 많이 남아 있는 도시이자, 자원이 풍부한 공업도시라는 점이다. 여기에 더해 임진왜란·청일전쟁·러일전쟁 등 일본의 전적지이며, 기생의 발상지이자 경치가 매우 아름다운 도시, 조선기독교의 중심인 "조선의 예루살렘", 독립운동이 왕성한 "반일(反日) 불령선인(不逞鮮人)의 소굴"이라는 인식도 있었다.

> 평양은 경성과 안동의 중간에 있는 서선(西鮮) 제일의 대도회이다. … 단군 이래의 구도(舊都)라고 하며, 단군조선을 전조선(前朝鮮)이라 한다. 그리고 주(周)의 무왕(武王)에게 쫓겨난 기자(箕子)의 일족은 요동에서 평양으로 옮겨온 이래, 이곳에 41세의 자손이 군림했다고 하며 기자의 조선을 후조선(後朝鮮)이라 부른다. 현재 기자묘(箕子廟), 기자릉(箕子陵) 등의 유적을 보존하고 있으며, 역사적 근거는 별도로 하더라도 상당히 오랜 역사를 가진 사적이 많다는 것은 명백하다. 더해서 일본과는 임진왜란 때 고니시 유키나가가 주둔하였고, 청일전쟁과 러일전쟁과도 밀접한 관계가 있다. 산이 높지 않으나 금수산(錦繡山)·서기산(瑞氣山)·창광산(蒼光山)이 있고, 유명한 대동강의 청류가 있어 자연의 배치와 경치의 아름다움이 마치 교토와 같은 위치이다. 평양이 기생의 발생지인 것은 자연의 은총에 의한 것이며, 기생의 발생지인 평양이 불령선인(不逞鮮人)의 책원지(策源地)인 것은 일본인에 있어서는 지극히 성가신 이야기이다(伊

藤貞五郎, 1920).[6]

> 대동강 변의 구릉지에 있는 풍광명미(風光明媚)한 낙랑 고대 문화의 유적지이며, 왕년의 많은 고전장(古戰場)으로, 임진왜란 때에는 고니시 유키나가 등이 여기에 주둔하였고, 청일전쟁 때는 노즈(野津) 장군의 맹습(猛襲)으로 알려진 곳이다. 다시 이면을 엿보면, 반일 불령선인의 소굴이며, 기생학교로 유명한 환락경(歡樂境)이다(山形県教育会視察團, 1935).[7]

끝으로 부산은 아래와 같이 한일병합 이전부터 일본과 대륙을 연결하는 교통의 요지이자, 한국에서 가장 먼저 일본인들이 거주하며 시가지 형성에 영향을 미쳤기 때문에 내지의 도시와 별로 차이가 없는 도시라고 여겼다. 그리고 장래에는 부산이 한국 최고의 무역항이 될 것이며, 또한 유라시아 대륙으로 연결되는 철도로 인해 세계 교통의 요충이 될 것으로 전망하였다. 이는 현재의 부산이 지향하는 목표와도 크게 다르지 않다.

> 부산은 우리나라에서 가장 가까운 개항장으로 우리나라와의 교통의 문호에 해당한다. … 교통은 이곳을 기점으로 남쪽은 관부연락선으로 우리 내지와 이어지고, 북쪽은 통감부의 경부철도로써 국내를 가로질러 신의주에 이른다. 그리고 청국 안둥현에서 안봉선(安奉線)을 통해 대륙선철도(大陸線鐵道)와 이어진다. … 현재 인천의 무역액은 여전히 부산의 2배이지만, 원래 인천은 완전한 항만이 아니고 선박이 정박하기에 상당히

6 伊藤貞五郎, 1921, 『最近の朝鮮及支那』, 伊藤貞五郎, 60~61쪽.

7 山形県教育会視察團, 1935, 『滿鮮の旅: 視察報告』, 山形県教育会視察団, 10쪽.

> 불편하다. 그래서 경부선 개통으로 상권(商權)이 점점 부산으로 옮겨지고 부산은 점차 커질 것이다. 특히 부산진의 매축(埋築) 공사, 항구의 해저 준설, 대잔교(大棧橋) 준공 이후 크게 모습이 달라질 것이다. 통칭 적기(赤崎) 부근을 준설하면, 1만 톤 이상의 대 선박도 충분히 정박할 수 있어 한국 최우량의 무역항이 될 것이다. 장래 안봉철도의 개축, 압록강의 가교 공사가 준공되고 철도가 완전히 이어지면 부산은 세계 교통의 요충으로, 북만주는 물론 유럽 각국으로 가는 여객과 화물이 모두 이곳을 경유하기에 이르러 놀랄 정도로 번영할 것이다. … 부산의 시가지는 용두산과 용미산 사이에 있고 길이 1리, 도로가 넓고 시가가 정연해 정말이지 우리 내지의 도회와 같다(京都府視察團, 1909).[8]

부산이 대륙 진출의 거점이라는 일본인들의 인식은 후대에 계속 이어졌다. 기행문에는 "인천이 경성의 문구(門口)라면, 부산은 반도의 문구일 뿐 아니라, 내지에서 통하는 대륙의 문구이다."라거나,[9] "부산은 조선의 대현관(大玄關),"[10] "부산은 대륙으로 도약하는 제국의 제1 디딤돌"[11] 등의 표현이 등장한다. 많은 일본인은 1922년의 다카이 도시고로가 "대륙에 첫 한 걸음을 찍었다."라고[12] 한 것처럼 부산 상륙에 큰 의미를 부여하였다. 즉 일본인들은 부산을 단순한 관광지나 항구도시가 아니라 일본제국의 대륙 진출의 출발점으로 인식한 것이다. 한편 부산이 일본의 도시와 다를 바 없는 일본화된 도시라는 인식은 아래와 같이 계

....

8 京都府, 1909, 『満韓實業視察復命書』, 京都府, 5~8쪽.

9 埼玉県教育會, 1918, 『踏破六千哩』, 埼玉県教育會, 4쪽.

10 植村寅, 1919, 『青年の満鮮産業見物』, 大阪屋号書店, 5쪽.

11 松永安左衛門, 1919, 『支那我観』, 実業之日本社, 2쪽.

12 高井利五郎, 1923, 『鮮満支那之教育と産業: 最近踏査』, 広島県立広島工業學校, 2쪽.

속 이어진다.

> 거리를 걸어보니 조선이라 할 기분이 아니라 순연한 일본의 거리이다. 내지에 있는 것과 같다(植村寅, 1919).[13]

> 기차는 부산을 떠났다. 나는 이국 풍경을 목격했다. 그때까지는 내지와 일색(一色)이었다. 나는 배가 부산에 닿으면 부두의 광경은 다소 내지와 다를 것이라고 상상했다. 그러나 배가 도착해 보니, 마중 나온 사람을 시작으로, 바지런하게 일하는 부두 노동자까지 대안의 시모노세키와 같아 전혀 바뀐 것이 없었다. 기차에 타도 내 주위는 내지인만 있어 여기서도 이국색(異國色)을 느끼지 못했다. 그런데 기차가 부산을 떠나자 돌연 일본에 없는 이상한 가옥이 눈에 들어왔다. 그것은 진흙으로 만든 흙집이고 매우 작아 사람이 사는 집이라고는 생각되지 않았다(石山賢吉, 1940).[14]

이렇게 일본화된 도시 부산에서 관광객들이 눈여겨본 점이 한 가지 있다. 그것은 일본인 시가지와 조선인 거주지의 경관적 차이이다. 관광객들은 일본인에 의해 중심지에서 밀려난 조선인들이 주변 산지에 주거지를 형성한 모습을 다음과 같이 묘사하였다.

> 특히 일행의 눈에 들어온 것은 새로운 일본인 시가지보다 사방의 산허리에 자리한 초가집으로 이루어진 조선인 마을이었다. 이들 마을은 새로운 시가의 발전과 함께 산허리로 옮긴 것이다(埼玉県教育会, 1917).[15]

....

13 植村寅, 1919, 앞의 책, 5쪽.

14 石山賢吉, 1942, 『紀行: 滿洲·臺灣·海南島』, ダイアモンド社, 11~12쪽.

15 埼玉県教育会, 1918, 앞의 책, 4쪽

부산을 조망했을 때 기자의 가슴에 다른 감상이 떠올랐다. 하나는 고베와 부산의 유사점이다. 항만에서도 시가에서도 크기의 차이는 있으나, 부산의 지형은 고베와 매우 유사하다. 고베는 일본의 현관이라고 알려져 있는데, 부산은 조선의 현관이다. 무역을 생명으로 하는 점에서도 같은 입장이다. 배후에 산을 등지고 있는 것, 시가지가 경사져 있다는 점도 같다. … 상공업의 실권이 전부 내지인의 손에 들어갔을 뿐 아니라, 생존경쟁의 결과로 조선인은 시간이 갈수록 시의 중심점에서 산악부로 밀려나서 지금은 배후 산허리에 밀집해 있다. 내지인이 이를 보고 약육강식(弱肉强食)으로 치부하는 것은 일선동화(日鮮同化)의 대국적 견지에서 관찰할 때 사려 깊은 태도라 할 수 없다(伊藤貞五郎, 1920).[16]

현재 일본인이 활동하고 있는 모습을 보았을 때, 조선인의 부산이 아니라 일본인의 부산이다. 조선인은 시내에 일부 있지만, 대부분은 산기슭에서 점차 산허리로 쫓겨나는 모습이다(橋本文寿, 1922).[17]

시내의 건축물 등은 별로 내지와 다르지 않다. 다만 표고가 높아질수록 민가가 작고 낮아지는 것이 눈에 들어왔다. 사면의 위쪽은 조선인의 마을과 무덤이다. 인류의 우승열패(優勝劣敗) 축도(縮圖)를 입체적으로 볼 수 있다(森本角蔵, 1925).[18]

정리하면, 일본인들은 부산을 평지에 형성된 일본인 시가지인 중심지와 산허리의 경사지에 형성된 조선인 마을인 배후지로 이루어진 이

16 伊藤貞五郎, 1921, 앞의 책, 18~20쪽.

17 橋本文寿, 1923, 『東亜のたび』, 橋本文寿, 5쪽.

18 森本角蔵, 1926, 『雲烟過眼日記: 鮮満支那ところどころ』, 目黒書店, 14쪽.

원적 지역구조의 도시로 인식하였다. '약육강식', '우승열패' 등의 표현을 쓴 것으로 보아, 이들은 경제력이 약한 조선인이 일본인에게 밀려난 것은 당연한 결과라고 생각하였다. 평지의 일본인 시가지와 경사지의 조선인 마을로 확연하게 나누어진 부산의 도시경관에서 일본인들은 제국과 일본인의 힘을 실감하였다. 일본인 관광객들은 당시 부산을 "조선인의 부산"이 아니라 "일본인의 부산"이라고 인식하였다.

참고문헌

1. 자료

1) 기행문

加太邦憲, 1931,『加太邦憲自歴譜』, 加太重邦.
間野暢籌, 1919,『満鮮の五十日』, 国民書院.
岡島松次郎, 1925,『新聞記者の旅』, 大阪朝報出版部.
岡山県鮮満北支視察團, 1939,『鮮満北支視察概要』, 岡山県教育會.
岡田潤一郎, 1932,『僕等の見たる満洲南支』, 東京府立第一商業學校校友會.
京都府, 1909,『満韓實業視察復命書』, 京都府.
高森良人, 1920,『満·鮮·支那遊行の印象』, 大阪屋号書店.
高井利五郎, 1923,『鮮満支那之教育と産業: 最近踏査』, 広島県立広島工業學校.
関和知, 1918,『西隣游記』, 関和知.
広島高等師範學校, 1907,『満韓修學旅行記念録』, 広島高等師範學校.
広島高等師範學校, 1915,『大陸修學旅行記』, 広島高等師範學校.
広島朝鮮視察團, 1913,『朝鮮視察概要』, 増田兄弟活版所.
広瀬為久, 1936,『普選より非常時まで』, 広瀬為久.
橋本文寿, 1923,『東亜のたび』, 橋本文寿.
菊池幽芳, 1918,『朝鮮金剛山探勝記』, 洛陽堂.
堀內泰吉·竹中政一, 1906,『韓國旅行報告書』, 神戸高等商業學校.
今村太平, 1941,『満洲印象記: 附慶州紀行』, 第一芸文社.
岐阜県武儀郡教育會, 1927,『全国町村長會鮮満視察記』, 岐阜県武儀郡教育會.
岐阜県社會教育課, 1937,『鮮満視察輯録』, 共栄印刷所.
埼玉県教育會, 1918,『踏破六千哩』, 埼玉県教育會.
埼玉県教育會, 1919,『鵬程五千哩: 第二回朝鮮満洲支那視察録』, 埼玉県教育會.
吉野豊次郎, 1930,『鮮満旅行記』, 金洋社.
內藤久寛, 1918,『訪鄰紀程』, 自家出版.
內田春涯, 1923,『鮮満北支感興ところどころ』, 內田重吉.
農業學校長協會, 1926,『満鮮行: 附·北支紀行』, 農業學校長協會.
大陸視察旅行團, 1940,『大陸視察旅行所感集』, 大陸視察旅行團.
大屋徳城, 1930,『鮮支巡礼行』, 東方文献刊行會.

大熊浅次郎, 1919,『支那満鮮遊記』, 大熊浅次郎.
大町桂月, 1919,『満鮮遊記』, 大阪屋号書店.
德富猪一郎, 1918,『支那漫遊記』, 民友社.
渡辺巳之次郎, 1921,『老大国の山河: 余と朝鮮及支那』, 金尾文淵堂.
東海商工會議所聯合會, 1936,『満鮮旅の思ひ出』, 名古屋商工會議所.
藤本実也, 1943,『満支印象記』, 七丈書院.
藤山雷太, 1930,『鮮支遊記』, 千倉書房.
藤山雷太, 1935,『満鮮遊記』, 千倉書房.
藤田元春, 1926,『西湖より包頭まで』, 博多成象堂.
栗原長二, 1932,『鮮満事情』, 栗原長二.
福徳生命保険株式會社, 1936,『文部省推選派遣教育家の見たる満鮮事情』, 福徳生命保険.
本多辰次郎, 1936,『北支満鮮旅行記 第2輯』, 日満仏教協會本部.
赴清実業團誌編纂委員會, 1914,『赴清実業團誌』, 白岩龍平.
肥後彰, 1934,『文部省推選派遣教育家の見たる海外事情』, 福徳生命保険株式會社.
山科礼蔵, 1919,『渡支印象記: 鵬程千里』, 山科礼蔵.
山本唯三郎, 1917,『支那漫遊五十日』, 神田文吉.
山形県教育會視察團, 1935,『満鮮の旅: 視察報告』, 山形県教育會視察團.
山形県教育會視察團, 1942,『満鮮2600里』, 山形県教育會視察團.
森本角蔵, 1926,『雲烟過眼日記: 鮮満支那ところどころ』, 目黒書店.
杉本正幸, 1915,『最近の支那と満鮮』, 如山居.
杉山佐七, 1935,『観て来た満鮮』, 東京市立小石川工業學校校友會.
生野團六, 1916,『鮮滿北京青島巡遊記』.
西村眞琴, 1934,『新しく観た満鮮』, 創元社.
石橋湛山, 1941,『滿鮮産業の印象』, 東洋經濟新報社.
石渡繁胤, 1935,『満洲漫談』, 明文堂.
石山賢吉, 1942,『紀行: 滿洲·臺灣·海南島』, ダイアモンド社.
石井健吾, 1926,『滿鮮鴻爪』, 石井健吾(自家出版).
石井謹吾, 1923,『外遊叢書 第4編 (満鮮支那游記)』, 日比谷書房.
石井柏亭, 1943,『行旅』, 啓徳社.
釋宗演, 1918,『燕雲楚水』, 東慶寺.
細井肇, 1919,『支那を観て』, 成蹊堂.
小林福太郎, 1928,『北支満鮮随行日誌』, 小林福太郎.
小畔亀太郎, 1919,『東亜游記』, 小畔亀太郎.
篠原義政, 1932,『満洲縦横記』, 国政研究會.

沼波瓊音, 1920,『鮮満風物記』, 大阪屋号書店.
松本亀次郎, 1931,『中華五十日游記』, 東西書房.
松永安左衛門, 1919,『支那我観』, 実業之日本社.
柴田栄吉, 1925,『朝鮮難行記』, 柴田栄吉(自家出版).
市村與市, 1941,『鮮·満·北支の旅: 教育と宗教』, 一粒社.
植村寅, 1919,『青年の満鮮産業見物』, 大阪屋号書店.
新里貫一, 1938,『事變下の満朝を歩む』, 新報社.
亜細亜學生會, 1926,『學生の見た亜細亜ところどころ』, 亜細亜學生會出版部.
岩崎清七, 1936,『満鮮雑録』, 秋豊園出版部.
岩本雪太, 1931,『教育家の目に映じたる歐米南洋鮮支事情』, 福徳生命保険株式會社.
愛媛教育協會視察團, 1919,『支那満鮮視察記録』, 愛媛教育協會視察團.
原象一郎, 1917,『朝鮮の旅』, 巖松堂書店.
越佐教育雑誌社, 1922,『越佐教育満鮮視察記: 附·青島上海』, 越佐教育雑誌社.
依田泰, 1934,『満鮮三千里』, 中信毎日新聞社.
伊奈松麓, 1926,『私の鮮満旅行』, 伊奈森太郎.
伊藤貞五郎, 1921,『最近の朝鮮及支那』, 伊藤貞五郎.
日本旅行會, 1938,『鮮満北支の旅: 皇軍慰問·戦跡巡礼』, 日本旅行會.
全国中等學校地理歴史科教員協議會, 1926,
『全国中等學校地理歴史科教員第七回協議會及満鮮旅行報告』,
全国中等學校地理歴史科教員協議會.
全國中等學校地理歴史科教員協議會, 1932,
『全國中等學校地理歴史科教員第十回協議會及鮮滿旅行報告』,
全國中等學校地理歴史科教員協議會.
全國中等學校地理歴史教員協議會, 1940,
『全國中等學校地理歴史教員第十三回協議會及滿洲旅行報告書』,
全國中等學校地理歴史科教員協議會.
田中霊鑑·奥村洞麟, 1907,『日置默仙老師満韓巡錫録』, 香野蔵治.
井上円了, 1918,『南船北馬集』, 国民道徳普及會.
井上友一郎·豊田三郎·新田潤, 1942,『満洲旅日記: 文学紀行』, 明石書房.
井上儀一, 1932,『教育家の目に映じたる歐米南洋鮮支事情』, 福徳生命保険株式會社.
鵜飼退蔵, 1906,『韓満行日記』, 鵜飼退蔵.
鳥谷幡山, 1914,『支那周遊図録』, 支那周遊図録發行所.
早坂義雄, 1922,『混乱の支那を旅して: 満鮮支那の自然と人』, 早坂義雄(自家出版).
佐藤綱次郎, 1920,『支那一ケ月旅行』, 二酉社.

中根環堂, 1936,『鮮満見聞記』, 中央仏教社.
中島正国, 1937,『鮮満雑記』, 中島正国.
中島真雄, 1938,『双月旅日記』, 中島真雄.
中野正剛, 1915,『我か觀たる滿鮮』, 政教社.
真継雲山, 1918,『行け大陸へ: 滿蒙遊記』, 泰山房.
千葉県教育會, 1928,『満鮮の旅』, 千葉県教育會.
村瀬米之助, 1905,『雲烟過眼録: 南日本及韓半島旅行』, 西澤書店.
諏訪尚太郎, 1930,『朝鮮漫遊記』, 鶴岡日報社.
漆山雅喜, 1929,『朝鮮巡遊雑記』, 漆山雅喜.
平谷水哉, 1911,『海外行脚』, 博文館.
平野亮平, 1938,『支那漫遊五十日』, 平野亮平(自家出版).
平野博三, 1924,『鮮満の車窓から』, 大阪屋号書店.
下関鮮満案内所, 1929,『鮮満十二日: 鮮満視察團紀念誌』, 下関鮮満案内所.
賀茂百樹, 1931,『満鮮紀行』, 賀茂百樹.
下野新聞主催栃木縣實業家滿韓觀光團, 1911,『滿韓觀光團誌』,
下野新聞株式會社印刷營業部.
向山軍二郎, 1932,『車窓より見たる朝鮮と満洲』, 土屋信明堂.

2) 관광안내서
ジヤパン·ツーリスト·ビユーロー, 1920,『旅程と費用概算』,
ジヤパン·ツーリスト·ビユーロー.
ジヤパン·ツーリスト·ビユーロー, 1926,『旅程と費用概算』,
ジヤパン·ツーリスト·ビユーロー.
ジヤパン·ツーリスト·ビユーロー, 1930,『旅程と費用概算』,
ジヤパン·ツーリスト·ビユーロー.
ジヤパン·ツーリスト·ビユーロー, 1932,『旅程と費用概算』, 博文館.
ジヤパン·ツーリスト·ビユーロー, 1938,『旅程と費用概算』, 博文館.
軍事警察雜誌社, 1911,『朝鮮案內』, 軍事警察雜誌社.
南滿洲鐵道株式會社 京城管理局, 1921,『朝鮮鐵道旅行案內: 附金剛山探勝案內』,
南滿洲鐵道株式會社 京城管理局.
南滿洲鐵道株式會社 大連管理局營業課, 1919,『滿鮮觀光旅程』, 南滿洲鐵道株式會社
大連管理局.
南滿洲鐵道株式會社 大連管理局營業課, 1920,『滿鮮觀光旅程』, 南滿洲鐵道株式會社
大連管理局.

南滿洲鐵道株式會社 東京支社, 1933,『鮮滿中國旅行手引』, 南滿洲鐵道株式會社 東京支社.
南滿洲鐵道株式會社 滿鮮案內所, 1922,『滿鮮支觀光旅程』, 南滿洲鐵道株式會社 滿鮮案內所.
南滿洲鐵道株式會社 滿鮮案內所, 1938,『朝鮮滿洲旅の栞』, 南滿洲鐵道株式會社 東京支社.
南滿洲鐵道株式會社 鮮滿支案內所, 1939,『鮮滿支旅の栞』, 南滿洲鐵道株式會社 東京支社.
南滿洲鐵道株式會社 運輸部營業課, 1916,『滿鮮觀光旅程』, 南滿洲鐵道株式會社.
南滿洲鐵道株式會社 運輸部營業課, 1917,『滿鮮觀光旅程』, 南滿洲鐵道株式會社.
落合浪雄, 1915,『漫遊案內七日の旅』, 有文堂書店.
滿鐵東京鮮滿案內所, 1924,『鮮滿支那旅程と費用概算』, 滿鐵東京鮮滿案內所.
滿鐵鮮滿案內所, 1940,『業務案內』, 南滿洲鐵道株式會社.
三省堂旅行案內部, 1936,『朝鮮滿洲旅行案內』, 三省堂.
鮮滿案內所, 1931,『朝鮮滿洲旅行案內』, 鮮滿案內所.
松川二郞, 1922,『四五日の旅: 名所回遊』, 裳文閣.
始政五年記念朝鮮物産共進會 編, 1915,『朝鮮案內』, 始政五年記念朝鮮物産共進會.
全國鐵道旅行案內所, 1922,『內地·鮮滿·支那·西利·台湾·樺太全国鐵道旅行案內』, 全國鐵道旅行案內所.
朝鮮總督府 鐵道局, 1911,『朝鮮鐵道線路案內』, 朝鮮總督府鐵道局.
朝鮮總督府 鐵道局, 1932,『釜山: 大邱·慶州·馬山·鎭海』, 朝鮮總督府 鐵道局.
朝鮮總督府 鐵道局, 1934,『朝鮮旅行案內記』, 日本旅行協會 朝鮮支部.
朝鮮總督府 鐵道局, 1934,『朝鮮旅行案內記』, 朝鮮總督府 鐵道局.
朝鮮總督府 鐵道局, 1936,『平壤: 鎭南浦·兼二浦·新義州·安東』, 朝鮮總督府 鐵道局.
朝鮮總督府 鐵道局, 1938,『京城: 開城·仁川·水原』, 朝鮮總督府 鐵道局.
朝鮮總督府 鐵道局, 1938,『朝鮮旅行案內』, 朝鮮總督府 鐵道局.
朝鮮總督府, 1924,『朝鮮鐵道旅行便覽』, 朝鮮總督府.
朝鮮總督府, 1926,『朝鮮案內』, 朝鮮總督府.
朝鮮總督府, 1929,『朝鮮案內』, 朝鮮總督府.
朝日新聞社, 1936,『新日本遊覽』, 朝日新聞社.
志田勝信·北原定正, 1915,『釜山案內記: 欧亜大陸之連絡港』, 拓殖新報社.
鐵道院, 1919,『朝鮮滿洲支那案內』, 鐵道院.
統監府 鐵道管理局, 1908,『韓國鐵道線路案內』, 統監府鐵道管理局.
平安南道, 1940,『名所舊蹟案內』, 平安南道.

海雲臺溫泉合資會社, 1936,『朝鮮海雲臺溫泉案內』, 海雲臺溫泉合資會社.
荒山正彦 監修·解說, 2015a,『シリーズ明治·大正の旅行 第1期 旅行案內書集成 第24巻: 滿鮮觀光旅程/鮮滿支那旅程と費用概算/朝鮮滿洲旅行案內/鮮滿中国旅行手引』, ゆまに書房.
荒山正彦 監修·解說, 2015b,『シリーズ明治·大正の旅行 第1期 旅行案內書集成 第25巻: 旅程と費用概算(大正9年版)·旅程と費用概算(大正15年版)』, ゆまに書房.
荒山正彦 監修·解說, 2015c,『シリーズ明治·大正の旅行 第1期 旅行案內書集成 第26巻: 旅程と費用概算(昭和5年版)』, ゆまに書房.

3) 사진첩

統監府, 1910,『韓国寫真帖』, 小川寫眞製版所
統監府, 1910,『大日本帝国朝鮮寫真帖:日韓併合紀念』, 小川寫眞製版所.
杉市郎平, 1910,『併合記念朝鮮寫真帖』.
朝鮮總督府 鐵道局, 1911,『釜山鴨緑江間寫真帖』.
朝鮮總督府, 1913,『臨時恩賜金採産事業寫眞帖』,
朝鮮總督府 鐵道局, 1914,『京元線寫眞帖』.
朝鮮總督府, 1921,『朝鮮: 寫真帖』, 市田オフセット印刷株式會社.
南滿洲鐵道株式會社, 1922,『朝鮮之風光』, 青雲堂印刷所.
南滿洲鐵道株式會社 京城鐵道局, 1924,『万二千峰朝鮮金剛山』, 博文館印刷所.
朝鮮總督府, 1925,『朝鮮』.
朝鮮總督府 鐵道局, 1927,『朝鮮之風光』, 大正寫眞工藝所.
春日井喜太郎, 1929,『朝鮮博覽會記念寫眞帖』.
朝鮮總督府, 1930,『朝鮮博覽會記念寫眞帖』, 便利堂.
朝鮮總督府鐵道局, 1933,『朝鮮之風光』, 日本版画印刷合資會社.
朝鮮總督府鐵道局, 1937,『半島の近影』, 日本版画印刷合資會社.
朝鮮總督府鐵道局, 1938,『半島の近影』, 日本版画印刷合資會社.
朝鮮總督府鐵道局, 1938,『朝鮮之印象』.
朝鮮總督府鐵道局, 1944,『朝鮮之印象』.

4) 기타 자료

間城益次, 1920,『平壤案內』, 平壤商業會議所.
岡良助, 1929,『京城繁昌記』, 博文社.
今村鞆, 1930,『歷史民俗朝鮮漫談』, 南山吟社.
藤井龜若, 1926,『京城の光華』, 朝鮮事情調查會.

藤村覺正, 1928,『釜山港』, 釜山稅關.
釜山府, 1932,『釜山府勢要覽』, 釜山府.
森田福太郎, 1912,『釜山要覽』, 釜山商業會議所.
石原留吉, 1915,『京城案內』, 京城協贊會.
矢野干城·森川清人 編, 1936,『新版大京城案內』, 京城都市文化研究所出版部.
阿部辰之助, 1918,『大陸之京城』, 京城調查會.
日本旅行文化協會, 1928,『旅』1928年 2月号.
日本旅行會, 1931,『日本名勝旅行辭典』, 日本旅行會.
朝鮮雜誌社, 1915,『朝鮮及滿洲』1915年 10月号(通卷99号).
朝鮮總督府鐵道局, 1915,『朝鮮鐵道史』, 朝鮮總督府鐵道局.
青柳綱太郎, 1925,『大京城』, 朝鮮研究會.
平壤民團役所, 1914,『平壤發展史』, 民友社.
平壤府, 1919,『平壤府要覽』, 平壤商業會議所.
平壤府, 1923,『平壤府事情要覽』, 平壤府.
平壤商業會議所, 1927,『平壤全誌』, 梶道夫印刷所.
平壤實業新報社, 1909,『平壤要覽』, 白川正浩.

2. 국내외 논저

1) 국문 연구서
G. J. 애쉬워드·A. G. J. 디트보스트 편(박석희 옮김), 2000,『관광과 공간 변형』, 일신사.
가레스 쇼·앨런 모건 윌리엄스(이영희·김양자 옮김), 2010,『관광지리학』, 한울.
고바야시 히데오(임성모 옮김), 2004,『만철, 일본제국의 싱크탱크』, 산처럼.
국사편찬위원회 편, 2008,『여행과 관광으로 본 근대』, 두산동아.
권경선·구지영 편, 2016,『다롄, 환황해권 해항도시 100여 년의 궤적』, 선인.
권용우·정태홍·김선희, 1995,『관광과 여가』, 한울.
권혁희, 2005,『조선에서 온 사진엽서』, 민음사.
김백영, 2009,『지배와 공간: 식민지도시 경성과 제국 일본』, 문학과 지성사.
김병문, 2006,『관광지리학』, 백산출판사.
김종혁, 2017,『일제시기 한국 철도망의 확산과 지역구조의 변동』, 선인.
김창식, 2012,『신관광학원론』, 백산출판사.
닝 왕(이진형·최석호 옮김), 2004,『관광의 근대성: 사회학적 분석』, 일신사.

다이엘 부어스틴(정태철 옮김), 2004, 『이미지와 환상』, 사계절.
메리 루이스 프랫(김남혁 옮김), 2015, 『제국의 시선』, 현실문화.
박찬승 편, 2010, 『여행의 발견, 타자의 표상』, 민속원.
부산근대역사관, 2015, 『근대의 목욕탕 동래온천』, 부산근대역사관.
부산박물관, 2009, 『사진엽서로 보는 근대풍경 1-8』, 민속원.
빈프리트 뢰스부르크(이민수 옮김), 2003, 『여행의 역사』, 효형출판.
서기재, 2011, 『조선여행에 떠도는 제국』, 소명출판.
서울역사편찬원 편, 2016, 『국역 경성발달사』, 역사공간.
서울역사편찬원, 2015, 『서울2천년사 28: 일제강점기 서울의 경제와 산업』, 서울역사편찬원.
서울역사편찬원, 2015, 『서울2천년사 30: 일제강점기 서울 도시문화와 일상생활』, 서울역사편찬원.
설혜심, 2013, 『그랜드투어』, 웅진지식하우스.
알랭 코르뱅(주나미 옮김), 2019, 『악취와 향기』, 오롯.
에드워드 W. 사이드(박홍규 옮김), 2015, 『오리엔탈리즘』, 교보문고.
에드워드 렐프(김덕현·김현주·심승희 옮김), 2005, 『장소와 장소상실』, 논형.
염복규, 2016, 『서울의 기원 경성의 탄생』, 이데아.
우라카와 가즈야 편, 2017, 『그림엽서로 보는 근대조선 1-7』, 민속원.
우미영, 2018, 『근대 조선의 여행자들: 그들의 눈에 비친 조선과 세계』, 역사비평사.
이경돈 외, 2018, 『일제강점기 경성부민의 여가생활』, 서울역사편찬원.
이경민, 2010, 『제국의 렌즈』, 산책자.
이순구·박미선, 2011, 『관광자원의 이해』, 대왕사.
이순우, 2012, 『손탁호텔』, 하늘재.
인태정, 2007, 『관광의 사회학: 한국 관광의 형성과정』, 한울.
임경석 외, 2007, 『『개벽』에 비친 식민지 조선의 얼굴』, 도서출판 모시는 사람들.
전성현, 2011, 『일제시기 조선 상업회의소 연구』, 선인.
전우용 외, 2017, 『근대문화유산과 서울 사람들』, 서울역사편찬원.
정재정, 2018, 『철도와 근대 서울』, 국학자료원.
정치영·박정혜·김지현, 2016, 『조선의 명승』, 한국학중앙연구원 출판부.
제임스 R. 라이언(이광수 옮김), 2015, 『제국을 사진 찍다』, 그린비.
조광익, 2006, 『현대관광과 문화이론: 푸코의 권력이론과 부르디외의 문화적 갈등이론』, 일신사.
조선총독부 철도국(윤현명·김영준 편역), 2018, 『조선의 풍경 1938: 일본의 시선으로 본 한국』, 어문학사.

조성운 외, 2011, 『시선의 탄생: 식민지 조선의 근대관광』, 선인.
조성운, 2011, 『식민지 근대관광과 일본시찰』, 역사공간.
조성운, 2019, 『관광의 모더니즘: 식민지 조선의 근대관광과 수학여행』, 민속원.
존 어리·요나스 라슨(도재학·이정훈 옮김), 2021, 『관광의 시선』, 소명출판.
채숙향·이선윤·신주혜 편역, 2012, 『조선 속 일본인의 에로경성 조감도(공간편)』, 문.
최영호·박진우·류교열·홍연진, 2007, 『부관연락선과 부산: 식민도시 부산과 민족 이동』, 논형.
최인진, 2015, 『사진침략』, 아라.
크리시티안 월마(배현 옮김), 2019, 『철도의 세계사: 철도는 어떻게 세상을 바꿔놓았나』, 다시봄.
토드 A. 헨리(김백영·정준영·이향아·이연경 옮김), 2020, 『서울, 권력 도시: 일본 식민 지배와 공공 공간의 생활 정치』, 산처럼.
한국관광학회, 2009, 『관광학총론』, 백산출판사.
한국문화역사지리학회, 2018, 『여행기의 인문학』, 푸른길.
한국문화역사지리학회, 2020, 『여행기의 인문학 2』, 푸른길.
한석정, 2016, 『만주 모던: 60년대 한국 개발 체제의 기원』, 문학과지성사.
홍순권 외, 2008, 『부산의 도시 형성과 일본인들』, 선인.

2) 국문 논문

국성하, 2008, 「교육공간으로서의 박물관: 1909년부터 1945년을 중심으로」, 『박물관교육연구』 2, 33~56.
권행가, 2001, 「일제시대 우편엽서에 나타난 기생 이미지」, 『미술사논단』 12, 83~103.
권혁희, 2003, 「일제시대 사진엽서에 나타난 재현의 정치학」, 『한국문화인류학』 36(1), 187~217.
권희주, 2013, 「제국 일본과 식민지 조선의 수학여행: 그 혼종의 공간과 교차되는 식민지의 시선」, 『한일군사문화연구』 15, 279~300.
김경남, 1999, 「한말·일제하 부산지역의 도시형성과 공업구조의 특성」, 『지역과 역사』 5, 223~259.
김대호, 2007, 「일제강점 이후 경복궁의 훼철과 '활용'(1910~현재)」, 『서울학연구』 29, 83~131.
김백영, 2020, 「금강산의 식민지 근대 – 1930년대 금강산 탐승 경로와 장소성 변화」, 『역사비평』 131, 382~414.
김상민, 2007, 『개화·일제기 한국 관련 서양 문헌에 나타난 한국 인식 양태 연구』, 명지대학교 대학원 박사학위논문.

김선정, 2017, 「관광 안내도로 본 근대 도시 경성: 1920~30년대 도해 이미지를 중심으로」, 『한국문화연구』 33, 33~62.
김승, 2009, 「개항 이후 1910년대 용두산신사와 용미산신사의 조성과 변화과정」, 『지역과 역사』 20, 5~45.
김영근, 2000, 「일제하 서울의 근대적 대중교통수단」, 『한국학보』 26(1), 69~103.
김우봉, 2009, 「二宮尊德의 동상건립에 대한 연구: 일본 小田原市 소학교의 二宮金次郎 설치현황을 중심으로」, 『일본어문학』 40, 275~296.
김인덕, 2008, 「1915년 조선총독부박물관 설립에 대한 연구」, 『서울과 역사』 71, 259~289.
김인덕, 2010, 「조선총독부박물관 본관 상설 전시와 식민지 조선 문화: 전시유물을 중심으로」, 『서울과 역사』 76, 211~249.
김종갑, 2010, 「초월적 기표로서 '조용한 아침': 퍼시발 로웰의 『조선-조용한 아침의 나라』」, 『19세기 영어권문학』 4(1), 7~33.
김지영, 2019, 「일제시기 철도여행안내서와 일본인 여행기 속 금강산 관광 공간 형성 과정」, 『대한지리학회지』 54(1), 89~110.
김지영, 2020, 『식민지 관광공간 금강산의 사회적 구성: '일제'의 국립공원 지정 논의를 중심으로』, 한국학중앙연구원 한국학대학원 인문지리학전공 박사학위논문.
김지영, 2021, 「일본제국의 '국가풍경'으로서의 금강산 생산: 금강산국립공원 지정 논의를 중심으로」, 『문화역사지리』 33(1), 106~133.
김찬송, 2018, 「창경궁박물관의 설립과 변천과정 연구」, 『고궁문화』 11, 87~129.
김창수, 2009, 「식민지기 인천의 사진엽서와 시선들」, 『도시연구: 역사·사회·문화』 2, 7~29.
김태윤, 2021, 「1940년대 평양의 도시개발사업을 통해 본 도시공간의 연속과 단절」, 『민족문화연구』 90, 491~528.
김희영, 2008, 「오리엔탈리즘과 19세기 말 서양인의 조선 인식: 이사벨라 버드 비숍의 『조선과 그 이웃 나라들』을 중심으로」, 『경주사학』 26, 165~181.
나종우, 1979, 「전통 숙박시설의 변천: 한말 서울을 중심으로」, 『향토 서울』 37, 109~132.
류치열, 2006, 「제국과 식민지의 경계와 월경: 釜關連絡船과 『渡航證明書』를 중심으로」, 『한일민족문제연구』 11, 211~241.
문순희, 2015, 『개화기 한국인의 일본기행문과 일본인의 한국 기행문 연구』, 연세대학교 대학원 박사학위논문.
문종안, 2017, 『20세기 초 서울의 인력거 연구』, 목포대학교 대학원 석사학위논문.
박경환, 2018, 「포스트식민 여행기 읽기: 권력, 욕망 그리고 재현의 공간」,

『문화역사지리』 30(2), 1~27.
박상현, 2011, 「호소이 하지메(細井肇)의 일본어 번역본 『장화홍련전』 연구」, 『일본문화연구』 37, 109~127.
박성용, 2010, 「일제시대 한국인의 일본여행에 비친 일본: 시찰단의 근대 공간성과 타자성 인식」 『대구사학』 99, 31~54.
박애숙·오병우, 2011, 「사타 이네코(佐多稲子)와 조선: 「금강산에서(金剛山にて)」를 중심으로」, 『일어일문학』 51, 175~191.
박애숙, 2007, 「사타 이네코(佐多稲子)와 조선: 「조선인상기(朝鮮印象記)」를 중심으로」, 『일본문화학보』 34, 407~428.
박양신, 2003, 「19세기 말 일본의 조선여행기에 나타난 조선상」, 『역사학보』 177, 105~130.
박지향, 2001, 「'고요한 아침의 나라'와 '떠오르는 태양의 나라': 이자벨라 버드 비숍과 조지 커즌의 동아시아 여행기」, 『안과 밖』 10, 295~320.
박철희, 2016, 「1930년대 중등학생의 수학여행 연구: 만주와 일본 여행을 중심으로」, 『교육사학연구』 26(1), 35~72.
박현수, 2021, 「스쳐간 만세 '전'의 풍경 1: 일본의 철도와 부산 시가를 중심으로」, 『대동문화연구』 116, 177~211.
방지선, 2009, 「1920-30년대 조선인 중등학교의 일본·만주 수학여행」, 『석당논총』 44, 167~216.
서기재, 2002, 「일본 근대 『여행안내서』를 통해서 본 조선과 조선관광」, 『일본어문학』 12, 423~440.
서기재, 2005, 「일본 근대 여행관련 미디어와 식민지 조선」, 『일본문화연구』 14, 73~91.
서기재, 2009a, 「일본 근대 관광 잡지 『觀光朝鮮』의 탄생」, 『동아시아문화연구』 46, 47~81.
서기재, 2009b, 「기이한 세계로의 초대: 근대 〈여행안내서〉를 통해 본 금강산」, 『일본어문학』 40, 227~252.
서태정, 2016, 「1910년대 '창경원'의 운영과 그 성격」, 『한국민족운동사연구』 89, 91~134.
신동규, 2017a, 「근대 일본의 사진그림엽서로 본 한일병탄의 선전과 왜곡」, 『일본역사연구』 45, 149~182.
신동규, 2017b, 「대한제국기 사진그림엽서로 본 한일병탄의 서막과 일본 제국주의 선전」, 『동북아문화연구』 51, 151~169.
신문수, 2009, 「동방의 타자: 이사벨라 버드 비숍의 『한국과 그 이웃 나라들』」, 『한국문화』 46, 119~138.

신주백, 2007, 「용산과 일본군 용산기지의 변화(1884~1945)」, 『서울학연구』 29, 189~218.
심원섭, 2012, 「1910년대 중반 일본인 기자들의 조선기행문 연구」, 『현대문학의 연구』 48, 181~214.
왕한석, 1998, 「개항기 서양인이 본 한국문화: 비숍의 「한국과 그 이웃나라들」을 중심으로」, 『비교문화연구』 4, 3~33.
우미영, 2010, 「전시되는 제국과 피식민 주체의 여행: 1930년대 만주수학여행기를 중심으로」, 『동아시아문화연구』 48, 33~68.
우미영, 2011, 「억압된 자기와 고도 평양의 표상」, 『동아시아문화연구』 50, 29~55.
우미영, 2012, 「문화적 기억과 역사적 장소: 1920-1938년의 경주」, 『국어국문학』 161, 475~504.
원제무, 1994, 「서울시 교통체계 형성에 관한 연구: 1876년부터 1944년까지의 기간을 중심으로」, 『서울학연구』 2, 57~111.
윤소영, 2006, 「일본어 잡지 『朝鮮及滿洲』에 나타난 1910년대 경성」, 『지방사와 지방문화』 9(1), 163~201.
윤소영, 2007, 「러일전쟁 전후 일본인의 조선여행기록물에 보이는 조선인식」, 『한국민족운동사연구』 51, 49~93.
이가연, 2020, 「개항장 부산 일본 거류지의 소비공간과 소비문화」, 『항도 부산』 39, 79~106.
이규수, 2010, 「일본인의 조선여행기록에 비친 조선의 표상: 『大役小志』를 중심으로」, 『대구사학』 99, 1~30.
이연경, 2018, 「경성부지권(京城府之卷) 외 사진첩에 재현된 일본인 거류지의 도시공간의 성격과 그 특징」, 『한국공간디자인학회논문집』 13(3), 276~286.
이지나·정희선, 2017, 「P. 로웰(P. Lowell)의 여행기에 나타난 개화기 조선에 대한 시선과 표상」, 『문화역사지리』 29(1), 21~41.
이지나·정희선, 2018, 「I. B. Bishop의 19세기 말 조선 여행기 속 재현양상 분석 연구: 주제어와 형용사 네트워크를 중심으로」, 『한국지역지리학회지』 24(1), 1~17.
이채원, 2010, 「일제시기 경성지역 여관업의 변화와 성격」, 『역사민속학』 33, 327~357.
임성모, 2011, 「1930년대 일본인의 만주 수학여행: 네트워크와 제국의식」, 『동북아역사논총』 31, 157~188.
장원석·정치영, 2020, 「일제의 사진첩에 투영된 식민지 조선의 이미지」, 『한국사진지리학회지』 30(2), 42~67.
전성현, 2009, 「일제시기 동래선 건설과 근대 식민도시 부산의 형성」, 『지방사와 지방문화』 12(2), 225~271.

정인경, 2005, 「은사기념과학관과 식민지 과학기술」, 『과학기술학연구』 5(2), 69~95.
정재정, 2005, 「역사적 관점에서 본 남북한 철도연결의 국제적 성격」, 『동방학지』 129, 233~279.
정재정, 2010, 「식민도시와 제국일본의 시선: 奈良女子高等師範學校 생도의 조선·만주 수학여행(1939년)」, 『일본연구』 45, 69~93.
정지희, 2019, 「한성미술품제작소 설립 및 변천과정 연구」, 『미술사학연구』 30, 233~256.
정치영, 2015, 「『조선여행안내기』를 통해 본 1930년대 한국의 관광자원」, 『문화역사지리』 27(1), 69~82.
정치영·米家泰作, 2017, 「1925·1932년 일본 지리 및 역사교원들의 한국 여행과 한국에 대한 인식」, 『문화역사지리』 29(1), 1~20.
정치영, 2018, 「여행안내서 『旅程と費用概算』으로 본 식민지조선의 관광공간」, 『대한지리학회지』 53(5), 731~744.
조성운, 2010, 「1930년대 식민지 조선의 근대 관광」, 『한국독립운동사연구』 36, 369~405.
조성운, 2010, 「일본여행협회 활동을 통해 본 1910년대 조선 관광」, 『한국민족운동사연구』 65, 5~31.
조성운, 2012, 「1930년대 식민지 조선의 수학여행」, 『한일민족문제연구』 23, 65~105.
조성운, 2014, 「개항기 근대여관의 형성과 확산」, 『역사와 경계』 92, 135~172.
조성운, 2016, 「1910년대 조선총독부의 금강산 관광개발」, 『한일민족문제연구』 30, 5~58.
조아라, 2016, 「관광지리, 사회문화적 접근」, 『현대 문화지리의 이해』(한국문화역사지리학회 편), 푸른길, 339~369.
조정민, 2018, 「일제침략기 사진그림엽서로 본 부산 관광의 표상과 로컬리티: 지배와 향유의 바다」, 『일본문화연구』 67, 35~58.
조정우, 2015, 「만주의 재발명: 제국일본의 북만주 공간표상과 투어리즘」, 『사회와 역사』 107, 217~250.
차철욱, 2006, 「부산 북항 매축과 시가지 형성」, 『한국민족문화』 28, 1~36.
최민경, 2020, 「근대 동북아해역의 이주 현상에 대한 미시적 접근: 부관연락선을 중심으로」, 『인문사회과학연구』 21(2), 41~64.
최인영, 2007, 「1928~1933년 京城府의 府營버스 도입과 그 영향」, 『서울학연구』 29, 219~250.
최인영, 2010, 「일제시기 京城의 도시공간을 통해 본 전차노선의 변화」, 『서울학연구』 41, 31~62.

최인택, 2017, 「일제침략기 사진·그림엽서를 통해서 본 조선의 풍속 기억」, 『동북아문화연구』 51, 131~149.
최현식, 2016a, 「이미지와 시가(詩歌)의 문화정치학(Ⅰ): 일제시대 사진엽서의 경우」, 『동방학지』 175, 225~265.
최현식, 2016b, 「이미지와 시가(詩歌)의 문화정치학(Ⅱ): 일제시대 사진엽서의 경우」, 『한국학연구』 42, 9~56.
최현식, 2018, 「압록강절·제국 노동요·식민지 유행가: 그림엽서와 유행가 『압록강절』을 중심으로」, 『현대문학의 연구』 65, 165~221.
최혜주, 2008, 「『조선서백리기행(朝鮮西伯利紀行)』(1894)에 보이는 야즈 쇼에이(矢津昌永)의 조선인식」, 『동아시아문화연구』 44, 57~93.
한경수, 1989, 「관광의 어원 및 용례에 관한 역사적 고찰」, 『관광학연구』 13, 261~279.
한경수, 2001, 「한국에 있어서 관광의 역사적 의미 및 용례」, 『관광학연구』 25(3), 267~283.
한경수, 2002, 「개화기 서구인의 조선여행」, 『관광학연구』 26(3), 233~253.
한지은, 2019, 「익숙한 관광과 낯선 여행의 길잡이: 서구의 여행안내서와 여행(관광)의 변화를 중심으로」, 『문화역사지리』 31(2), 42~59.
한현석, 2017, 「사진그림엽서로 본 식민지조선에서의 국가신도 체제 선전과 실상: 조선신궁 사례를 중심으로」, 『일본문화연구』 63, 27~48.
허경진, 2010, 「일본 시인 이시바타 사다(石幡貞)의 눈에 비친 19세기 부산의 모습」, 『인문학논총』 15(1), 49~71.
홍순애, 2010, 「근대계몽기 여행서사의 환상과 제국주의 사이: 이사벨라 버드 비숍의 『한국과 그 이웃 나라들』을 중심으로」, 『대중서사연구』 23, 99~122.

3) 외국어 연구서

ヴォルフガング·シヴェルブシュ(加藤二郎 譯), 1982, 『鐵道旅行の歴史: 19世紀における空間と時間の工業化』, 法政大学出版局.
高橋陽一, 2016, 『近代旅行史の研究: 信仰·観光の旅と旅先地域·温泉』, 清文堂.
谷沢明, 2020, 『日本の観光: 昭和初期観光パンフレットに見る』, 八坂書房.
橋爪紳也, 2015, 『大京都モダニズム観光』, 芸術新聞社.
駒込武·橋本伸也, 2007, 『帝国と学校』, 昭和堂.
宮嶋博史 外編, 2006, 『植民地近代の視座: 朝鮮と日本』, 岩波書店.
末松保和 編, 1970, 『朝鮮研究文献目録: 1868-1945 單行書篇(上)』, 東京大学東洋文化研究所附属東洋学文献センター.
木村健二, 1989, 『在朝日本人の社會史』, 未來社.

白幡洋三郎, 1996,『旅行ノススメ: 昭和が生んだ庶民の「新文化」』, 中央公論社.
富田昭次, 2008,『旅の風俗史』, 青弓社.
北川宗忠, 2008,『観光·旅の文化』, ミネルヴァ書房.
山下晋司 編, 1996,『観光人類學』, 新曜社.
三宅拓也, 2015,『近代日本〈陳列所〉研究』, 思文閣出版.
杉原達 外, 2006,『岩波講座 アジア·太平洋戦争 4: 帝国の戦争経験』, 岩波書店.
森正人, 2010,『昭和旅行誌: 雑誌『旅』を読む』, 中央公論新社.
西村孝彦, 1997,『文明と景観』, 地人書房.
小林英夫 外, 1993,『岩波講座 近代日本と植民地 3: 植民地と産業化』, 岩波書店.
小牟田哲彦, 2019,『旅行ガイドブックから読み解く明治·大正·昭和日本人のアジア観光』, 草思社.
神田孝治 外, 2009,『観光の空間: 視点とアプローチ』, ナカニシヤ出版.
櫻井義之, 1979,『朝鮮研究文献誌: 明治大正編』, 龍渓書舎.
有山輝雄, 2002,『海外観光旅行の誕生』, 吉川弘文館.
中西僚太郎·関戸明子, 2008,『近代日本の視覚的経験: 絵地図と古写真の世界』, ナカニシヤ出版.
中川浩一, 1979,『旅の文化誌: ガイドブックと時刻表と旅行者たち』, 傳統と現代社.
川村湊 外, 1993,『岩波講座 近代日本と植民地 7: 文化のなかの植民地』, 岩波書店.
丸山宏, 1994,『近代日本公園史の研究』, 思文閣出版.
荒山正彦, 2018,『近代日本の旅行案内書図録』, 創元社.

Daiches, D. & Flower, J., 1979, *Literary Landscapes of the British Isles*, Bell & Hyman.
Duncan, J. and Gregory, D., 1999, *Writes of Passage: Reading travel writing*, Routledge.
Fussell, P., 1980, *Abroad: British Literary Traveling between the Wars*, Oxford University Press.
Hulme, P. and Youngs, T.(ed.), 2002, *The Cambridge Companion to Travel Writing*, Cambridge University Press.
MacCanell, 1976, *The Tourist: A New Theory of Leisure Class*, Schocken Books.
Pocock, Douglas C. D.(ed.), 1981, *Humanistic Geography and literature: Essays on the Experience of Place*, Croom Helm, London.
Smith, V. L., 1977, *Hosts and Guests*, University of Pennsylvania Press.
William E. Mallory & Paul Simpson-Housley, 1987, *Geography and Literature: A*

Meeting of the Disciplines, Syracuse Univ. Press.

4) 외국어 논문

ケイト·マクドナリド(山本達也 譯), 2012,「領土, 歷史, アイデンティティ:
鮮滿觀光と大日本帝國の形成」,『Contact Zone』5, 1~18.
高成鳳, 2009,「近代日朝航路の中の大阪: 濟州島航路」,『白山人類学』12, 7~33.
內田忠賢, 2001,「東京女高師の地理巡檢: 1939年の滿洲旅行(1)」,『お茶の水地理』42,
31~36.
內田忠賢, 2002,「東京女高師の地理巡檢: 1939年の滿洲旅行(2)」,『お茶の水地理』43,
25~32.
李良姬, 2007,「植民地朝鮮における朝鮮總督府の観光政策」,『北東アジア研究』46,
149~168.
李相哲, 1993,「営口『満州日報』と中島真雄:
満州における初の日本人経営の新聞とその創刊者について」,
『マス·コミュニケーション研究』43, 160~172.
米家泰作, 2012,「「近代」概念の空間的含意をめぐって」,『歴史地理学』54(1), 68~83.
米家泰作, 2014,「近代日本における植民地旅行記の基礎的研究:
鮮滿旅行記にみるツーリズム空間」,『京都大学文学部研究紀要』53, 319~364.
尾西康充, 2014,「開拓地/植民地への旅:
大陸開拓文芸懇話会第一次視察旅行団について」,『人文論叢:
三重大学人文学部文化学科研究紀要』31, 1~13.
白惠俊, 2006,「1930年代植民地都市京城の「モダン」文化」,
『文京学院大学外国語学部文京学院短期大学紀要』5, 329~344.
浮田典良·伏見能成, 1999,「新旧ガイドブックを通じてみた河内の「名所」」,『歴史地理学』
41(2), 23~34.
濱田琢司, 2002,「観光ガイドブックにみる地域と工芸: 九州地方のやきものの場合」,
『地理科学』57(2), 105~119.
西川伸一, 2000,「戦前期法制局研究序説: 所掌事務, 機構, および人事」,『政經論叢』
69(2·3), 139~170.
宋安寧, 2005,「広島高等師範学校における満韓修学旅行」,『研究論叢』12, 59~69.
宋安寧, 2008,「1906(明治39)年における「満州教員視察旅行」に関する研究」,
『神戸大学大学院人間発達環境学研究科研究紀要』1(2), 37~47.
宋安寧, 2008,「兵庫県教育会による「皇軍慰問支那満鮮旅行」に関する研究」,
『神戸大学大学院人間発達環境学研究科研究紀要』2(1), 67~79.

宋安寧, 2008,「兵庫県教育会による小学校教員の「支那満鮮視察旅行」に関する研究:
「満洲国」建国前を中心として」,『研究論叢』15, 29~42.
宋安寧, 2010,「兵庫県教育会による教員の「支那満鮮視察旅行」:
「満洲国」建国直後を中心として」,『社会システム研究』21, 115~142.
宋安寧, 2012,「満州移民地視察のための小学校教員の「満鮮視察旅行」:
秋田県教育会主催を事例にして」,『研究論叢』19, 1~16.
宋安寧, 2015,「中等教員の満鮮視察旅行:
全国中等学校地理歴史科教員協議会の事例をとおして」,『社会システム研究』30, 55~80.
松浦章, 2016,「野村治一良と日本海航路: 大阪商船·北日本汽船·日本海汽船」,
『関西大学東西学術研究所紀要』49, 37~60.
水野達郎, 2006,「「写生」の境界: 高浜虚子『朝鮮』の様式」,『比較文学』49, 21~34.
神田孝治, 2003,「日本統治期台湾における観光と心象地理」,『東アジア研究』36, 115~135.
神田孝治, 2004,「戦前期における沖縄観光と心象地理」,『都市文化研究』4, 11~27.
五島寧, 1994,「植民地「京城」における總督府庁舎と朝鮮神宮の設置に関する研究」,
『1994年度第29回日本都市計画学会研究論文集』, 541~546.
五島寧, 1994,「日本統治下の平壌における街路整備に関する研究」,『土木史研究』14, 1~14.
五島寧, 2005,「京城市区改正と朝鮮神宮の関係についての歴史的研究」,
『日本都市計画学会都市計画論文集』, 40(3), 235~240.
伊藤健策, 2005,「戰時期日本学生の修学旅行と「朝鮮」認識」,『国史談話会雜誌』46, 46~70.
長志珠繪, 2009,「戦時下の『満支』視察旅行: 戦地と観光·歴史の消費」,『전북사학』34, 275~315.
鄭大成, 2004,「德富蘇峰テクストにおける「朝鮮」表象: 日本型オリエンタリズムと植民地主義」,『日本言語文化』5, 291~326.
疋田精俊, 1983,「明治仏教の世俗化論: 中里日勝の寺族形成」,『智山学報』32, 169~190.
荒山正彦, 1999,「ガイドブックの可能性をさがして」,『地理』44(12), 62~67.
荒山正彦, 1999,「戰前期における朝鮮·滿洲へのツーリズムー植民地視察の記録『鮮満の旅』からー」,『関西学院史学』26, 1~21.
荒山正彦, 2012,「『旅程と費用概算』(1920~1940年)にみるツーリズム空間:
樺太·台湾·朝鮮·滿洲への旅程」,『関西學院大学先端社会研究所紀要』8, 1~17.

Butler, R., 1980, The concept of a tourist area cycle of evolution: Implications for management of resources, *Canadian Geographers 24(1)*, 5~12.

Cohen, E., 1974, Who is a Tourist?: A Conceptual Clarification, *Sociological Review 22(4)*, 531~532.

Dann, G. M. S., 1977, Anomie, Ego-Enhancement and Tourism, *Annals of Tourism Research 4(4)*, 184~194.

Dym, Jordana, 2004, 'More calculated to mislead than inform': travel writers and the mapping of Central America, 1821-1945, *Journal of Historical Geography 30*, 340~363.

Foster, J., 2005, Northward, upward: stories of train travel, and the journey towards white South African nationhood, 1895-1950, *Journal of Historical Geography 31*, 296~315.

Guelke, L. and Guelke, J. K., 2004, Imperial eyes on South Africa: reassessing travel narratives, *Journal of Historical Geography 30*, 11~31.

Leiper, N., 1979, The Framework of Tourism: Towards a Definition of Tourism, Tourist and the Tourism Industry, *Annals of Tourism Research 6(4)*, 390~407.

Maslow, A.H., 1943, A Theory of Human Motivation, *Psychological Review 50*, 370~396.

Pocock, Douglas C. D., 1988, Geography and literature, *Progress in Human Geography 12(1)*, 87~102.

Thomas, R. and Thomas, H., 2005, Understanding tourism policy-making in urban areas, with particular reference to small firms, *Tourism Geographies 7*, 121~137.

Tuan, Yi-Fu, 1978, Literature and Geography: Implications for Geographical Research, in David Ley & Marwyn S. Samuels(eds.), *Humanistic Geography: Prospects and Problems*, Maaroufa Press.

Yousaf, A., Amin I., Santos, J.A.C., 2018, Tourist's motivations to travel: a theoretical perspective on the existing literature, *Tourism and Hospitality Management 24(1)*, 197~211.

3. 웹사이트

국제일본문화연구센터(国際日本文化研究センター) '조선 사진그림엽서 데이터베이스(朝鮮写真絵はがきデータベース)', (https://kutsukake.nichibun.ac.jp/CHO).
부산역사문화대전(http://busan.grandculture.net).
서울역사박물관 서울역사아카이브 근현대서울 사진, (https://museum.seoul.go.kr/archive/recentSeoul/recentSeoulPhotoBsnsIntrcn.jsp).
須藤康夫, 百年の鉄道旅行: 黄金時代の鉄道をめぐる旅(https://travel-100years.com).
야마구치대학 귀중자료 디지털컬렉션(山口大学貴重資料デジタルコレクション), (https:// knowledge.lib.yamaguchi-u.ac.jp/rb).
일본 국립국회도서관 디지털컬렉션(国立国会図書館デジタルコレクション), (https://dl.ndl.go.jp).
일본대백과전서(日本大百科全書(ニッポニカ)), (https://kotobank.jp/word).
일본 위키피디아 백과사전(ウィキペディアフリー百科事典(Wikipedia)), (https://ja.wikipedia.org/wiki).
精選版 日本国語大辞典(https://kotobank.jp/dictionary/nikkokuseisen).
한국민족문화대백과사전(https://encykorea.aks.ac.kr).
한국학진흥사업 성과포털(신동규 외, 「일제침략기 한국 관련 사진그림엽서 수집·분석·해제 및 DB 구축」), (http://waks.aks.ac.kr/rsh/?rshID=AKS-2017-KFR-1230003).

저자소개

정치영(丁致榮)

고려대학교 지리교육과를 졸업하고, 같은 대학원 지리학과에서 석사와 박사 학위를 받았다. 고려대학교 민족문화연구원 연구교수, 일본 교토대학교 초빙학자 등을 역임하였고, 현재 한국학중앙연구원 한국학대학원 인문지리학전공 교수로 재직 중이다. '과거를 대상으로 하는 지리학'인 역사지리학을 전공한 저자는 지역의 과거 경관이나 지리적 상황을 복원하는 데 집중해 왔으며, 최근에는 옛사람들의 여행에 관해 주로 연구하고 있다. 지은 책으로는 『지리지를 이용한 조선시대 지역지리의 복원』, 『사대부, 산수유람을 떠나다』, 『지리산지 농업과 촌락 연구』와 『한국 중소도시 경관사』(공저), 『여행기의 인문학 2』(공저), 『한국의 명승』(공저), 『한국역사지리』(공저), 『지명의 지리학』(공저), 『피맛골에 내려온 남산의 토끼』(공저) 등이 있다.